Grundlagen der Theoretischen Informatik

André Schulz

Grundlagen der Theoretischen Informatik

 Springer Vieweg

André Schulz
Lehrgebiet Theoretische Informatik
FernUniversität in Hagen
Hagen, Deutschland

ISBN 978-3-662-65141-4   ISBN 978-3-662-65142-1 (eBook)
https://doi.org/10.1007/978-3-662-65142-1

Die Deutsche Nationalbibliothek verzeichnet diese Publikation in der Deutschen Nationalbibliografie; detaillierte
bibliografische Daten sind im Internet über http://dnb.d-nb.de abrufbar.

Springer Vieweg

Lektorat: Leonardo Milla
Springer Vieweg ist ein Imprint der eingetragenen Gesellschaft Springer-Verlag GmbH, DE und ist ein Teil von
Springer Nature.
Die Anschrift der Gesellschaft ist: Heidelberger Platz 3, 14197 Berlin, Germany

Vorwort

In der Theoretischen Informatik beschäftigt man sich mit den grundlegenden Fragen der Informatik. Dabei geht es nicht vordergründig darum, Lösungsstrategien für konkrete Probleme zu erarbeiten, vielmehr sollen häufig auftretende ausgewählte Probleme dahingehend untersucht werden, ob man sie prinzipiell berechnen kann, und wenn ja, welche Ressourcen dafür notwendig sind. Um diese Fragen beantworten zu können, muss man sich auf sinnvolle Rechenmodelle festlegen. In diesem Buch werden wir einige dieser Rechenmodelle vorstellen, um dann zu untersuchen, welche Probleme sich damit lösen lassen. Dies ermöglicht es uns nicht nur, die Probleme besser zu verstehen, sondern auch Einsichten über die Rechenmodelle zu erlangen.

Ziel des Buches ist es, Ihnen einen ersten Einblick in die Theoretische Informatik zu geben. Die hier vorgestellten Ideen sind in der Regel Grundlagenwissen und stammen zumeist aus der Anfangszeit dieser Teildisziplin. Die im Buch vermittelten Kenntnisse sind aber nicht nur dafür Grundlage, weiterführende Themen aus der Theoretischen Informatik zu verstehen, viele der hier vorgestellten Inhalte finden auch in anderen Teildisziplinen der Informatik Anwendung. Es gehört zur Informatikgrundausbildung dazu, sich mit diesen Themen auszukennen. So bilden kontextfreie Grammatiken das Fundament bei der Beschreibung von Programmiersprachen. Sie werden deshalb extensiv im Übersetzerbau eingesetzt. Endliche Automaten hingegen werden als Modellierungswerkzeug für die Beschreibung von Schaltkreisen verwendet und sind deshalb für die Technische Informatik von Interesse. Für die Entwicklung von Algorithmen ist es hingegen wichtig, dass man sich mit der Theorie der NP-Vollständigkeit auskennt.

Unabhängig von den Anwendungen in anderen Teilgebieten der Informatik werden Sie beim Lesen dieses Buches Erkenntnisse gewinnen, die für das Verständnis von „Berechnung" von zentraler Bedeutung sind. Dabei werden Sie zu einigen (vielleicht überraschenden) Einsichten kommen, die sehr grundlegend für das Verständnis von informationsverarbeitenden Prozessen sind. So werden wir zum Beispiel sehen, dass es Probleme gibt, welche man nicht *berechnen* kann. Dabei handelt es sich um ganz elementare Fragestellungen, wie zum Beispiel um die Frage, ob man mit einem Algorithmus überprüfen kann, ob ein Programm bei einer bestimmten Eingabe terminiert oder nicht. Andere Probleme kann man zwar berechnen, aber es werden sehr viele Ressourcen benötigt, um die Berechnung durchzuführen. Diese Probleme skalieren damit schlecht und können unter praktischen Gesichtspunkten häufig nicht ohne weitere Einschränkungen gelöst werden. Im Buch werden wir Methoden vorstellen, die es uns erlauben, Probleme bezüglich ihrer Berechenbarkeit und Komplexität zu klassifizieren.

Dieses Buch ist so aufgebaut, dass zuerst der Fokus darauf liegt, welche Berechnungsmodelle es gibt und was man damit berechnen kann. Dabei beginnen wir mit sehr einfachen Modellen wie dem endlichen Automaten und erhöhen dann die Mächtigkeit der Modelle bis hin zur Turingmaschine. Im zweiten Teil des Buches konzentrieren wir uns dann darauf, welche Probleme man selbst mit der Turingmaschine nicht berechnen kann. Zum Abschluss stellen wir Probleme vor, die zwar berechenbar sind, aber deren Berechnung wahrscheinlich so viele Ressourcen benötigt, dass man große Probleminstanzen dieser Probleme nicht ohne Weiteres lösen kann.

Neben den konkreten Inhalten, die in diesem Buch besprochen werden, soll Ihnen auch das formale Arbeiten in der Informatik vermittelt werden. Immer dann, wenn man sich mit komplizierten Sachverhalten auseinandersetzen muss, kann der Formalismus helfen, sich klar und eindeutig auszudrücken. Innerhalb eines formalen Kalküls ist es zudem einfacher, logische Schlussfolgerungen sicher zu treffen und zu überprüfen. Der Formalismus ist aber kein Selbstzweck, und ein rein formales Arbeiten geht häufig auf Kosten der Anschauung. Deshalb versuchen wir, in diesem Buch neben den notwendigen formalen Aspekten immer auch die Präsentation so zu gestalten, dass der Leser oder die Leserin die Inhalte auch „versteht".

Zielgruppe des Buches sind in erster Linie (aber nicht ausschließlich) Studierende des Fachs Informatik oder von Fächern mit Informatikanteilen. Zum Verständnis setzen wir ein mathematisches Grundverständnis auf Abiturniveau und einen sicheren Umgang mit formaler Notation voraus. Kenntnisse, die darüber hinausgehen, aber meist in den ersten zwei Semestern eines Bachelorstudiums Informatik vermittelt werden, wiederholen wir kurz zu Anfang des Buches.

Das Buch basiert auf einem Lehrtext der FernUniversität in Hagen. Der besondere Fokus dieses Textes liegt deshalb darauf, dass man das Buch eigenständig als Selbstlernkurs benutzen kann. Aus diesem Grund gibt es verschiedene didaktische Elemente, die Ihnen helfen sollen, das Geschriebene eigenständig zu verstehen. Ein wichtiges Element sind die Selbsttestaufgaben, die innerhalb des Textes eingeflochten sind. Dies sind in der Regel leichte Verständnisaufgaben, die abprüfen, ob Sie die Inhalte gut verstanden haben. In der Regel braucht es keine neuen Ideen, um diese Aufgaben zu lösen. Es ist deshalb ratsam, bei Problemen mit den Selbsttestaufgaben die betreffenden Passagen noch einmal zu lesen. Neben den Selbsttestaufgaben verfügt jedes Kapitel über eine Reihe von Übungsaufgaben. Diese haben einen unterschiedlichen Schwierigkeitsgrad. Mitunter muss man hier auch aus den behandelten Inhalten neue Ideen ableiten. Aufgaben, die etwas anspruchsvoller sind, sind mit einem * markiert. Alle Aufgaben sind aber so ausgewählt worden, dass ihre Lösung keine wesentlichen Kenntnisse erfordern, die nicht im Rahmen des Buches vermittelt werden. Sowohl für alle Selbsttestaufgaben als auch für alle Übungsaufgaben stehen Ihnen Lösungsvorschläge zur Verfügung. Beachten Sie aber, dass es für viele Aufgaben verschiedene Lösungsmöglichkeiten gibt und wir meist nur eine mögliche Lösung vorstellen.

Alle Resultate aus diesem Buch sind schon lange Zeit bekannt und Bestandteil vieler guter Lehrbücher. Bei der Erstellung dieses Buches habe ich mich auf die Materialien gestützt, die ich zu den Vorlesungen „Einführung in die Theoretische Informatik" an der FernUniversität in Hagen und „Berechenbarkeitstheorie" an der Westfälischen Wilhelms-Universität Münster entwickelt habe. Dabei habe ich mich natürlich selbst auf andere Lehrbücher gestützt. Einen Einfluss hatten auf mich insbesondere die Bücher von Sipser [1], Hopcroft und Ullman [2] und Kozen [3], die allesamt sehr gut und empfehlenswert sind. Viele Ideen stammen aber auch aus Diskussionen mit Kolleginnen und Kollegen, Ideen aus Blogeinträgen oder Originalarbeiten sowie aus meinem eigenen Studium. Mir war es ein Anliegen, die Inhalte des Buches so auszuwählen, dass die wichtigsten klassischen Themen in der Theoretischen Informatik abgedeckt sind, wobei ich mich hier auf die Säulen Formale Sprachen, Berechenbarkeit und Komplexität konzentriert habe. Bei der Darstellung war es mir ein großes Anliegen, eine verständliche Sprache zu finden und auch die Leserinnen und Leser mitzunehmen, die sich mit der Theoretischen Informatik nicht so leichttun.

Beim Erstellen dieses Textes konnte ich mich auch auf die Mit Hilfe von den Mitarbeiterinnen und Mitarbeitern meines Lehrgebietes stützen und die Ressourcen der FernUniversität in Hagen nutzen. Ich möchte mich bei allen bedanken, die mir beim Verfassen dieses Textes geholfen haben, insbesondere bei Philipp Kindermann, Marco Ricci, Jonathan Rollin und Lena Schlipf, sowie bei den vielen Studierenden, die mir mit ihrem konstruktiven Feedback halfen. Bedanken möchte ich mich zudem bei Otfried Cheong für seine Arbeit am Zeichenprogramm IPE, welches ich zum Erstellen aller Abbildungen im Buch genutzt habe. Mein Dank gilt nicht zuletzt Burchard von Braunmühl und Romain Gengler, die mein Interesse an der Theoretischen Informatik geweckt haben.

Literatur

1. M. Sipser. *Introduction to the theory of computation.* PWS Publishing Company, 1997.
2. J. E. Hopcroft und J. D. Ullman. *Einführung in die Automatentheorie, formale Sprachen und Komplexitätstheorie (3. Aufl.)* Internationale Computer-Bibliothek. Addison-Wesley, 1994.
3. D. Kozen. *Theory of Computation.* Texts in Computer Science. Springer, 2006.

Inhaltsverzeichnis

Abbildungsverzeichnis

Einführung und formale Sprachen

In diesem ersten Kapitel beschäftigen wir uns mit den Grundlagen, die notwendig sind, um die Inhalte dieses Buches verstehen zu können. Insbesondere wollen wir uns damit beschäftigen, wie wir algorithmische Probleme so aufschreiben können, dass wir sie mit einem Berechnungsmodell bearbeiten können. Für diesen Umgang benötigen wir einen formalen Kalkül, welchen wir in erster Linie über die formalen Sprachen festlegen werden. Eine formale Beschreibung hat nicht nur den Vorteil, dass wir die Sachen, über die wir reden, klar benennen können, sie hilft uns auch weiter, wenn unsere Vorstellungskraft nicht mehr ausreicht, um bestimmte Sachverhalte gänzlich zu überblicken.

Wir setzen für das Verständnis des Buches voraus, dass Sie mit dem grundlegenden formalen Arbeiten mit Mengen und Funktionen vertraut sind. Sollten Sie hier noch Lücken haben, empfehlen wir Ihnen, zunächst die kurze Wiederholung der mathematischen Voraussetzungen in Abschn. 1.5 zu lesen.

1.1 Codierung von Problemen

Wenn wir ein konkretes algorithmisches Problem lösen wollen, bilden wir in der Regel die reale Welt in ein mathematisches Modell ab. Dadurch eliminieren wir unnötige Details und machen uns Werkzeuge für das Bearbeiten des Problems zugänglich. Wir wollen dazu folgendes Beispiel zur Motivation benutzen und geben eine formale Beschreibung im Anschluss.

Nehmen wir an, dass wir einen Algorithmus entwickeln sollen, der in einem Metronetz den kürzesten Weg (reine Fahrzeit, ohne Wartezeiten beim Umsteigen) zwischen zwei gewählten Stationen ausgibt. Abb. 1.1a zeigt beispielhaft einen Ausschnitt aus einem Metroplan mit Fahrtzeiten zwischen den Stationen. Wir können das Problem mathematisch

© Der/die Autor(en), exklusiv lizenziert an Springer-Verlag GmbH, DE,
ein Teil von Springer Nature 2022
A. Schulz, *Grundlagen der Theoretischen Informatik*,
https://doi.org/10.1007/978-3-662-65142-1_1

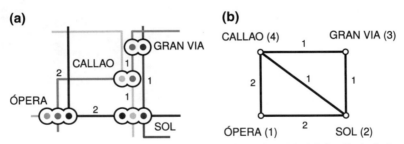

Abb. 1.1 Ein Ausschnitt eines Metroplans (**a**) und das abgeleitete Modell für die Aufgabenstellung als gewichteter Graph (**b**)

als gewichteten Graphen modellieren. Eine Kante gibt an, ob eine Linie zwischen zwei Stationen verläuft, und ihr Gewicht gibt die durchschnittlich benötigte Zeit entlang dieser Verbindung an. Siehe dazu auch das Beispiel in Abb. 1.1b. Das Problem, die schnellste Verbindung (reine Fahrzeit) zwischen zwei Stationen in der realen Welt zu suchen, lässt sich dadurch auf ein Kürzestes-Wege-Problem in einem gewichteten Graphen reduzieren. Da dies ein klassisches Problem aus der Graphentheorie ist, fällt es nicht schwer, einen effizienten Algorithmus dafür zu finden (z. B. den Algorithmus von Dijkstra). Aus der Perspektive der Berechenbarkeit ergibt sich aber ein Problem: Wie kann ich einem „Rechner" (oder einem Modell für einen Rechner) den Graphen „verständlich" machen? Ich muss die mathematische Struktur des gewichteten Graphen in eine Form übersetzen, die eine maschinelle Verarbeitung der Probleminstanz ermöglicht. Wir wollen uns an dieser Stelle nicht notwendigerweise auf einen herkömmlichen Personalcomputer beziehen und sprechen deshalb vorerst etwas vage von *Rechnern* (die Frage, was wir eigentlich als berechenbar einstufen, wird noch später im Buch diskutiert werden). Für eine erste Vorstellung genügt es uns aber anzunehmen, dass ein solcher Rechner in etwa wie ein Computer funktioniert.

Ein Rechner kann zunächst nichts mit dem mathematischen Modell eines gewichteten Graphen anfangen. Er kann auf einer sehr grundlegenden Ebene nur Nullen und Einsen verarbeiten. Auf einer etwas höheren Ebene können wir Folgen von Nullen und Einsen als *Zeichen* oder *Zahlen* zusammenfassen. In diesem Sinne können wir also annehmen, dass wir mit einem Rechner zum Beispiel 64-Bit-Integerwerte verarbeiten können. Um nun mit einem Graphen zu arbeiten, werden wir ihn so *codieren*, dass ein Rechner ihn *lesen* kann. Formal werden wir dazu eine endliche Anzahl von **Zeichen** benutzen. Aus diesen Zeichen können wir **Wörter** bilden, wobei ein Wort einfach eine Folge von Zeichen ist. Im Allgemeinen muss diese Sequenz nicht endlich sein, wir werden aber in diesem Buch uns nur auf endliche Wörter beziehen. Unser Ziel ist es also, den gewichteten Graphen als ein Wort aufzuschreiben. Hier gibt es verschiedene Möglichkeiten. Wir nutzen als Zeichen

$$0, 1, 2, 3, 4, 5, 6, 7, 8, 9, \#.$$

Zuerst benennen wir alle Knoten des Graphen so um, dass sie mit unterschiedlichen natürlichen Zahlen beschriftet sind, und zwar von 1 an in aufsteigender Reihenfolge. Wir werden nun jede Kante durch ein Wort beschreiben und alle diese Wörter getrennt durch ## verknüpfen. Eine Kante (a, b) mit Gewicht $w(a, b)$ notieren wir als Wort $a\#b\#w(a, b)$ (wir nehmen an, dass die Gewichte natürliche Zahlen sind). Für die Knotennummern und die Gewichte nutzen wir ihre Dezimaldarstellung. Das Wort, das wir so erhalten, nennen wir eine Codierung des Graphen G. Der gleiche Graph kann hierbei verschieden codiert werden, da wir zum Beispiel bei der Reihenfolge der Kanten Freiheiten haben. Für den Graphen aus Abb. 1.1b können wir die folgende Codierung angeben:

$$1\#2\#2\#\#2\#3\#1\#\#3\#4\#1\#\#4\#1\#2\#\#4\#2\#1.$$

Wie bereits gesagt, könnten wir Graphen auch anders als durch die Liste ihrer Kanten codieren. Wir stellen der Vollständigkeit halber noch zwei weitere Möglichkeiten vor.

Codierung als Adjazenzliste. Wir nummerieren wieder alle Knoten von 1 an mit natürlichen Zahlen. Für jeden Knoten speichern wir seine Nachbarn ab, inklusive des Gewichts der dazugehörigen Kante. Wir nutzen dafür die folgende Codierung

$$N_u = u\#v_1\#w(u, v_1)\#v_2\#w(u, v_2)\#\ldots,$$

wobei $v_1, v_2, \ldots$ die Nachbarn von u sind. Als Nächstes nehmen wir alle Wörter N_u und bilden daraus ein Wort

$$N_1\#\#N_2\#\#N_3\ldots$$

In dieser Codierung ist Redundanz vorhanden, dafür eignet sie sich aber auch gut zur Weiterverarbeitung. Das Beispiel aus Abb. 1.1 würde durch folgendes Wort codiert werden:

$$1\#2\#2\#4\#2\#\#2\#1\#2\#3\#1\#4\#1\#\#3\#2\#1\#4\#1\#\#4\#1\#2\#2\#1\#3\#1.$$

Codierung als Adjazenzmatrix. Wir nummerieren wieder alle Knoten von 1 an mit natürlichen Zahlen. Die Adjazenzmatrix eines Graphen ist eine Matrix $A = (a_{ij})$, für die gilt

$$a_{ij} = \begin{cases} w(i, j) & \text{falls } (i, j) \text{ Kante im Graph} \\ 0 & \text{sonst.} \end{cases}$$

Hierbei nehmen wir an, dass keine Kanten mit dem Gewicht 0 im Graphen erlaubt sind. Eine Matrix können wir leicht codieren, indem wir Zeile für Zeile getrennt durch

aneinanderreihen, wobei wir eine Zeile als Folge ihrer Einträge getrennt durch
aufschreiben. Für das Beispiel aus Abb. 1.1 ergibt sich hierfür als Codierung:

```
0#2#0#2##2#0#1#1##0#1#0#1##2#1#1#0.
```

Aus den Beispielen ist ersichtlich, dass es nicht nur *eine* Art der Codierung gibt.
Die verschiedenen Codierungen haben je nach Anwendung Vor- und Nachteile. Es gibt
hierbei zwei wichtige Eigenschaften, die wir fordern. Zum einen ist gewünscht, dass wir
möglichst „bequem" die codierten Daten abfragen können. Zum Beispiel ist es leichter,
alle Nachbarknoten eines Knotens zu finden, wenn der Graph als Adjazenzliste codiert ist
(gegenüber der Kantenliste). Andere Aufgaben sind dagegen womöglich in einer anderen
Codierung einfacher durchzuführen. Zum anderen ist gewünscht, dass die Größe der
Codierung möglichst „klein" bleibt. Wie wir sehen können, haben die verschiedenen
Codierungen im Beispiel unterschiedliche Längen.

Nachdem wir uns am Beispiel angesehen haben, wie man Probleminstanzen codieren
kann, wollen wir nun noch einmal das Ganze formal beschreiben. Wie bereits erwähnt,
nutzen wir eine endliche Menge von Zeichen für die Codierung. Zeichen des Alphabets
geben wir zur besseren Unterscheidung im Text in der Schriftfamilie typewriter an. Die
Menge der benutzbaren Zeichen nennen wir das **Alphabet**. Wir nutzen im Allgemeinen
das Symbol Σ, um das Alphabet zu bezeichnen. Welches Alphabet wir betrachten, kann
unterschiedlich sein, deshalb geben wir es in der Regel immer mit an. Wichtig ist, dass
wir nur endliche, nichtleere Alphabete betrachten. Ist kein Alphabet explizit angegeben,
können Sie davon ausgehen, dass wir $\Sigma = \{a, b\}$ gesetzt haben. Wie wir schon gesehen
haben, nennen wir eine Sequenz (Tupel) von Zeichen ein **Wort**. Für Wörter nutzen wir
häufig (aber nicht nur) die Variablen u, v, w, x, y, z. Um ein Wort anzugeben, schreiben
wir seine Zeichen in der entsprechenden Reihenfolge auf – also nicht (a, b, a), sondern
aba. Wir fordern, dass die Zeichen des Alphabets selbst keine Wörter mit Länge größer 1
sein dürfen. Somit können wir immer jedes Wort eindeutig in seine Zeichen zerlegen. Mit
der **Länge** eines Wortes bezeichnen wir die Anzahl der Zeichen, aus denen es besteht. Wir
notieren die Länge eines Wortes u durch $|u|$.

Mit Σ^k bezeichnen wir die Menge Wörter der Länge k über dem Alphabet Σ. Zum
Beispiel gilt für $\Sigma = \{a, b\}$, dass $\Sigma^2 = \{aa, ab, ba, bb\}$. Wir setzen zudem $\Sigma^1 = \Sigma$.

Ein besonderes Wort ist das **leere Wort**, welches wir mit ε bezeichnen. Das leere Wort
ist das Wort der Länge 0. Es gibt nur genau ein Wort der Länge 0, und dieses ist natürlich
vom gewählten Alphabet unabhängig. Es gilt also stets $\Sigma^0 = \{\varepsilon\}$. Wir gehen später noch
genauer auf das leere Wort ein, weil es hier oft Verständnisprobleme gibt. Für die Menge
aller Wörter nutzen wir die Notation Σ^*, definiert als

$$\Sigma^* := \bigcup_{k=0}^{\infty} \Sigma^k.$$

Insbesondere gilt, dass $\varepsilon \in \Sigma^*$. Wenn wir das leere Wort ausschließen wollen, nutzen wir die Schreibweise $\Sigma^+ := \Sigma^* \setminus \{\varepsilon\}$.

In vielen Fällen ist die gewählte Codierung unwichtig, solange sie naheliegende Eigenschaften erfüllt. Mit der Codierung wandeln wir eine Probleminstanz in ein Wort um. In diesem Sinne handelt es sich bei der Codierung um eine Abbildung von der Menge der Probleminstanzen auf die Menge Σ^*. Codierungen werden in der Regel nicht surjektiv sein, sie müssen aber injektiv sein. Wenn sie dies nicht wären, würden mehrere Probleminstanzen auf das gleiche Wort abgebildet werden, und dann kann der Rechner bei der Verarbeitung diese Instanzen nicht mehr unterscheiden. Als weitere Bedingung fordern wir, dass wir aus der Codierung alle „Bestandteile" der Probleminstanz unkompliziert wiedergewinnen können. Wir verzichten an dieser Stelle darauf, diese Forderung formal genauer zu beschreiben. Immer dann, wenn wir nur eine beliebige Codierung brauchen, die nur diese notwendigen Eigenschaften erfüllt, benutzen wir die Notation $\langle \mathcal{I} \rangle$ für die Codierung der Probleminstanz $\mathcal{I}$.

Codierungen von Zahlen geben wir meist direkt an. Es gibt zwei prominente Varianten, natürliche Zahlen zu codieren. Eine davon ist die **unäre Darstellung** einer natürlichen Zahl. Wenn a ein Zeichen aus Σ ist, können wir die natürliche Zahl n durch ein Wort, das aus n verketteten Zeichen a besteht, repräsentieren. Wir schreiben in diesem Fall a^n. Im Gegensatz dazu können wir natürliche Zahlen in ihrer **Binärdarstellung** angeben, also als ein Wort über dem Alphabet $\{0, 1\}$. Wir benutzen dazu die Funktion $\mathrm{bin} : \mathbb{N} \to \{0, 1\}^*$; zum Beispiel ist $\mathrm{bin}(5) = 101$.

Test 1.1 Überlegen Sie sich eine geeignete Art, eine boolesche Funktion $f : \{0, 1\}^2 \to \{0, 1\}$ zu codieren. Geben Sie ein Beispiel für die Funktion $f(x, y) = x \wedge y$ in ihrer Codierung an.

1.2 Entscheidungsprobleme

Ganz allgemein hat ein Rechner die Aufgabe, Probleme zu lösen. Dazu benutzt er sein Programm (Algorithmus), welches ihm vorgibt, wie er eine Eingabe, Schritt für Schritt, in eine Ausgabe umwandelt. Wir nennen ein Problem **Entscheidungsproblem**, wenn die Ausgabe nur Ja oder Nein sein kann. Ein Beispiel dafür wäre:

Ist die Zahl x eine Primzahl?

oder aber:

Hat der kürzeste Weg im Graphen G zwischen Knoten x und y eine Länge kleiner gleich ℓ?

Beide Fragen kann man entweder mit „Ja" oder mit „Nein" beantworten, und deshalb sind es Entscheidungsprobleme. Natürlich gibt es sehr viele wichtige Probleme, die keine

Entscheidungsprobleme sind. Zum Beispiel ist das Problem, die Länge des kürzesten Wegs in G von x nach y zu bestimmen, kein Entscheidungsproblem, da hier die Antwort eine Zahl oder ∞ ist. Dieses Problem ist ein Optimierungsproblem. Im Buch werden wir uns ausschließlich auf Entscheidungsprobleme beschränken. Der Grund liegt zum einen in ihrer einfacheren Struktur, die es uns erlaubt, formal sehr unkompliziert mit diesen Problemen zu arbeiten. Zum anderen lassen sich andere Probleme häufig durch abgeleitete Entscheidungsprobleme lösen. So können wir das oben genannte Optimierungsproblem auch dadurch lösen, indem wir das Entscheidungsproblem „Hat der kürzeste Weg im Graphen G zwischen Knoten x und y eine Länge kleiner gleich ℓ?" für $\ell = 0, \ldots n$ lösen (n ist die Anzahl der Knoten) und dann die Antworten entsprechend auswerten.

Entscheidungsprobleme lassen sich elegant durch formale Sprachen beschreiben. Eine **Sprache** ist eine Menge von Wörtern. Wir identifizieren ein Entscheidungsproblem mit der Sprache, die man erhält, wenn man alle Codierungen der Ja-Instanzen vereinigt. Zum Beispiel wäre die Sprache für das Problem „Ist die Zahl x eine Primzahl?" die Sprache

$$L_{\text{prim}} := \{\text{bin}(x) \in \{0,1\}^* \mid x \text{ ist Primzahl}\}.$$

Das Problem, eine Instanz für das Primzahlproblem zu lösen, reduziert sich darauf, zu entscheiden, ob eine Zahl (genauer ihre Binärdarstellung) aus der Sprache L_{prim} ist. Das Problem zu entscheiden, ob ein Wort aus einer gegebenen Sprache ist, nennt man **Wortproblem**. Im Folgenden werden wir nicht mehr explizit zwischen einem Entscheidungsproblem und dem Wortproblem der dazugehörigen Sprache unterscheiden.

1.3   Operationen auf Wörtern und Sprachen

Um ein Wort anzugeben, benutzen wir eine Reihe von Operationen und abkürzenden Schreibweisen. Nehmen wir an, dass unser Alphabet $\Sigma = \{a, b\}$ ist. Die **Konkatenation zweier Wörter** bezeichnet das Wort, das man erhält, wenn man hinter der Folge der Zeichen des ersten Wortes die Folge der Zeichen des zweiten Wortes anhängt. So ist zum Beispiel abaaa konkateniert mit bb gleich abaaabb. Um die Konkatenation zweier Wörter u mit v zu notieren, schreiben wir uv oder aber $u \cdot v$. Für die Konkatenation von u mit u schreiben wir auch statt uu gelegentlich u^2. Analog dazu bezeichnet $u^k = u^{k-1}u$. Außerdem setzen wir $u^0 = \varepsilon$. Ein Wort u heißt **Teilwort** von $w \in \Sigma^*$, falls x und y aus Σ^* mit $w = xuy$ existieren. Ein Teilwort, welches mit dem Anfangsteil des Wortes übereinstimmt, nennt man **Präfix**, ein Teilwort, welches mit dem Endteil übereinstimmt, nennt man **Suffix**. Wenn wir in einem Wort u die Reihenfolge seiner Zeichen umkehren, sprechen wir von der **Spiegelung** von u und notieren dies mit $\bar{u}$. Für $u = $ abb ist demnach $\bar{u} = $ bba.

Da Sprachen Mengen sind, kann man mit Sprachen alle Operationen durchführen, die für Mengen definiert sind. Zum Beispiel gilt für $L_1 = \{a, b\}$ und $L_2 = \{a, aa\}$

$$L_1 \cup L_2 = \{a, aa, b\},$$

$$L_1 \cap L_2 = \{a\},$$

$$L_1 \setminus L_2 = \{b\}.$$

Eine besondere Operation für Sprachen ist die **Konkatenation**. Wenn L_1 und L_2 Sprachen über dem gleichen Alphabet sind, dann ist die Konkatenation von L_1 mit L_2 definiert als

$$L_1 \circ L_2 := \{uv \mid u \in L_1 \text{ und } v \in L_2\}.$$

Für unsere Beispielsprachen erhalten wir demnach

$$L_1 \circ L_2 = \{aa, aaa, ba, baa\}.$$

Eine weitere Besonderheit ist die Notation L^k, die wir analog zu der Notation Σ^k benutzen. Es gilt also

$$L^k := \underbrace{L \circ L \circ \cdots \circ L \circ L}_{k \text{ mal}}$$

oder äquivalent dazu

$$L^k := \{w_1 \cdots w_k \mid \forall i \le k \colon w_i \in L\}.$$

Somit ist $L_2^2 = \{aa, aaa, aaaa\}$. Des Weiteren setzen wir (auch hier wieder analog zu Σ)

$$L^1 := L, \quad L^0 := \{\varepsilon\}, \quad L^* := \bigcup_{k=0}^{\infty} L^k, \quad L^+ := L^* \setminus \{\varepsilon\}.$$

Für unsere Beispielsprache L_2 erhalten wir $L_2^* = \{a\}^*$. Der $*$ Operator heißt **Kleene Stern** (nach dem US-amerikanischen Mathematiker Stephen Cole Kleene); wird aber meist auch nur Stern genannt. Wir sagen zu L^* dann „L Stern".

Wenn wir vom **Komplement einer Sprache** L sprechen, beziehen wir uns auf die Sprache $\Sigma^* \setminus L$. Wir notieren das Komplement von L mit $\bar{L}$. Beachten Sie, dass immer klar sein muss, was das zugrunde liegende Alphabet ist, wenn wir das Komplement bilden. Die Spiegelung einer Sprache L ist definiert als $\tilde{L} := \{\tilde{w} \mid w \in L\}$.

Wir schließen diesen Teil mit einigen Kommentaren zum Unterschied vom leeren Wort und der leeren Menge. Dafür überlegen wir uns, dass es durchaus Sinn ergibt, das leere Wort zu betrachten. Die Sprache $\{a^k \mid k \ge 0 \text{ und } k < 3\}$ ist $\{\varepsilon, a, aa\}$ und eben nicht $\{a, aa\}$. Betrachten wir die Mengen

$$X = \{\emptyset\}, \quad Y = \{\varepsilon\}, \quad Z = \emptyset.$$

Die Menge X ist keine Sprache, denn $\emptyset$ kann nach unserer Konvention kein Wort über ein Alphabet sein. Trotzdem ist X natürlich eine ganz normale Menge, konkret eine Menge, deren einziges Element wieder eine Menge ist, nämlich die leere Menge. Die Menge X könnte also auftreten, wenn wir uns Mengen von Sprachen anschauen. Ein Beispiel hierfür wäre $\{X \subseteq \{a, b\} \mid \forall w \in X : |w| = 2\} = \{\emptyset\}$. Das gilt, da ja $\emptyset \subseteq \{a, b\}$ und $\emptyset$ die Bedingung $\forall w \in \emptyset : |w| = 2$ trivialerweise erfüllt. Bei der Menge Y handelt es sich um eine Sprache, denn es ist eine Menge von Wörtern (genauer von einem Wort). Beachten Sie, dass weder $X = Z$ noch $Y = Z$ gilt, da Z kein Element enthält. Die Menge Z kann aber durchaus eine Sprache sein, da $Z \subset \Sigma^*$. Zum Beispiel ist $\{a^k \mid k > 5 \text{ und } k < 3\} = \emptyset$. Beachten Sie auch, dass $\{X \subseteq \{a, b\} \mid \exists w \in X : |w| = 2\} = \emptyset$, im Gegensatz zum Beispiel für $\{\emptyset\}$.

Test 1.2 Bestimmen Sie folgende Mengen, indem Sie alle Elemente angeben (z. B. $\{\varepsilon\}, \emptyset, \{\emptyset\}$ etc.).

- $L_1 = \{1^k \mid k \geq 0 \text{ gerade}\} \cap \{1^k \mid k \geq 0 \text{ ungerade}\}$
- $L_2 = \{x \in \{a, b\} \mid |x| = 2\}$
- $L_3 = \{a\}^* \cap \{b\}^*$
- $M_4 = \{L \in \{L_1, L_2, L_3\} \mid |L| = 0\}$
- $M_5 = \{L \in \{L_1, L_2, L_3, M_4\} \mid |L| = 1\}$

1.4 Übersicht Berechnungsmodelle

Im weiteren Verlauf lernen wir verschiedene Berechnungsmodelle kennen. Ein Berechnungsmodell liefert uns (grob gesprochen) eine Vorschrift, nach welchen Regeln wir eine Eingabe in eine Ausgabe umwandeln können. Da wir nur Entscheidungsprobleme betrachten, kann die Ausgabe nur *Ja* oder *Nein* sein. Von der Eingabe erwarten wir hingegen, dass sie sinnvoll als Wort codiert ist. Ein Berechnungsmodell ist nicht unbedingt eine mathematische Abstraktion eines Computers. Vielmehr wollen wir mit dem Berechnungsmodell ausdrücken können, welche Probleme berechenbar sind. Ob etwas berechenbar ist oder nicht, soll nicht von den zur Verfügung gestellten Ressourcen abhängen. Selbst das einfachste Problem bringt einen Computer an seine Grenzen, wenn es so groß ist, dass seine Instanz nicht in den Speicher passt. Deshalb bilden unsere Berechnungsmodelle *idealisierte* Rechner nach. Man sollte sie eher mit der Semantik einer Programmiersprache vergleichen als mit Computerhardware. Die Modelle sind aber meist so gewählt, dass ihre „Befehle" auf Strukturen operieren, die einer idealisierten Form eines maschinellen Rechners nachgebildet wurden.

Es stellt sich natürlich die Frage, warum wir verschiedene Berechnungsmodelle benötigen und warum es nicht genügt, ein Modell vorzustellen. Ein Grund dafür ist, dass es Modelle gibt, die unterschiedlich mächtig sind. Das heißt, ich kann in einem Modell Probleme berechnen, die ich in einem anderen Modell nicht berechnen kann. Man könnte denken, dass die schwächeren Modelle dadurch nicht interessant sind. Dem ist aber nicht so, da es für sie einfacher ist, bestimmte Aussagen über die Berechnung zu treffen. Zum Beispiel ist es einfacher, in einem schwächeren Modell nachzuweisen, dass eine Berechnung terminiert, als in einem mächtigeren.

Wir werden auch Modelle kennenlernen, die sich auf den ersten Blick deutlich von unserem Prinzip des maschinellen Rechnens unterscheiden (z. B. alle nichtdeterministischen Modelle). Diese Modelle erhalten ihre Berechtigung dadurch, dass man durch sie Rückschlüsse auf andere Berechnungsmodelle gewinnen kann. Sie werden auch benutzt, um in ihnen zu modellieren oder zu programmieren, was mitunter komfortabler sein kann.

1.5 Grundbegriffe

Wir schließen dieses Einführungskapitel mit einer kleinen Übersicht an Grundbegriffen, die für das Verständnis dieses Textes erforderlich sind. Viele dieser Begriffe und Definitionen werden Sie wahrscheinlich schon kennen. Nutzen Sie trotzdem diesen Teil, um Ihr Vorwissen zu überprüfen. Für das weitere Verständnis des Buches ist es notwendig, sich mit den folgenden Themen gut auszukennen.

1.5.1 Mengen

Eine Menge repräsentiert eine Gruppe von Objekten (den Elementen). Dabei können die Objekte einer Menge wiederum selbst Mengen sein. Wenn ein Element a in einer Menge A enthalten ist, wird dies durch $a \in A$ beschrieben. Mengen werden in geschweiften Klammern angegeben. Dies kann durch die Aufzählung aller Elemente geschehen, zum Beispiel $\{1, 3, 5\}$. Alternativ dazu kann man eine Menge durch die Eigenschaft ihrer Elemente beschreiben. Die Notation $\{x \in \mathbb{N} \mid x \text{ ist gerade}\}$ beschreibt die Menge aller natürlichen geraden Zahlen. Die **Kardinalität** einer Menge A gibt an, wie viele Elemente in A enthalten sind. Wir schreiben dafür $|A|$. Eine Menge kann kein Element doppelt enthalten, es ist aber in der Notation nicht verboten, Elemente doppelt aufzuführen. Es gilt zum Beispiel $\{a, a\} = \{a\}$. Die Elemente in einer Menge besitzen keine Ordnung durch die Menge selbst, das heißt zum Beispiel $\{1, 3, 5\} = \{3, 5, 1\}$.

Mit einer **Partition** einer Menge A bezeichnet man eine vollständige Aufteilung von A in disjunkte Teilmengen. Formal heißt das also, eine Partition von A ist eine Menge $\{X_1, \ldots, X_k\}$ mit (1) $X_i \subseteq A$, (2) $\bigcup_{i=1}^{k} X_i = A$ und (3) $\forall i, j (i \neq j) : X_i \cap X_j = \emptyset$.

Eine wichtige Menge (oder Mengenkonstruktion) ist die **Potenzmenge**. Die Potenzmenge einer Menge A ist die Menge aller Teilmengen von A, welche wir als $\mathcal{P}(A)$ notieren, also $\mathcal{P}(A) := \{B \mid B \subseteq A\}$. Es gilt zum Beispiel $\mathcal{P}(\{a, z\}) := \{\emptyset, \{a\}, \{z\}, \{a, z\}\}$. Es sei daran erinnert, dass die leere Menge eine Teilmenge von jeder Menge ist.

1.5.2   Tupel

Eine endliche Sequenz von Elementen nennt man **Tupel**. Tupel werden mit runden Klammern angegeben, also zum Beispiel $(1, 3, 5, 3)$. Tupel aus k Elementen nennt man auch k-Tupel. Mit Paaren bezeichnet man 2-Tupel, und mit Tripeln bezeichnet man 3-Tupel. Im Gegensatz zu Mengen sind die Elemente eines Tupels geordnet, das heißt, $(1, 3)$ ist nicht gleich $(3, 1)$. Außerdem können Elemente doppelt auftreten.

Eine Möglichkeit, eine Menge von Tupeln zu bilden, liefert das **kartesische Produkt**. Für zwei Mengen A und B ist das kartesische Produkt definiert als

$$A \times B := \{(a, b) \mid a \in A \text{ und } b \in B\}.$$

Zum Beispiel ist $\{a, b, d\} \times \{a, c\} := \{(a, a), (a, c), (b, a), (b, c), (d, a), (d, c)\}$. Das kartesische Produkt kann auch über mehr als zwei Mengen gebildet werden. In diesem Fall ist

$$A_1 \times A_2 \times \cdots \times A_k := \{(a_1, a_2, \ldots, a_k) \mid a_i \in A_i\}.$$

Wir benutzen als abkürzende Schreibweise $A^2 = A \times A$, $A^3 = A \times A \times A$ und so weiter. Beachten Sie, dass wir bereits bei Sprachen das kartesische Produkt benutzt haben. Bei den Elementen der Sprachen (also den Wörtern) schreiben wir die syntaktischen Symbole für Klammern und Kommata jedoch nicht mit.

1.5.3   Relationen und Funktionen

Eine (k-stellige) **Relation** ist eine Menge von k-Tupeln. Zweistellige Relationen nennt man auch **binäre Relationen**. Wenn ein Tupel (a, b) in einer Relation R vorhanden ist, schreibt man statt $(a, b) \in R$ gelegentlich auch aRb. Wenn (a, b) in der betrachteten Relation enthalten ist, sagen wir häufig „a steht mit b in Relation". Wichtige Eigenschaften, die eine Relation $R \subseteq A \times A$ haben kann, sind

Reflexivität:	für alle $a \in A$ gilt aRa,
Symmetrie:	für alle $a, b \in A$ mit aRb gilt auch bRa,
Asymmetrie:	für alle $a, b \in A$ mit aRb gilt **nicht** bRa,
Antisymmetrie:	für alle $a, b \in A$ mit aRb und bRa gilt $a = b$,
Transitivität:	für alle $a, b, c \in A$ mit aRb und bRc gilt auch aRc.

Eine Relation $R \subseteq A \times A$ heißt **Äquivalenzrelation**, wenn sie transitiv, symmetrisch und reflexiv ist. Jede Äquivalenzrelation induziert eine Partition der Menge A in **Äquivalenzklassen**. Hierbei ist eine Äquivalenzklasse von a die Menge aller b, die zu a in Relation stehen. Wir bezeichnen die Äquivalenzklasse von a mit $[a]_R := \{b \mid (a, b) \in R\}$. Wenn es keine Gefahr der Verwechslung gibt, schreiben wir $[a]$ statt $[a]_R$. Es gilt zu beachten, dass die Bezeichnung der Äquivalenzklasse durch eines ihrer Elemente a nicht eindeutig ist. Wenn $a \neq b$ und $a\,Rb$, gilt natürlich, dass $[a] = [b]$.

Test 1.3 Zeigen Sie, dass die Relation $R \subset \{1, 2, 3, 4\} \times \{1, 2, 3, 4\}$ gegeben durch

$$R = \{(1, 1), (2, 2), (3, 3), (4, 4), (1, 3), (3, 2), (2, 3), (3, 1), (1, 2), (2, 1)\}$$

eine Äquivalenzrelation ist. Geben Sie alle Äquivalenzklassen an.

Funktionen (Abbildungen) sind spezielle binäre Relationen $R \subseteq A \times B$, für die gilt, dass es für jedes $a \in A$ genau ein $b \in B$ mit der Eigenschaft $(a, b) \in R$ gibt. Der Wert b heißt Funktionswert von a. Für eine Funktion $f \subseteq A \times B$ schreiben wir in der Regel nicht $(a, b) \in f$, sondern $f(a) = b$. Wir nennen A den Definitionsbereich und B den Wertebereich der Funktion. Um anzugeben, wie Werte- und Definitionsbereich bei einer Funktion aussehen, nutzen wir die Notation $f \colon A \to B$. Auch für Funktionen gibt es wichtige Eigenschaften. Eine Funktion f heißt hierbei

injektiv: falls es für jedes $b \in B$ keine zwei unterschiedlichen $a_1, a_2 \in A$ gibt, mit $f(a_1) = f(a_2) = b$,

surjektiv: falls es für jedes $b \in B$ ein $a \in A$ gibt, mit $f(a) = b$,

bijektiv: falls f surjektiv und injektiv ist.

Die Umkehrfunktion von f notieren wir mit f^{-1}. Sie ist definiert als $f^{-1}(b \in B) := \{a \in A \mid f(a) = b\}$. Wenn f bijektiv ist, verstehen wir f^{-1} als eine Funktion von B nach A, ansonsten ist es eine Funktion von B nach $\mathcal{P}(A)$.

Funktionen können *verknüpft* werden. Sei $f \colon A \to B$ und $g \colon B \to C$, dann ist die Funktion $h \colon A \to C$ die **Komposition** von f mit g. Die Funktion h ist hierbei definiert als $h(a \in A) = g(f(a))$. Wir nutzen die Notation $h = g \circ f$.

1.5.4 Rechnen mit Wahrheitswerten

Das Rechnen mit Wahrheitswerten wird durch die boolesche Algebra beschrieben. Die Elemente, mit denen man hier rechnet, sind 0 (für falsch) und 1 (für wahr). Für das Rechnen mit diesen Werten kann man auf die logischen Operationen $\wedge$ (und) , $\vee$ (oder) und $\neg$ (nicht) zurückgreifen. Diese Operatoren sind in Tab. 1.1 definiert. Statt $\neg x$ schreiben wir manchmal auch etwas kompakter $\bar{x}$.

Beim Rechnen mit Wahrheitswerten gelten bestimmte Rechenregeln. Unter anderem gilt das Gesetz der Distributivität, welches besagt, dass

Tab. 1.1 Bedeutung der
Operationen „und", „oder" und
„nicht"

x	y	$x \wedge y$	$x \vee y$	$\neg x$
0	0	0	0	1
0	1	0	1	
1	0	0	1	0
1	1	1	1	

Tab. 1.2 Bedeutung der
Operationen „daraus folgt",
„genau dann, wenn"

x	y	$x \rightarrow y$	$x \leftrightarrow y$
0	0	1	1
0	1	1	0
1	0	0	0
1	1	1	1

$$x \wedge (y \vee z) = (x \wedge y) \vee (x \wedge z) \quad \text{und}$$

$$x \vee (y \wedge z) = (x \vee y) \wedge (x \vee z).$$

Eine weitere Gesetzmäßigkeit wird durch die de-morganschen Regeln beschrieben. Sie besagen, dass

$$\neg(x \wedge y) = \neg x \vee \neg y \text{ sowie} \quad \neg(x \vee y) = \neg x \wedge \neg y.$$

Aus den Operationen der booleschen Algebra lassen sich weitere binäre Operationen ableiten. Dabei treten insbesondere die Vertreter $\rightarrow$ (Implikation, daraus folgt) und $\leftrightarrow$ (Äquivalenz, genau dann, wenn) häufig auf. Die Wahrheitstabelle (Tab. 1.2) gibt die Bedeutung dieser Operationen an. Es gilt zudem

$$x \rightarrow y = \neg x \vee y \quad \text{und}$$

$$x \leftrightarrow y = (x \rightarrow y) \wedge (y \rightarrow x).$$

Test 1.4 Zeigen Sie, dass $(x \vee y) \wedge \neg x = \neg(y \rightarrow x)$. Nutzen Sie dazu eine Wahrheitstabelle.

1.5.5 Beweistechniken

Fast alle Sachverhalte, die wir in diesem Buch besprechen, werden wir formal beweisen. Es existiert eine Reihe von Beweistechniken, die hier wiederholt Verwendung finden. Wir gehen kurz auf die drei wichtigsten Techniken ein.

- **Konstruktiver Beweis.** Beim konstruktiven Beweis beweisen wir die Aussage direkt, indem wir das Objekt, über das im Satz eine Aussage getroffen wurde, konstruieren.

Konstruktive Beweise sind in der Regel zu bevorzugen, denn neben dem eigentlichen Beweis liefern sie uns auch immer ein Verfahren (Algorithmus) zum Beweis.

- **Widerspruchsbeweis.** Beim Widerspruchsbeweis beginnen wir mit der Annahme, dass der zu beweisende Satz nicht gilt. Im Beweis versuchen wir dann einen logischen Widerspruch nachzuweisen. Gelingt uns das, kann die Annahme nicht richtig gewesen sein. Somit muss der Satz also gelten.

- **Induktionsbeweis.** Der Beweis über vollständige Induktion kann uns helfen, nachzuweisen, dass eine unendliche Menge von Objekten eine gewünschte Eigenschaft X hat. Dazu ist es notwendig, dass wir die Objekte zu Klassen zusammenfassen können, sodass eine Bijektion zwischen diesen Klassen und den natürlichen Zahlen existiert. Wir nennen die Klasse, die zur Zahl z gehört, der Einfachheit halber z-Klasse. Zur Demonstration nehmen wir an, dass unsere Objekte Wörter aus der Sprache $\{a, b\}^+$ sind. Wir fassen nun alle Wörter gleicher Länge zu einer Klasse zusammen. In einem solchen Fall sprechen wir auch von der Induktion *über* die Länge der Wörter. Ein Induktionsbeweis besteht aus drei Phasen. Die erste Phase ist der *Induktionsanfang*. Hier beweisen wir X für die Objekte der 1-Klasse. In unserem Demonstrationsbeispiel sind das beispielsweise die Wörter mit der Länge 1. Die zweite Phase ist der *Induktionsschritt*. Wir benutzen hier die Induktionsannahme, dass X für alle Objekte aus k'-Klassen mit $k' < k$ gelte. Die Variable k ist hierbei beliebig, aber fest. Aus dieser Annahme wollen wir nun ableiten, dass dann auch X für die Objekte der k-Klasse gilt. In unserem Beispiel würden wir also annehmen, dass X für alle Wörter der Länge kleiner als k gilt, und wir würden versuchen, die Aussage daraufhin für Wörter der Länge k zu beweisen. Gelingt uns dies, haben wir den Induktionsbeweis erfolgreich durchgeführt und haben gezeigt, dass X für alle Objekte gilt. Diese Schlussfolgerung nennt man auch den *Induktionsschluss*. Meist wird dieser als kurzer Satz formuliert, der den Beweis abschließt.

Wir wollen die aufgeführten Beweistechniken an einem sehr einfachen Satz deutlich machen. Der Satz dient nur zur Demonstration, seine Aussage hat für das weitere Verständnis des Textes (und eigentlich auch sonst) keinen besonderen Wert.

Satz 1.1 Für jede natürliche Zahl z größer gleich 2 gibt es zwei natürliche Zahlen $x, y \geq 1$ mit x ungerade und $x + y = z$.

Beweis. (Konstruktiver Beweis) Wir setzen $x = 1$ und $y = z - 1$. Offensichtlich gilt, dass x ungerade und $x + y = z$. ∎

Beweis. (Widerspruchsbeweis) Angenommen, die Aussage gilt nicht. Dann gibt es ein $z' \geq 2$, welches sich nur als Summe von geraden Zahlen darstellen lässt. Sei nun $z' = x + y$ mit x, y gerade und $x \geq y$. Es folgt, dass $x \geq 2$, denn x ist gerade. Dann gilt aber, dass $z' = (x - 1) + (y + 1)$. Somit lässt sich also z' als Summe zweier ungerader Zahlen, nämlich $(x - 1)$ und $(y + 1)$, schreiben. Dies ist ein Widerspruch dazu, dass z' nur als Summe von geraden Zahlen geschrieben werden kann. Somit kann unsere Annahme nicht gelten.   ∎

Beweis. (Induktionsbeweis) Induktionsanfang: Wir zeigen die Aussage für $z = 2$. Der Satz gilt hier offensichtlich, da $z = 1 + 1$.

Induktionsschritt: Wir nehmen an, dass die Aussage des Satzes für alle Zahlen kleiner als z gilt. Das heißt, dass wir $z - 1$ als Summe zweier Zahlen x, y schreiben können, wobei x ungerade ist. Dann gilt jedoch $z = x + (y + 1)$. Somit können wir also auch z als Summe zweier natürlicher Zahlen schreiben, wovon eine (x) ungerade ist. Somit gilt die Aussage auch für z und nach Induktion auch für alle natürlichen Zahlen größer gleich 2.   ∎

Häufig werden die zu beweisenden Sätze als Implikationen oder Äquivalenzaussagen formuliert sein. Beachten Sie, dass $A \to B$ äquivalent ist zu $\neg B \to \neg A$. Diesen Umstand werden wir häufig beim Beweisen (von Implikationen) nutzen. Beweise für Äquivalenzaussagen (genau dann, wenn) werden meist in zwei Teile aufgespalten. Wenn wir $A \leftrightarrow B$ beweisen wollen, zeigen wir in der Regel zuerst $A \to B$. Danach müssen wir dann noch $B \to A$ zeigen. Den zweiten Schritt kann man natürlich auch vollziehen, indem man $\neg A \to \neg B$ zeigt.

1.5.6 Asymptotische Abschätzung

Im Buch werden wir häufig bei der Laufzeitanalyse das Wachstum von Funktionen $\mathbb{N} \to \mathbb{R}_+$ einschätzen müssen. Oft ist es schwierig, die Laufzeit von Algorithmen genau anzugeben. Dies ist zudem häufig gar nicht notwendig. Ob nun ein Algorithmus bei Eingabegröße n die Laufzeit $3n^2$ oder $2n^2$ besitzt, spielt eine untergeordnete Rolle, denn ein solcher Unterschied um einen konstanten Faktor wird durch andere Faktoren, wie zum Beispiel die Geschwindigkeit des jeweiligen Rechners, eventuell sowieso ausgeglichen. Aus diesem Grund greift man auf asymptotische Schranken zurück und bedient sich der sogenannten *Groß-O-Notation*.

Sei f eine Funktion, für die wir eine asymptotische Schranke angeben wollen. Wir wollen also eine Funktion g finden, die stärker wächst als f. Wir erlauben aber zwei Einschränkungen: (1) Ein Unterschied um einen konstanten Faktor soll tolerierbar sein, und (2) die Funktion g muss erst ab einem bestimmten Wert die Funktion f von oben beschränken. Ist dies der Fall, schreiben wir $f = O(g)$. An dieser Stelle hat es sich eingebürgert, die Notation unsauber zu benutzen. Technisch gesehen ist $O(g)$ die Menge aller Funktionen, die sich von g mit den Einschränkungen (1) und (2) beschränken lassen. Es müsste also $f \in O(g)$ heißen. Die Schreibweise mit dem $=$ Zeichen hat sich jedoch als Standard herausgebildet. Behalten Sie im Hinterkopf, dass diese Aussage aber eine „Enthaltensein"-Relation darstellt.

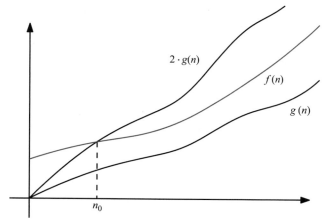

Abb. 1.2 Skizze zur asymptotischen Beschränkung. Im Bild ist $f = O(g)$ (Konstante $c = 2$)

Formal können wir die Menge $O(g)$ wie folgt definieren:

$$O(g) := \{f \mid \exists(c > 0) \; \exists n_0 \; \forall(n \geq n_0) \colon f(n) \leq c \cdot g(n)\}$$

Beachten Sie, dass das c nicht vom gewählten n_0 abhängen darf. Die Abb. 1.2 illustriert die Groß-O-Notation.

Mitunter möchte man auch ausdrücken, dass eine Funktion eine *echte* obere Schranke für eine andere Funktion ist. Dies kann man mit der *klein-O-Notation* beschreiben. In diesem Fall gilt

$$o(g) := \{f \mid \forall(c > 0) \; \exists n_0 \; \forall(n \geq n_0) \colon f(n) < c \cdot g(n)\}.$$

Offensichtlich folgt aus $f = o(g)$ auch $f = O(g)$. Analog zu den oberen Schranken können wir auch asymptotische untere Schranken angeben. Man benutzt an dieser Stelle

$$\Omega(g) := \{f \mid \exists(c > 0) \; \exists n_0 \; \forall(n \geq n_0) \colon f(n) \geq c \cdot g(n)\}.$$

Funktionen f, für die $f = O(g)$ und $f = \Omega(g)$ gilt, haben eine *scharfe* asymptotische Schranke g. In diesem Fall schreiben wir $f = \Theta(g)$.

Beispiel 1.1 Sei $f(n) = 1000n^x$ und $g(n) = n^y$ mit $y > x$ (zum Beispiel $f(n) = 1000n^2$ und $g(n) = n^3$), dann gilt, dass $f = O(g)$. Um dies zu zeigen, wählen wir $n_0 = 1$ und $c = 1000$. Da nun gilt, dass

$$f(n) = 1000n^x \leq 1000n^y = cn^y = c \cdot g(n),$$

ist $f = O(g)$ gezeigt.

Test 1.5 Zeigen Sie, dass für $f(n) = 1000n + 1\,000\,000$ und $g(n) = n \log n$ gilt, dass $f(n) = O(g(n))$.

Aus der Definition der Groß-O-Notation können wir folgende Regeln ableiten, welche Umformungen und Abschätzungen erleichtern. Wir verzichten auf die Beweise, die allesamt durch elementare Umstellungen der Definitionen folgen.

- Für zwei Werte c, d gilt $g(n) = c \cdot f(n) + d = O(f)$.
- Sei g ein Polynom vom Grad k, also $g(n) = a_k n^k + a_{k-1} n^{k-1} + \cdots a_1 n + a_0$, mit $a_k > 0$. Dann ist $g = \Theta(n^k)$.
- Für $k' > k$ gilt $n^k = o(n^{k'})$.
- Für jedes $r > 1$ und $d > 0$ gilt $n^d = o(r^n)$ (polynomielles Wachstum ist immer kleiner als exponentielles).
- Für jedes $b > 1$, $p \geq 1$ und $c > 0$ gilt $(\log_b n)^p = o(n^c)$ (logarithmisches Wachstum ist immer kleiner als polynomielles).
- Für zwei Funktionen g_1, g_2 gilt, dass $g_1(n) + g_2(n) = O(g_1 + g_2)$ und $g_1(n) \cdot g_2(n) = O(g_1 \cdot g_2)$.
- Wenn $g = O(f)$ und $h = O(g)$, dann ist $h = O(f)$.

Die letzten zwei aufgeführten Punkte brauchen wir häufig für die Analyse von Algorithmen. Besteht beispielsweise ein Algorithmus aus einer Schleife, die $O(\log n)$-mal durchlaufen wird, und innerhalb der Schleife beträgt der Aufwand $O(n^2)$, dann ist der Gesamtaufwand beschränkt durch $O(n^2 \log n)$. Besteht ein Algorithmus hingegen aus zwei Teilen mit Aufwand $O(n^3)$ und $O(n)$, die nacheinander ausgeführt werden, so ist der Gesamtaufwand durch $O(n^3 + n) = O(n^3)$ beschränkt.

Test 1.6 Gilt für folgende Funktionen f_i und g_i die Beziehung $g_i \in O(f_i)$ oder $g_i = \Omega(f_i)$, oder gelten beide Beziehungen (also $g_i = \Theta(f_i)$)?

(a) $f_1(n) = n^3 + n^2$, $g_1(n) = n^3 - n^2$,
(b) $f_2(n) = 10n^2$, $g_2(n) = n\sqrt{n}$,
(c) $f_3(n) = n \log n^2$, $g_3(n) = n \log n^4$.
(d) $f_4(n) = \log_{10} n$, $g_4(n) = \log_2 n$.

Häufig wird die O-Notation auch genutzt, um von Konstanten zu abstrahieren. Das geschieht immer dann, wenn der O-Ausdruck Teil eines Terms ist, wie zum Beispiel $f = 2^{O(n)}$. In diesem Fall meint man, dass es eine Konstante $c > 0$ gibt, sodass $f \leq 2^{c \cdot n}$, was nicht das Gleiche ist wie $f = O(2^n)$. Gleiches gilt für die Klein-O-Notation.

1.5.7 Graphen

Ein **Graph** ist eine mathematische Struktur, welche paarweise Beziehungen von Objekten beschreibt. Die Objekte heißen **Knoten**. Stehen zwei Knoten in Beziehung zueinander, wird dies dadurch ausgedrückt, dass zwei Knoten durch eine **Kante** *verbunden* sind. Formal beschreibt man einen Graphen G durch eine Knotenmenge V und eine Kantenmenge $E \subseteq V \times V$. Der Graph G ist dann das Paar (V, E). Für einen Graphen G bezeichnet $V(G)$ dessen Knotenmenge und $E(G)$ dessen Kantenmenge.

Beziehungen zwischen Knoten bestehen immer in beide Richtungen. Dies bedeutet, dass man die Kante (a, b) mit der Kante (b, a) identifiziert. Möchte man diese Identifikation nicht voraussetzen, spricht man von **gerichteten Graphen**. Bei gerichteten Graphen nennt man eine Kante (u, x) eine **ausgehende Kante** (bezüglich u) und (x, u) eine **eingehende Kante** (bezüglich u). Eine Kante (a, a) heißt **Schleife**.

In vielen Anwendungen werden Teile des Graphen mit zusätzlichen Informationen angereichert. Meistens handelt es sich dabei um Gewichte für Knoten oder Kanten. Einen Graphen mit Kantengewichten nennen wir auch **gewichteter** Graph.

Sind zwei Knoten durch eine Kante verbunden, nennt man sie **adjazent**. Ist ein Knoten Teil einer Kante, so nennt man ihn zu dieser Kante **inzident**. Ein **Weg** ist eine Folge von Knoten (ohne doppelte Einträge), sodass je zwei aufeinanderfolgende Knoten durch eine Kante verbunden sind. Einen Weg mit identischen ersten und letzten Knoten nennt man **Kreis** (hier ist es erlaubt, dass der Anfangsknoten als Endknoten doppelt auftritt). Gibt es einen Weg zwischen den Knoten u und v, so heißt u von v aus **erreichbar**. Die Länge eines Weges ist in einem ungewichteten Graphen definiert als die Anzahl seiner Kanten und in einem gewichteten Graphen als die Summe der Gewichte der Kanten. Der **Abstand** zwischen zwei Knoten ist definiert als die Länge eines kürzesten Weges zwischen ihnen. Die **Zusammenhangskomponente** eines Knotens ist die Menge aller Knoten, die von diesem Knoten aus erreichbar sind. Gibt es einen Weg zwischen jedem Knotenpaar, heißt ein Graph **zusammenhängend**.

In gerichteten Graphen sind die Begriffe analog definiert. Bei einem Weg fordert man aber, dass zwei aufeinanderfolgende Knoten a, b durch eine Kante von a nach b verbunden sind. Zudem unterscheidet man in gerichteten Graphen zwischen **starken** und **schwachen Zusammenhangskomponenten**. Bei einer starken Zusammenhangskomponente Z fordert man von jedem Knotenpaar $u, v \in Z$, dass ein Weg von v nach u *und* ein Weg von u nach v existiert. Eine schwache Zusammenhangskomponente eines gerichteten Graphen G ist eine Zusammenhangskomponente des ungerichteten Graphen, den man erhält, wenn man die Orientierung der Kanten in G ignoriert.

Der **Grad** eines Knotens v gibt die Anzahl seiner inzidenten Kanten an (Notation $\deg(v)$). In einem gerichteten Graphen nennt man die Anzahl der eingehenden Kanten eines Knotens seinen **Eingrad**, entsprechend nennt man die Anzahl seiner ausgehenden Kanten seinen **Ausgrad**.

Es gibt verschiedene Darstellungen für einen Graphen. Neben der einfachen Angabe der Knoten- und Kantenmenge werden kleinere Graphen oft als Diagramm oder Zeichnung

Abb. 1.3 Eine Zeichnung
eines zusammenhängenden
Graphen. Die Knoten u und v
sind adjazent. Der Knotengrad
von v ist 4

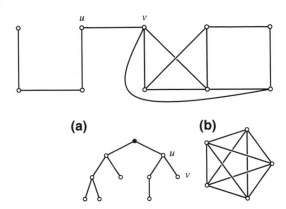

Abb. 1.4 (**a**) Eine Zeichnung
eines Binärbaumes (Wurzel
hervorgehoben). Knoten u ist
der Elternknoten von v, und v
ist ein Blatt. (**b**) Zeichnung
des K_5

dargestellt. Knoten werden dabei als Kreise oder Punkte gezeichnet. Für jede Kante (x, y) verbindet man die Knoten von x und y durch eine geschlossene Kurve. Abb. 1.3 zeigt eine solche Zeichnung eines Graphen.

Es gibt eine Reihe von besonderen Graphen, die häufig auftreten. Zusammenhängende Graphen ohne Kreise nennt man **Bäume** (siehe Abb. 1.4a). In einem Baum gibt es also immer genau einen Weg zwischen zwei Knoten. Die meisten Bäume nutzen einen speziell gekennzeichneten Knoten, den man **Wurzel** nennt. Den Abstand zwischen einem Knoten und der Wurzel nennt man die **Tiefe** des Knotens. Seien u und v zwei adjazente Knoten im Baum, sodass u eine geringere Tiefe hat als v. Dann nennen wir u den **Elternknoten** von v und v das Kind von u. Knoten ohne Kinder nennt man **Blätter**, alle anderen Knoten heißen **innere Knoten**. Hat jeder Knoten höchstens zwei Kinder, sprechen wir von einem **Binärbaum**. Jeder zusammenhängende Graph enthält einen Baum als Teilgraph. Besteht ein Graph aus mehreren Bäumen (er ist also kreisfrei), heißt er **Wald**. Der Graph, in welchem es zwischen allen Paaren (a, b) mit $a \neq b$ eine Kante gibt, heißt **vollständiger Graph** (siehe Abb. 1.4b). Der vollständige Graph mit n Knoten wird mit K_n bezeichnet.

Test 1.7 Beweisen Sie, dass jeder zusammenhängende Graph mit n Knoten genau dann ein Baum ist, wenn er $n - 1$ Kanten hat.

Wir nennen zwei Graphen $G = (V, E)$ und $G' = (V', E')$ **isomorph**, wenn es eine Bijektion $\pi: V \to V'$ gibt, sodass $(u, v) \in E$ genau dann, wenn $(\pi(u), \pi(v)) \in E'$. In anderen Worten, die beiden Graphen sind nach einer Umbenennung der Knoten identisch.

1.6   Lösungsvorschläge der Selbsttestaufgaben zum Kapitel 1

Lösungsvorschlag zum Selbsttest 1.1

Hier gibt es sehr viele sinnvolle Möglichkeiten. Wir benutzen als Alphabet für die Codierung $\{0, 1\}$. Die boolesche Funktion kann man durch ihre Funktionswerte angeben.

Wir ordnen der Einfachheit halber diese Werte wie folgt:

$$\langle f \rangle = f(0,0)f(0,1)f(1,0)f(1,1).$$

Wir benötigen kein Trennzeichen, da jeder Funktionswert genau ein Zeichen lang ist. Somit können wir aus der Codierung die Wahrheitstabelle der Funktion und damit die Funktion selbst rekonstruieren. Für das logische Und ergibt sich also:

$$\langle f(x,y) = x \wedge y \rangle = \texttt{0001}$$

Lösungsvorschlag zum Selbsttest 1.2

Zu L_1:   Eine Zahl ist entweder gerade oder ungerade. Deshalb ist L_1 der Schnitt von zwei disjunkten Mengen. Demnach ist $L_1 = \emptyset$.

Zu L_2:   Da weder $x = $ a noch $x = $ b die Länge 2 haben, ist die Menge L_2 leer. Das heißt $L_2 = \emptyset$.

Zu L_3:   Sowohl {a}* als auch {b}* enthalten das leere Wort ε, sind aber ansonsten disjunkt. Deshalb gilt $L_3 = \{\varepsilon\}$.

Zu M_4:   Wir wissen nun $\{L_1, L_2, L_3\} = \{\emptyset, \{\varepsilon\}\}$. Aus dieser Menge hat nur $\emptyset$ die Kardinalität 0. Deshalb gilt $M_4 = \{\emptyset\}$.

Zu M_5:   Wir wissen nun $\{L_1, L_2, L_3, M_4\} = \{\emptyset, \{\varepsilon\}, \{\emptyset\}\}$. Von diesen Mengen sind $\{\varepsilon\}$ und $\{\emptyset\}$ einelementig. Demnach ist $M_5 = \{\{\emptyset\}, \{\varepsilon\}\}$.

Lösungsvorschlag zum Selbsttest 1.3

Die Relation R ist

- **reflexiv:** da $1R1$, $2R2$, $3R3$ und $4R4$,
- **symmetrisch:** da für alle anderen Paare jeweils das gespiegelte Paar vorhanden ist; also $1R3$ und $3R1$, $2R3$ und $3R2$, $1R2$ und $2R1$,
- **transitiv:** denn wir können alle Paar-Kombinationen der Form aRb/bRc mit verschiedenen a, b, c prüfen:
  - $1R2$ und $2R3$ korrekt, da $1R3$
  - $1R3$ und $3R2$ korrekt, da $1R2$
  - $2R1$ und $1R3$ korrekt, da $2R3$
  - $2R3$ und $3R1$ korrekt, da $2R1$
  - $3R1$ und $1R2$ korrekt, da $3R2$
  - $3R2$ und $2R1$ korrekt, da $3R1$

Die Äquivalenzklassen können der Reihe nach bestimmt werden. Wir erhalten

$$[1] = \{x \mid 1Rx\} = \{1, 2, 3\},$$

und damit haben wir auch die Klasse der Elemente 2, 3 schon gefunden ($[1] = [2] = [3]$). Es verbleibt noch

$$[4] = \{x \mid 4Rx\} = \{4\}.$$

Weitere Klassen kann es nicht geben, da jedes Element in einer der Klassen vorhanden ist.

Lösungsvorschlag zum Selbsttest 1.4

Die linke und die rechte Seite der Formel $(x \vee y) \wedge \neg x = \neg(y \rightarrow x)$ zeigt Tab. 1.3.

Tab. 1.3 Wahrheitstabellen für $(x \vee y) \wedge \neg x$ und für $\neg(y \rightarrow x)$

x	y	$x \vee y$	$\neg x$	$(x \vee y) \wedge \neg x$
0	0	0	1	0
0	1	1	1	1
1	0	1	0	0
1	1	1	0	0

x	y	$y \rightarrow x$	$\neg(y \rightarrow x)$
0	0	1	0
0	1	0	1
1	0	1	0
1	1	1	0

Lösungsvorschlag zum Selbsttest 1.5

Wir wählen als Konstante $c = 1000$. Damit erhalten wir $c \cdot g(n) = 1000\, n \log n$. Nun sehen wir, dass

$$f(n) \leq c \cdot g(n) \iff 1000n + 1\,000\,000 \leq 1000\, n \log n$$

$$\iff 1000 \leq n(\log n - 1)$$

Die Funktion $n(\log n - 1)$ ist monoton steigend für $n \geq 2$, und für $n = 256$ ist $n(\log n - 1) = 1792$. Also ist ab $n_0 = 256$ für alle $n \geq n_0$ die Ungleichung $f(n) \leq c \cdot g(n)$ erfüllt, und somit $f = O(g)$.

Lösungsvorschlag zum Selbsttest 1.6

Nach unseren Regeln ist $f_1 = \Theta(n^3)$ und $g_1 = \Theta(n^3)$, also auch $g_1 = \Theta(f_1)$. Die Funktion g_2 können wir auch $g_2(n) = n^{1.5}$ schreiben. Somit ist $g_2 = o(f_2)$, und es folgt, dass $g_2 = O(f_2)$, aber $g_2 \neq \Omega(f_2)$. Weiterhin ist $f_3 = n \log n^2 = 2n \log n$ und $g_3 = n \log n^4 = 4n \log n$. Beide Funktionen unterscheiden sich nur in einer Konstante, und deshalb gilt offensichtlich $g_3(n) = \Theta(f_3(n))$. Ähnliches gilt für das letzte Paar. Nach den Logarithmengesetzen ist $\log_b a = \log_x a / \log_x b$, und damit ist $\log_{10} n = \log_2 n / \log_2 10$. Daraus folgt, dass beide Funktionen sich nur um die multiplikative Konstante $\log_2 10$ unterscheiden. Es folgt, dass $g_4(n) = \Theta(f_4(n))$.

Lösungsvorschlag zum Selbsttest 1.7

($\Rightarrow$-Richtung) Wir zeigen zuerst, dass jeder Baum $n-1$ Kanten hat (zusammenhängend ist er per Definition). Um dies zu zeigen, nutzen wir die *vollständige Induktion*. Dafür zeigen wir die Aussage zuerst für einen Basisfall, das ist in diesem Fall $n = 1$.

Induktionsanfang ($n = 1$): Es gibt genau einen Baum mit einem Knoten und dieser hat keine Kanten, weshalb der Basisfall gilt.

Nun müssen wir den Induktionsschritt ausführen. Dafür nehmen wir an, dass die Aussage für $n = k - 1$ gilt (Induktionsvoraussetzung) und zeigen, dass sie dann auch für $n = k$ gilt.

Induktionsschritt ($n = k$): Sei B ein Baum mit k Knoten und B' der Baum der aus B hervorgeht, wenn man ein Blatt mit inzidenter Kante entfernt. Der Baum B' hat $k - 1$ Knoten und eine Kante weniger als B. Nach Induktionsvoraussetzung hat B' genau $k - 2$ Kanten, und somit hat B wie gefordert $k - 1$ Kanten. Damit ist der Induktionsbeweis für den ersten Teil abgeschlossen.

($\Leftarrow$-Richtung) Nun müssen wir die andere Richtung zeigen, und zwar dass jeder zusammenhängende Graph mit $n - 1$ Kanten ein Baum ist, sprich, dass er keinen Kreis hat. Wir zeigen dies durch einen Widerspruchsbeweis. Dazu nehmen wir an, dass der Graph einen Kreis enthält. Dann können wir eine Kante (des Kreises) entfernen, sodass der Graph immer noch zusammenhängend bleibt. Wir erhalten also einen zusammenhängenden Graphen G' mit $n - 2$ Kanten. Jeder zusammenhängende Graph enthält einen aufspannenden Baum. Daraus folgt dann aber, dass G' mindestens $n - 1$ Kanten haben muss (nach dem ersten Teil des Beweises). Wir erhalten also einen Widerspruch zur Annahme, dass es einen Kreis gibt.

1.7   Übungsaufgaben zum Kapitel 1

Aufgabe 1.1

Wir betrachten das Alphabet $\Sigma = \{a, b\}$ mit den beiden Sprachen

$$L_1 = \{\varepsilon, ab, ba\}$$

$$L_2 = \Sigma^2$$

Geben Sie folgende Mengen durch ihre Elemente an.

a.) $L_1 \cup L_2$
b.) $L_1 \cap L_2$

c.) $L_2^* \cap L_1$

d.) $\overline{L_1} \cap L_2$

e.) $L_1 \circ L_2$

f.) $\mathcal{P}(L_1)$

g.) $L_1 \times L_1$

Aufgabe 1.2

Zeigen Sie, dass für alle Sprachen $L_1, L_2 \subseteq \Sigma^*$ gilt, dass $\overleftarrow{L_1} \circ \overleftarrow{L_2} = \overleftarrow{(L_2 \circ L_1)}$.

Aufgabe 1.3

Zeigen Sie, dass alle Codierungen in Codierungen mit dem Alphabet $\Sigma_1 = \{a\}$ umgewandelt werden können.

Aufgabe 1.4

Welche der folgenden Aussagen sind wahr, welche sind falsch?

(a) $n^3 + 4n^2 + n \log n = O(n^3)$

(b) $\log(n!) = \Theta(n \log n)$

(c) $2^{n/2} = \Theta(2^n)$

Aufgabe 1.5

Einen Binärbaum nennen wir *unbeschriftet*, wenn alle inneren Knoten genau zwei Kinder haben, zwischen rechtem und linkem Kind unterschieden wird, und außerdem ein Knoten als Wurzel gekennzeichnet wurde. Die Knoten tragen aber keine Beschriftung. In diesem Sinne gibt es zum Beispiel 5 verschiedene unbeschriftete Binärbäume mit 7 Knoten, wie in der Abb. 1.5 zu sehen.

Sei $\mathcal{T}$ die Menge der unbeschrifteten Binärbäume mit ausgezeichneter Wurzel. Finden Sie eine Codierung $f : \mathcal{T} \rightarrow \{0, 1\}^*$ mit der Eigenschaft, dass für einen Baum $T \in \mathcal{T}$ mit n Knoten die Codierung $f(T)$ maximal die Länge $2n - 2$ hat.

  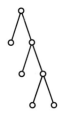  

Abb. 1.5 Alle unbeschrifteten Binärbäume mit 7 Knoten

Lösungsvorschlag zur Aufgabe 1.1

Die Mengen setzen sich wie folgt zusammen:

a.) $L_1 \cup L_2 = \{\varepsilon, \mathsf{aa}, \mathsf{ab}, \mathsf{ba}, \mathsf{bb}\}$

b.) $L_1 \cap L_2 = \{\mathsf{ab}, \mathsf{ba}\}$

c.) $L_2^* \cap L_1 = \{\varepsilon, \mathsf{ab}, \mathsf{ba}\}$

d.) $\overline{L_1} \cap L_2 = \{\mathsf{aa}, \mathsf{bb}\}$

e.) $L_1 \circ L_2 = \{\mathsf{aa}, \mathsf{ab}, \mathsf{ba}, \mathsf{bb}, \mathsf{abaa}, \mathsf{abab}, \mathsf{abba}, \mathsf{abbb}, \mathsf{baaa}, \mathsf{baab}, \mathsf{baba}, \mathsf{babb}\}$

f.) $\mathcal{P}(L_1) = \{\emptyset, \{\varepsilon\}, \{\mathsf{ab}\}, \{\mathsf{ba}\}, \{\varepsilon, \mathsf{ab}\}, \{\varepsilon, \mathsf{ba}\}, \{\mathsf{ab}, \mathsf{ba}\}, \{\varepsilon, \mathsf{ab}, \mathsf{ba}\}\}$

g.) $L_1 \times L_1 = \{(\varepsilon, \varepsilon), (\varepsilon, \mathsf{ab}), (\varepsilon, \mathsf{ba}), (\mathsf{ab}, \varepsilon), (\mathsf{ab}, \mathsf{ab}), (\mathsf{ab}, \mathsf{ba}), (\mathsf{ba}, \varepsilon), (\mathsf{ba}, \mathsf{ab}),$ $(\mathsf{ba}, \mathsf{ba})\}$

Lösungsvorschlag zur Aufgabe 1.2

Wir beginnen mit einer Vorüberlegung und zeigen für alle $u, v \in \Sigma^*$ gilt, dass $\overline{u}\,\overline{v} = \overleftarrow{vu}$. Sei $u = a_1 a_2 \cdots a_k$ und $v = b_1 b_2 \cdots b_\ell$, wobei alle $a_i, b_i \in \Sigma$. Dann ergibt $\overline{u}\,\overline{v} = a_k \cdots a_1 b_\ell \cdots b_1$ dasselbe Wort wie $\overleftarrow{vu} = a_k \cdots a_1 b_\ell \cdots b_1$.

Wir zeigen nun die Mengengleichheit. Als Erstes zeigen wir $\overline{L_1} \circ \overline{L_2} \subseteq \overleftarrow{(L_2 \circ L_1)}$. Wenn $w \in \overline{L_1} \circ \overline{L_2}$, dann können wir w in zwei Wörter zerlegen, sodass $w = uv$ mit $u \in \overline{L_1}$ und $v \in \overline{L_2}$. Das heißt aber auch, dass wir w so zerteilen können, dass $w = \overline{u}\,\overline{v}$ mit $u \in L_1$ und $v \in L_2$. Nach unserer Vorüberlegung ist dann $w = \overleftarrow{vu}$ und somit $w \in \overleftarrow{L_2 \circ L_1}$.

Es verbleibt nun, $\overleftarrow{(L_2 \circ L_1)} \subseteq \overline{L_1} \circ \overline{L_2}$ zu zeigen. Sei $w \in \overleftarrow{(L_2 \circ L_1)}$; also $\overline{w} \in L_2 \circ L_1$. Das heißt, wir können $\overline{w}$ als $\overline{w} = vu$ zerlegen, mit $u \in L_1$ und $v \in L_2$. Nach unserer Vorüberlegung gilt nun $w = \overleftarrow{vu} = \overline{u}\,\overline{v}$, und daraus folgt, dass $w \in \overline{L_1} \circ \overline{L_2}$.

Lösungsvorschlag zur Aufgabe 1.3

Gesucht ist eine injektive Abbildung f von Σ^* nach Σ_1^*. Hierbei ist Σ ein beliebiges Alphabet, dessen Elemente wir durchnummeriert haben. Das heißt also, dass $\Sigma = \{x_1, x_2, x_3 \ldots\}$. Des Weiteren nehmen wir an, dass $\Sigma_1 = \{\mathsf{a}\}$. Wir setzen f als Komposition aus zwei Funktionen g und h zusammen. Konkret ist $g \colon \Sigma^* \to \{0, 1\}^*$, $h \colon \{0, 1\}^* \to \Sigma_1^*$, und $f = h \circ g$. Die Funktionen g und h sind wie folgt definiert:

$$g(w \in \Sigma^*) = 1^{i_1} 0 1^{i_2} 0 1^{i_3} 0 \ldots 1^{i_z} \text{ mit } w = x_{i_1} x_{i_2} x_{i_3} \ldots x_{i_z} \text{ und}$$

$$h(w \in \{0, 1\}^*) = \mathsf{a}^{\mathrm{bin}^{-1}(w)}$$

Die Funktion g codiert also Zeichen für Zeichen von w unär und nutzt als Trennzeichen 0. Damit erhalten wir ein Wort, das wir nun als Binärzahl interpretieren können. Dafür nutzen wir die Funktion h. Beachten Sie, dass $g(w)$ stets mit einer 1 links beginnt und somit die Funktion bin^{-1} für unsere Eingaben definiert ist. Die Funktionen h und g sind injektiv.

Durch die Kombination erhalten wir die gesuchte injektive Funktion f. Wir können nun jede Instanz, die wir bisher mit $w \in \Sigma^*$ kodiert haben, mit $f(w)$ kodieren.

Lösungsvorschlag zur Aufgabe 1.4

(a) Wahr. Wir können den Ausdruck in zwei Summanden trennen. Der Teil $n^3 + 4n^2$ ist ein Polynom vom Grad 3 und damit ist dieser Teil beschränkt durch $\Theta(n^3)$. Der Teil $n \log n$ ist kleiner als n^2, und damit ist dieser Teil in $O(n^2)$. Der erste Teil ist demnach der dominierende Teil. Es folgt, dass der gesamte Ausdruck durch $\Theta(n^3)$ beschränkt ist, und damit auch durch $O(n^3)$.

(b) Wahr. Hier benötigen wir zwei Abschätzungen (nach unten und nach oben), da es sich um eine asymptotisch scharfe Schranke handelt. Wir beginnen mit der oberen Schranke. Wir wissen $n! \leq n^n$, und damit

$$\log(n!) \leq \log(n^n) = n \log n.$$

Es folgt damit, dass $\log(n!) = O(n \log n)$ Auf der anderen Seite ist aber $n! > (n/2)^{n/2}$, da die Hälfte aller Faktoren von $n!$ größer als $n/2$ sind. Zudem wächst die Fakultätsfunktion monoton. Somit gilt

$$\log(n!) > \log((n/2)^{n/2}) = n/2 \log(n/2) = n/2(\log n - 1).$$

Wir sehen hier also, dass $\log(n!) = \Omega(n \log n)$. Aus beiden Schranken folgt, dass $\log(n!) = \Theta(n \log n)$.

(c) Falsch. Angenommen, die Aussage stimmt. Dann müsste gelten, dass

$$\exists(c > 0) \; \exists n_0 \; \forall(n \geq n_0)\colon 2^{n/2} \geq c2^n.$$

Da aber $2^{n/2} = \sqrt{2}^n$, gilt $2^{n/2} \geq c2^n$ genau dann, wenn $(1/\sqrt{2})^n \geq c$. Wir sehen also, dass c keine positive Konstante sein kann, denn mit steigendem n konvergiert $(1/\sqrt{2})^n$ gegen 0.

Lösungsvorschlag zur Aufgabe 1.5

Sei T ein unbeschrifteter Binärbaum. Wir bezeichnen mit der *DFS-Tour* von T die Folge der Knoten, die wir bei der Tiefensuche in T von der Wurzel aus besuchen würden. Für den Baum aus der Abbildung wäre dies ABDBEFEGEBAC. Statt den Knoten können wir die DFS-Tour auch durch ihre Kanten beschreiben. Dabei notieren wir, ob wir die Kanten vorwärts ($\downarrow$: Elternknoten $\rightarrow$ Kind) oder rückwärts ($\uparrow$: Kind $\rightarrow$ Elternknoten) durchlaufen. Für das Beispiel würden wir die Folge $\downarrow\downarrow\uparrow\downarrow\downarrow\uparrow\downarrow\uparrow\uparrow\uparrow\downarrow\uparrow$ erhalten. Aus dieser Folge können wir den Baum leicht rekonstruieren, indem wir die Folge durchlaufen und

Abb. 1.6 Beispiel für die
DFS-Tour mit Codierung
`001001011101`

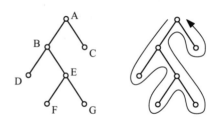

bei jedem ↓ einen neuen Knoten als Kind erzeugen. Die DFS-Tour besucht jede Kante doppelt, und der Baum hat $n - 1$ Kanten, also hat die Codierung über $\{\uparrow, \downarrow\}$ die Länge $2n - 2$. Wenn wir statt ↑ das Zeichen 1 und statt ↓ das Zeichen 0 nutzen, erhalten wir die gesuchte Abbildung. Ein Beispiel ist in Abb. 1.6 angegeben.

Reguläre Sprachen

In diesem Kapitel lernen wir mit den endlichen Automaten ein erstes Berechnungsmodell kennen. Dieses Modell orientiert sich am Rechnen mit begrenztem Speicher. Wir werden sehen, dass wir nur sehr einfache Probleme mit einem endlichen Automaten lösen können. Trotzdem ist der endliche Automat ein sehr wichtiges Modell, denn er bildet die Grundlage für weitere Modelle und findet als Modellierungswerkzeug in der gesamten Informatik vielfältige Anwendungen.

Im weiteren Verlauf des Kapitels betrachten wir das Problem der Minimierung von endlichen Automaten. Wir stellen dazu ein Verfahren vor, das einen Automaten so umformt, dass er die minimale Anzahl von Zuständen hat (und dabei die gleiche Sprache erkennt). Um diese Konstruktion zu verstehen, tauchen wir etwas tiefer in die Theorie der regulären Sprachen ein und untersuchen deren Myhill-Nerode-Relationen.

Die Sprachen, die der endliche Automat akzeptiert, nennt man die regulären Sprachen. Diese Sprachen lassen sich zudem durch reguläre Ausdrücke beschreiben. Wir werden eine einfache Form von regulären Ausdrücken einführen und beweisen, dass man damit genau die regulären Sprachen beschreiben kann. Auch die regulären Ausdrücke werden in vielen Teilgebieten der Informatik als Beschreibungswerkzeug benutzt.

Zum Abschluss werden wir die Frage diskutieren, welche Sprachen nicht regulär sind und wie man dies beweisen kann. Wir werden zwei Beweisstrategien dafür kennenlernen. Eine Strategie greift auf unsere bereits erworbenen Kenntnisse bezüglich der Myhill-Nerode-Relation zurück. Die andere Strategie liefert uns das Pumpinglemma. Dieses Lemma werden wir ausführlich mit Beweis und Anwendung vorstellen.

© Der/die Autor(en), exklusiv lizenziert an Springer-Verlag GmbH, DE, ein Teil von Springer Nature 2022
A. Schulz, *Grundlagen der Theoretischen Informatik*,
https://doi.org/10.1007/978-3-662-65142-1_2

2.1   Der deterministische endliche Automat

Wir beginnen mit einer informellen Beschreibung des Modells des endlichen Automaten. Genauer gesagt, handelt es sich hierbei um das Modell des *deterministischen* endlichen Automaten, den wir kurz DEA nennen (oder auch nur Automat, wenn keine Gefahr der Verwechslung mit anderen Modellen besteht). Mit einem DEA können wir das Wortproblem von bestimmten formalen Sprachen lösen.[1] In diesem Sinne verarbeitet der Automat ein Wort (die Eingabe) und gibt uns dann die Antwort, ob das Wort aus der zugehörigen Sprache ist oder nicht. Wir sagen in diesem Zusammenhang auch, dass der DEA das Eingabewort **akzeptiert** (wenn er das Wort der Sprache zuordnet) oder **verwirft** (wenn er das Wort als nicht zur Sprache gehörig einsortiert). Um zu einer Antwort zu gelangen, *liest* der DEA das Anfragewort zeichenweise ein. Dabei kann er immer nur auf ein Zeichen der Eingabe zugreifen. Es ist ihm zudem nicht erlaubt, bereits gelesene Zeichen der Eingabe wieder anzufragen. Ein DEA hat nur beschränkten (konstanten) Speicher. Das heißt, während der Verarbeitung kann der DEA einen von endlich vielen *Zuständen* annehmen. Die eigentliche Berechnung wird dadurch festgelegt, wie man von einem Zustand in einen anderen Zustand gelangt. Dieser *Zustandsübergang* hängt vom aktuellen Zeichen der Eingabe ab. Am Ende, nachdem das letzte Zeichen der Eingabe gelesen wurde, können wir entscheiden, ob das Anfragewort aus der Sprache des DEAs ist. Diese Entscheidung wird vom Zustand abhängen, in dem der Automat sich am Ende befindet.

Wir führen nun eine formale Definition des mathematischen Modells des deterministischen endlichen Automaten ein.

Definition 2.1 (Deterministischer endlicher Automat) Ein **deterministischer endlicher Automat (DEA)** M wird durch ein Tupel $(Q, \Sigma, \delta, q_0, F)$ dargestellt. Hierbei ist

- Q eine endliche nichtleere Menge, genannt **Zustandsmenge**,
- Σ ein (endliches) Alphabet,
- δ eine Funktion $\delta \colon Q \times \Sigma \to Q$, genannt **Übergangsfunktion**,
- q_0 ein Element aus Q, genannt **Startzustand**,
- F eine Teilmenge von Q, genannt Menge der **akzeptierenden Zustände**.

Beispiel 2.1 Das folgende Quintupel $M_1 = (Q, \Sigma, \delta, q_0, F)$ gibt einen DEA an. Wir setzen hierbei $Q = \{q_0, q_1\}$, $\Sigma = \{a, b\}$ und $F = \{q_0\}$. Die Übergangsfunktion δ geben wir durch eine Tabelle an.

---

[1] In Kap. 1 wurde besprochen, dass alle Entscheidungsprobleme als Wortprobleme formuliert werden können.

$q \in Q$	$x \in \Sigma$	$\delta(q, x)$
q_0	a	q_1
q_0	b	q_0
q_1	a	q_0
q_1	b	q_1

An dieser Stelle soll darauf hingewiesen werden, dass wir zwischen dem *Modell* des deterministischen endlichen Automaten und konkreten *Realisierungen* in diesem Modell, wie etwa in Beispiel 2.1 angegeben, unterscheiden. Es hat sich aber eingebürgert, sowohl das Modell als auch die Realisierungen als deterministischen endlichen Automaten zu bezeichnen. Die Bedeutung ergibt sich aus dem Kontext. Trotzdem sollten Sie sich dieser Unterscheidung bewusst sein. Gleiches gilt auch für andere Modelle, die wir noch später vorstellen werden (Kellerautomat, kontextfreie Grammatik, Turingmaschine).

Häufig werden wir eine grafische Notation namens **Zustandsdiagramm** benutzen, um einen DEA anzugeben. Aus dieser Darstellung lassen sich alle Bestandteile des Automaten leicht ablesen. Zustände werden wir als Kreise darstellen (in Ausnahmefällen als Rechtecke), die mit dem Zustand (in der Mitte) beschriftet sind. Akzeptierende Zustände heben wir zusätzlich hervor, indem wir deren Kreise mit einer doppelten Linie zeichnen. Falls $\delta(q, x) = p$, vermerken wir das, indem wir einen Pfeil einfügen, der den Zustand q mit dem Zustand p verbindet (Pfeil zeigt in Richtung p). Diesen Pfeil beschriften wir zusätzlich mit x. Es verbleibt, den Startzustand zu kennzeichnen. Dies realisieren wir, indem wir einen kleinen Pfeil an diesen Zustand anbringen. Der Pfeil zeigt auf den Startzustand, und sein Anfangspunkt ist mit keinem Zustand verbunden. Die Abb. 2.1 zeigt noch einmal die Grundelemente der grafischen Darstellung. Das Zustandsdiagramm des DEAs aus dem Beispiel 2.1 ist in Abb. 2.2 zu sehen.

Die Übergangsfunktion ist das „Herzstück" des DEAs. Es handelt sich hierbei um eine Funktion, deren Definitionsbereich, Paare bestehend aus einem Zustand und einem Zeichen, sind. Sie gibt also für einen Zustand und ein Zeichen einen neuen Zustand an. Diesen Zustand bezeichnen wir als **Folgezustand**. Wie bereits beschrieben, befindet

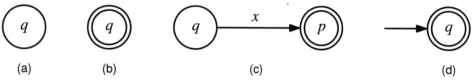

| (a) | (b) | (c) | (d) |

Abb. 2.1 Bestandteile der grafischen Notation eines DEAs: (**a**) verwerfender Zustand, (**b**) akzeptierender Zustand, (**c**) Zustandsübergang, (**d**) Startzustand

Abb. 2.2 Zustandsdiagramm des DEAs M_1 aus Beispiel 2.1

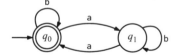

sich der Automat während der Berechnung immer in einem Zustand. Zu Beginn der Berechnung ist dies der Startzustand. Während der Berechnung liest er die Eingabe Zeichen für Zeichen und gleicht seinen Zustand ab. Dazu nutzt er die Übergangsfunktion δ. Wenn q den aktuellen Zustand bezeichnet und x das nächste Zeichen der Eingabe ist, dann gibt $\delta(q, x)$ den Folgezustand an. Nachdem alle Zeichen der Eingabe gelesen wurden, befindet sich der DEA in einem Zustand. Ist dieser Zustand ein akzeptierender Zustand, wird das Eingabewort akzeptiert, ansonsten verworfen. Die Folge der Zustände, die der Automat während der Berechnung angenommen hat, bezeichnen wir als seinen **Lauf** für die gewählte Eingabe. Wir sprechen auch von einem w-Lauf, wenn der Lauf sich auf die Eingabe w bezieht. Ein Lauf ist ein **akzeptierender Lauf**, wenn er in einem akzeptierenden Zustand endet, ansonsten nennen wir ihn **verwerfenden Lauf**. Alle Zustände, die man im Zustandsdiagramm (als gerichteter Graph interpretiert) vom Startzustand erreichen kann, nennen wir **erreichbare Zustände**. Die *nichterreichbaren* Zustände spielen für die Akzeptanz eines Wortes keine Rolle und können immer entfernt werden.

Die Menge aller Wörter, die der Automat akzeptiert, nennen wir die **Sprache des Automaten** oder auch die vom Automaten akzeptierte Sprache. Die Sprache eines Automaten M notieren wir mit $L(M)$.

In Abb. 2.3 ist ein Berechnungsablauf des Automaten M_1 aus Beispiel 2.1 exemplarisch für das Wort aba dargestellt. Man kann sich für dieses Beispiel recht leicht überlegen, welche Wörter von diesem DEA akzeptiert werden. Wir erkennen, dass es zwei Zustände q_0 und q_1 gibt, von welchen nur q_0 akzeptierend ist. Wenn ein Zeichen b von der Eingabe gelesen wird, ist der Folgezustand gleich dem ursprünglichen Zustand. Deshalb hängt es nur von den Zeichen a ab, ob ein Wort akzeptiert wird. Genauer gesagt, hängt es von der Anzahl der Zeichen a ab, da a das einzig relevante Zeichen ist. Wenn ein Zeichen a gelesen wird, wird der Zustand gewechselt, und zwar von akzeptierend zu nichtakzeptierend, oder umgekehrt. Das bedeutet, dass es von der Parität (gerade/ungerade) der Anzahl der Zeichen a abhängt, ob die Eingabe akzeptiert wird. Wir sehen also, dass für dieses Beispiel

$$L(M_1) = \{w \in \{a, b\}^* \mid w \text{ enthält gerade Anzahl von as}\}$$

gilt.

Bevor wir den *Akzeptanzbegriff* des DEAs formal beschreiben, werden wir noch eine hilfreiche Notation einführen. Die Übergangsfunktion δ erlaubt es uns, den Folgezustand

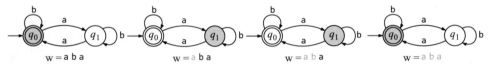

Abb. 2.3 Ablauf der Berechnung von M_1 für die Eingabe w = aba. Der aktuelle Zustand ist grau hinterlegt. Bereits gelesene Zeichen der Eingabe sind ebenfalls grau. Der Lauf des Automaten ist (q_0, q_1, q_1, q_0). Da der Lauf in einem akzeptierenden Zustand endet, wird die Eingabe aba akzeptiert

zu bestimmen, wenn wir ein Zeichen von der Eingabe gelesen haben. Oft ist es aber nützlich, den „Folgezustand" zu beschreiben, wenn man statt eines Zeichens ein längeres Wort liest. Dafür nutzen wir die **iterierte Übergangsfunktion** δ^*, welche direkt aus δ abgeleitet werden kann.

Definition 2.2 (Iterierte Übergangsfunktion eines DEAs) Sei δ die Übergangsfunktion eines DEAs, dann definieren wir für alle $q \in Q$

$$\delta^0(q, \varepsilon) = q$$

und für alle $i > 0$ und alle Wörter $w = ua \in \Sigma^i$ mit $u \in \Sigma^{i-1}$ und $a \in \Sigma$

$$\delta^i(q, w) = \delta(\delta^{i-1}(q, u), a).$$

Schließlich definieren wir die **iterierte Übergangsfunktion** $\delta^* : Q \times \Sigma^* \to Q$ als

$$\delta^*(q, w) := \delta^{|w|}(q, w).$$

Für den Automaten M_1 aus Beispiel 2.1 ergibt sich beispielsweise $\delta^*(q_0, \text{aba}) = q_0$ und $\delta^*(q_1, \text{aa}) = q_1$. Mit der iterierten Übergangsfunktion können wir nun kompakt die von einem DEA akzeptierte Sprache definieren.

Definition 2.3 (Sprache eines DEAs) Sei $M = (Q, \Sigma, \delta, q_0, F)$ ein DEA, dann ist die von M akzeptierte Sprache definiert als

$$L(M) := \{w \in \Sigma^* \mid \delta^*(q_0, w) \in F\}.$$

Die Sprachen, die von einem DEA akzeptiert werden, haben viele nützliche Eigenschaften und bilden eine interessante Struktur. Aus diesem Grunde geben wir dieser Sprachfamilie einen Namen.

Definition 2.4 (Reguläre Sprache) Wenn L eine Sprache ist, für die es einen DEA gibt, der L akzeptiert, nennen wir L eine **reguläre Sprache**. Wir nutzen die Bezeichnung

$$REG := \{L \mid L \text{ ist regulär}\}.$$

An dieser Stelle wollen wir noch zwei Beispiele besprechen.

Beispiel 2.2 Der DEA M_2 ist durch das Zustandsdiagramm in Abb. 2.4 gegeben. Wir erkennen, dass es mit q_2 nur einen akzeptierenden Zustand gibt. Wenn q_2 während der Berechnung angenommen wird, verbleibt der DEA in diesem Zustand. Um nach q_2 zu gelangen, müssen wir vorher in q_1 sein, und das nächste zu lesende Zeichen muss ein b

Abb. 2.4 Der DEA M_2 zu
Beispiel 2.2

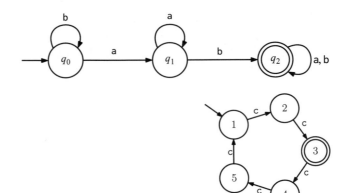

Abb. 2.5 Der DEA M_3 zu
Beispiel 2.3

sein. Man befindet sich aber genau dann in q_1 (ohne vorher schon in q_2 zu sein), wenn als letztes Zeichen ein a gelesen wurde. Also akzeptiert M_2 alle Wörter, die als Teilwort ab enthalten. Das heißt,

$$L(M_2) = \{w \in \{a, b\}^* \mid ab \text{ ist Teilwort von } w\}.$$

Das Beispiel 2.2 gibt die erste praktische Anwendung für unser Berechnungsmodell. Die meisten Beispiele für reguläre Sprachen wirken sehr künstlich. Eigentlich gehen wir ja davon aus, dass es sich bei diesen Sprachen um Codierungen der Ja-Instanzen von Entscheidungsproblemen handelt. Die Sprache $L(M_2)$ ist in dieser Beziehung interessant. Das zugrunde liegende Entscheidungsproblem fragt, ob ein Wort das Teilwort ab enthält. Es ist nicht schwer, den DEA umzuwandeln, sodass wir nach anderen Teilwörtern fragen können. Die Frage, ob ein Text ein Teilwort enthält, hat eine hohe praktische Relevanz (*pattern matching*). Viele Algorithmen zum Suchen von Wörtern in Texten benutzen endliche Automaten als Hilfsmittel. Zum Beispiel nutzt das Kommandozeilenprogramm *grep* einen solchen Ansatz.

Beispiel 2.3 Sei $M_3 = (\{1, 2, 3, 4, 5\}, \{c\}, \delta, 1, \{3\})$ mit

$$\delta(x, c) := \begin{cases} x + 1 & \text{falls } x \neq 5 \\ 1 & \text{sonst.} \end{cases}$$

Das Zustandsdiagramm des Automaten ist in Abb. 2.5 zu sehen. Wir erkennen, dass wir immer genau dann im Zustand 1 sind, wenn wir eine Anzahl von cs gelesen haben, die ein Vielfaches von 5 ist. Demnach akzeptiert M_3 genau die Wörter w mit $|w| \bmod 5 = 2$. Somit gilt

$$L(M_3) = \{c^k \mid 5 \text{ teilt } k \text{ mit Rest } 2\}.$$

Test 2.1 Entwerfen Sie einen DEA, der die folgende Sprache akzeptiert:

$$L = \{w \in \{0, 1\}^+ \mid w \text{ hat unterschiedliches Anfangs- und Endzeichen}\}.$$

Wir wollen nun einen ersten Satz zu den regulären Sprachen beweisen. Hierbei geht es um die Beziehung zu einer anderen Sprachklasse – den endlichen Sprachen. Wir nennen eine Sprache **endlich**, wenn sie nur endlich viele Wörter besitzt.

Satz 2.1 Jede endliche Sprache ist regulär.

Beweis. Sei $L \subseteq \Sigma^*$ eine endliche Sprache, deren längstes Wort die Länge ℓ hat. Um zu zeigen, dass L regulär ist, müssen wir einen DEA M für L angeben. Wir nehmen vorerst an, dass $\Sigma = \{a, b\}$. Wir beschreiben M, indem wir sein Zustandsdiagramm angeben. In der Grundstruktur entspricht das Diagramm einem binären Baum der Tiefe ℓ. Von einem inneren Knoten gibt es zwei Kanten zu seinen Kindern. Eine dieser Kanten beschriften wir mit a und die andere mit b. Wir orientieren nun alle Kanten vom Elternknoten zum Kind. Als Startzustand wählen wir die Wurzel des Baumes. Es gibt für jeden Knoten genau einen Pfad von der Wurzel. Wir benennen einen Zustand mit q_w, wenn w das Wort ist, das man lesen muss, um ihn zu erreichen. Nun machen wir genau die Zustände q_w zu akzeptierenden Zuständen, für die w ein Wort aus der Sprache L ist. Abschließend führen wir noch einen Müllzustand q_- ein (nichtakzeptierend). Alle noch fehlende Übergänge gehen zum Müllzustand über. Abb. 2.6 zeigt diese Konstruktion am Beispiel.

Es ist nun nicht schwer zu argumentieren, dass $L(M) = L$. Jedes Wort der Länge größer ℓ führt nach q_- und wird verworfen. Jedes andere Wort w führt zum Zustand q_w. Ist $w \in L$, dann ist $q_w \in F$, und wir akzeptieren w. Alle anderen Wörter werden verworfen.

Bei anderen Alphabeten erfolgt die Konstruktion analog. Statt eines binären Baumes nutzt man einen k-ären Baum, wobei $k = |\Sigma|$. ∎

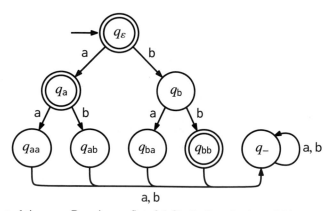

Abb. 2.6 Konstruktion zum Beweis von Satz 2.1 für die Sprache $\{\varepsilon, a, bb\}$

2.2   Nichtdeterministische endliche Automaten

Als Nächstes werden wir ein neues Berechnungsmodell einführen, welches sich an der Arbeitsweise von deterministischen endlichen Automaten anlehnt. Dies ist der sogenannte **nichtdeterministische endliche Automat (NEA)**. Wie auch der DEA arbeitet der NEA mit Zuständen, welche akzeptierend oder verwerfend sein können. Auch der NEA verarbeitet das Eingabewort zeichenweise und kann nicht auf bereits gelesene Zeichen direkt wieder zurückgreifen. Genau wie beim DEA gibt es auch eine Übergangsfunktion – diese weist jedoch jedem Paar aus Zustand und Eingabezeichen nicht einen einzelnen Folgezustand zu, sondern eine (eventuell leere) Menge von Folgezuständen. In diesem Sinne gibt es nicht nur einen Lauf für jede Eingabe, sondern mitunter mehrere mögliche Läufe.

Es stellt sich natürlich die Frage, wie man damit umgeht, dass der mögliche Folgezustand nicht mehr eindeutig festgelegt ist. So könnte es durchaus sein, dass bei ein und demselben Eingabewort ein Lauf in einem akzeptierenden Zustand endet, ein anderer Lauf aber in einem verwerfenden Zustand. Es ist also nicht offensichtlich, wie der Akzeptanzbegriff für NEAs gefasst ist. Unser Kriterium für die Akzeptanz eines Wortes wird anschaulich das folgende sein: **Existiert ein Lauf** vom Startzustand zu einem akzeptierenden Zustand, wird das Eingabewort akzeptiert. Dieser Akzeptanzbegriff scheint auf den ersten Blick künstlich, denn diese Art von Berechnung widerspricht unserem intuitiven Verständnis vom maschinellen Berechnen. Es wird sich jedoch zeigen, dass das Berechnungsmodell NEA seine Berechtigung hat. Durch die Nutzung des Nichtdeterminismus lassen sich viele Probleme leichter modellieren. Zusätzlich können wir durch die Verwendung von NEAs gegenüber von DEAs viele Beweise von Sätzen über reguläre Sprachen vereinfachen.

Es gibt noch einen weiteren Unterschied zwischen NEA und DEA. Bei einem DEA kann ein Zustandswechsel nur dann geschehen, wenn ein Zeichen von der Eingabe gelesen wurde. Wir erlauben beim NEA auch, den Zustand zu wechseln, ohne dabei ein Zeichen zu lesen. Diese Übergänge sollen natürlich nicht beliebig stattfinden. Deshalb definieren wir sogenannte ε-**Übergänge** zwischen Zuständen. Ist ein ε-Übergang zwischen Zustand p und q vorhanden, kann man vom Zustand p in den Zustand q wechseln, ohne ein Zeichen der Eingabe zu lesen. Im Zustandsdiagramm werden solche Übergänge wie normale Übergänge eingezeichnet, statt eines Zeichens aus dem Alphabet werden sie jedoch mit ε beschriftet.

Bevor wir die NEAs formal definieren, erklären wir die prinzipielle Arbeitsweise eines NEAs am Beispiel. Sehen wir uns das Zustandsdiagramm von NEA N_1 in Abb. 2.7 an. Wir erkennen an folgenden Merkmalen, dass es sich um das Diagramm eines NEAs handelt: Es gibt nicht immer genau einen möglichen Folgezustand. Zum Beispiel ist es möglich, vom Zustand 0 mit einem a sowohl zum Zustand 1 zu gelangen als auch im Zustand 0 zu bleiben. Des Weiteren können wir beobachten, dass es vom Zustand 1 keinen möglichen Folgezustand gibt, den man mit einem b erreichen kann. Die Menge der Folgezustände ist also hier die leere Menge. Außerdem erkennen wir, dass der Automat einen ε-Übergang

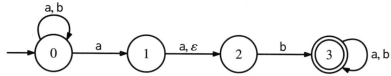

Abb. 2.7 Zustandsdiagramm vom NEA N_1

zwischen Zustand 1 und 2 aufweist. In diesem Automaten können wir vom Zustand 0 zum Zustand 3 gelangen, indem wir aab lesen. In diesem Sinne gibt es einen akzeptierenden Lauf für das Wort aab. Man kann aber auch erkennen, dass man mit demselben Wort auch einen Lauf realisieren kann, der die ganze Zeit im Zustand 0 verweilt. Ein anderes Wort mit einem akzeptierenden Lauf ist das Wort ab. Hier können wir von Zustand 0 zu Zustand 1 wechseln, indem wir ein a lesen, dann nutzen wir den ε-Übergang, um in den Zustand 2 zu gelangen, und anschließend können wir durch das Lesen des Zeichens b in den akzeptierenden Zustand 3 wechseln.

Wir werden nun das Modell NEA und den damit verbundenen Akzeptanzbegriff formal definieren. An dieser Stelle sei noch einmal daran erinnert, dass man mit der Potenzmenge $\mathcal{P}(X)$ die Menge aller Teilmengen von X bezeichnet, also $\mathcal{P}(X) := \{Y \mid Y \subseteq X\}$.

Definition 2.5 (Nichtdeterministischer endlicher Automat) Ein **nichtdeterministischer endlicher Automat (NEA)** M wird durch ein Tupel $(Q, \Sigma, \delta, q_0, F)$ dargestellt. Hierbei ist

- Q eine endliche nichtleere Menge, genannt **Zustandsmenge**,
- Σ ein (endliches) Alphabet,
- δ eine Funktion $\delta\colon Q \times (\Sigma \cup \{\varepsilon\}) \to \mathcal{P}(Q)$, genannt **Übergangsfunktion**,
- q_0 ein Element aus Q, genannt **Startzustand**,
- F eine Teilmenge von Q, genannt Menge der **akzeptierenden Zustände**.

Beachten Sie, dass sich die Definitionen von DEA und NEA nur in der Art der Übergangsfunktion unterscheiden.

Als Nächstes werden wir die iterierte Übergangsfunktion eines NEAs aus seiner Übergangsfunktion ableiten. Die iterierte Übergangsfunktion soll uns angeben, in welchem Zustand man nach dem Lesen eines Wortes *sein könnte*. Für die Einbeziehung der ε-Übergänge benötigen wir noch eine Definition. Wir wollen ausdrücken können, welche Zustände wir von p aus erreichen können, ohne ein Zeichen zu lesen. Diese Zustandsmenge notieren wir mit $E(p)$. Es gilt also

$$E(p) := \{q \mid q \text{ ist von } p \text{ durch eine Sequenz von } \geq 0\ \varepsilon\text{-Übergängen erreichbar}\}.$$

Für Mengen $P \subseteq Q$ definieren wir

$$E(P) := \bigcup_{p \in P} E(p).$$

Für den NEA N_1 aus Abb. 2.7 gilt beispielsweise $E(\{0, 1\}) = \{0, 1, 2\}$.

Definition 2.6 (Iterierte Übergangsfunktion eines NEAs) Sei δ die Übergangsfunktion eines NEAs, dann definieren wir für alle $P \subseteq Q$

$$\delta^0(P, \varepsilon) = E(P),$$

und für alle $i > 0$ und alle Wörter $w = ua \in \Sigma^i$ mit $u \in \Sigma^{i-1}$ und $a \in \Sigma$

$$\delta^i(P, w) = E(\bigcup_{r \in \delta^{i-1}(P,u)} \delta(r, a)).$$

Schließlich definieren wir die **iterierte Übergangsfunktion** $\delta^* : \mathcal{P}(Q) \times \Sigma^* \to \mathcal{P}(Q)$ als

$$\delta^*(P, w) := \delta^{|w|}(P, w).$$

Analog zum DEA können wir die iterierte Übergangsfunktion benutzen, um die Akzeptanz eines Wortes und damit die Sprache eines NEAs zu definieren. Es sollen genau die Worte akzeptiert werden, für die es *möglich ist*, vom Startzustand durch Übergänge zu einem akzeptierenden Zustand zu gelangen.

Definition 2.7 (Sprache eines NEAs) Sei $N = (Q, \Sigma, \delta, q_0, F)$ ein NEA, dann ist die von N akzeptierte Sprache definiert als

$$L(N) := \{w \in \Sigma^* \mid \delta^*(\{q_0\}, w) \cap F \neq \emptyset\}.$$

Beispiel 2.4 Als ein weiteres Beispiel sehen wir uns den in Abb. 2.8 gezeigten NEA N_2 an. Um in den akzeptierenden Zustand 3 zu kommen, muss man vorher das Teilwort bab gelesen haben. Das heißt, es können nur Wörter akzeptiert werden, die bab als Teilwort enthalten. Auf der anderen Seite gibt es für jedes Wort, welches bab als Teilwort enthält, einen akzeptierenden Lauf. Dieser verbleibt im Zustand 0, bis das Teilwort bab beginnt,

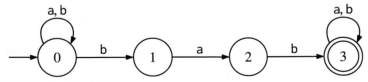

Abb. 2.8 NEA N_2 für Beispiel 2.4

dann liest er dieses Teilwort und geht dabei in den Zustand 3. Anschließend verbleibt er im Zustand 3. Wir erhalten also

$$L(N_2) := \{w \in \{\mathtt{a}, \mathtt{b}\}^* \mid w \text{ enthält } \mathtt{bab} \text{ als Teilwort}\}$$

und haben somit die Sprache $L(N_2)$ bestimmt.

Wir werden uns nun ansehen, wie man (praktisch) überprüfen kann, ob ein NEA ein Wort akzeptiert oder nicht akzeptiert. Sei also ein NEA und ein Wort w gegeben, zum Beispiel der NEA N_1 aus Abb. 2.7 und das Wort $w = \mathtt{abab}$. Wir wollen herausfinden, in welchen Zuständen man nach dem Lesen von w sein kann, wenn man vom Startzustand ausgeht, und ob einer dieser möglichen Zustände ein akzeptierender Zustand ist (wir wollen also $\delta^*(\{q_0\}, w) \cap F \neq \emptyset$ auswerten). Dazu werden wir das Wort w Zeichen für Zeichen verarbeiten und uns immer alle möglichen aktuellen Zustände merken. Am Anfang (ohne ein Zeichen zu lesen) können wir nur im Zustand 0 sein. Nach dem Lesen des ersten Zeichens von w (ein $\mathtt{a}$) können wir im Zustand 0, 1 oder 2 sein, denn hier kommt der Nichtdeterminismus zum Tragen. Nach dem Lesen des nächsten Zeichens $\mathtt{b}$ können wir uns im Zustand 0 befinden (von Zustand 0 aus kommend) oder im Zustand 3 (von Zustand 2 aus kommend). Die möglichen Zustände sind also $\{0, 3\}$. Wenn wir das nächste Zeichen $\mathtt{a}$ lesen, kommen wir in die Zustände 0, 1, 2 (von Zustand 0 aus kommend), oder wir verbleiben im Zustand 3. Die Menge der möglichen Zustände ist somit $\{0, 1, 2, 3\}$. Das letzte zu lesende Zeichen ist ein $\mathtt{b}$. Danach können wir uns im Zustand 0 (vom Zustand 0 aus kommend) oder im Zustand 3 (vom Zustand 2 oder 3 aus kommend) befinden. Also sind die möglichen Zustände nach dem Lesen von w gleich $\{0, 3\}$. Da in dieser Menge mit Zustand 3 ein akzeptierender Zustand enthalten ist, akzeptieren wir w. Die möglichen Zustände für dieses Beispiel sind in Abb. 2.9 dargestellt.

Als Nächstes wollen wir die Frage diskutieren, ob ein NEA mehr Sprachen akzeptieren kann als ein DEA. Es ist klar, dass es für jede reguläre Sprache einen NEA gibt, der diese akzeptiert, denn jeder DEA ist ein NEA, der den Nichtdeterminismus und die ε-Übergänge nicht verwendet. Wir werden aber auch zeigen, dass jede Sprache, die ein NEA akzeptiert, auch von einem DEA akzeptiert wird. Dazu werden wir eine Konstruktion vorstellen, die aus einem NEA einen DEA erstellt, der die gleiche Sprache akzeptiert. Diesen DEA nennen wir **Potenzautomat**.

Sei $N = (Q, \Sigma, \delta, q_0, F)$ ein NEA und w das Eingabewort. Wir haben bereits besprochen, wie man $w \in L(N)$ prüfen kann, indem man w zeichenweise liest und sich in jedem Schritt merkt, in welchen Zuständen man sein könnte. Diese Art der Überprüfung soll für uns nun ein DEA vornehmen. Dieser DEA muss sich also merken können, in welchen Zuständen der NEA sein könnte. Dies ist vielleicht eine große, aber trotzdem nur endliche Menge an Möglichkeiten. Um dies zu realisieren, nutzen wir als Zustandsmenge die Menge $\mathcal{P}(Q)$. Unsere Konstruktion soll dabei sicherstellen: Wenn P die Menge der Zustände ist, in welcher sich der NEA aktuell befinden könnte, dann soll der dazugehörige Potenzautomat im Zustand P sein. Es ist nicht schwer, die Übergangsfunktion des

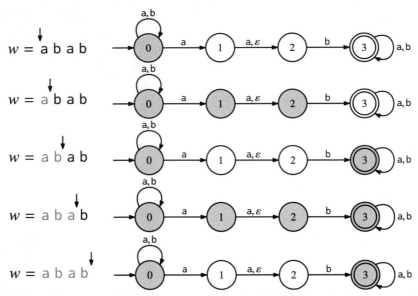

Abb. 2.9 Mögliche Zustände (grau) des NEA N_1 aus Abb. 2.7 bei der Verarbeitung des Eingabewortes $w = \text{abab}$

Potenzautomaten so zu wählen, dass dies garantiert wird. Ein Wort wird akzeptiert, wenn nach dem Lesen des Wortes einer der möglichen Zustände ein akzeptierender Zustand ist. Für den Potenzautomaten heißt das, dass wir die Zustände P als akzeptierend wählen, für die es ein $p \in P$ gibt, mit $p \in F$. Wir geben nun die vollständige formale Definition des Potenzautomaten an.

Definition 2.8 (Potenzautomat) Sei $N = (Q, \Sigma, \delta, q_0, F)$ ein NEA, dann ist der Potenzautomat zu N ein DEA $M = (Q_P, \Sigma, \delta_P, q_P, F_P)$ mit

- $Q_P := \mathcal{P}(Q)$,
- δ_P gegeben durch $\delta_P(P, x) := E(\bigcup_{p \in P} \delta(p, x))$,
- $q_P := E(q_0)$ und
- $F_P = \{P \subseteq Q \mid \exists p \in P : p \in F\}$.

Bevor wir formal beweisen, dass ein NEA und dessen Potenzautomat die gleiche Sprache akzeptieren, sehen wir uns ein Beispiel an. Wir betrachten dazu den NEA N_1 aus Abb. 2.7. Wir wollen nun den zu N_1 gehörigen Potenzautomaten konstruieren. Die Zustände sind Teilmengen der Menge $\{0, 1, 2, 3\}$. Der Startzustand ist $E(0) = \{0\}$. Nun sehen wir uns an, in welche Zustände wir von $\{0\}$ aus mit den Zeichen aus Σ gelangen. Bei einem a sind die Zustände 0,1,2 mögliche Folgezustände (denn $E(\delta(0, \text{a})) = \{0, 1, 2\}$). Bei einem b ist nur der Zustand 0 möglicher Folgezustand. Damit haben wir die Übergänge vom Zustand 0 aus erfasst. Wir erkennen, dass es nun mit $\{0, 1, 2\}$ einen Zustand gibt, für

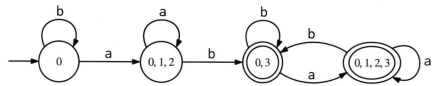

Abb. 2.10 Potenzautomat ohne nichterreichbare Zustände zum NEA N_1 aus Abb. 2.7. Bei den Zustandsnamen wurde auf die Mengenklammer verzichtet

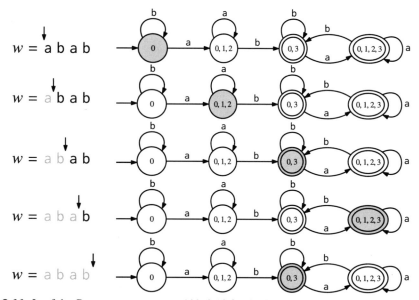

Abb. 2.11 Lauf des Potenzautomaten aus Abb. 2.10 für das Wort $w = abab$

welchen wir noch keine Übergänge bestimmt haben. Also sehen wir uns diesen Zustand als Nächstes an. Mit einem a verbleiben wir im Zustand $\{0, 1, 2\}$, und mit einem b gehen wir in den Zustand $\{0, 3\}$ über. In dieser Art fahren wir fort, bis alle erreichbaren Zustände mit ausgehenden Übergängen bestimmt wurden. Das Ergebnis ist in Abb. 2.10 zu sehen. Abb. 2.11 zeigt den zu $w = abab$ zugehörigen Lauf. Vergleichen Sie diesen Lauf mit der Abb. 2.9. Beachten Sie, dass der Potenzautomat eigentlich $|\mathcal{P}(Q)| = 2^{|Q|} = 16$ Zustände haben müsste. Der DEA aus der Abbildung hat jedoch nur 4 Zustände. Das liegt daran, dass wir mit unserer Methode nur die erreichbaren Zustände konstruiert haben, was jedoch ausreichend ist. Beachten Sie, dass es im Allgemeinen auch einen Zustand $\emptyset$ geben kann, da ja $\emptyset \in \mathcal{P}(Q)$.

Wir wollen nun die Korrektheit der Potenzautomatenkonstruktion formal beweisen. Ein formaler Beweis wird manchem Leser vielleicht unnötig erscheinen, da die Korrektheit direkt aus der Konstruktionsvorschrift ersichtlich ist. Wir möchten auf den formalen Beweis aber nicht verzichten, denn nur mit ihm haben wir die vollständige Gewissheit, dass wir keinen Denkfehler begangen haben. Der Beweis soll zudem das formale Arbeiten üben, auf das wir später bei komplizierteren Sachverhalten angewiesen sind.

Wir beginnen den Beweis mit einem Lemma. Das Lemma besagt, dass die Übergangsfunktion des Potenzautomaten uns angibt, welche möglichen Zustände des NEAs während der Ausführung angenommen werden können.

Lemma 2.1 Sei $N = (Q, \Sigma, \delta, q_0, F)$ ein NEA mit Potenzautomat $M_P = (Q_P, \Sigma, \delta_P, q_P, F_P)$. Dann gilt, dass für alle $P \subseteq Q$ und alle $w \in \Sigma^*$

$$\delta_P^*(E(P), w) = \delta^*(P, w).$$

Beweis. Wir beweisen das Lemma mit vollständiger Induktion über die Länge des Wortes w.

Induktionsanfang: Nach Definition von δ_P^* und δ^* gilt, dass

$$\delta_P^0(E(P), \varepsilon) = E(P) = \delta^0(P, \varepsilon).$$

Induktionsschritt: Wir nehmen an, dass $\delta_P^*(E(P), u) = \delta^*(P, u)$ gilt (für alle Wörter der Länge $k = |u|$). Daraus folgt für alle $x \in \Sigma$:

$$
\begin{aligned}
\delta_P^{k+1}(E(P), ux) &= \delta_P\left(\delta_P^k(E(P), u), x\right) & & \delta_P^{k+1} \text{ nach Definition 2.2} \\
&= \delta_P\left(\delta^k(P, u), x\right) & & \text{Induktionsannahme} \\
&= E\left(\bigcup\nolimits_{r \in \delta^k(P, u)} \delta(r, x)\right) & & \delta_P \text{ nach Definition 2.8} \\
&= \delta^{k+1}(P, ux) & & \delta^{k+1} \text{ nach Definition 2.6}
\end{aligned}
$$

Somit gilt die Aussage des Lemmas für alle Wörter der Länge $k + 1$.   ∎

Aus dem Lemma ergibt sich direkt der folgende Satz.

Satz 2.2 Sei N ein NEA und M_P dessen Potenzautomat, dann gilt

$$L(N) = L(M_P).$$

Beweis. Sei $N = (Q, \Sigma, \delta, q_0, F)$ und $M_P = (Q_P, \Sigma, \delta_P, q_P, F_P)$ der zu N gehörige Potenzautomat. Wir folgern:

$$
\begin{aligned}
N \text{ akzeptiert } w &\Leftrightarrow \delta^*(\{q_0\}, w) \cap F \neq \emptyset & & \text{nach Definition 2.7} \\
&\Leftrightarrow \delta_P^*(E(\{q_0\}), w) \cap F \neq \emptyset & & \text{nach Lemma 2.1} \\
&\Leftrightarrow \delta_P^*(q_P, w) \cap F \neq \emptyset & & q_P \text{ nach Definition 2.8} \\
&\Leftrightarrow \delta_P^*(q_P, w) \in F_P & & F_P \text{ nach Definition 2.8} \\
&\Leftrightarrow M_P \text{ akzeptiert } w & & \text{nach Definition 2.3}
\end{aligned}
$$
∎

Abb. 2.12 NEA N_3 zu
Selbsttestaufgabe 2.2

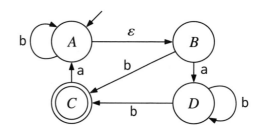

Korollar 2.1 Die Sprachen, die von einem NEA akzeptiert werden, sind genau die regulären Sprachen.

Test 2.2 Bestimmen Sie zu dem in Abb. 2.12 angegebenen NEA N_3 den Potenzautomaten. Nichterreichbare Zustände müssen nicht angegeben werden.

2.3 Abschlusseigenschaften regulärer Sprachen

In diesem Abschnitt sehen wir uns Abschlusseigenschaften von regulären Sprachen an. Generell helfen uns Abschlusseigenschaften, um etwas über Sprachklassen zu lernen. Wir sagen, eine Sprachklasse $\mathcal{L}$ ist **abgeschlossen unter der Operation** $\oplus$, falls für alle $L_1, L_2 \in \mathcal{L}$ gilt, dass auch $L_1 \oplus L_2$ aus $\mathcal{L}$ ist. Der Begriff ist für unäre oder k-stellige Operatoren analog definiert. Kennt man die Abschlusseigenschaften einer Sprachklasse, hilft dies, Aussagen über Sprachen dieser Klasse zu beweisen. Wollen wir zum Beispiel zeigen, dass eine bestimmte Sprache L aus $\mathcal{L}$ ist, und wir wissen, dass $\mathcal{L}$ abgeschlossen unter $\oplus$ ist, dann reicht es, zwei Sprachen $L_1, L_2 \in \mathcal{L}$ mit $L_1 \oplus L_2 = L$ zu finden. Auch an anderen Stellen finden Abschlusseigenschaften Anwendungen.

Als Erstes wollen wir die folgende Aussage beweisen.

Satz 2.3 Die regulären Sprachen REG sind unter Vereinigung abgeschlossen.

Wir werden uns für diesen Satz zwei verschiedene Beweise ansehen.

Beweis. (Produktautomat.) Seien L_1 und L_2 reguläre Sprachen über Σ (bei unterschiedlichen Alphabeten vereinigen wir diese). Wir wissen, es gibt einen DEA $M_1 = (Q_1, \Sigma, \delta_1, q_1, F_1)$, der L_1 akzeptiert, und einen DEA $M_2 = (Q_2, \Sigma, \delta_2, q_2, F_2)$, welcher L_2 akzeptiert. Wir werden einen DEA $M_3 = (Q_3, \Sigma, \delta_3, q_3, F_3)$ konstruieren, welcher die Sprache $L_1 \cup L_2$ akzeptiert. Daraus folgt, dass $L_1 \cup L_2$ regulär ist.

Der Automat M_3 soll genau dann ein Wort akzeptieren, wenn dieses Wort einen akzeptierenden Lauf in M_1 *oder* M_2 hat. Wir beabsichtigen, die Automaten M_1 und M_2 gleichzeitig durch M_3 ausführen zu lassen. Um dies zu realisieren, definieren wir einen passenden Zustandsraum für M_3. Schon beim Potenzautomaten haben wir diese Idee genutzt. Allerdings mussten wir uns dort eine Teilmenge von Original-Zuständen merken. Nun müssen wir uns nur merken, in welchem Zustand M_1 und in welchem Zustand M_2 sich während der Läufe befindet. Das heißt, der Zustandsraum von M_3 wird durch Paare von Zuständen gebildet, also $Q_3 := Q_1 \times Q_2$. Am Anfang befinden sich M_1 und M_2 in ihrem Startzustand, also ist der Startzustand von M_3 gleich $q_3 = (q_1, q_2)$. Die Übergangsfunktion δ_3 bildet die Übergangsfunktionen von M_1 und M_2 für die Komponenten des Zustandspaares nach. Das heißt,

$$\forall (p, q) \in Q_3 \ \forall a \in \Sigma: \quad \delta_3((p, q), a) := (\delta_1(p, a), \delta_2(q, a)).$$

Als Letztes legen wir die Menge F_3 fest. Wir wollen genau dann akzeptieren, wenn mindestens einer der DEAs M_1 oder M_2 in einem akzeptierenden Zustand ist. Aus diesem Grund setzen wir

$$F_3 := \{(p, q) \in Q_3 \mid p \in F_1 \text{ oder } q \in F_2\}.$$

Die Korrektheit unserer Konstruktion ist offensichtlich, weshalb wir auf einen formalen Korrektheitsbeweis verzichten. Einen DEA, dessen Zustandsraum man als Paare von Zuständen anderer Automaten definiert, nennt man **Produktautomat**. ∎

Beweis. (NEA-Konstruktion) Seien M_1 und M_2 die DEAs für die regulären Sprachen L_1 und L_2. Wir konstruieren einen NEA N für $L_1 \cup L_2$ wie folgt. Wir benennen die Zustände von M_1 und M_2 so um, dass beide DEAs keine gleichnamigen Zustände haben. Danach führen wir einen neuen Zustand ein, welchen wir als Startzustand für N auswählen. Wir verbinden diesen Zustand mit je einem ε-Übergang mit den Startzuständen von M_1 und M_2. Abb. 2.13 zeigt die Idee dieser Konstruktion als Schema.

Wir behaupten nun, dass $L(N) = L_1 \cup L_2$. In der Tat, falls $w \in L_1$, gibt es einen akzeptierenden w-Lauf in N. Dieser läuft über den Startzustand von M_1 und folgt dann dem akzeptierenden w-Lauf in M_1. Für $w \in L_2$ können wir analog schlussfolgern. Es werden von N keine anderen Wörter akzeptiert, denn der Folgezustand vom Startzustand von N muss entweder der Startzustand von M_1 oder von M_2 sein. Befinden wir uns in einem der Zustände von M_1 (beziehungsweise M_2), verhält sich N wie M_1 (beziehungsweise M_2), da man den Zustandsraum der DEAs nicht mehr verlassen kann. ∎

Abb. 2.13 Konstruktion des NEAs N im zweiten Beweis zu Satz 2.3 (schematisch). Die Startzustände der DEAs M_1/M_2 sind grau hinterlegt

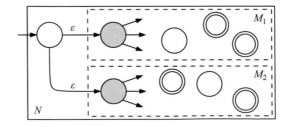

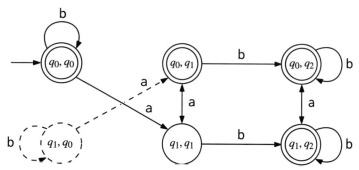

Abb. 2.14 Der Produktautomat zu $L_1 \cup L_2$ aus Beispiel 2.5. Der gestrichelte Teil besteht aus nichterreichbaren Zuständen und kann weggelassen werden

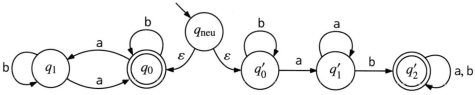

Abb. 2.15 Ein NEA für $L_1 \cup L_2$ aus Beispiel 2.5

Beide Beweise für Satz 2.3 sind konstruktiv. Wir sehen uns beide Konstruktionen am Beispiel an.

Beispiel 2.5 Seien

$$L_1 = \{w \in \{a, b\}^* \mid w \text{ enthält gerade Anzahl von as}\}$$

$$L_2 = \{w \in \{a, b\}^* \mid ab \text{ ist Teilwort von } w\}.$$

Für beide Sprachen haben wir bereits einen DEA vorgestellt. Für L_1 war dies der DEA M_1 aus Abb. 2.2 und für L_2 der DEA M_2 aus Abb. 2.4. Der Produktautomat für $L_1 \cup L_2$ ist in Abb. 2.14 zu sehen; der NEA aus der Konstruktion des zweiten Beweises in Abb. 2.15.

Neben der Vereinigung sind die regulären Sprachen auch unter weiteren Operationen abgeschlossen. Der folgende Satz gibt weitere Beispiele.

Satz 2.4 Die regulären Sprachen *REG* sind unter Konkatenation und Kleene Stern abgeschlossen.

Beweis. Der Beweis des Satzes folgt der Vorgehensweise wie beim Abschluss unter Vereinigung mit der NEA-Konstruktion. Wir besprechen zuerst die Konkatenation.

Seien L_1 und L_2 zwei reguläre Sprachen, welche von den DEAs M_1 und M_2 akzeptiert werden. Wir benennen die Zustände so, dass die Zustandsmengen der Automaten disjunkt sind. Nun kombinieren wir beide Automaten zu einem NEA N, welcher $L_1 \circ L_2$ akzeptieren wird. Als Startzustand von N nehmen wir den Startzustand von M_1. Für jeden akzeptierenden Zustand von M_1 fügen wir zudem einen ε-Übergang zum Startzustand von M_2 hinzu. Als akzeptierende Zustände von N wählen wir nur die akzeptierenden Zustände von M_2. Abb. 2.16 illustriert dieses Vorgehen.

Jeder akzeptierende w-Lauf für N besteht nach Konstruktion aus einem Teil von M_1, dann muss er einen ε-Übergang von einem akzeptierenden Zustand von M_1 zum Startzustand von M_2 nutzen, und schließlich folgt ein Teil vom Startzustand von M_2 zu einem akzeptierenden Zustand von M_2. Der Lauf zergliedert w also in die Teile $w = u \cdot \varepsilon \cdot v$, wobei $u \in L_1$ und $v \in L_2$. Somit ist w aus $L_1 \circ L_2$. Auf der anderen Seite können wir für jedes $w \in L_1 \circ L_2$ einen akzeptierenden Lauf mit der beschriebenen Struktur in N finden.

Um zu zeigen, dass REG unter Kleene Stern abgeschlossen ist, gehen wir ähnlich vor. Sei $L \in REG$ und M ein DEA, welcher L akzeptiert. Aus M erstellen wir einen NEA N. Dazu führen wir einen neuen Startzustand ein, der noch nicht in M vorkommt. Diesen Zustand wählen wir als akzeptierend, denn das leere Wort muss auf jeden Fall akzeptiert werden. Den neuen Startzustand verbinden wir mit einem ε-Übergang zum alten Startzustand, und zusätzlich führen wir ε-Übergänge von den akzeptierenden Zuständen zum neuen Startzustand ein. Alle akzeptierenden w-Läufe werden durch den neuen Startzustand in Teil-Läufe zerlegt. Jeder dieser Teile beschreibt einen akzeptierenden Lauf in M, und somit ist (für $k \geq 0$) $w = u_1 u_2 \cdots u_k$ mit $u_i \in L$. Es ist offensichtlich, dass jedes Wort aus L^* einen akzeptierenden Lauf hat. Somit akzeptiert N die Sprache L^*. Auch diese Konstruktion ist in Abb. 2.16 skizziert.   ■

Test 2.3 Zeigen Sie, dass die regulären Sprachen unter Spiegelung, Schnitt und Komplement abgeschlossen sind.

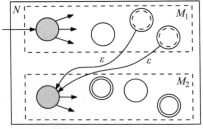
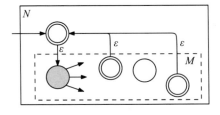

Abb. 2.16 Die Konstruktionen im Beweis zu Satz 2.4 als Schema. Links: ein NEA für $L_1 \circ L_2$. Rechts: ein NEA für L^*. Alte Startzustände wurden grau hinterlegt

2.4 Minimierung von DEAs

Es ist nicht schwer zu sehen, dass es für eine Sprache L unterschiedliche DEAs geben kann, welche die Sprache L akzeptieren. Ein Beispiel dazu findet sich in Abb. 2.17. Oft ist es von Vorteil, eine möglichst kompakte Beschreibung einer formalen Sprache zu kennen. Je kleiner der Automat ist, desto besser können wir mit ihm arbeiten. Daraus leitet sich folgendes Problem ab: Gegeben ist eine reguläre Sprache durch einen DEA M, finde einen DEA M' mit der minimalen Anzahl von Zuständen, der ebenfalls $L(M)$ akzeptiert. Einen solchen DEA nennen wir **Minimalautomat** für L.

2.4.1 Minimierung über den kollabierten Automaten

Einen zentralen Punkt bei der Minimierung von DEAs bildet der Begriff des **äquivalenten Zustandspaares**. Wir wollen hierbei ausdrücken, dass es bei einem äquivalenten Zustandspaar p, q völlig egal ist, ob wir uns in der aktuellen Berechnung im Zustand p oder im Zustand q befinden. Das heißt also, dass es (unabhängig vom Rest der Eingabe) nie möglich sein darf, durch das Lesen eines Wortes von p aus in einen akzeptierenden und von q aus in einen verwerfenden Zustand zu gelangen. Der umgekehrte Fall (von q aus in einen akzeptierenden und von p aus in einen verwerfenden Zustand) ist natürlich ebenfalls unerwünscht. Beachten Sie, dass wir nicht gefordert haben, dass wir mit jedem Rest der Eingabe von p und von q aus immer in genau demselben Zustand gelangen, denn dann würde ja bei einer Resteingabe ε folgen, dass $p = q$. Wir erhalten somit folgende Definition.

Definition 2.9 (Äquivalenz von Zuständen) Sei $M = (Q, \Sigma, \delta, q_0, F)$ ein DEA. Wir nennen zwei Zustände $p, q \in Q$ *äquivalent*, falls für alle $w \in \Sigma^*$ gilt, dass

$$\delta^*(p, w) \in F \iff \delta^*(q, w) \in F.$$

Wir schreiben in diesem Fall $p \approx q$.

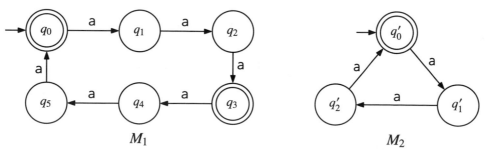

$$M_1 \qquad\qquad\qquad\qquad M_2$$

Abb. 2.17 Zwei DEAs, welche mit $L = \{w \in \{a\}^* \mid |w| \text{ ist Vielfaches von 3}\}$ die gleiche Sprache akzeptieren

Wenn zwei Zustände p, q nicht äquivalent sind, nennen wir sie **trennbar** und schreiben dafür $p \not\approx q$. Falls $p \not\approx q$ gilt, muss es also ein Wort $w \in \Sigma^*$ geben, für das entweder $\delta^*(p, w) \in F$ und $\delta^*(q, w) \notin F$ oder aber $\delta^*(p, w) \notin F$ und $\delta^*(q, w) \in F$. Wir nennen ein solches Wort w **Trennwort** für das Zustandspaar p, q.

Sehen wir uns nun ein Beispiel an. Wir betrachten dazu den DEA M_1 aus Abb. 2.17. Wir erkennen, dass q_0 und q_1 trennbar sind, denn $\delta^*(q_0, \varepsilon) \in F$, aber $\delta^*(q_1, \varepsilon) \notin F$. Ein Trennwort ist somit ε. Sind also zwei Zustände nicht beide akzeptierende oder beide verwerfende Zustände, sind sie immer trennbar. Ein weiteres trennbares Paar bilden q_2 und q_4. Ein mögliches Trennwort ist hierfür a, denn $\delta^*(q_2, a) = q_3 \in F$ und $\delta^*(q_4, a) = q_5 \notin F$. Der DEA M_1 enthält aber auch äquivalente Zustandspaare. Ein solches Paar bildet q_0, q_3. Dies kann man wie folgt begründen. Sei $X_0 = \{a^{3\ell} \mid \ell \geq 0\}$, $X_1 = \{a^{3\ell+1} \mid \ell \geq 0\}$ und $X_2 = \{a^{3\ell+2} \mid \ell \geq 0\}$. Ein Wort $w \in X_0$ kann kein Trennwort sein, da $\delta^*(q_0, w) \in F$ und $\delta^*(q_3, w) \in F$. Alle Wörter $w \in X_1$ können auch keine Trennwörter sein, denn für sie gilt $\delta^*(q_0, w) \in \{q_1, q_4\}$ und $\delta^*(q_3, w) \in \{q_1, q_4\}$. Das heißt also, alle Wörter aus X_1 überführen q_0, q_3 in ein Paar von verwerfenden Zuständen. Für Wörter aus X_2 gilt dies auch. Hier kann man analog argumentieren.

Wenn zwei Zustände p, q äquivalent sind, möchten wir sie zusammenfassen, da es ja für die Akzeptanz eines Wortes keinen Unterschied macht, ob wir während der Ausführung zu einem bestimmten Zeitpunkt in p oder q sind. Eventuell ist aber auch eine größere Gruppe von Zuständen paarweise äquivalent, auch dann möchten wir diese Gruppe von Zuständen zusammenfassen. Hilfreich ist in diesem Zusammenhang, dass die Relation $\approx$ eine Äquivalenzrelation ist. Es ist klar, dass $\approx$ symmetrisch und reflexiv ist. Die Transitivität folgt direkt aus der Definition, denn wenn $p \approx q$ und $q \approx r$, gilt ja für alle $w \in \Sigma^*$, dass

$$\delta^*(p, w) \in F \iff \delta^*(q, w) \in F \iff \delta^*(r, w) \in F,$$

und damit auch $\delta^*(p, w) \in F \iff \delta^*(r, w) \in F$, woraus $p \approx r$ folgt.

Mit Hilfe der Äquivalenzrelation $\approx$ können wir nun geeignet die äquivalenten Zustände zusammenfassen. Den DEA, den wir damit erhalten, nennen wir den **kollabierten Automaten**. Dieser ist wie folgt definiert:

Definition 2.10 (Kollabierter Automat) Für einen DEA $M = (Q, \Sigma, \delta, q_0, F)$ definieren wir als seinen *kollabierten Automaten* einen DEA $\hat{M} = (\hat{Q}, \Sigma, \hat{\delta}, \hat{q}_0, \hat{F})$ wie folgt:

- $\hat{Q} = \{[q] \mid q \in Q\}$
- $\forall [q] \in \hat{Q} \ \forall a \in \Sigma: \hat{\delta}([q], a) := [\delta(q, a)]$
- $\hat{q}_0 = [q_0]$
- $\hat{F} := \{[f] \mid f \in F\}$

Hierbei bezeichnet $[q]$ die Äquivalenzklasse von q bezüglich der $\approx$-Relation von M.

Es ist nicht ganz klar, ob die Definition des kollabierten Automaten auch wohldefiniert ist. Eine Stelle, wo wir aufpassen müssen, ist die Übergangsfunktion $\hat{\delta}$. Wenn eine Äquivalenzklasse mindestens zwei Elemente enthält, sagen wir p und q, gilt natürlich $[p] = [q] = \{p, q, \ldots\}$. Egal, ob wir die Klasse nun als $[p]$ oder $[q]$ benennen, $\hat{\delta}$ muss immer den gleichen Folgezustand liefern, was heißt, dass $\delta(p, a)$ in der gleichen Äquivalenzklasse liegen muss wie $\delta(q, a)$. Dies ist aber so, denn wenn $p \approx q$, dann gilt auch für alle $a \in \Sigma$: $\delta^*(p, a) \approx \delta^*(q, a)$. Würde das nicht gelten, gäbe es ein Trennwort w für $\delta(p, a)$ und $\delta(q, a)$, und dann wäre aw ein Trennwort für p und q, das es aber nicht geben kann, da ja $p \approx q$. Eine weitere Stelle, bei der wir aufpassen müssen, ist die Definition der akzeptierenden Zustände $\hat{F}$. Diese ist nur zulässig, wenn die Zustände aus einer Klasse $[p]$ entweder alle aus F oder alle aus $Q \setminus F$ sind. Aber auch dies gilt, denn wenn $p \approx q$, können wir beide Zustände insbesondere nicht durch ε trennen, und somit gilt, dass $p = \delta^*(p, \varepsilon) \in F \iff q = \delta^*(q, \varepsilon) \in F$.

Satz 2.5 Sei M ein DEA und $\hat{M}$ der zu M kollabierte Automat. Dann gilt

$$L(M) = L(\hat{M}).$$

Beweis. Sei $M = (Q, \Sigma, \delta, q_0, F)$ und $\hat{M} = (\hat{Q}, \Sigma, \hat{\delta}, \hat{q}_0, \hat{F})$. Wir betrachten nun ein beliebiges $w \in \Sigma^*$. Der zu diesem Wort gehörige Lauf in M sei $(p_1, p_2, \ldots, p_m)$, wobei $p_1 = q_0$. Des Weiteren sei $(\hat{p}_1, \hat{p}_2, \ldots, \hat{p}_m)$ der w-Lauf in $\hat{M}$ mit $\hat{p}_1 = \hat{q}_0$.

Wir zeigen zuerst mit vollständiger Induktion, dass für alle $1 \leq i \leq m$ $\hat{p}_i = [p_i]$. Die Aussage gilt offensichtlich für $i = 1$, da $\hat{p}_1 = \hat{q}_0 = [q_0] = [p_1]$. Angenommen, die Aussage gilt nun für ein $i = k$, das heißt, dass $\hat{p}_k = [p_k]$. Wir bezeichnen das k-te Zeichen von w mit a. Dann gilt auch, dass

$$\hat{p}_{k+1} = \hat{\delta}(\hat{p}_k, a) = \hat{\delta}([p_k], a) = [\delta(p_k, a)] = [p_{k+1}].$$

Wir wissen nun also, dass $\hat{p}_m = [p_m]$. Nur wenn der Zustand $p_m \in F$, gilt auch, dass $[p_m] \in \hat{F}$. Das heißt also, dass $p_m \in F \iff \hat{p}_m \in \hat{F}$. Daraus folgt, dass $w \in L(M) \iff w \in L(\hat{M})$. ∎

Der letzte Satz sagt uns, dass der kollabierte Automat zu M die gleiche Sprache akzeptiert wie der ursprüngliche DEA M. Wir sehen anhand der Konstruktion auch, dass der kollabierte Automat höchstens so viele Zustände hat wie M, möglicherweise aber auch weniger. Es bleibt nun natürlich noch die Frage zu klären, ob es eventuell noch einen anderen DEA für $L(M)$ gibt, der noch weniger Zustände benutzt. Um diese Frage zu beantworten, müssen wir ein wenig weiter ausholen. Als Erstes zeigen wir, dass man einen kollabierten Automaten nicht durch erneutes Kollabieren weiter verkleinern kann.

Lemma 2.2 Sei $\hat{M}$ der kollabierte Automat zum DEA M mit Zustandsmenge Q. Dann gilt für alle $p, q \in Q$

$$[p] \approx_{\hat{M}} [q] \Rightarrow [p] = [q].$$

Hierbei bezieht sich $\approx_{\hat{M}}$ auf die $\approx$-Relation bezüglich $\hat{M}$.

Beweis. Sei $M = (Q, \Sigma, \delta, q_0, F)$ und $\hat{M} = (\hat{Q}, \Sigma, \hat{\delta}, \hat{q}_0, \hat{F})$. Wir bezeichnen mit $\approx_M$ die $\approx$-Relation bezüglich M.

Zuerst zeigen wir als Vorüberlegung, dass für alle $w \in \Sigma^*$ gilt, dass $\hat{\delta}^*([p], w) = [\delta^*(p, w)]$. Wir nutzen dazu die Induktion über $|w|$. Der Basisfall $w = \varepsilon$ ist klar, da $\hat{\delta}^*([p], \varepsilon) = [p] = [\delta^*(p, \varepsilon)]$. Für den Induktionsschritt nehmen wir an, die Aussage gelte für $|w| = k$. Sei nun $w = ua$ mit $u \in \Sigma^k$ und $a \in \Sigma$. Wir erhalten

$$\hat{\delta}^*([p], ua) = \hat{\delta}(\hat{\delta}^*([p], u), a) = \hat{\delta}([\delta^*(p, u)], a) = [\delta(\delta^*(p, u), a)] = [\delta^*(p, ua)].$$

Die Umformungen ergeben sich aus der Definition der iterierten Übergangsfunktion, der Induktionsvoraussetzung und aus der Definition 2.10 für die Übergangsfunktion des kollabierten Automaten.

Es gilt nun

$[p] \approx_{\hat{M}} [q]$
$\quad \Rightarrow \forall w \in \Sigma^*: (\hat{\delta}^*([p], w) \in \hat{F} \Leftrightarrow \hat{\delta}^*([q], w) \in \hat{F}) \quad$ nach Definition 2.9 von $\approx_{\hat{M}}$
$\quad \Rightarrow \forall w \in \Sigma^*: ([\delta^*(p, w)] \in \hat{F} \Leftrightarrow [\delta^*(q, w)] \in \hat{F}) \quad$ siehe Vorüberlegung
$\quad \Rightarrow \forall w \in \Sigma^*: (\delta^*(p, w) \in F \Leftrightarrow \delta^*(q, w) \in F) \quad$ nach Definition 2.10
$\quad \Rightarrow p \approx_M q \quad$ nach Definition 2.9 von $\approx_M$
$\quad \Rightarrow [p] = [q]$ ∎

Wir sehen uns nun einen neuen Ansatz an, wie man einen DEA mit einer minimalen Anzahl von Zuständen direkt aus der Sprache $L(M)$ konstruieren kann. Anschließend wollen wir zeigen, dass dieser DEA genauso viele Zustände hat wie jeder kollabierte Automat zu M. Zunächst jedoch eine wichtige Definition.

Definition 2.11 (Myhill-Nerode-Relation)   Sei L eine Sprache über dem Alphabet Σ, nicht notwendigerweise regulär. Wir definieren für zwei Wörter $u, v \in \Sigma^*$

$$u \equiv_L v : \Longleftrightarrow \forall w \in \Sigma^*: (uw \in L \Leftrightarrow vw \in L).$$

Die Relation $\equiv_L$ nennen wir Myhill-Nerode-Relation (kurz MN-Relation).

Beispiel 2.6 Sei $L = \{w \in \{a, b\}^* \mid w$ endet auf $aa\}$.

Es gibt folgende Klassen in der MN-Relation:

$$[\varepsilon] = \{w \mid w \text{ endet nicht auf } a\}$$

$$[a] = \{w \mid w \text{ endet auf } a, \text{ aber nicht auf } aa\}$$

$$[aa] = \{w \mid w \text{ endet auf } aa\}$$

Test 2.4 Sei

$$L = \{w \in \{a, b\}^* \mid \exists u \in \Sigma^*: w = aua \text{ oder } w = bub\}.$$

Geben Sie alle Klassen der MN-Relation zu L an.

Die MN-Relation erinnert an die Äquivalenz von Zustandspaaren (Definition 2.9). Beachten Sie, dass die MN-Relation eine Relation über Wörter ist und nur von der Sprache L abhängt. Die Relation $\approx$ hingegen ist eine Relation über Zustände eines DEAs und wird von einem endlichen Automaten bestimmt. Wir werden auch bei der MN-Relation davon sprechen, dass zwei Wörter u, v getrennt werden können. Analog zur $\approx$-Relation bedeutet dies, dass wir ein Trennwort w finden, sodass entweder $uw \in L$ und $vw \notin L$ oder $uw \notin L$ und $vw \in L$. Können wir also zwei Wörter u, v bezüglich L trennen, gilt $u \not\equiv_L v$.

Die Myhill-Nerode-Relation ist auch wieder eine Äquivalenzrelation. Symmetrie, Reflexivität und Transitivität folgen direkt aus der Definition. Die Relation besitzt noch eine weitere interessante Eigenschaft: Es gilt für alle $w \in \Sigma^*$, dass

$$u \equiv_L v \Rightarrow uw \equiv_L vw.$$

Auch dies ist eine direkte Konsequenz aus der Definition (würde man ein Trennwort z für uw und vw finden, wäre wz ein Trennwort für u und v). Die beschriebene Eigenschaft heißt **Rechtskongruenz**.

Wir werden die Klassen der MN-Relation einer Sprache L nutzen, um einen DEA für L zu konstruieren. Diese Konstruktion setzt voraus, dass die MN-Relation nur endlich viele Äquivalenzklassen hat. Die Anzahl der Äquivalenzklassen nennt man auch den **Index** einer Äquivalenzrelation.

Von der MN-Relation einer Sprache mit endlichem Index können wir einen endlichen Automaten wie folgt ableiten.

Definition 2.12 (Myhill-Nerode-Automat) Sei $L \subseteq \Sigma^*$ eine Sprache, deren MN-Relation endlichen Index hat. Dann definieren wir den *Myhill-Nerode-Automaten* $M_L = (Q_L, \Sigma, \delta_L, q_{0L}, F_L)$ zu L wie folgt:

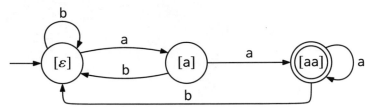

Abb. 2.18 Der Myhill-Nerode-Automat zur MN-Relation aus Beispiel 2.6

- $Q_L := \{[w] \mid w \in \Sigma^*\}$
- $\forall [w] \in Q_L \ \forall a \in \Sigma \colon \delta_L([w], a) := [wa]$
- $q_{0L} := [\varepsilon]$
- $F_L := \{[w] \mid w \in L\}$

Hierbei bezeichnet $[w]$ die Äquivalenzklasse von w bezüglich der MN-Relation von L.

Abb. 2.18 zeigt den Myhill-Nerode-Automaten für die MN-Relation, die im Beispiel 2.6 bestimmt wurde.

Wie beim kollabierten Automaten müssen wir prüfen, ob der Myhill-Nerode-Automat wohldefiniert ist. Die Menge Q_L muss endlich sein. Das ist sie, da wir vorausgesetzt haben, dass die MN-Relation endlichen Index hat. Wenn $u \equiv_L w$, dann muss für jedes $a \in \Sigma$ gelten, dass $\delta_L([u], a) = \delta_L([w], a)$, sonst wäre die Übergangsfunktion δ_L nicht wohldefiniert. Dies ist aber der Fall, da $[ua] = [wa]$ aufgrund der Rechtskongruenz. Ferner besteht jede Klasse der MN-Relation entweder komplett aus Wörtern aus L – oder aus Wörtern, die alle nicht aus L sind. Ansonsten könnte man zwei Wörter aus einer Klasse mit ε trennen. Somit ist auch die Menge F_L sinnvoll definiert.

Der folgende Satz zeigt, dass der Myhill-Nerode-Automat die von uns gewünschten Eigenschaften hat.

Satz 2.6 Sei M_L der Myhill-Nerode-Automat für die Sprache L, dann gilt

1. $L(M_L) = L$ und
2. M_L ist ein Minimalautomat zu L.

Beweis.
Zu 1.) Zuerst zeigen wir, dass wir uns nach dem Lesen des Wortes w im Zustand $[w]$ befinden. Dies kann man leicht durch vollständige Induktion über $|w|$ nachweisen: Wenn wir noch nichts gelesen haben ($w = \varepsilon$), sind wir nach Definition im Startzustand $[\varepsilon]$. Damit wäre der Basisfall gezeigt. Wenn gilt, dass $w = ua$ mit $a \in \Sigma$ und wir wissen, dass wir nach dem Lesen von u im Zustand $[u]$ sind (Induktionsvoraussetzung), dann sind wir nach dem Lesen von w im Zustand $\delta_L([u], a) = [ua] = [w]$.

Ein w-Lauf endet also im Zustand $[w]$. Ein Wort w wird demnach genau dann durch M_L akzeptiert, falls $[w] \in F_L$. Dies ist nach Definition 2.12 jedoch genau dann der Fall, wenn $w \in L$.

Zu 2.) Angenommen, es gibt einen DEA M' für L mit weniger Zuständen als M_L. Dann gibt es mindestens zwei Wörter u, v mit $u \not\equiv_L v$, deren Lauf in M' im selben Zustand endet. Es gibt jedoch mindestens ein Trennwort für u und v; dieses sei w. Der uw-Lauf und der vw-Lauf von M' enden im selben Zustand. Das heißt, dass entweder $uw \in L$ und $vw \in L$ oder $uw \notin L$ und $vw \notin L$. Dies steht aber im Widerspruch, dass w ein Trennwort von u und v bezüglich der MN-Relation ist. ∎

Nun sind wir endlich so weit, dass wir zeigen können, dass der kollabierte Automat ein Minimalautomat ist. Das gilt aber nur dann, wenn wir alle nichterreichbaren Zustände streichen.

Satz 2.7 Der kollabierte Automat, in dem alle nichterreichbaren Zustände gestrichen wurden, ist ein Minimalautomat.

Beweis. Wir müssen zeigen, dass der kollabierte Automat $\hat{M} = (\hat{Q}, \Sigma, \hat{\delta}, \hat{q}_0, \hat{F})$ so viele Zustände hat wie der Myhill-Nerode-Automat zu $L = L(\hat{M})$. Der Myhill-Nerode-Automat hat so viele Zustände, wie die MN-Relation Äquivalenzklassen hat. Außerdem wurden in $\hat{M}$ alle nichterreichbaren Zustände bereits gestrichen. Somit genügt es zu zeigen, dass in $\hat{M}$ die Läufe der Wörter einer Äquivalenzklasse der MN-Relation alle im selben Zustand enden.

$$u \equiv_L v \Rightarrow \forall w \in \Sigma^* : (uw \in L \Leftrightarrow vw \in L) \qquad \text{Definition von } \equiv_L$$
$$\Rightarrow \forall w \in \Sigma^* : (\hat{\delta}^*(\hat{q}_0, uw) \in \hat{F} \Leftrightarrow \hat{\delta}^*(\hat{q}_0, vw) \in \hat{F}) \qquad \text{Akzeptanz DEA}$$
$$\Rightarrow \forall w \in \Sigma^* : (\hat{\delta}^*(\hat{\delta}^*(\hat{q}_0, u), w) \in \hat{F} \Leftrightarrow \hat{\delta}^*(\hat{\delta}^*(\hat{q}_0, v), w) \in \hat{F})$$
$$\Rightarrow \hat{\delta}^*(\hat{q}_0, u) \approx \hat{\delta}^*(\hat{q}_0, v) \qquad \text{Definition von } \approx$$
$$\Rightarrow \hat{\delta}^*(\hat{q}_0, u) = \hat{\delta}^*(\hat{q}_0, v) \qquad \text{Lemma 2.2} \quad ∎$$

Für den Beweis des letzten Satzes mussten wir den „Umweg" über den Myhill-Nerode-Automaten machen. Diese Mühe hat sich jedoch für uns im doppelten Sinne gelohnt. Denn neben dem Beweis von Satz 2.7 können wir nun auch eine wichtige Eigenschaft für die regulären Sprachen aus unseren bisherigen Überlegungen ableiten.

Satz 2.8 (Satz von Myhill-Nerode) Eine Sprache L ist genau dann regulär, wenn ihre MN-Relation einen endlichen Index hat.

Beweis. Wenn L regulär ist, existiert ein DEA M, welcher L akzeptiert. Die MN-Relation hat so viele Klassen, wie der kollabierte Automat zu M Zustände hat (siehe Beweis von Satz 2.7). Also hat die MN-Relation endlichen Index.

Wenn die MN-Relation einer Sprache L endlichen Index hat, gibt es mit dem Myhill-Nerode-Automaten einen DEA, der diese Sprache akzeptiert. Also ist L regulär. Damit sind beide Richtungen des Satzes bewiesen.   ■

Wir haben nun also zwei Methoden erarbeitet, die es uns erlauben, einen Minimalautomaten zu bestimmen. Die erste Möglichkeit ist, die Klassen der MN-Relation der Sprache zu ermitteln und aus diesen den Myhill-Nerode-Automaten zu konstruieren. Dieser Automat existiert für reguläre Sprachen, da nach dem Satz von Myhill-Nerode der Index der MN-Relation endlich ist. Als Alternative dazu können wir auch einen beliebigen DEA nehmen, der die gewünschte Sprache akzeptiert, und davon den kollabierten Automaten berechnen. Bei beiden Ansätzen gibt es bei der praktischen Ausführung noch Probleme. So ist es nicht offensichtlich, wie man die Klassen der MN-Relation finden kann. In der Tat ist es oft gar nicht so einfach, diese Klassen zu bestimmen. Aus diesem Grunde ist der Weg über den Myhill-Nerode-Automaten oft mühsam. Der kollabierte Automat bietet hier die bessere Strategie, denn für diesen Ansatz müssen wir nur einen beliebigen DEA für die Sprache finden und diesen dann kollabieren. Dies funktioniert sehr gut, wenn man weiß, welche Zustandspaare äquivalent sind. Bislang haben wir aber noch nicht erklärt, wie man die Äquivalenz von Zuständen feststellen kann.

Für das Finden von äquivalenten Zuständen werden wir einen einfachen Algorithmus vorstellen. Der Algorithmus heißt *Table-Filling-Algorithmus*, wir sagen aber nur kurz TF-Algorithmus. Sei $M = (Q, \Sigma, \delta, q_0, F)$ der DEA, der kollabiert werden soll. Der TF-Algorithmus arbeitet mit einer $Q \times Q$-Tabelle T, in welcher wir markieren, welche Zustandspaare wir bislang trennen können. Diese Tabelle wird während des Ablaufs des Algorithmus nach und nach vervollständigt, bis nur noch die Paare unmarkiert sind, die äquivalent sind.

Der TF-Algorithmus beginnt mit einem Initialisierungsteil. In diesem werden alle Zustandspaare markiert, die sich durch ε trennen lassen. Das kann man für jedes Paar (p, q) leicht prüfen, denn p und q lassen sich genau dann durch ε trennen, wenn entweder $p \in F$ und $q \notin F$, oder $p \notin F$ und $q \in F$. In der Tabelle T sind die (ungeordneten) Paare doppelt gespeichert, zum Beispiel als (p, q) und (q, p). Es reicht natürlich, nur eines dieser Paare zu betrachten, etwa nur die Einträge oberhalb der Diagonalen von T. Nach der Initialisierung werden wir eine Suchphase beginnen. Markieren wir kein weiteres Paar in der Suchphase, stoppen wir den Algorithmus. Setzen wir hingegen mindestens eine neue Markierung, führen wir eine weitere Suchphase durch und wiederholen das so lange, bis eine Suchphase ohne Markierung stattgefunden hat. In der Suchphase gehen wir alle noch nicht markierten Zustandspaare durch. Angenommen, das aktuell betrachtete Paar heißt (p, q), dann sehen wir für jedes $a \in \Sigma$ nach, ob das (ungeordnete) Paar $(\delta(p, a), \delta(q, a))$ aktuell markiert ist. Finden wir ein solches Paar, dann markieren wir auch (p, q).

Algorithmus 1 zeigt die besprochene Vorgehensweise in Pseudocode. Hier werden Einträge in der Tabelle markiert, indem sie auf 1 gesetzt werden (sonst auf 0). Wir nehmen außerdem an, dass die Zustände durchnummeriert sind.

Algorithmus 1: Der Table-Filling-Algorithmus zur Bestimmung äquivalenter Zustandspaare

---

   // Initialisierung
1 $Q_2 := \{(p,q) \in Q^2 \mid p \le q\}$
2 Setze alle Einträge von T auf 0
3 **for all** $(p,q) \in Q_2$ **do**
4 | **if** $(p \in F$ und $q \notin F)$ oder $(p \notin F$ und $q \in F)$ **then** $T[p,q] = 1$
5 **end**
   // Suchphase
6 **repeat**
7 | **for all** $(p,q) \in Q_2$ **do**
8 | | **for all** $a \in \Sigma$ **do**
9 | | | **if** $T[\delta(p,a),\delta(q,a)] == 1$ oder $T[\delta(q,a),\delta(p,a)] == 1$ **then** $T[p,q] = 1$
10 | | **end**
11 | **end**
12 **until** *kein Eintrag von T wurde in aktueller Suchphase markiert*

Satz 2.9 Nach dem Ausführen des Table-Filling-Algorithmus sind in der Tabelle T genau die äquivalenten Zustandspaare unmarkiert.

Beweis. Um die Korrektheit des Algorithmus zu zeigen, nutzen wir einen Widerspruchsbeweis. Angenommen, es gibt trennbare Zustandspaare, die nicht markiert wurden. Ein solches Zustandspaar nennen wir ein *schlechtes Paar*. Für jedes schlechte Paar wählen wir ein kürzestes Trennwort aus. Nun wählen wir das Paar, das ein kürzestes unter diesen ausgewählten Trennwörtern hat. Dieses Paar sei (p,q), und dessen (kürzestes) Trennwort sei w. Wir wissen, dass $w \ne \varepsilon$, denn sonst wäre (p,q) in der Initialisierungsphase markiert worden. Deshalb können wir w aufteilen, sodass $w = au$ mit $a \in \Sigma$ und $u \in \Sigma^*$. Das Paar $(\delta(p,a), \delta(q,a))$ kann nicht markiert sein, denn sonst wäre (p,q) in einer Suchphase markiert worden. Auf der anderen Seite ist $(\delta(p,a), \delta(q,a))$ aber durch u trennbar und demnach ein schlechtes Paar mit Trennwort u. Dies widerspricht der Annahme, dass (p,q) ein schlechtes Paar mit kürzestem Trennwort ist, und folglich muss (p,q) markiert sein.

Abschließend überlegen wir uns noch, dass kein äquivalentes Zustandspaar durch den Algorithmus markiert wurde. Dies kann man leicht sehen, da als Invariante während der Ausführung des Algorithmus gilt, dass nur trennbare Paare markiert sind. Nach der Initialisierung gilt die Invariante offensichtlich. Während der Suchphasen wird ein Paar (p,q) nur dann markiert, wenn es ein Paar (r,s) gibt, das bereits markiert ist, und für welches ein Zeichen a existiert, sodass $r = \delta(p,a)$ und $s = \delta(q,a)$. Aufgrund der Invariante können wir annehmen, dass r und s trennbar sind (Trennwort u). Dann gilt aber auch, dass p und q mit au getrennt werden können. Demnach bleibt die Invariante auch nach dem Markieren von (p,q) erhalten. ∎

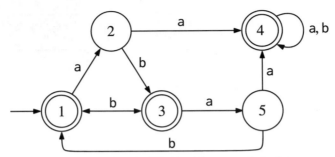

Abb. 2.19 DEA M_3 zur Demonstration des TF-Algorithmus am Beispiel

Tab. 2.1 T nach
Initialisierung

(p, q)	1	2	3	4	5
1	0	1	0	0	1
2	–	0	1	1	0
3	–	–	0	0	1
4	–	–	–	0	1
5	–	–	–	–	0

Tab. 2.2 T nach den
Suchphasen

(p, q)	1	2	3	4	5
1	0	1	0	1	1
2	–	0	1	1	0
3	–	–	0	1	1
4	–	–	–	0	1
5	–	–	–	–	0

Wir schließen diesen Abschnitt mit einem Beispiel ab. Dazu betrachten wir den
Automaten M_3 aus Abb. 2.19. Wir wollen den Minimalautomaten zu $L(M_3)$ bestimmen,
indem wir M_3 kollabieren. Als ersten Schritt müssen wir die äquivalenten Zustände mit
Hilfe des TF-Algorithmus bestimmen. Dazu erstellen wir eine Tabelle T, in welcher
wir trennbare Zustandspaare markieren. In der Initialisierungsphase des Algorithmus
markieren wir zunächst die Paare, bei denen ein Zustand akzeptierend und ein Zustand
verwerfend ist (siehe Tab. 2.1). In der ersten Suchphase wird festgestellt, dass sich
das Zustandspaar $(1, 4)$ durch ein a in das Paar $(2, 4)$ „überführen" lässt. Dieses Paar
ist bereits markiert, deshalb wird auch das Paar $(1, 4)$ markiert. Gleiches gilt für das
Zustandspaar $(3, 4)$; durch die Verarbeitung eines a wird dieses Paar in das markierte
Paar $(4, 5)$ überführt. Demnach wird auch auch das Paar $(3, 4)$ markiert. Dagegen kann
zum Beispiel das Paar $(1, 3)$ nicht in ein bereits markiertes Paar überführt werden, da
sowohl $(\delta(1, a), \delta(3, a)) = (2, 5)$ als auch $(\delta(1, b), \delta(3, b)) = (3, 1)$ unmarkiert sind.
In der zweiten Suchphase können wir keine neuen Paare markieren. Tab. 2.2 zeigt T
nach den Suchphasen. Wir können nun die äquivalenten Zustandspaare aus der Tab. 2.2
ablesen. Wir erhalten $1 \approx 3$ und $2 \approx 5$. Die $\approx$-Relation hat somit die Äquivalenzklassen

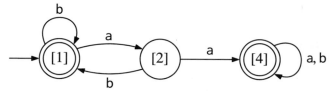

Abb. 2.20 Der kollabierte Automat zum DEA M_3 aus Abb. 2.19

Abb. 2.21 DEA für die
Selbsttestaufgabe 2.5

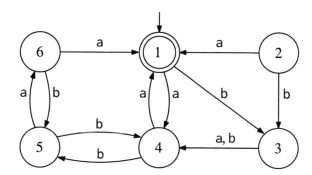

$[1] = \{1, 3\}, [2] = \{2, 5\}$ und $[4] = \{4\}$. Den kollabierten Automaten können wir nun, wie in Definition 2.10 beschrieben, zusammensetzen. Sein Zustandsdiagramm ist in Abb. 2.20 zu sehen.

Test 2.5 Betrachten Sie den DEA über $\Sigma = \{a, b\}$, dessen Zustandsdiagramm in Abb. 2.21 zu sehen ist.

(a) Bestimmen Sie die äquivalenten Zustände mit Hilfe des TF-Algorithmus.
(b) Geben Sie den kollabierten Automaten an.

2.4.2 Minimierung durch den Spiegelautomaten

Wir sehen uns nun eine interessante Alternative zur Minimierung von endlichen Automaten an. Um sie zu erklären, benötigen wir das Konzept des Spiegelautomaten. Wenn ein DEA M die Sprache L erkennt, dann ist der Spiegelautomat ein DEA $\bar{M}$, welcher die Sprache $\bar{L}$ erkennt. Wir können $\bar{M}$ direkt angeben.

Definition 2.13 (Spiegelautomat) Sei $M = (Q, \Sigma, \delta, q_0, F)$ ein DEA, dann ist der *Spiegelautomat* zu M durch $\bar{M} = (\mathcal{P}(Q), \Sigma, \bar{\delta}, F, \bar{F})$ gegeben, wobei

- $\bar{\delta}(P, a) := \{q \in Q \mid \delta(q, a) \in P\}$,
- $\bar{F} = \{P \subset Q \mid q_0 \in P\}$.

Zudem streichen wir alle nichterreichbaren Zustände.

Auf den ersten Blick ist es vielleicht etwas schwierig zu sehen, wie der Spiegelautomat „funktioniert". Es ist hilfreich, sich die Definition aus einem zweistufigen Prozess abzuleiten, mit welchem wir einen DEA für die Sprache $\overleftarrow{L}(M)$ erzeugen können (vergleiche dazu auch Selbsttest 2.3).

In einem ersten Schritt erstellen wir einen NEA N für $\overleftarrow{L}(M)$. Dazu drehen wir einfach alle Übergänge um und machen den Startzustand zum alleinigen akzeptierenden Zustand. Läufe sollen nun bei jedem der alten akzeptierenden Zustände starten können. Um dies zu realisieren, führen wir einen neuen Zustand q_0' ein, den wir über ε-Übergänge mit den alten akzeptierenden Zuständen verbinden. Siehe dazu auch Abb. 2.22. Gibt es nun einen akzeptierenden Lauf in N, dann gibt es nach Konstruktion einen akzeptierenden Lauf in M in umgekehrter Reihenfolge. Andersherum gilt dies genauso. Beachten Sie, dass durch das Umkehren der Übergänge bereits der Nichtdeterminismus auftreten kann, da ein Zustand mehrere eingehende Übergänge mit dem gleichen Zeichen in M haben kann.

Im zweiten Teil unserer Konstruktion wandeln wir N in einen DEA um. Dafür benutzen wir die bekannte Methode über den Potenzautomaten. Beachten Sie, dass der Zustand q_0' im Potenzautomaten überflüssig ist. Er kommt nur im Startzustand der Potenzautomaten vor. Aus diesem Grund können wir ihn auch in den Teilmengen der Potenzmenge streichen. Die Beschreibung des Spiegelautomaten $\overleftarrow{M}$ fasst die beiden skizzierten Schritte kompakt zusammen. Wir verzichten auf einen formalen Beweis, dass $L(\overleftarrow{M}) = \overleftarrow{L}(M)$, da dies nach der beschriebenen Konstruktion folgt und keine weiteren Einsichten bringt.

Stattdessen werden wir uns eine zunächst überraschende Eigenschaft des Spiegelautomaten genauer ansehen und zeigen, dass dieser ein Minimalautomat ist. Für den

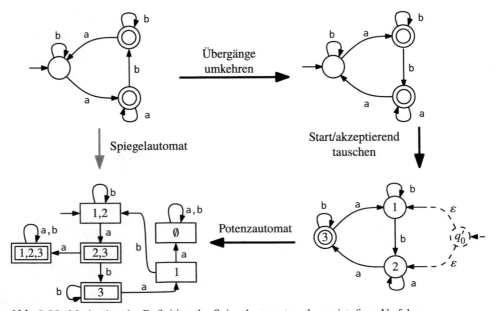

Abb. 2.22 Motivation der Definition des Spiegelautomaten als zweistufiges Verfahren

Spiegelautomaten gilt, dass jeder Pfad im DEA M über die Zustände $p_0, p_1, p_2, \ldots p_k$ mit dem Wort w einem Pfad $P_k, P_{k-1}, \ldots P_0$ mit dem Wort $\bar{w}$ in $\bar{M}$ zugeordnet werden kann, wobei $p_i \in P_i$. Dies gilt auch in der anderen Richtung. Grob gesagt gilt also: Ich komme in M von p_0 nach p_k mit w genau dann, wenn ich in $\bar{M}$ von P_k nach P_0 mit $\bar{w}$ komme. Formal präzise wird diese Tatsache durch folgendes Lemma ausgedrückt.

Lemma 2.3 Sei M ein DEA und $\bar{M}$ sein Spiegelautomat mit den üblichen Bezeichnungen. Für alle $p' \in Q$, alle $P \in \bar{Q}$ und alle $w \in \Sigma^*$ gilt:

$$p' \in \bar{\delta}^*(P, w) \iff \delta^*(p', \bar{w}) \in P.$$

Beweis. Wir betrachten beliebige $p' \in Q$, $P \in \bar{Q}$ und $w \in \Sigma^*$ und beweisen das Lemma mit vollständiger Induktion über die Länge von w. Der Induktionsanfang ist durch $w = \varepsilon$ bestimmt. Hier gilt

$$p' \in \bar{\delta}^*(P, \varepsilon) \Leftrightarrow p' \in P \Leftrightarrow \delta^*(p', \varepsilon) \in P.$$

Nun kommen wir zum Induktionsschritt und nehmen an, die Aussage des Lemmas gilt für alle Wörter w' mit $|w'| < |w|$. Sei $w = au$, mit $a \in \Sigma$ und $u \in \Sigma^*$ (a ist also das erste Zeichen von w und u der Rest). Als Erstes nutzen wir eine Vorüberlegung. Dazu definieren wir:

- $P_1 = \bar{\delta}(P, a)$,
- $p_1 = \delta^*(p', \bar{u})$ und
- $p = \delta(p_1, a)$.

Für eine intuitive Vorstellung der Bezeichnungen sehen Sie sich Abb. 2.23 an. Da wir in M von p' mit $\bar{u}$ nach p_1 kommen und von p_1 mit a nach p kommen, gilt

$$\delta^*(p', \bar{u}a) = \delta^*(p', \bar{w}) = p. \tag{2.1}$$

Nach der Definition der Übergangsfunktion des Spiegelautomaten gilt

$$P_1 = \bar{\delta}(P, a) := \{q \in Q \mid \delta(q, a) \in P\},$$

woraus folgt, dass

$$p_1 \in P_1 \iff \delta(p_1, a) \in P \overset{\text{Def. } p}{\iff} p \in P \overset{(2.1)}{\iff} \delta^*(p', \bar{w}) \in P. \tag{2.2}$$

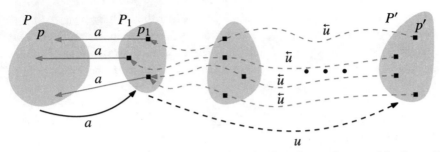

Abb. 2.23 Schematische Darstellung der Bezeichner im Beweis von Lemma 2.3. Graue Pfeile markieren Übergänge in M und schwarze Pfeile Übergänge in $\bar{M}$. Die Mengen müssen natürlich nicht notwendigerweise disjunkt sein. Wir zeigen, dass $p_1 \in P_1$ genau dann, wenn $\delta^*(p', \bar{w}) \in P$

Mit Hilfe unserer Vorüberlegung können wir nun den Induktionsschritt ausführen:

$$
\begin{aligned}
p' \in \bar{\delta}^*(P, w) &\iff p' \in \bar{\delta}^*(\bar{\delta}(P, a), u) \\
&\iff p' \in \bar{\delta}^*(P_1, u) && \text{Def. } P_1 \\
&\iff \delta^*(p', \bar{u}) \in P_1 && \text{Induktionsvoraussetzung} \\
&\iff p_1 \in P_1 && \text{Def. } p_1 \\
&\iff \delta^*(p', \bar{w}) \in P && \text{Vorüberlegung (2.2)} \quad \blacksquare
\end{aligned}
$$

Als Nächstes wollen wir nun folgende überraschende Aussage beweisen.

Satz 2.10 Sei M ein DEA ohne nichterreichbare Zustände. Dann ist $\bar{M}$ ein Minimalautomat.

Beweis. Seien $M = (Q, \Sigma, \delta, q_0, F)$ und $\bar{M} = (\mathcal{P}(Q), \Sigma, \bar{\delta}, F, \bar{F})$. Zudem setzen wir $\bar{q_0} = F$, um die Funktion dieser Menge als Startzustand von $\bar{M}$ zu verdeutlichen. Um die Aussage des Satzes zu zeigen, beweisen wir für alle Wörter $u, v \in \Sigma^*$

$$
u \equiv_{\bar{L}} v \Rightarrow \bar{\delta}^*(\bar{q_0}, u) = \bar{\delta}^*(\bar{q_0}, v). \tag{2.3}
$$

Dies genügt, da aus dieser Tatsache folgt, dass alle Wörter aus einer MN-Klasse $[u]$ (der Sprache $\bar{L}$) genau einem Zustand von $\bar{M}$ zugeordnet werden können, nämlich $\bar{\delta}^*(\bar{q_0}, u)$. Somit kann es in $\bar{M}$ maximal so viele Zustände geben wie MN-Klassen bezüglich $\bar{L}$. Da kein Automat für $\bar{L}$ weniger Zustände haben kann, gibt es genauso viele Zustände wie MN-Klassen, und nach Satz 2.6 ist dann $\bar{M}$ ein Minimalautomat.

Abb. 2.24 Situation im
Beweis von Satz 2.10
(schematisch)

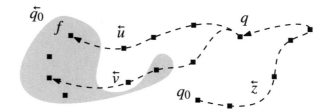

Wir wählen nun für ein u einen Zustand $q \in \overleftarrow{\delta}^*(\overleftarrow{q_0}, u)$. Nach Lemma 2.3 muss dann $\delta^*(q, \tilde{u}) \in \overleftarrow{q_0} = F$ gelten. Wir nennen den Zustand $\delta^*(q, \tilde{u})$ in Zukunft f. Mit $\tilde{u}$ läuft man in M also von q nach f. Da alle Zustände in M erreichbar waren, gibt es ein Wort $\tilde{z}$ mit $\delta^*(q_0, \tilde{z}) = q$ (vergleiche Abb. 2.24). Mit $\tilde{z}$ läuft man in M also vom Startzustand q_0 nach q. Somit führt der $\tilde{z}\tilde{u}$-Lauf in M vom Startzustand über q zu f. Also ist $\tilde{z}\tilde{u} \in L(M)$ (da f ein akzeptierender Zustand von M ist), und damit gilt $uz \in \overleftarrow{L(M)} = L(\overleftarrow{M})$. Für jedes v mit $u \equiv_{\overleftarrow{L}} v$ gilt dann laut Definition der MN-Relation, dass $vz \in L(\overleftarrow{M})$. Somit ist $\tilde{z}\tilde{v} \in L(M)$, das heißt, jeder $\tilde{z}\tilde{v}$-Lauf in M führt vom Startzustand in einen Zustand $\delta^*(q_0, \tilde{z}\tilde{v}) \in F$. Da wir aber schon wissen, dass der $\tilde{z}$-Lauf in M vom Startzustand zu q führt, gilt $\delta^*(q, \tilde{v}) = \delta^*(q_0, \tilde{z}\tilde{v}) \in F$. Nun nutzen wir noch einmal Lemma 2.3 und erhalten $q \in \overleftarrow{\delta}^*(F, v) = \overleftarrow{\delta}^*(\overleftarrow{q_0}, v)$. Wir sehen somit, dass für alle $u \equiv_{\overleftarrow{L}} v$ gilt, dass $\overleftarrow{\delta}^*(\overleftarrow{q_0}, u) \subseteq \overleftarrow{\delta}^*(\overleftarrow{q_0}, v)$. Da wir das gleiche Argument auch mit vertauschten Rollen von v und u durchführen können, gilt auch $\overleftarrow{\delta}^*(\overleftarrow{q_0}, v) \subseteq \overleftarrow{\delta}^*(\overleftarrow{q_0}, u)$. Damit gilt die Aussage (2.3), und der Satz ist bewiesen. ∎

Mit Hilfe des Satzes 2.10 können wir nun ein neues Verfahren zum Minimieren von DEAs ableiten.

Korollar 2.2 Sei M ein DEA, dann ist $\overleftrightarrow{M}$ ein Minimalautomat für $L(M)$.

Beweis. Der DEA $\overleftrightarrow{M}$ erkennt die Sprache $L(M)$, da die zweite Spiegelung die erste umkehrt. Da $\overleftarrow{M}$ nur erreichbare Zustände hat, gilt nach Satz 2.10, dass $\overleftrightarrow{M}$ ein Minimalautomat ist. ∎

Dass man durch die zweifache Spiegelung einen DEA minimieren kann, ist durchaus verblüffend. Das zweimalige Aufstellen des Spiegelautomaten wird aber in der Regel aufwendiger sein als die vorgestellte Variante mit dem Table-Filling-Algorithmus.

2.5 Reguläre Ausdrücke

Wir lernen nun eine Methode kennen, wie man reguläre Sprachen statt durch einen Automaten durch ein Wort einer Sprache beschreiben kann. Ein solches Wort nennen wir

regulärer Ausdruck, kurz RA. Wir beginnen mit einer Beschreibung der syntaktischen Struktur dieser Wörter.

Definition 2.14 (Regulärer Ausdruck (RA)) Für ein Alphabet Σ bezeichnen wir Wörter über $\Sigma \cup \{(,), *, +, \cdot, \emptyset, \varepsilon\}$, die nach folgenden Regeln gebildet wurden, als reguläre Ausdrücke:

- $\emptyset, \varepsilon$ sind reguläre Ausdrücke,
- für jedes $a \in \Sigma$ ist a ein regulärer Ausdruck,
- wenn S und T reguläre Ausdrücke sind, dann auch $(S + T)$, $(S \cdot T)$ und $(S)^*$.

Obwohl reguläre Ausdrücke Wörter sind, bezeichnen wir sie in der Regel mit Großbuchstaben. Die Definition 2.14 ist zulässig, da wir durch die Anwendung der 3. Regel immer längere Wörter beschreiben. Dadurch ist die Definition nicht zirkulär. Aus einem RA kann man stets die Regeln rekonstruieren, die angewendet wurden, um ihn zu bilden. Diese Rekonstruktion ist zudem durch die Verwendung der Klammern eindeutig. Auf der anderen Seite erschweren die Klammern das Lesen der Ausdrücke. Aus diesem Grund lassen wir die Klammerung, wenn sie nicht notwendig ist, weg und nutzen bei Uneindeutigkeiten immer die Reihung $*$ vor $\cdot$ vor $+$. Des Weiteren schreiben wir statt $R \cdot S$ auch einfach RS. Wir werden nun definieren, wie man einem regulären Ausdruck eine Sprache zuordnen kann.

Definition 2.15 (Sprache eines regulären Ausdrucks) Sei R ein regulärer Ausdruck, dann bezeichnen wir dessen Sprache mit $L(R)$. Die Sprache $L(R)$ definiert sich induktiv wie folgt (S und T sind andere RAs).

- Falls $R = \emptyset$, dann ist $L(R) = \emptyset$.
- Falls $R = a$ mit $a \in \Sigma \cup \{\varepsilon\}$, dann ist $L(R) = \{a\}$.
- Falls $R = (S + T)$, dann ist $L(R) = L(S) \cup L(T)$.
- Falls $R = (S \cdot T)$, dann ist $L(R) = L(S) \circ L(T)$.
- Falls $R = (S)^*$, dann ist $L(R) = L(S)^*$.

Als Nächstes sehen wir uns einige Beispiele an.

Beispiel 2.7 Sei $R_1 = (0 + 1)^* 0101 (0 + 1)^*$.

Wir sehen, dass R_1 ein RA über $\Sigma = \{0, 1\}$ ist. Die Sprache $L(R_1)$ können wir direkt ablesen. Wir erkennen, dass jedes Wort aus $L(R_1)$ mit einem Teil $(0 + 1)^*$ beginnen muss, also mit einem Wort aus Σ^*. Danach folgt das Teilwort 0101 und anschließend mit $(0 + 1)^*$ wieder ein Wort aus Σ^*. Diese drei Teile werden durch Konkatenation zusammengefasst. Damit sind in $L(R_1)$ genau die Wörter aus Σ^* enthalten, die 0101 als Teilwort enthalten.

Beispiel 2.8 Sei $R_2 = b^* + (b^*ab^*ab^*)^*$.

Wir sehen, dass R_2 über $\Sigma = \{a, b\}$ gebildet wurde. Der RA $b^*ab^*ab^*$ beschreibt die Menge aller Wörter, welche genau zwei as enthalten und beliebig viele bs davor, dazwischen oder dahinter. Dadurch folgt, dass $(b^*ab^*ab^*)^*$ alle Wörter über Σ^* mit einer geraden Anzahl an as beschreibt, die nicht nur aus bs bestehens bestehen. Des Weiteren beschreibt b^* alle Wörter ohne ein a. Somit ist

$$L(R_2) = L(b^*) \cup \{w \in \Sigma^* \mid w \text{ enthält gerade Anzahl as, und nicht nur bs}\}$$

$$- \{w \in \Sigma^* \mid w \text{ enthält gerade Anzahl as}\}.$$

as bs

Test 2.6 Geben Sie einen RA für die folgenden Sprachen an:

- $L_1 = \{w \in \{x, y\}^* \mid w \text{ beginnt und endet mit unterschiedlichen Zeichen}\}$.
- $L_2 = \{w \in \{a\}^* \mid |w| \bmod 5 = 3\}$.
- $L_3 = \{w \in \{0, 1\}^* \mid w \text{ enthält keine 2 aufeinanderfolgenden gleichen Zeichen}\}$.

Wir werden nun zeigen, dass die regulären Sprachen genau die Sprachen sind, welche durch reguläre Ausdrücke beschrieben werden können. Diesen Zusammenhang werden wir mit zwei Sätzen beweisen.

Satz 2.11 Sei R ein regulärer Ausdruck, dann ist $L(R)$ regulär.

Beweis. Jeder reguläre Ausdruck wird durch eine Folge von Anwendungen der Regeln aus Definition 2.14 gebildet. Diese Regeln heißen im Folgenden *Ableitungsregeln*. Wir führen den Beweis mittels vollständiger Induktion über die Anzahl der benutzten Ableitungsregeln für R.

Induktionsanfang: Wenn R nur eine Ableitungsregel nutzt, gibt es nur drei Fälle. Diese wären $R = \emptyset$, $R = \varepsilon$ und $R = a$ für ein $a \in \Sigma$. Die dazugehörigen Sprachen $L(R) = \emptyset$, $L(R) = \{\varepsilon\}$ und $L(R) = \{a\}$ sind alle regulär, da sie endlich sind. Dies kann man auch leicht zeigen, indem man für jede dieser Sprachen einen NEA angibt, der diese akzeptiert (siehe Abb. 2.25).

Induktionsschritt: Wir nehmen an, dass die Aussage für RAs, die maximal k Ableitungsregeln nutzen, gilt. Sei R ein RA, der $k + 1$ Ableitungsregeln benutzt. Dann können wir R schreiben als $R = (S + T)$, $R = (S \cdot T)$ oder $R = (S)^*$. Hierbei sind S und T RAs, die höchstens k Ableitungsregeln benutzen. Für S und T gilt damit nach Induktionsvoraussetzung $L(S) \in REG$ und $L(T) \in REG$. Da nach den Sätzen 2.3 und 2.4 die regulären Sprachen unter Vereinigung, Konkatenation und Kleene Stern abgeschlossen sind, ist dann aber auch $L(R)$ regulär. ∎

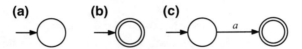

Abb. 2.25 Basisfall des Induktionsbeweises zu Satz 2.11. Die NEAs akzeptieren die Sprachen $\emptyset$ (a), $\{\varepsilon\}$ (b) und $\{a\}$ mit $a \in \Sigma$ (c)

Satz 2.12 Sei L eine reguläre Sprache, dann existiert ein regulärer Ausdruck R mit $L(R) = L$.

Beweis. Sei M ein DEA, welcher L akzeptiert. Wir gehen davon aus, dass die Zustände von $M = (Q, \Sigma, \delta, q_0, F)$ mit den Zahlen von 1 bis n durchnummeriert sind, also $Q = \{1, \ldots, n\}$. Wir nehmen weiter an, dass der Startzustand die Nummer 1 hat. Den RA R werden wir aus M ableiten. Wir werden allerdings zuerst Teilausdrücke bestimmen, die wir dann miteinander kombinieren. Konkret suchen wir nach regulären Ausdrücken, die uns genau die Wörter beschreiben, die von einem Zustand von M zu einem anderen Zustand von M führen. Da dies immer noch schwierig aus M abzulesen ist, betrachten wir noch eine weitere Einschränkung: Für einen Lauf vom Zustand i zum Zustand j nennen wir jeden besuchten Zustand außer dem ersten und dem letzten Zustand einen *inneren Zustand* des Laufes. Wenn der Lauf $(1, 2, 1, 3, 4)$ ist, sind seine inneren Zustände 2, 1, 3. Wir notieren nun mit $R_{ij}^{(k)}$ einen regulären Ausdruck, der beschreibt, wie man vom Zustand i zum Zustand j kommt, ohne dabei über einen inneren Zustand größer als k zu laufen.

Unser Ziel ist es, die Ausdrücke $R_{1j}^{(n)}$ mit $j \in F$ zu bestimmen. Die Beschränkung durch n ist keine wirkliche Beschränkung, da ja alle Zustände kleiner gleich n sind. Demnach gibt $R_{1j}^{(n)}$ genau die Wörter an, die vom Startzustand zum (akzeptierenden) Zustand j führen. Kennen wir diese Ausdrücke, können wir R leicht bestimmen. Es gilt für $F = \{f_1, f_2, \ldots, f_m\}$, dass

$$R = R_{1f_1}^{(n)} + R_{1f_2}^{(n)} + \cdots + R_{1f_m}^{(n)}.$$

Um die $R_{ij}^{(k)}$-Ausdrücke zu bestimmen, benutzen wir einen rekursiven Ansatz. Wir bestimmen zuerst alle $R_{ij}^{(k)}$ für $k = 0$, dann für $k = 1$ und so weiter, bis $k = n$. Bei der Bestimmung greifen wir auf bereits ermittelte Ausdrücke zurück. Der Basisfall ist $k = 0$. Hier fragt man nach den Wörtern, mit denen man *direkt* vom Zustand i zum Zustand j kommt, da keine inneren Zustände erlaubt sind. Man erhält

$$R_{ij}^{(0)} := \begin{cases} \emptyset & \text{falls } i \neq j \text{ und } \{a \mid \delta(i,a) = j\} = \emptyset \\ a_1 + a_2 + \ldots & \text{falls } i \neq j \text{ und } a_\ell \in \{a \mid \delta(i,a) = j\} \\ \varepsilon + a_1 + a_2 + \ldots & \text{falls } i = j \text{ und } a_\ell \in \{a \mid \delta(i,a) = i\} \end{cases} \cdot$$

Folgende Überlegung hilft beim Finden einer rekursiven Beschreibung für $R_{ij}^{(k)}$. Man kann vom Zustand i zum Zustand j kommen, ohne über den Zustand k zu laufen. Diese Möglichkeiten werden durch den Ausdruck $R_{ij}^{(k-1)}$ erfasst. Die zweite Möglichkeit ist, vom Zustand i zum Zustand j zu laufen und dabei (möglicherweise mehrfach) den Zustand k zu durchlaufen. Einen solchen Lauf kann man wie folgt aufspalten:

- der erste Teil läuft vom Zustand i zum Zustand k, ohne (dazwischen) einen Zustand größer gleich k zu besuchen (durch $R_{ik}^{(k-1)}$ erfasst),
- kein, ein oder mehrere Teile vom Zustand k zum Zustand k, ohne (dazwischen) einen Zustand größer gleich k zu besuchen (durch $R_{kk}^{(k-1)}$ erfasst),
- der letzte Teil läuft vom Zustand k zum Zustand j, ohne (dazwischen) einen Zustand größer gleich k zu besuchen (durch $R_{kj}^{(k-1)}$ erfasst).

Wir erhalten damit

$$R_{ij}^{(k)} = R_{ij}^{(k-1)} + R_{ik}^{(k-1)}(R_{kk}^{(k-1)})^* R_{kj}^{(k-1)}. \tag{2.4}$$

Da wir zur Bestimmung von $R_{ij}^{(k)}$ nur Ausdrücke mit kleinerem oberen Index benötigen, können wir so alle benötigten Ausdrücke bestimmen. ∎

Wir sehen uns an dieser Stelle ein Beispiel für die Konstruktion eines regulären Ausdrucks aus einem endlichen Automaten an. Das Beispiel zeigt, dass es bereits bei sehr kleinen Automaten mühsam ist, den dazugehörigen RA von Hand zu konstruieren. Aus diesem Grund ist es sinnvoll, Teilausdrücke zu vereinfachen. Das Verfahren ist nicht darauf ausgerichtet, möglichst kleine Ausdrücke zu erzeugen.

Beispiel 2.9 Wir betrachten den DEA aus Abb. 2.26. Um einen zum Automaten äquivalenten regulären Ausdruck R zu bestimmen, nutzen wir das im Beweis zu Satz 2.12 beschriebene Verfahren. Dazu lesen wir als Erstes die Werte für $R_{ij}^{(0)}$ ab. Wir erhalten

$$R_{11}^{(0)} = b + \varepsilon, \quad R_{12}^{(0)} = a + c, \quad R_{21}^{(0)} = c, \quad R_{22}^{(0)} = a + b + \varepsilon.$$

Nun nutzen wir die Vorschrift (2.4), um die Ausdrücke $R_{ij}^{(1)}$ zu bestimmen. Dies ergibt (mit Vereinfachungen)

Abb. 2.26 DEA für das Beispiel 2.9

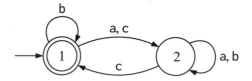

$$R_{11}^{(1)} = (b + \varepsilon) + (b + \varepsilon)(b + \varepsilon)^*(b + \varepsilon) = b^*,$$

$$R_{12}^{(1)} = (a + c) + (b + \varepsilon)(b + \varepsilon)^*(a + c) = b^*(a + c),$$

$$R_{21}^{(1)} = c + c(b + \varepsilon)^*(b + \varepsilon) = cb^*,$$

$$R_{22}^{(1)} = (a + b + \varepsilon) + c(b + \varepsilon)^*(a + c) = (a + b + \varepsilon) + cb^*(a + c).$$

Der betrachtete Automat erkennt die Sprache, welche durch den Ausdruck $R_{11}^{(2)}$ beschrieben wird. Mit Hilfe der bereits berechneten Ausdrücke erhält man

$$R = R_{11}^{(2)} = b^* + b^*(a + c)\big[(a + b + \varepsilon) + cb^*(a + c)\big]^* cb^*.$$

Durch die Kombination der Sätze 2.11 und 2.12 erhalten wir das folgende Korollar, welches auch als Satz von Kleene bekannt ist.

Korollar 2.3 (Satz von Kleene) Die Menge der regulären Sprachen und die Menge der Sprachen, die durch einen regulären Ausdruck beschrieben werden können, sind identisch.

Test 2.7 Bestimmen Sie einen RA für die Sprache des Automaten M_4 aus Abb. 2.27 nach der Konstruktion des Beweises für Satz 2.12. Vereinfachen Sie ermittelte Teilausdrücke sinnvoll.

Reguläre Ausdrücke werden häufig in Programmen oder Programmiersprachen eingesetzt, um Suchmuster anzugeben (zum Beispiel in Programmen wie *grep* oder *sed*). In der Regel haben die dort verwendeten RA eine etwas andere Syntax, die es erlaubt, effizienter mit diesen Ausdrücken zu arbeiten. Diese „Sonderregeln" lassen sich jedoch alle in dem hier im Buch eingeführten Kalkül formulieren, weshalb wir an dieser Stelle nicht darauf eingehen werden. Im weiteren Verlauf nutzen wir lediglich die abkürzende Schreibweise a^+ für aa^*.

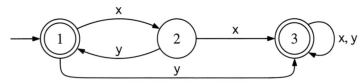

Abb. 2.27 DEA für Selbsttestaufgabe 2.7

2.6 Nachweis von Nichtregularität

In diesem Abschnitt wollen wir uns damit befassen, wie man nachweisen kann, dass eine Sprache nicht regulär ist. Ein DEA kann sich immer nur eine *endliche* Anzahl von Informationen über das bereits gelesene Teilwort „merken". Es gibt viele Sprachen, bei denen das nicht ausreicht. Ein oft benutztes Beispiel ist die Sprache $\{a^n b^n \mid n \geq 0\}$. Sie besteht aus Wörtern, die genauso viele as wie bs besitzen, wobei zuerst der a-Teil und dann der b-Teil kommt. Ein potenzieller DEA müsste sich die Anzahl der gelesenen as merken können (mitzählen), um dann zu prüfen, ob genauso viele bs folgen. Dies kann er aber nicht durchführen, da er sich nur eine endliche Anzahl an „Informationen" merken kann. Im Gegensatz dazu wäre es für die Sprache $\{a^n b^n \mid 1000000 \geq n \geq 0\}$ kein Problem, einen (sehr großen) DEA zu finden. Hier könnte der DEA durchaus mitzählen, wie viele as am Anfang stehen, denn wenn mehr als 1000000 as kommen, kann das Wort verworfen werden.

Das Argument für $\{a^n b^n \mid n \geq 0\} \notin REG$ im vorigen Absatz war eine begründete Vermutung, aber noch kein stichhaltiger Beweis. Es könnte ja sein, dass man mit irgendwelchen Tricks ganz anders vorgehen kann und dann unser Argument (welches Annahmen über die prinzipielle Arbeitsweise eines möglichen DEAs macht) hinfällig wäre. Wir suchen also nach Methoden, wie wir die Nichtregularität formal beweisen können. Ein Hilfsmittel dafür haben wir bereits mit dem Satz von Myhill-Nerode kennengelernt. Aufgrund dieses Satzes wissen wir, dass eine Sprache mit unendlich vielen Klassen in ihrer Myhill-Nerode-Relation nicht regulär sein kann. Wir müssen also nur die Klassen der MN-Relation bestimmen und dann überprüfen, ob dies unendlich viele sind.

Dieses Vorgehen wollen wir exemplarisch für die Sprache $L = \{a^n b^n \mid n \geq 0\}$ durchführen. Wir müssen an dieser Stelle gar nicht alle Klassen der MN-Relation finden, es genügt, wenn wir unendlich viele Klassen finden. Wir suchen also nach unendlich vielen Wörtern, die man bezüglich der MN-Relation paarweise trennen kann. Zwei Wörter, die man leicht trennen kann, sind a und aa. Das Trennwort wäre für dieses Beispiel b, da ab $\in L$ aber aab $\notin L$. Nach diesem Schema können wir aber immer zwei Wörter a^n und a^m trennen, falls $n \neq m$. Da in diesem Fall b^n ein Trennwort ist, folgt $a^n \not\equiv_L a^m$. Wir sehen also, dass alle Wörter aus $\{a\}^*$ in einer eigenen Äquivalenzklasse liegen. Deshalb kann nach dem Satz von Myhill-Nerode die Sprache L nicht regulär sein.

Test 2.8 Bestimmen Sie alle Klassen der MN-Relation für die Sprache $L = \{a^n b^n \mid n \geq 0\}$.

Die Argumentation über die Klassen der MN-Relation ist ein guter Ansatz, es gibt jedoch Sprachen, bei denen es nicht einfach ist, diese Klassen zu bestimmen. Deshalb wollen wir noch eine zweite Möglichkeit zum Nachweis der Nichtregularität vorstellen. Wir werden hierfür beweisen, dass jede reguläre Sprache eine Eigenschaft hat, die wir **pumpbar** nennen. Wenn wir nun eine Sprache finden können, die nicht pumpbar ist, wäre sie auch nicht regulär.

Definition 2.16 (Pumpbar) Eine Sprache L heißt *pumpbar*, wenn es ein $k \in \mathbb{N}$ gibt (*Pumplänge*), sodass für alle Wörter $w \in L$ mit Mindestlänge k gilt: Es gibt eine Zerteilung $w = xyz$, welche die folgenden Eigenschaften erfüllt:

1. $|xy| \leq k$
2. $|y| > 0$
3. $\forall i \geq 0 \colon xy^i z \in L$

Die Definition erscheint auf den ersten Blick etwas „sperrig", man kann sie sich aber leicht merken, wenn man die dahinterliegende Motivation kennt. Beachten Sie, dass sich die Quantifizierung „es gibt" und „für alle" abwechselt. Das Wiederholen des Mittelteils y (also bei $i > 0$) bezeichnet man häufig auch als „reinpumpen", das Weglassen des Mittelteils ($i = 0$) hingegen als „rauspumpen".

Satz 2.13 (Reguläres Pumpinglemma) Wenn eine Sprache regulär ist, dann ist sie auch pumpbar.

Beachten Sie, dass das reguläre Pumpinglemma keine Äquivalenzaussage ist. Es wird nur ausgesagt, dass L regulär $\Rightarrow$ L pumpbar. Über den umgekehrten Fall (L pumpbar $\Rightarrow$ L regulär) wird nichts ausgesagt. In der Tat gilt diese Richtung im Allgemeinen nicht! (Wir werden dafür ein Beispiel am Ende des Kapitels sehen.)

Bevor wir das reguläre Pumpinglemma beweisen, wollen wir uns die Aussage an einem Beispiel ansehen. Wir betrachten die Sprache $L = \{w \in \{0,1\}^* \mid w$ enthält 000 als Teilwort$\}$. Diese Sprache ist regulär, da wir leicht einen DEA für sie konstruieren können. Nach dem Pumpinglemma müsste sie dann auch pumpbar sein. Dies wollen wir überprüfen. Um zu zeigen, dass eine Sprache pumpbar ist, genügt es, dass wir die Aussage für eine feste Pumplänge $k \in \mathbb{N}$ zeigen. Für das Beispiel wählen wir $k = 4$. Nun sehen wir uns alle Wörter an, die aus der Sprache sind und Mindestlänge 4 haben. Solche Wörter können wir als $u000v$ schreiben, mit $u, v \in \{0,1\}^*$. Für jedes dieser Wörter müssen wir nun eine Zerteilung finden, sodass die Eigenschaften 1.–3. aus der Definition 2.16 erfüllt sind. Es gibt hierbei zwei Fälle: Falls $|u| \geq 1$, schreiben wir $u = au'$ mit $a \in \{0,1\}$. Wir wählen $x = \varepsilon$, $y = a$ und $z = u'000v$. Offensichtlich enthalten (für alle $i \geq 0$) alle Wörter $a^i u'000v$ das Teilwort 000 und sind somit aus L. Des Weiteren gilt $|xy| \leq 4$ und $y \neq \varepsilon$. Also werden alle geforderten Bedingungen von der Zerteilung erfüllt. Wenn nun $|u| = 0$, dann muss gelten, dass $|v| \geq 1$. Wir gehen nun ähnlich vor. Wir teilen $v = av'$ mit $a \in \{0,1\}$ und wählen dann $x = 000$, $y = a$ und $z = v'$. Wie man leicht prüfen kann, erfüllt diese Zerteilung die Eigenschaften 1.–3. aus der Definition 2.16, und somit ist L pumpbar.

Beachten Sie, dass jede endliche Sprache pumpbar ist. Wenn eine Sprache endlich ist, gibt es ein längstes Wort $w_{\max}$. Wenn wir jedoch als Pumplänge $|w_{\max}| + 1$ wählen, gibt es kein Wort aus der Sprache mit der Mindestlänge k. Demzufolge ist die in Definition 2.16 folgende Bedingung trivialerweise erfüllt.

Abb. 2.28 DEA M_4 zur Illustration der Eigenschaft *pumpbar*

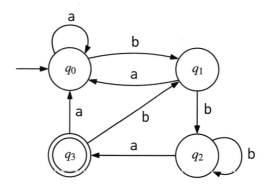

Bevor wir mit dem formalen Beweis des regulären Pumpinglemmas weitermachen, wollen wir uns vorab mit der Beweisidee beschäftigen. Das Pumpinglemma basiert auf einer sehr einfachen Überlegung. Wenn L regulär ist, dann muss es auch einen DEA M geben, der L akzeptiert. Die Pumplänge k entspricht der Anzahl der Zustände des Automaten M. Wenn wir nun ein Wort $w \in L$ mit $|w| \geq k$ wählen, dann wird der akzeptierende w-Lauf im M mindestens einen Zustand doppelt besuchen. Man kann sich das so vorstellen, dass wir beim Verarbeiten von w eine Schleife durchlaufen. Diese Schleife kann nun mehrmals durchlaufen werden, sie kann auch komplett ausgelassen werden. In beiden Fällen entstehen neue akzeptierende Läufe in M. Wenn wir diese Läufe wieder in ihre Worte zurückübersetzen, erkennen wir, dass die Zerteilung (vor der Schleife/Schleife/nach der Schleife) die Eigenschaften 1.–3. aus Definition 2.16 besitzt.

Diese Grundidee kann man sich auch sehr gut an einem Beispiel ansehen. Der Automat M_4 in Abb. 2.28 erkennt die Sprache $L = \{w \in \{a, b\}^* \mid w$ endet auf $bba\}$. Wir nehmen nun ein Wort aus L, welches Mindestlänge 4 hat, sagen wir $w = bbabba$. Der dazugehörige w-Lauf lautet $\pi = (q_0, q_1, q_2, q_3, q_1, q_2, q_3)$. Wir wählen den ersten Zustand des w-Laufes, der doppelt vorkommt. Das ist der Zustand q_1. Da M_4 nur 4 Zustände hat, ist spätestens der 5. Zustand des w-Laufes ein doppelter. Wir teilen nun den Lauf in die Teile auf:

- Startzustand bis zum ersten Auftreten von q_1: $\pi_1 = (q_0, q_1)$,
- erstes Auftreten von q_1 bis zum zweiten Auftreten von q_1: $\pi_2 = (q_1, q_2, q_3, q_1)$,
- zweites Auftreten von q_1 bis zum Ende: $\pi_3 = (q_1, q_2, q_3)$.

Zu jedem Teillauf π_i gehört ein Wort w_i, welches diesen Teillauf „verursachte". Für π_1 ist das $w_1 = b$, für π_2 ist es $w_2 = bab$, und für π_3 ist es $w_3 = ba$. Wir wählen $x = w_1$, $y = w_2$ und $z = w_3$. Nach Konstruktion sind schon die Bedingungen 1. und 2. der Pumpbar-Eigenschaft erfüllt. Den Mittelteil π_2 können wir mehrfach wiederholen oder auslassen und erhalten dennoch akzeptierende Läufe. Dies zeigt, dass auch die Bedingung 3. erfüllt ist. Lassen wir zum Beispiel π_2 aus, ergibt sich der Lauf (q_0, q_1, q_2, q_3), welcher zum Wort $xz = bba \in L$ gehört. Wiederholen wir hingegen π_2 zweimal, erhalten wir als

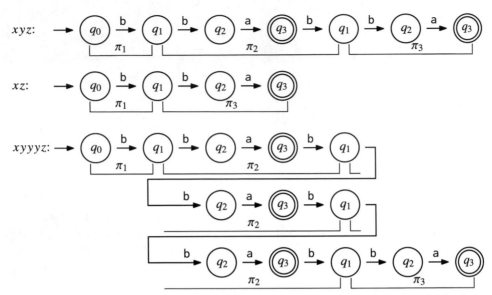

Abb. 2.29 Beweisidee für das Pumpinglemma: Zusammensetzung neuer akzeptierender Läufe

neuen Lauf $(q_0, q_1, q_2, q_3, q_1, q_2, q_3, q_1, q_2, q_3, q_1, q_2, q_3)$, welcher zum Wort $xyyyz =$
bbabbabbabba $\in L$ gehört. Abb. 2.29 zeigt, wie man die neuen akzeptierenden Läufe
zusammensetzen kann.

Wir fassen alle Ideen zusammen und präsentieren nun einen formalen Beweis des
regulären Pumpinglemmas.

Beweis. (Reguläres Pumpinglemma) Sei L eine reguläre Sprache und $M = (Q, \Sigma, \delta,$
$q_0, F)$ ein DEA, der L akzeptiert. Für den Beweis des Pumpinglemmas nutzen wir den
Begriff des *Teillaufes*. Ein Teillauf π in M ist eine Sequenz $(p_1, a_1, p_2, a_2 \cdots p_{m-1}, a_{m-1},$
$p_m)$, wobei $p_i \in Q, a_i \in \Sigma$ und $\forall 1 \leq i < m: \delta(p_i, a_i) = p_{i+1}$. Wir schreiben
$w(\pi) := a_1 a_2 \cdots a_{m-1}$ für das *Wort von* π. Zwei Teilläufe $\pi_1 = (p_1, \ldots, p_m)$ und
$\pi_2 = (q_1, \ldots, q_n)$ können wir zu einem gemeinsamen Teillauf *kombinieren*, falls $p_m = q_1$.
Der kombinierte Teillauf heißt $\pi_1 \pi_2 = (p_1, \ldots, p_m = q_1, \ldots, q_n)$. Es gilt natürlich
$w(\pi_1 \pi_2) = w(\pi_1) \circ w(\pi_2)$.

Wir wollen zeigen, dass L pumpbar ist. Dazu wählen wir $k = |Q|$. Wir betrachten
nun ein $w \in L$ mit $|w| \geq k = |Q|$. Der Teillauf von q_0 mit dem Wort w sei π. Dieser
Teillauf enthält $|w| + 1 > k$ Zustände und muss deshalb mindestens einen Zustand doppelt
enthalten. Sei der erste doppelte Zustand q'. Nun zerteilen wir π in drei Teilläufe: π_1 vom
Startzustand bis zum ersten Auftreten von q', π_2 vom ersten Auftreten von q' bis zum
zweiten Auftreten von q' und π_3 vom zweiten Auftreten von q' bis zum Ende von π. Wir
setzen $x = w(\pi_1)$, $y = w(\pi_2)$ und $z = w(\pi_3)$, wodurch wir $xyz = w$ erhalten. Da π_2
mindestens zwei Zustände enthält, gilt $y \neq \varepsilon$. Außerdem hat $\pi_1 \pi_2$ maximal $k + 1$ Zustände,
und deshalb ist $|xy| \leq k$. Damit haben wir Eigenschaft 1. und 2. nachgewiesen. Für die

Eigenschaft 3. wählen wir ein $i \geq 0$ und definieren

$$\pi(i) := \pi_1 \underbrace{\pi_2 \ldots \pi_2}_{i \text{ mal}} \pi_3,$$

wobei $\pi(0) := \pi_1 \pi_3$. Der Teillauf $\pi(i)$ beginnt mit q_0 und endet in einem akzeptierenden Zustand. Außerdem gilt $w(\pi(i)) = xy^i z$. Also ist auch $xy^i z \in L$. ∎

Nachdem wir das Pumpinglemma vorgestellt haben, wollen wir es nun anwenden, um zu beweisen, dass Sprachen nicht regulär sind. Dafür ist es notwendig, das Pumpinglemma zu negieren. Das heißt, wir müssen zeigen, dass eine Sprache *nicht* pumpbar ist, um nachzuweisen, dass sie *nicht* regulär ist. An dieser Stelle gehen wir kurz auf die Negation der Pumpbar-Eigenschaft aus Definition 2.16 ein.

> Eine Sprache L ist *nicht pumpbar*, wenn es für jede Zahl $k \in \mathbb{N}$ ein Wort $w \in L$ gibt, das Mindestlänge k hat und für das gilt: Für jede Zerteilung $xyz = w$, die $|xy| \leq k$ und $y \neq \varepsilon$ erfüllt, findet man ein $i \geq 0$, sodass $xy^i z \notin L$.

Den Nachweis, dass eine Sprache nicht pumpbar ist, kann man auch als 2-Personen-Spiel formulieren. Das Spiel läuft nach folgenden Regeln ab:

1. Ihr Gegenspieler wählt eine Zahl $k \in \mathbb{N}$.
2. Sie wählen ein Wort $w \in L$, das Mindestlänge k hat.
3. Ihr Gegenspieler wählt eine Zerteilung $w = xyz$, mit $|xy| \leq k$ und $y \neq \varepsilon$.
4. Finden Sie ein $i \geq 0$, für das $xy^i z \notin L$ – dann haben Sie gewonnen, ansonsten Ihr Gegenspieler.

Eine Sprache ist nicht pumpbar, wenn es für Sie eine Gewinnstrategie für dieses Spiel gibt. Kann man eine solche Strategie beschreiben, hat man gezeigt, dass die Sprache nicht pumpbar ist und damit nicht regulär.

Wir wollen uns nun ein Beispiel für die Anwendung des Pumpinglemmas ansehen. Es soll gezeigt werden, dass die Sprache $L_1 = \{a^n b^n \mid n \geq 0\}$ nicht pumpbar ist. Wir benutzen dafür die Terminologie aus dem 2-Personen-Spiel. Unsere Gewinnstrategie ist die folgende: Die erste Entscheidung, die wir treffen müssen, ist die Wahl des Wortes w. Der Gegenspieler hat vorher schon die Zahl k gewählt. Wir müssen als Teil unserer Gewinnstrategie für jeden Wert von k ein Wort $w \in L$ präsentieren. Deshalb bestimmen wir w in Abhängigkeit von k. Für unser Beispiel wählen wir $w = a^k b^k$. Diese Wahl ist gültig, denn $|w| \geq k$ und $w \in L$. Nun wählt der Gegenspieler eine Zerteilung. Wir müssen wieder auf jede Möglichkeit reagieren können. Glücklicherweise gibt es bei der Zerteilung die Einschränkungen, dass $|xy| \leq k$ und dass $y \neq \varepsilon$. Das hilft uns in unserem Beispiel. Da die ersten k Zeichen von w nur aus as bestehen, muss xy auch nur aus as bestehen. Das reicht uns schon, um zu gewinnen. Wir wählen $i = 2$, was heißt, wir erhöhen die Anzahl der as im ersten Teil um $|y| > 0$. Damit ist das gepumpte Wort $xyyz = a^{k+|y|}b^k \notin L$.

Beispiel 2.10 Wir betrachten die Sprache

$$L_2 = \{uu \mid u \in \{a, b\}^*\}.$$

Sei k die Pumplänge. Wir wählen $w = a^k b a^k b$. Dieses Wort kann gewählt werden, da $|w| \geq k$ und $w \in L$. Egal, wie das Wort zerteilt wird (unter den Vorgaben des Pumpinglemmas), die Teile x und y bestehen nur aus as. Wir wählen $i = 0$ und erhalten als $xz = a^\ell b a^k b$ mit $\ell < k$. Es ist nicht schwer zu sehen, dass man xz nicht als uu mit $u \in \{a, b\}^*$ schreiben kann. Da es nur zwei bs in xz gibt, müsste einerseits aufgrund des vorderen Teils $u = a^\ell b$, jedoch andererseits aufgrund des hinteren Teils $u = a^k b$ gelten. Also ist xz nicht aus L_2, und damit ist L_2 nicht pumpbar.

Beispiel 2.11 Wir betrachten die Sprache

$$L_3 = \{a^{n^2} \mid n \geq 0\} \subseteq \{a\}^*.$$

Sei k die Pumplänge. Wir wählen $w = a^{k^2} \in L$. Da L_3 eine Sprache über einem einelementigen Alphabet ist, spielt bei der Zerteilung von w nur die Länge von y eine Rolle. Wir wählen $i = 2$ und erhalten $|xyyz| = k^2 + |y| \leq k^2 + k$, da nach Definition 2.16 gilt, dass $|y| \leq |xy| \leq k$. Der Abstand von k^2 zur nächsten Quadratzahl $(k + 1)^2$ beträgt aber $(k + 1)^2 - k^2 = k^2 + 2k + 1 - k^2 = 2k + 1$. Also ist $|xyyz|$ zu klein, um eine auf k^2 folgende Quadratzahl zu sein. Es folgt, dass $xyyz \notin L_3$, und damit ist L_3 nicht pumpbar.

Test 2.9 Zeigen Sie, dass die Sprache

$$L_4 = \{w \in \{a, b\}^* \mid w \text{ enthält mehr bs als as}\}$$

nicht pumpbar ist.

Zum Abschluss sehen wir uns eine Sprache an, die zwar pumpbar ist, aber nicht regulär. Wir hatten bereits erwähnt, dass so etwas durch das Pumpinglemma nicht ausgeschlossen ist. Wir setzen

$$L_5 = \{c^m a^n b^n \mid m \geq 0, n \geq 0\} \cup \{a, b\}^*.$$

Wir wollen zuerst diskutieren, warum L_5 pumpbar ist. Dazu wählen wir als Pumplänge $k = 3$. Es gibt nun drei Fälle für das weitere Vorgehen.

Im ersten Fall nehmen wir an, dass das zu pumpende Wort w mindestens zwei cs enthält. In diesem Fall können wir eine Zerteilung mit $x = c$ und $y = c$ wählen. Egal, ob wir raus- oder reinpumpen, das Wort $xy^i z$ enthält eine Sequenz von cs gefolgt von $a^n b^n$ und ist somit aus der Sprache L_5.

Im zweiten Fall enthält w genau ein c. Wir wählen jetzt eine Zerteilung mit $x = \varepsilon$ und $y = $ c. Beim Rauspumpen erhalten wir $xz \in \{a, b\}^* \subset L_5$, beim Reinpumpen erhalten wir ein Wort bestehend aus eine Folge von cs gefolgt von $a^n b^n$. Diese Wörter sind ebenfalls in L_5 enthalten.

Es verbleibt als dritter Fall, dass $w \in \{a, b\}^*$. In diesem Fall ist klar, dass egal, wie man zerteilt oder pumpt, es wird immer ein Wort aus $\{a, b\}^* \subset L_5$ erzeugt. Es folgt, dass L_5 pumpbar ist.

Für den Nachweis, dass L_5 nicht regulär ist, nutzen wir die Abschlusseigenschaften der regulären Sprachen. Wir haben bereits gesehen, dass die regulären Sprachen zum Beispiel unter Schnitt abgeschlossen sind. Wenn L_5 regulär wäre, dann wäre auch $L_5' = L_5 \cap L(cc^* a^* b^*) = \{c^m a^n b^n \mid m \geq 1, n \geq 0\}$ regulär. Diese Sprache ist jedoch nicht pumpbar. Um dies zu zeigen, wählen wir für die Pumplänge k das Wort $ca^k b^k$. Für eine Zerteilung mit $y = $ c wählen wir $i = 0$ und erhalten $xz = a^k b^k \notin L_5'$. Für jede andere Zerteilung enthält y mindestens ein a, aber kein b, und damit enthält $xyyz$ mehr as als bs und ist somit nicht aus L_5'. Damit ist L_5' nicht pumpbar und somit auch nicht regulär.

2.7 Bibliografische Anmerkungen

Die deterministischen endlichen Automaten wurden erstmalig in einer Arbeit von Kleene beschrieben [1]. Ein äquivalentes Modell (in Form einer Art Neuronennetz) wurde aber bereits 1943 von McCulloch und Pitts eingeführt [2]. Kleene zeigte in seiner Arbeit die Äquivalenz beider Modelle und führte dazu die regulären Ausdrücke ein. Modelle, die dem endlichen Automaten von Kleene sehr ähnlich waren, wurden zudem von Huffman [3], Mealy [4] und Moore [5] untersucht. Die Form, die hier im Text vorgestellt wurde, findet sich unter anderem bei Rabin und Scott [6]. In der gleichen Arbeit wurden auch die nichtdeterministischen endlichen Automaten vorgestellt und die Äquivalenz von NEA und DEA bewiesen.

Die Ideen zur Minimierung von endlichen Automaten gehen auf die Arbeiten von Huffman [3] und Moore [5] zurück. Die Aussage des Satzes von Myhill-Nerode geht auf Nerode [7] zurück und wurde unabhängig von Myhill [8] in einer anderen Form bewiesen. Die Ideen zur Minimierung eines DEAs über die Spiegelautomatenkonstruktion stammen von Brzozowski [9].

Das Pumpinglemma (für reguläre Sprachen) basiert auf den Ideen von Bar-Hillel, Perles und Shamir [10].

2.8   Lösungsvorschläge der Selbsttestaufgaben zum Kapitel 2

Lösungsvorschlag zum Selbsttest 2.1

Wir geben einen DEA M für L durch sein Zustandsdiagramm an (siehe Abb. 2.30). Der
DEA muss sich „merken", welches das erste Zeichen war, das er gelesen hat. Abhängig
vom ersten gelesenen Zeichen teilt sich deshalb das Zustandsdiagramm in zwei Teile auf,
zwischen denen man nicht wechseln kann. Je nachdem, in welchem Teil man sich befindet,
akzeptiert man entweder bei einem letzten gelesenen Zeichen 0 oder 1.

Abb. 2.30 DEA M für die
Lösung von
Selbsttestaufgabe 2.1

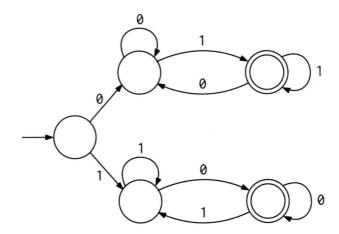

Lösungsvorschlag zum Selbsttest 2.2

Das Zustandsdiagramm des Potenzautomaten zu NEA N_3 ist in Abb. 2.31 abgebildet. Auf
Mengenklammern wurde verzichtet.

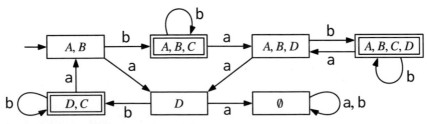

Abb. 2.31 Lösung zur Selbsttestaufgabe 2.2

Lösungsvorschlag zum Selbsttest 2.3

Sei $L \in REG$ und $M = (Q, \Sigma, \delta, q_0, F)$ ein DEA, der L akzeptiert. Als Erstes zeigen wir die Abgeschlossenheit unter Spiegelung. Das heißt, wir wollen einen NEA $\tilde{N} = (Q', \Sigma, \delta', q_0', F')$ für die Sprache $\tilde{L}$ konstruieren. Die Idee hierbei ist, alle Übergänge „umzudrehen". Die Zustandsmenge behalten wir vorerst bei. Wir definieren jetzt für alle $q \in Q$ und alle $a \in \Sigma$

$$\delta'(q, a) := \{p \in Q \mid \delta(p, a) = q\}.$$

Nach Konstruktion existiert genau dann ein w-Lauf in M von p nach q, falls ein $\tilde{w}$-Lauf von q nach p in $\tilde{N}$ existiert. Es verbleibt nun noch, die akzeptierenden Zustände und den Startzustand „auszutauschen". Dazu setzen wir $F' = \{q_0\}$. Wir können nicht alle Zustände aus F zu Startzuständen in $\tilde{N}$ machen, da wir nur einen Startzustand erlauben. Dies kann man aber leicht umgehen, indem man q_0' als neuen Zustand wählt, der noch nicht in Q vorkam, und dann q_0' mit allen Zuständen aus F über einen ε-Übergang verknüpft.

Nun gilt Folgendes. Ist $w \in L$, dann gibt es in M einen akzeptierenden w-Lauf λ von q_0 zu einem Zustand $f \in F$. Dann gibt es aber auch einen $\tilde{w}$-Lauf in $\tilde{N}$ von q_0' zu f und dann λ in umgekehrter Richtung folgend zu q_0. Da $q_0 \in F'$, ist dieser Lauf akzeptierend, und somit ist $\tilde{w} \in L(\tilde{N})$. Ist nun $w \notin L$, dann gibt es auch keinen akzeptierenden w-Lauf in M. Würde nun $\tilde{w}$ aus $L(\tilde{N})$ sein, könnte man den dazugehörigen Lauf nach dem bereits diskutierten Schema umkehren und würde einen akzeptierenden w-Lauf für M erhalten. Demnach gibt es keinen solchen $\tilde{w}$-Lauf in $\tilde{N}$, und damit gilt $\tilde{w} \notin L(\tilde{N})$. Es gilt also, dass $\tilde{L} = L(\tilde{N})$, und somit ist nach Korollar 2.1 $\tilde{L} \in REG$.

Für den Nachweis des Abschlusses unter Schnitt nutzen wir den Produktautomat, wie im Beweis zu Satz 2.3 eingeführt. Zur Erinnerung: Der Produktautomat „simuliert" zwei DEAs M_1 und M_2 in der Art, dass er beim Lesen eines Wortes w in den Zustand (q_1, q_2) geht, falls M_1 nach dem Lesen von w sich in q_1 befinden würde und M_2 in q_2. Wir modifizieren den Produktautomaten nun so, dass die Zustände der Form (q, q') akzeptierend sind, wenn q in M_1 akzeptierend **und** q' in M_2 akzeptierend ist (anstelle von **oder** in der ursprünglichen Konstruktion). Nun werden also nur die Wörter akzeptiert, für die es in M_1 und M_2 einen akzeptierenden Lauf gibt. Damit akzeptiert der modifizierte Produktautomat den Schnitt von $L(M_1)$ und $L(M_2)$.

Nun überlegen wir uns, warum REG unter Komplementbildung abgeschlossen ist. Dazu geben wir einen DEA für $\bar{L}$ an. Dieser DEA ist identisch mit M, mit dem Unterschied, dass wir die akzeptierenden und verwerfenden Zustände vertauschen. Das bedeutet, akzeptierende Läufe werden zu verwerfenden Läufen und umgekehrt. Also werden nun genau die Wörter akzeptiert, die in M verworfen wurden. Damit akzeptiert der modifizierte DEA die Sprache $\bar{L}$.

Lösungsvorschlag zum Selbsttest 2.4

Es gibt folgende Klassen in der MN-Relation:

$$[\varepsilon] = \{\varepsilon\}$$

$$[\text{aa}] = \{w \in \Sigma^* \mid \exists u \in \Sigma^* : w = a u a\}$$

$$[\text{ab}] = \{w \in \Sigma^* \mid \exists u \in \Sigma^* : w = a u b\} \cup \{a\}$$

$$[\text{ba}] = \{w \in \Sigma^* \mid \exists u \in \Sigma^* : w = b u a\} \cup \{b\}$$

$$[\text{bb}] = \{w \in \Sigma^* \mid \exists u \in \Sigma^* : w = b u b\}$$

Lösungsvorschlag zum Selbsttest 2.5

(a) Mit Hilfe des TF-Algorithmus erstellen wir die Tabelle T, in welcher die trennbaren
Zustandspaare markiert sind (Tab. 2.3).

Tab. 2.3 Die Tabelle T nach
den Suchphasen

(p, q)	1	2	3	4	5	6
1	0	1	1	1	1	1
2	–	0	1	0	1	0
3	–	–	0	1	0	1
4	–	–	–	0	1	0
5	–	–	–	–	0	1
6	–	–	–	–	–	0

Die äquivalenten Zustandspaare können nun aus der Tabelle T abgelesen werden. Die
$\approx$-Relation hat somit die Äquivalenzklassen $[1] = \{1\}$, $[2] = \{2, 4, 6\}$ und $[3] =
\{3, 5\}$.

(b) Das Zustandsdiagramm des kollabierten Automaten ist in der folgenden Abbildung
dargestellt.

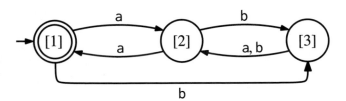

Lösungsvorschlag zum Selbsttest 2.6

Wir geben die drei RA an, sodass $L(R_i) = L_i$ und überlassen es dem Leser oder der Leserin, die Korrektheit zu verifizieren.

- $R_1 = x(x+y)^*y + y(x+y)^*x$
- $R_2 = aaa(aaaaa)^*$
- $R_3 = (\varepsilon + 1)(01)^*(\varepsilon + 0)$

Lösungsvorschlag zum Selbsttest 2.7

Für den Basisfall bestimmen wir die $R_{ij}^{(0)}$-Ausdrücke.

$$R_{11}^{(0)} = \varepsilon \quad R_{12}^{(0)} = x \quad R_{13}^{(0)} = y$$
$$R_{21}^{(0)} = y \quad R_{22}^{(0)} = \varepsilon \quad R_{23}^{(0)} = x$$
$$R_{31}^{(0)} = \emptyset \quad R_{32}^{(0)} = \emptyset \quad R_{33}^{(0)} = \varepsilon + x + y$$

Darauf basierend können wir aus der rekursiven Formel die $R_{ij}^{(1)}$-Ausdrücke bestimmen.

$$R_{11}^{(1)} = \varepsilon + \varepsilon(\varepsilon)^*\varepsilon = \varepsilon \quad R_{12}^{(1)} = x + \varepsilon(\varepsilon)^*x = x \quad R_{13}^{(1)} = y + \varepsilon(\varepsilon)^*y = y$$
$$R_{21}^{(1)} = y + y(\varepsilon)^*\varepsilon = y \quad R_{22}^{(1)} = \varepsilon + y(\varepsilon)^*x = \varepsilon + yx \quad R_{23}^{(1)} = x + y(\varepsilon)^*y = x + yy$$
$$R_{31}^{(1)} = \emptyset + \emptyset(\varepsilon)^*\varepsilon = \emptyset \quad R_{32}^{(1)} = \emptyset + \emptyset(\varepsilon)^*x = \emptyset \quad R_{33}^{(1)} = (\varepsilon + x + y) + \emptyset(\varepsilon)^*y$$
$$= \varepsilon + x + y$$

Als nächster Schritt folgen die $R_{ij}^{(2)}$-Ausdrücke.

$$R_{11}^{(2)} = \varepsilon + x(\varepsilon + yx)^*y = \varepsilon + x(yx)^*y = (xy)^*$$

$$R_{12}^{(2)} = x + x(\varepsilon + yx)^*(\varepsilon + yx) = x(yx)^*$$

$$R_{13}^{(2)} = y + x(\varepsilon + yx)^*(x + yy) = y + x(yx)^*(x + yy)$$

$$R_{21}^{(2)} = y + (\varepsilon + yx)(\varepsilon + yx)^*y = (yx)^*y$$

$$R_{22}^{(2)} = (\varepsilon + yx) + (\varepsilon + yx)(\varepsilon + yx)^*(\varepsilon + yx) = (yx)^*$$

$$R_{23}^{(2)} = (x + yy) + (\varepsilon + yx)(\varepsilon + yx)^*(x + yy) = (yx)^*(x + yy)$$

$$R_{31}^{(2)} = \emptyset + \emptyset(\varepsilon + yx)^*y = \emptyset$$

$$R_{32}^{(2)} = \emptyset + \emptyset(\varepsilon + yx)^*(\varepsilon + yx) = \emptyset$$

$$R_{33}^{(2)} = (\varepsilon + x + y) + \emptyset(\varepsilon + yx)^*(x + yy) = \varepsilon + x + y$$

Für den finalen Ausdruck R benötigen wir nur $R_{11}^{(3)}$ und $R_{13}^{(3)}$. Diese bestimmen wir induktiv.

$$R_{11}^{(3)} = (xy)^* + (y + x(yx)^*(x + yy))(\varepsilon + x + y)^*\emptyset = (xy)^*$$

$$R_{13}^{(3)} = (y + x(yx)^*(x + yy)) + (y + x(yx)^*(x + yy))(\varepsilon + x + y)^*(\varepsilon + x + y)$$

$$= (y + x(yx)^*(x + yy))(x + y)^*$$

Wir erhalten als RA für M_4 somit

$$R = R_{11}^{(3)} + R_{13}^{(3)} = (xy)^* + (y + x(yx)^*(x + yy))(x + y)^*$$

Lösungsvorschlag zum Selbsttest 2.8

Wir fassen ein paar Fakten zur MN-Relation für L zusammen.

(A) Sei $u = a^m b^n$ und $u' = a^{m'} b^{n'}$. Dann gilt $u \equiv_L u'$, falls $m - n = m' - n' \geq 0$. Dies gilt, da $ub^{m-n} \in L$ und $u'b^{m-n} \in L$. Hängt man ein anderes Wort als b^{m-n} an, fallen beide Wörter aus der Sprache.

(B) Ein Wort $u = a^m$ kann man immer von einem Wort $u' = a^{m'} b^{n'}$ trennen, wenn $n' > 0$, da $uab^{m+1} \in L$, aber $u'ab^{m+1} \notin L$.

(C) Zwei Wörter a^m und $a^{m'}$ lassen sich mit b^m trennen, wenn $m \neq m'$.

(D) Alle Wörter, die nicht die Form a^*b^* haben oder für die $a^m b^n$ mit $n > m$ gilt, sind nicht aus L und können auch nicht durch das Anhängen eines Suffixes zu einem Wort aus L werden. Folglich sind alle diese Wörter untrennbar. Sie liegen aber nicht in einer Klasse mit den Wörtern, die in den vorigen Punkten erwähnt wurden.

Aus diesen Überlegungen ergeben sich folgende Klassen für alle $k \geq 0$:

$$[a^k] = \{a^k\} \qquad \text{nach (B) und (C)}$$
$$[a^{k+1}b] = \{a^m b^n \mid n \geq 1, m - n = k\} \qquad \text{nach (A) und (B)}$$
$$[b] = \{a, b\}^* \setminus \bigcup_{k \geq 0}([a^k] \cup [a^{k+1}b]) \qquad \text{nach (D)}$$

Lösungsvorschlag zum Selbsttest 2.9

Sei k die Pumplänge. Wir wählen $w = a^k b^{k+1}$. Es gilt sowohl $w \in L_4$ als auch $|w| \geq k$. Egal, wie w nach den Vorgaben des Pumpinglemmas geteilt wird, der Teil y besteht nur aus as. Somit enthält $xyyz$ mindestens ein a mehr als $w = xyz$. Damit hat $xyyz$ mindestens so viele as wie bs. Es folgt, dass $xyyz \notin L_4$, und somit ist L_4 nicht pumpbar.

2.9   Übungsaufgaben zum Kapitel 2

Aufgabe 2.1
Geben Sie deterministische endliche Automaten an, die die folgenden Sprachen akzeptieren.

(a) $L_1 = \{w \in \{x, y\}^* \mid w$ enthält mindestens drei ys$\}$.

(b) $L_2 = \{w \in \{x, y\}^* \mid w \neq xx$ und $w \neq xxx\}$.

(c) Die Sprache L_3 besteht genau aus den Wörtern über $\Sigma = \{0, 1, 2, 3, 4, 5, 6, 7, 8, 9, .\}$, die eine gültige Datumsangabe ohne Jahr im Format $tt.mm$ beschreiben. Der erste Januar ist also als 01.01 beschrieben, und der 29. Februar soll ein gültiges Datum sein.

(d) $L_4 = \{w \in \{x, y\}^* \mid w$ enthält nicht das Teilwort yxxy$\}$.

Aufgabe 2.2
Beschreiben Sie die Sprachen der abgebildeten DEAs M_1 und M_2 verbal.

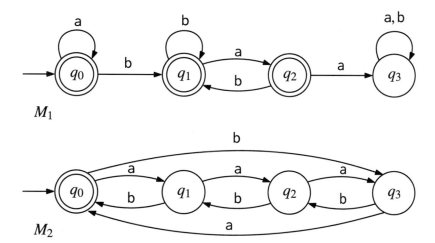

Aufgabe 2.3
Es sei A der nichtdeterministische endliche Automat $(\{1, 2, 3, 4\}, \{a, b\}, \delta, 1, \{4\})$, wobei δ durch folgende Tabelle gegeben ist:

δ	a	b	ε
1	$\{2\}$	$\{3\}$	$\{2\}$
2	$\{2, 4\}$	$\{2\}$	$\emptyset$
3	$\{3\}$	$\{3, 4\}$	$\{2\}$
4	$\emptyset$	$\emptyset$	$\emptyset$

(a) Geben Sie das Zustandsdiagramm von A an.
(b) Bestimmen Sie den Potenzautomaten zu A. Nicht erreichbare Zustände müssen nicht angegeben werden.
(c) Beschreiben Sie verbal die Sprache von A.

Aufgabe 2.4

Geben Sie den Potenzautomaten zum folgenden NEA an. Nicht erreichbare Zustände müssen nicht angegeben werden.

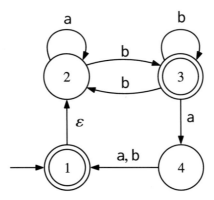

Aufgabe 2.5

Betrachten Sie die folgenden Sprachen über $\Sigma = \{0, 1\}$, und geben Sie je einen regulären Ausdruck an, der diese Sprachen beschreibt:

1. Alle Wörter, die 010 nicht als Teilwort enthalten.
2. Alle Wörter mit einer ungeraden Anzahl von 1en.

Aufgabe 2.6

Beschreiben Sie verbal die Sprachen, welche folgende reguläre Ausdrücke für $\Sigma = \{a, b\}$ angeben.

(a) $R_1 = a(a + b)^*a + b(a + b)^*b$
(b) $R_2 = (aa + ab + ba + bb)^*$
(c) $R_3 = ((aa + a)^* + b)^*$
(d) $R_4 = (a^* + ab)^*$
(e) $R_5 = a^*ba^*(a^*ba^*ba^*)^*$

Aufgabe 2.7

Zeigen Sie, dass folgende Sprachen nicht regulär sind.

(a) $L_1 = \{a^p \mid p \text{ ist Primzahl}\}$
(b) $L_2 = \{u \in \{0, 1\}^* \mid u = \bar{u}\}$
(c) $L_3 = \{a^n b^m \mid n \neq m\}$

Aufgabe 2.8

Zeigen Sie mit Hilfe des Pumpinglemmas, dass folgende Sprachen nicht regulär sind.

(a) $L_1 = \{a^{(2^p)} \mid p > 0\}$.
(b) $L_2 = \{a^{|bin(n)|}b^n \mid n \geq 0\}$.
      Hier ist $|bin(n)|$ die Länge der Binärdarstellung der Zahl n, beispielsweise $|bin(5)| = 3$.
(c)* $L_3 = \{u \in \{a, b\}^* \mid u \neq \bar{u}\}$.

Aufgabe 2.9

Zeigen Sie, dass die Sprache $L = \{a^{n!} \mid n \geq 0\}$ unendlich viele Klassen in der MN-Relation hat.

Aufgabe 2.10

Beweisen oder widerlegen Sie folgende Abschlusseigenschaften für reguläre Sprachen.

(a) Gegeben ist eine unendliche Menge von regulären Sprachen $\{L_i \in REG \mid i \in \mathbb{N}\}$ dann ist $\bigcup_{i \in \mathbb{N}} L_i$ regulär.
(b) Sei $prefix(L) = \{u \in \Sigma^* \mid \exists v \in \Sigma^*: uv \in L\}$ die Menge aller Präfixe der Wörter einer Sprache. Wenn L regulär, dann ist auch $prefix(L)$ regulär.
(c)* Sei $twist(L) = \{uv \in \Sigma^* \mid vu \in L\}$. Falls L regulär, dann ist auch $twist(L)$ regulär.

Aufgabe 2.11

Betrachten Sie den folgenden DEA über $\Sigma = \{a, b\}$.

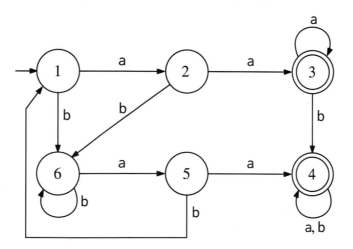

(a) Bestimmen Sie die äquivalenten Zustände mit Hilfe des TF-Algorithmus.
(b) Geben Sie den kollabierten Automaten als Zustandsdiagramm an.

Aufgabe 2.12

Minimieren Sie den angegebenen DEA mit der Spiegelautomatenkonstruktion.

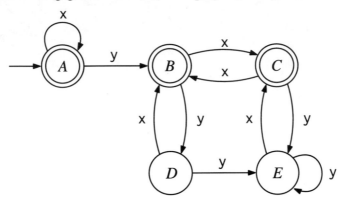

Aufgabe 2.13

Beweisen Sie folgende Aussage:

Sei L eine reguläre Sprache und $\bar{L}$ deren Komplement. Dann hat der Minimalautomat zu L genauso viele Zustände wie der Minimalautomat von $\bar{L}$.

Aufgabe 2.14*

Für eine Sprache L bezeichnet $\text{halb}(L) := \{ x \mid \exists y \colon |x| = |y| \text{ und } xy \in L \}$ die ersten Hälften aller Wörter in L. Beweisen Sie, dass wenn L regulär, dann auch $\text{halb}(L)$.

2.10   Lösungsvorschläge für die Übungsaufgaben zum Kapitel 2

Lösungsvorschlag zur Aufgabe 2.1

(a) Der DEA aus der Abbildung erkennt alle Wörter, die mindestens drei ys enthalten.

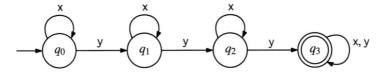

(b) Der DEA aus der Abbildung erkennt alle Wörter über $\Sigma = \{\mathrm{x}, \mathrm{y}\}$, außer xx und xxx.

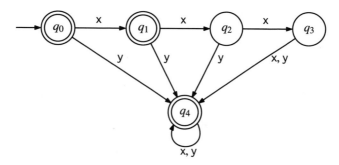

(c) Der DEA aus Abb. 2.32 erkennt alle gültigen Datumsangaben, wobei alle nicht eingezeichneten Übergänge in einen verwerfenden Müllzustand führen (dieser ist aufgrund der Größe des DEA ausnahmsweise nicht eingezeichnet).

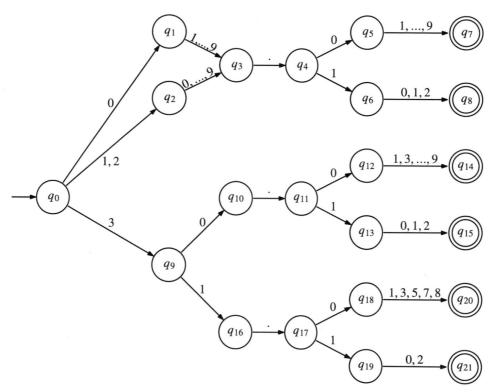

Abb. 2.32 DEA für die Datumsangaben

(d) Eine Lösung ist in der folgenden Abbildung dargestellt.

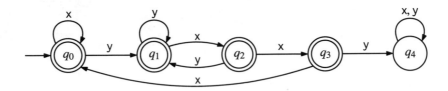

Lösungsvorschlag zur Aufgabe 2.2

Der DEA M_1 erkennt alle Wörter aus $\{a, b\}^*$, die kein Teilwort baa besitzen. Der DEA M_2 erkennt alle Wörter aus $\{a, b\}^*$, für die gilt, dass die Anzahl der as minus der Anzahl der bs ein Vielfaches von 3 ist.

Lösungsvorschlag zur Aufgabe 2.3

(a–b) Das Zustandsdiagramm von A ist in der Abbildung links angegeben, der Potenzautomat rechts davon. Auf Mengenklammern wurde verzichtet.

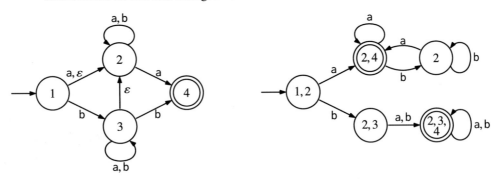

(c) Der DEA A akzeptiert genau die Wörter über dem Alphabet $\{a, b\}$, die mit a beginnen und enden oder die mit ba oder bb beginnen (und beliebig enden).

Lösungsvorschlag zur Aufgabe 2.4

Das Zustandsdiagramm des Potenzautomaten zu dem NEA ist in der folgenden Abbildung zu sehen (Abb. 2.33). Auf die Mengenklammern wurde in der Abbildung verzichtet.

Abb. 2.33 Potenzautomat für
Aufgabe 2.4

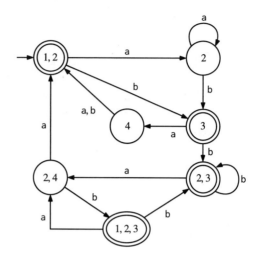

Lösungsvorschlag zur Aufgabe 2.5

1. Der reguläre Ausdruck R_1 beschreibt diese Sprache.

$$R_1 = 1^*(0^*111^*)^*0^*1^*$$

Zur Begründung: Ein Wort der Sprache $L(R_1)$ kann mit beliebig vielen 1en starten (auch keiner). Ein maximales Teilwort, was nur aus 0en besteht, nennen wir
einen 0-Block. Der Teil in der Klammer stellt sicher, dass zwei aufeinanderfolgende
0-Blöcke durch mindestens zwei 1en getrennt sind. Nach dem letzten 0-Block können
beliebig viele 1en auftreten. So werden alle Wörter dargestellt, die 010 nicht als
Teilwort enthalten.

2. Der reguläre Ausdruck R_2 beschreibt diese Sprache.

$$R_2 = 0^*10^*(10^*10^*)^*$$

Jedes Wort dieser Sprache muss mindestens eine 1 enthalten. Dies ist durch den ersten
Teil vor der Klammer sichergestellt. Der Rest des regulären Ausdrucks stellt sicher,
dass insgesamt eine ungerade Anzahl an 1en enthalten ist, indem nun nur noch eine
gerade Anzahl an 1en angehängt werden kann.

Lösungsvorschlag zur Aufgabe 2.6

(a) Der Ausdruck $(a + b)^*$ steht für ein beliebiges Wort über Σ. Der Teilausdruck $a(a+b)^*a$ umfasst alle Wörter die mit a beginnen und enden und mindestens Länge 2 haben. Analog dazu beschreibt $b(a + b)^*b$ alle Wörter, die mit b beginnen und enden und die Länge mindestens zwei haben. Der Ausdruck R_1 beschreibt damit die Menge der Wörter mit Länge größer gleich zwei, deren Anfangszeichen mit dem Endzeichen übereinstimmt.

(b) In der Klammer stehen alle Möglichkeiten, ein Wort der Länge zwei zu bilden. Deshalb sind alle Wörter gerader Länge aus $L(R_2)$. Andere Wörter sind nicht enthalten, da sich jedes Wort aus $L(R_2)$ als eine Konkatenation von Wörtern der Länge zwei schreiben lassen muss.

(c) Der Ausdruck R_3 enthält sicherlich auch alle Wörter aus $(a+b)^*$, da $a \in L((aa+a)^*)$. Also entspricht $L(R_3)$ der Menge Σ^*.

(d) Wir sehen, dass in $L(R_4)$ kein Wort vorkommen darf, welches zwei aufeinanderfolgende bs enthält. Alle anderen Wörter lassen sich aber bilden. Um dies zu sehen, zerteilen wir ein solches Wort nach jedem b. Die Teile bestehen dann aus aa^*b, oder es gibt nur einen Teil a^*. Letzterer Fall ist offensichtlich aus $L(R_4)$. Im ersten Fall ist jedes der Teilwörter aus $L(a^* + ab)$, und durch den Sternoperator in R_4 können wir beliebig viele Teilwörter davon in $L(R_4)$ verbinden. Damit gilt: $L(R_4)$ enthält die Wörter, in denen keine zwei bs aufeinanderfolgen.

(e) Der Term in der Klammer besteht aus drei Zeichen b, die beliebig mit a^*-Wörtern versetzt werden können. Daraus folgt, dass $(a^*ba^*ba^*ba^*)^*$ alle Wörter enthält, in denen die Anzahl der bs ein Vielfaches von 3 ist. In R_5 gibt es zusätzlich noch das Präfix a^*ba^*, welches ein beliebiges Wort mit genau einem b beschreibt. Damit erhalten wir, dass $L(R_5)$ genau die Wörter enthält, deren Anzahl von b durch 3 geteilt den Rest 1 haben.

Lösungsvorschlag zur Aufgabe 2.7

(a) Wir verwenden das Pumpinglemma. Sei k die Pumplänge. Wir wählen $w = a^p \in L_1$ mit $p \geq k$ und p Primzahl. Es gilt dann $|w| \geq k$. Da L_1 eine Sprache über einem einelementigen Alphabet ist, spielt bei der Zerteilung von w nur die Länge von y eine Rolle. Wir wählen $i = p+1$ und erhalten $|xy^{p+1}z| = |w|+p|y| = p+p|y| = p(|y|+1)$. Es gilt, dass $|xy^{p+1}z|$ keine Primzahl sein kann. Daraus folgt, dass $xy^{p+1}z \notin L_1$, und damit ist L_1 nicht pumpbar und damit nicht regulär.

(b) Wir verwenden das Pumpinglemma. Sei k die Pumplänge. Wir wählen $w = 0^k10^k \in L_2$. Es gilt somit $|w| \geq k$. Egal, wie das Wort zerteilt wird (unter den Vorgaben des Pumpinglemmas), die Teile x und y bestehen nur aus 0en. Wir wählen $i = 2$ und erhalten als $xyyz = 0^{k+|y|}10^k$ mit $|y| \geq 1$. Also ist $xyyz$ nicht aus L_2 und damit L_2 nicht pumpbar und damit nicht regulär.

(c) Für den Nachweis, dass L_3 nicht regulär ist, nutzen wir die Abschlusseigenschaften der regulären Sprachen. Die regulären Sprachen sind abgeschlossen unter Schnitt und

Komplement. Wenn also L_3 regulär wäre, dann auch die Sprache $L = \overline{L_3} \cap L(a^*b^*) = \{a^nb^n \mid n \geq 0\}$. Diese Sprache ist aber nicht regulär, also kann auch L_3 nicht regulär sein.

Man kann auch direkt mit dem Pumpinglemma zeigen, dass L_3 nicht regulär ist. Wir wählen dazu für die Pumplänge k das Wort $w = a^k b^{k+k!}$ aus L_3, welches Länge größer k hat. Egal, wie nun nach dem Pumpinglemma zerteilt wird, y enthält nur das Zeichen a. Als Vielfachheit für das Pumpen wählen wir $i = 1 + k!/|y|$. Beachten Sie, dass $k!/|y|$ eine natürliche Zahl ist. Wir erhalten, dass $xy^iz = a^{k+(k!/|y|)|y|}b^{k+k!} = a^{k+k!}b^{k+k!} \notin L$. Somit ist L_3 nicht pumpbar und deshalb nicht regulär.

Lösungsvorschlag zur Aufgabe 2.8

(a) Sei k die Pumplänge im Pumpinglemma. Wir wählen $w = a^{(2^k)} \in L_1$, womit $|w| \geq k$ folgt. Da L_1 eine Sprache über einem einelementigen Alphabet ist, spielt bei der Zerteilung von w nur die Länge von y eine Rolle. Wir wählen $i = 2$ und erhalten $2^k < |xy^2z| = 2^k + |y| < 2^{k+1}$, da $|y| \leq k < 2^k$. Es folgt, dass $xy^2z \notin L_1$, denn die Länge des Wortes liegt echt zwischen zwei Zweierpotenzen. Damit ist L_1 nicht pumpbar und somit auch nicht regulär.

(b) Sei k die Pumplänge im Pumpinglemma. Wir wählen das Wort $w = a^k b^{(2^k-1)}$. Da $|bin(2^k - 1)| = k$, gilt $w \in L_2$ und $|w| \geq k$. Egal, wie nun nach den Vorgaben des Pumpinglemma in $w = xyz$ zerteilt wird, besteht y nur aus as. Für $i = 2$ ist dann $xy^2z = a^{k+|y|}b^{(2^k-1)}$. Nun ist $k + |y| > k = |bin(2^k-1)|$, da $|y| > 0$ und somit $xy^2z \notin L_2$. Also ist L_2 nicht pumpbar und damit nicht regulär.

(c) Sei k die Pumplänge im Pumpinglemma. Wir wählen das Wort $w = a^k b a^{k!+k} \in L_3$. Offensichtlich gilt $|w| \geq k$. Egal, wie nun nach dem Pumpinglemma zerteilt wird, y enthält nur as aus dem ersten Block a^k. Als Vielfachheit für das Pumpen wählen wir $i = 1 + k!/|y|$. Beachten Sie, dass i eine natürliche Zahl ist. Wir erhalten, dass $xy^iz = a^{k+(k!/|y|)|y|}ba^{k+k!} = a^{k+k!}ba^{k+k!} \notin L_3$. Somit ist L_3 nicht pumpbar und damit nicht regulär.

Lösungsvorschlag zur Aufgabe 2.9

Wir suchen nach unendlich vielen Wörtern, die man bezüglich der MN-Relation trennen kann. Konkret wollen wir zeigen, dass zwei Wörter $a^{i!}$ und $a^{j!}$ genau dann getrennt werden können, wenn $i \neq j$. Ohne Beschränkung der Allgemeinheit können wir $j < i$ annehmen. Ein Trennwort für dieses Paar ist $t = a^{i+1}$. Wir erhalten $a^i t = a^{i!}a^{i+1} = a^{(i+1)!} \in L$. Andererseits gilt nun $a^{j!}t = a^{j!}a^{i+1} \notin L$, da wir die Länge von $a^{j!}t$ als

$$\underbrace{1 \cdot 2 \cdot 3 \cdots j \cdot (i+1)}_{>(j+1)}$$

ausdrücken können, was offensichtlich keine Fakultät ist. Also hat die MN-Relation unendlich viele Klassen.

Lösungsvorschlag zur Aufgabe 2.10

(a) Dies gilt nicht, denn jede Sprache lässt sich so beschreiben. Ein einfaches Gegen-
beispiel erhalten wir mit $L_i = \{a^i b^i\}$. In diesem Fall ist $\bigcup_{i \in \mathbb{N}} L_i = \{a^n b^n \mid n \in \mathbb{N}\}$, und wir wissen, dass dies keine reguläre Sprache ist. Es sei daran erinnert,
dass die regulären Sprachen natürlich trotzdem unter *endlich* vielen Vereinigungen
abgeschlossen sind.

(b) Diese Abschlusseigenschaft gilt. Sei $M = (Q, \Sigma, \delta, q_0, F)$ ein DEA zu L, der
existiert, das L regulär. Wir werden nun L so umbauen, dass alle Wörter u akzeptiert
werden, die zu einem Wort uv in L vervollständigt werden können. Das ist immer dann
der Fall, wenn es in M einen Weg von $\delta^*(q_0, u)$ zu einem akzeptierenden Zustand
gibt. Deshalb genügt es, alle die Zustände in M akzeptierend zu machen, für die es
möglich ist, einen Weg zu einem akzeptierenden Zustand zu finden. Der modifizierte
DEA erkennt dann prefix(L), und damit ist prefix(L) regulär.

(c) Diese Abschlusseigenschaft gilt. Sei $M = (Q, \Sigma, \delta, q_0, F)$ ein DEA zu L. Wir
konstruieren einen NEA für twist(L). Wir müssen diesen so aufbauen, dass zuerst
ein Suffix u eines Wortes $w = vu \in L$ gelesen wird und dann der passende Präfix
v. Wir wollen zunächst die Wörter vu behandeln, deren v-Lauf in M im Zustand q_i
landet. Unter dieser Annahme ist es leichter, einen NEA für twist(L) zu erzeugen. Wir
erstellen als Erstes eine Kopie von M. Im Ursprungs-DEA M verändern wir dann den
Startzustand zu q_i und verbinden alle vorigen akzeptierenden Zustände über ε-Kanten
zum Zustand q_0 in der Kopie. Neuer, einziger akzeptierender Zustand wird jetzt q_i in
der Kopie sein sein. In dem so erzeugten NEA N_i beginnt jeder akzeptierende Lauf
in q_i und wechselt irgendwann von einem Zustand aus F zu einem Zustand q_0 (in
der Kopie). Dieser erste (Teil-)Lauf liest somit ein Suffix von w. Der zweite Teil des
Laufes beginnt (in der Kopie) im Zustand q_0 und endet in q_i (auch in der Kopie). Das
gelesene Wort dieses Teils stimmt mit einem Präfix von w überein. Der Punkt ist nun,
dass Präfix und Suffix zusammen ein Wort aus L ergeben, da beide Teilläufe in q_i
zusammengefügt werden können und einen akzeptierenden Lauf in M ergeben. In N_i
wird aber zuerst das Suffix und dann das Präfix gelesen. Ein Beispiel der Konstruktion
ist in folgender Abbildung aufgeführt.

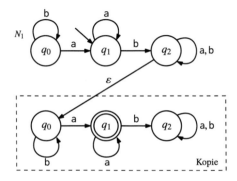

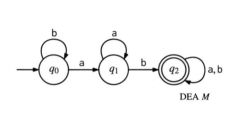

DEA M

Wir können für jedes q_i einen solchen NEA N_i definieren. Es gilt, dass twist$(L) = L(N_0) \cup L(N_1) \cup \cdots \cup L(N_{|Q|})$. Wir wissen, dass die regulären Sprachen unter endlicher Vereinigung abgeschlossen sind, und damit ist twist(L) regulär.

Lösungsvorschlag zur Aufgabe 2.11

(a) Mit Hilfe des TF-Algorithmus erstellen wir die Tabelle T, in welcher die trennbaren Zustandspaare markiert sind (Tab. 2.4).

Tab. 2.4 Die Tabelle T nach den Suchphasen

(p, q)	1	2	3	4	5	6
1	0	1	1	1	1	0
2	–	0	1	1	0	1
3	–	–	0	0	1	1
4	–	–	–	0	1	1
5	–	–	–	–	0	1
6	–	–	–	–	–	0

Die äquivalenten Zustandspaare können nun aus der Tabelle T abgelesen werden. Die $\approx$-Relation hat somit die Äquivalenzklassen $[1] = \{1, 6\}$, $[2] = \{2, 5\}$ und $[3] = \{3, 4\}$.

(b) Der kollabierte Automat ist in der folgenden Abbildung dargestellt.

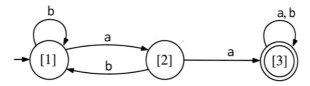

Lösungsvorschlag zur Aufgabe 2.12

Um das Verfahren auszuführen, müssen wir zweimal den Spiegelautomaten konstruieren. Der Spiegelautomat des ursprünglichen DEAs sieht wie folgt aus (links der Zwischenschritt nach Umkehren der Transitionen und Setzen des neuen Startzustands/akzeptierenden Zustands):

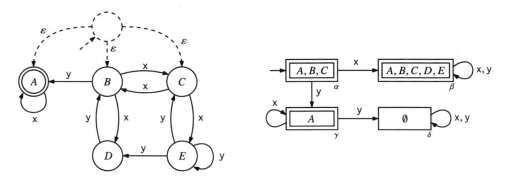

Für die weitere Bearbeitung benennen wir die Zustände in $\alpha, \beta, \gamma, \delta$ um, wie in der Abbildung angedeutet. Der Spiegelautomat des Spiegelautomats ergibt sich damit wie folgt (wiederum links der Zwischenschritt):

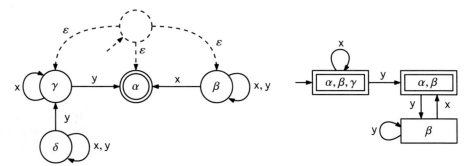

Dieser DEA ist der gesuchte Minimalautomat.

Lösungsvorschlag zur Aufgabe 2.13

Sei M der Minimalautomat zu L und $\bar{M}$ der Minimalautomat zu $\bar{L}$.

Angenommen, $\bar{M}$ hat weniger Zustände als M. Dann könnte man in $\bar{M}$ die akzeptierenden und nichtakzeptierenden Zustände vertauschen und hätte einen DEA für L konstruiert, der weniger Zustände hat als der Minimalautomat zu L. Dies führt also zu einem Widerspruch.

Angenommen, $\bar{M}$ hat mehr Zustände als M. Dann könnte man in M die akzeptierenden und nichtakzeptierenden Zustände vertauschen und hätte einen DEA für $\bar{L}$ konstruiert, der weniger Zustände hat als der Minimalautomat zu $\bar{L}$. Dies führt also auch zu einem Widerspruch.

Als einzige Möglichkeit verbleibt, dass M und $\bar{M}$ gleich viele Zustände haben.

Lösungsvorschlag zur Aufgabe 2.14

Sei $M = (Q, \Sigma, \delta, q_0, F)$ ein DEA für L. Wir bezeichnen mit G_i die Menge der Zustände aus Q, für die es möglich ist, in i „Schritten" einen akzeptierenden Zustand in M zu erreichen (also $G_i := \{q \in Q \mid \exists w \in \Sigma^i : \delta^*(q, w) \in F\}$. Es gilt also $G_0 = F$. Es kann nur $2^{|Q|}$ viele verschiedener solcher Menge G_i geben. Sei $\mathcal{G}$ die Menge aller vorkommenden G_i-Mengen. Für eine Menge $G \in \mathcal{G}$ mit $G = G_i$

bezeichnen wir den „Nachfolgervon G" als $N(G) = G_{i-1}$.

Die Idee ist nun, die Mengen $G \in \mathcal{G}$ und die Zustände aus Q als Paare für einen neuen Zustandsraum zu nutzen. Dazu definieren wir $M' = (Q \times \mathcal{G}, \Sigma, \delta', (q_0, F), F')$, wobei $\forall a \in \Sigma$

$$\delta'((q, G), a) = (\delta(q, a), N(G)).$$

Somit wissen wir immer, welches die Zustandsmenge ist, von der wir in $|x|$ Schritten aus einem Zustand aus F erreichen, nachdem wir x gelesen haben. Es verbleibt nun, $F' = \{(q, G) \mid q \in G\}$ zu setzen. Damit akzeptieren wir also genau die x, die uns in den Zustand (q, G) mit $q \in G$ führen. In diesem Fall kommt man aber auch mit einem $|x|$-langem Wort von q zu einem Zustand aus F, was genau das ist, was wir für die Sprache halb(L) garantieren müssen.

Literatur

1. S. C. Kleene. „Representation of events in nerve nets and finite automata". In: *Automata studies*. Annals of Mathematics Studies, no. 34. Princeton University Press, Princeton, N. J., 1956, S. 3–41.
2. E. M. McColloch und W. Pitts. „A Logical Calculus of Ideas Immanent in Nervous Activity". In: *Bull. Math. Biophysics* 5 (1943), S. 115–133.
3. D. A. Huffman. „The synthesis of sequential switching circuits. I, II". In: *J. Franklin Inst.* 257 (1954), S. 161–190, 275–303.
4. G. H. Mealy. „A method for synthesizing sequential circuits". In: *Bell System Tech. J.* 34 (1955), S. 1045–1079.
5. E. F. Moore. „Gedanken-experiments on sequential machines". In: *Automata studies*. Annals of Mathematics Studies, no. 34. Princeton University Press, Princeton, N. J., 1956, S. 129–153.
6. M. O. Rabin und D. Scott. „Finite automata and their decision problems". In: *IBM J. Res. Develop.* 3 (1959), S. 114–125.
7. A. Nerode. „Linear automaton transformations". In: *Proc. Amer Math. Soc.* 9 (1958), S. 541–544.
8. J. Myhill. *Finite automata and the representation of events.* Techn. Ber. WADD TR-57-624. Wright Patterson AFB, Ohio, 1957.
9. J. A. Brzozowski. „Canonical regular expressions and minimal state graphs for definite events". In: *Proc. Sympos. Math. Theory of Automata (New York 1962)* Polytechnic Press of Polytechnic Inst. of Brooklyn, Brooklyn, N.Y., 1963, S. 529–561.
10. Y. Bar-Hillel, M. Perles und E. Shamir. „On formal properties of simple phrase structure grammars". In: *Z. Phonetik Sprachwiss. Kommunikat.* 14 (1961), S. 143–172.

Kontextfreie Sprachen

3

Wir haben im letzten Kapitel gesehen, dass bereits sehr einfache Sprachen wie $L = \{a^n b^n \mid n \geq 0\}$ nicht regulär sind. Das mag nicht überraschend sein, da wir mit begrenztem Speicher nicht das Wortproblem für diese Sprache entscheiden können. Dennoch steht wohl außer Frage, dass es sich bei L um keine komplizierte Sprache handelt. Wir können problemlos einen Algorithmus angeben, der das Wortproblem für L löst. Dafür müssen wir nur alle as am Anfang zusammenzählen und dann kontrollieren, ob nur bs folgen, und zwar genauso viele, wie wir as gezählt hatten. Diesen Algorithmus kann man nicht durch einen endlichen Automaten ausführen lassen, da in diesem Modell nicht unbeschränkt „gezählt" werden kann. Wir werden in diesem Kapitel mit dem Kellerautomaten ein Berechnungsmodell vorstellen, in welchem wir den beschriebenen Algorithmus ausführen können. Unser Ziel ist es zudem, ein Modell zu finden, das möglichst nahe am endlichen Automaten bleibt. Die Sprachen, die ein Kellerautomat erkennt, nennen wir *kontextfrei*. Diese Sprachklasse ist eine sehr wichtige Sprachklasse mit vielen Anwendungen in der Informatik (zum Beispiel beim Entwurf von Programmiersprachen). Das Modell des Kellerautomaten ist ein nichtdeterministisches Modell. Daraus lässt sich aber auch eine deterministische Version ableiten. Wie wir sehen werden, sind diese Modell (anders als bei den endlichen Automaten) nicht gleich mächtig.

Im weiteren Verlauf des Kapitels stellen wir mit den Grammatiken eine neue Methode vor, um Sprachen zu beschreiben. Wir werden für die kontextfreien Sprachen die kontextfreien Grammatiken einführen. Aber auch für die bereits bekannten regulären Sprachen geben wir Grammatiken an. Mit Hilfe der Grammatiken erklären wir, wie man das Wortproblem für kontextfreie Sprachen lösen kann. Wir untersuchen die formalen Sprachen immer mit dem Hintergedanken, dass für uns die Wörter der Sprachen Codierungen für die Ja-Instanzen von Entscheidungsproblemen sind. Das heißt im Gegenzug, dass das Wortproblem einer Lösung des Entscheidungsproblems entspricht. Bei den regulären

A. Schulz, *Grundlagen der Theoretischen Informatik*,
https://doi.org/10.1007/978-3-662-65142-1_3

Sprachen haben wir nicht explizit über die Lösung des Wortproblems gesprochen, da es offensichtlich auf der Hand liegt, wie man testen kann, ob ein Wort aus einer regulären Sprache ist oder nicht. Dazu führt man einfach die Zustandsübergänge im dazugehörigen DEA aus und kontrolliert, ob der Lauf in einem Endzustand endet. Bei den kontextfreien Sprachen ist dies jedoch komplizierter.

Wir werden uns auch ansehen, welche Sprachen nicht kontextfrei sein können. Dazu werden wir mit dem kontextfreien Pumpinglemma ein Werkzeug vorstellen, was ähnlich angewendet wird wie das (reguläre) Pumpinglemma. Es wird der Beweis des Lemmas und dessen Anwendung diskutiert. Wir sehen uns zudem einige Abschlusseigenschaften der kontextfreien Sprachen an. Auch diese können beim Nachweis helfen, ob eine Sprache kontextfrei oder nicht kontextfrei ist.

Der Abschluss in diesem Kapitel liefert der Satz von Chomsky-Schützenberger, der sehr gut die Struktur beschreibt, die allen kontextfreien Sprachen zugrunde liegt.

3.1   Kellerautomaten

In diesem Abschnitt werden wir das Modell **Kellerautomat** vorstellen. Vereinfacht gesprochen handelt es sich dabei um einen nichtdeterministischen endlichen Automaten mit einem Zusatz. Dieser Zusatz ist ein Kellerspeicher (engl. *stack*), den wir kurz den **Keller** nennen. Der Keller wird von unten nach oben befüllt. Im Keller können wir Zeichen ablegen. Wir können aber immer nur auf das oberste Element (genannt **Top-Symbol**) zugreifen. Das heißt, wir haben im Wesentlichen zwei Operationen: Mit einem **Pop** können wir das Top-Symbol des Kellers lesen und entfernen, mit einem **Push** können wir ein neues Element „auf" dem Keller ablegen. Dieses neue Element ist dann das neue Top-Symbol. Die prinzipielle Arbeitsweise eines Kellerspeichers ist in Abb. 3.1 skizziert.

Ohne an dieser Stelle die Details zu kennen, ist es glaubhaft, dass man mit einem Kellerautomaten die Sprache L akzeptieren kann. Man kann jedes gelesene a auf den Keller ablegen und ein a vom Keller entfernen, wenn man ein b liest. Markiert man das Ende des Kellers mit einem Sondersymbol, kann man überprüfen, ob die Anzahl der as und der bs übereinstimmen. Nebenbei prüft man noch, ob nach den as auch wirklich nur bs kommen.

Wir werden nun den Kellerautomaten formal einführen. Wie bereits erwähnt, orientieren wir uns an der Definition 2.5 des NEA. Das heißt unter anderem, dass wir wieder

Abb. 3.1 (**a**) Keller mit Inhalt abaa. (**b**) Keller mit Inhalt aba. (**c**) Keller mit Inhalt abac. Das Top-Symbol ist jeweils grau unterlegt

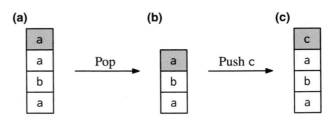

eine Zustandsmenge Q haben werden und dass sich der Automat während der Ausführung immer in einem Zustand befinden wird. Wir werden einen Zustand als Startzustand auswählen und eine Menge von Zuständen als akzeptierend markieren. Neu ist, dass wir einen Keller benutzen. Die Zustandsübergänge werden wieder durch eine Übergangsfunktion δ gesteuert. Ein Zustandsübergang hängt jedoch nun auch immer vom aktuellen Top-Symbol des Kellers ab. Außerdem ist das Ergebnis eines Zustandsübergangs nicht nur ein Folgezustand, sondern auch (möglicherweise) ein neues Top-Symbol. An dieser Stelle sei noch einmal daran erinnert, dass wir uns am *nichtdeterministischen* endlichen Automaten orientieren. Das heißt also, dass die Übergangsfunktion auch mehrere Optionen anbieten kann. Wir fassen den Aufbau in der folgenden Definition zusammen.

Definition 3.1 (Kellerautomat) Ein Kellerautomat (kurz KA) wird durch ein 6-Tupel $K = (Q, \Sigma, \Gamma, \delta, q_0, F)$ dargestellt. Hierbei ist

- Q eine endliche nichtleere Menge von Zuständen,
- Σ ein endliches Alphabet (das Eingabealphabet),
- Γ ein endliches Alphabet (das Arbeitsalphabet),
- $\delta \colon Q \times (\Sigma \cup \{\varepsilon\}) \times (\Gamma \cup \{\varepsilon\}) \to \mathcal{P}(Q \times (\Gamma \cup \{\varepsilon\}))$ die Übergangsfunktion,
- $q_0 \in Q$ der Startzustand,
- $F \subseteq Q$ die Menge der akzeptierenden Zustände.

An dieser Stelle noch einige Anmerkungen zur Definition. Wir haben für die Zeichen des Kellers ein eigenes Alphabet Γ definiert. Dies macht die Arbeit mit dem Kellerautomaten komfortabler. In Γ sind die Zeichen enthalten, die wir mit einem Push-Befehl im Keller abspeichern können. Die Übergangsfunktion ist so gewählt, dass sich mit ihr Push- und Pop-Befehle ausführen lassen. Es ist sogar möglich, ein Pop und ein Push hintereinander in einem Zustandsübergang ausführen zu lassen. Eine solche Doppelaktion tauscht also das Top-Symbol aus. Wir nennen diese Operation **Switch**. Die Übergangsfunktion δ beschreibt die Befehle wie folgt: Wir übergeben der Funktion ein Tripel, bestehend aus dem aktuellen Zustand, dem aktuellen Eingabezeichen und dem aktuellen Top-Symbol. Das Eingabezeichen und das Top-Symbol kann hierbei aber auch ε sein. In diesem Fall interpretieren wir den möglichen Übergang als unabhängig vom nächsten Eingabezeichen beziehungsweise vom aktuellen Top-Symbol. Die Übergangsfunktion gibt eine Menge von Paaren zurück, welche uns alle gültigen Übergänge angeben. Die Paare bestehen aus einem Folgezustand und einem neuen Top-Symbol. Wenn als Top-Symbol ein ε angegeben wird, heißt das, dass kein Push erfolgt. Auf diese Weise können wir einen Zustandsübergang inklusive eines Push-, Pop- oder Switchbefehls realisieren. Hier einige Beispiele:

- $\delta(q, \text{a}, \text{x}) = \{(p, \varepsilon)\}$: Wenn der aktuelle Zustand q, das nächste Zeichen der Eingabe ein a und das Top-Symbol ein x ist, können wir das a von der Eingabe lesen, in den Zustand p übergehen und das x als Top-Symbol entfernen. Dies entspricht einem Pop-Befehl.

- $\delta(q, a, \varepsilon) = \{(p, x)\}$: Wenn der aktuelle Zustand q und das nächste Zeichen der Eingabe ein a ist (Top-Symbol ist egal), können wir das a von der Eingabe lesen, in den Zustand p übergehen und x als neues Top-Symbol dem Keller hinzufügen. Dies entspricht einem Push-Befehl.
- $\delta(q, a, x) = \{(p, y)\}$: Wenn der aktuelle Zustand q, das nächste Zeichen der Eingabe ein a und das Top-Symbol ein x ist, können wir das a von der Eingabe lesen, in den Zustand p übergehen und das Top-Symbol x durch das neue Top-Symbol y ersetzen. Dies entspricht einem Switch-Befehl.
- $\delta(q, a, \varepsilon) = \{(p, \varepsilon)\}$: In diesem Fall wird der Keller nicht verändert. Es handelt sich um einen Zustandsübergang von q nach p wie bei einem NEA.
- $\delta(q, \varepsilon, x) = \{(p, y), (p', y)\}$: Wenn der aktuelle Zustand q und das Top-Symbol des Kellers ein x ist (Eingabezeichen ist egal), haben wir zwei Möglichkeiten. Wir lesen kein Zeichen der Eingabe, ersetzen das Top-Symbol x durch y und gehen entweder in den Folgezustand p oder in den Folgezustand p'.

Der Inhalt des Kellers besteht aus einer Folge von Zeichen aus Γ, also aus einem Wort aus Γ^*, wobei das Top-Symbol immer das letzte Zeichen (rechts) des Wortes ist. Um eine Berechnung fortführen zu können, müssen wir neben dem aktuellen Zustand auch den Kellerinhalt kennen. Ein Paar von Zustand und Kellerinhalt (p, s) mit $p \in Q$ und $s \in \Gamma^*$ nennen wir eine **Konfiguration** eines Kellerautomaten. Die Funktion δ beschreibt die Überführung der Konfigurationen. Die **Startkonfiguration** ist gegeben durch (q_0, ε), was heißt, dass unsere Berechnungen immer mit leerem Keller beginnen. Wir nennen eine Konfiguration (q, s) **akzeptierend**, falls $q \in F$. Wir definieren nun:

Definition 3.2 (Sprache eines Kellerautomaten) Ein Kellerautomat $K = (Q, \Sigma, \Gamma, \delta, q_0, F)$ *akzeptiert ein Wort* $w = x_1 x_2 \cdots x_n$ $(x_i \in \Sigma \cup \{\varepsilon\})$, falls eine Folge $((p_1, s_1), \ldots, (p_{n+1}, s_{n+1}))$ von Konfigurationen existiert, mit:

- (p_1, s_1) ist die Startkonfiguration (q_0, ε),
- $\forall 1 \le i \le n : (p_{i+1}, b) \in \delta(p_i, x_i, a)$, wobei $s_i = ta$ und $s_{i+1} = tb$, für $a, b \in \Gamma \cup \{\varepsilon\}$ und $t \in \Gamma^*$,
- (p_{n+1}, s_{n+1}) ist eine akzeptierende Konfiguration; das heißt, $p_{n+1} \in F$.

Die Sprache des Kellerautomaten $L(K)$ ist die Menge aller von K akzeptierten Wörter.

In Analogie zu den endlichen Automaten nennen wir eine Folge von Konfigurationen, die durch die Übergangsfunktion δ verknüpft sind, einen **Lauf** des Kellerautomaten. Sprachen, die von Kellerautomaten akzeptiert werden, fassen wir zu einer Sprachfamilie zusammen.

Definition 3.3 (kontextfreie Sprache) Wenn L eine Sprache ist, für die es einen KA gibt, der L akzeptiert, nennen wir L eine **kontextfreie Sprache**. Wir nutzen die Bezeichnung

$$CFL := \{L \mid L \text{ ist kontextfrei}\}.$$

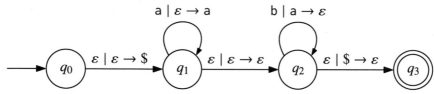

Abb. 3.2 Übergang zu $(p, y) \in \delta(q, a, x)$ im Zustandsdiagramm eines Kellerautomaten

Abb. 3.3 Beispiel eines Kellerautomaten K_1 für die Sprache $\{a^n b^n \mid n \geq 0\}$

Für die Darstellung eines Kellerautomaten nutzen wir in der Regel eine grafische Notation. Wie bei den endlichen Automaten geben wir ein Zustandsdiagramm an. Der einzige Unterschied zu den Zustandsdiagrammen bei den endlichen Automaten ist, dass wir die Veränderung des Kellers beim Übergang an den Pfeilen schriftlich festhalten. Bei den endlichen Automaten haben wir eine gerichtete Kante für einen Zustandsübergang mit dem zu lesenden Zeichen der Eingabe beschriftet. Bei den Kellerautomaten notieren wir $a \mid x \rightarrow y$ zwischen Zustand q und p, falls $(p, y) \in \delta(q, a, x)$. Abb. 3.2 zeigt eine solche Beschriftung. Für die Kennzeichnung des Startzustands und der akzeptierenden Zustände nutzen wir die gleichen Regeln wie bei den endlichen Automaten.

Wir sehen uns nun einen Kellerautomaten an, der die Sprache $L_1 = \{a^n b^n \mid n \geq 0\}$ akzeptiert. Diesen Automaten nennen wir K_1. Sein Arbeitsalphabet ist $\Gamma = \{a, \$\}$. Das Zeichen \$ werden wir einsetzen, um das „Ende" des Kellers zu markieren. Für jedes gelesene a packen wir ein a auf den Keller, für jedes gelesene b entfernen wir ein a vom Keller. Am Ende prüfen wir dann, ob der Keller auch vollständig geleert wurde. Abb. 3.3 zeigt das Zustandsdiagramm des Kellerautomaten K_1.

Für die Konstruktion von K_1 haben wir den Nichtdeterminismus eingesetzt. Das erspart uns den *Müllzustand*, den wir sonst einführen müssten, um Wörter zu verwerfen, die zum Beispiel mehr bs als as haben. Eine andere Stelle, an welcher der Nichtdeterminismus zum Einsatz kommt, ist der Übergang vom Zustand q_1 zum Zustand q_2. An dieser Stelle wird „geraten", dass der a-Teil des Wortes abgeschlossen wurde. Man könnte einen Kellerautomaten zu L_1 auch ohne den Einsatz von Nichtdeterminismus und ε-Übergänge konstruieren. Die mit K_1 vorgestellte Version ist aber übersichtlicher. Beachten Sie, dass es (anders als bei den endlichen Automaten) nicht für jede kontextfreie Sprache möglich ist, einen Kellerautomaten zu finden, welcher diese Sprache akzeptiert und nur deterministisch und ohne ε-Übergänge arbeitet. Die deterministische Version des Kellerautomaten sehen wir uns noch einmal in Abschn. 3.7 genauer an.

Tab. 3.1 Lauf für das Wort aabb des Kellerautomaten K_1

Rest der Eingabe	akt. Keller	akt. Zustand	nächster Übergang
aabb	ε	q_0	$\delta(q_0, \varepsilon, \varepsilon) \ni (q_1, \$)$
aabb	\$	q_1	$\delta(q_1, \text{a}, \varepsilon) \ni (q_1, \text{a})$
abb	\$a	q_1	$\delta(q_1, \text{a}, \varepsilon) \ni (q_1, \text{a})$
bb	\$aa	q_1	$\delta(q_1, \varepsilon, \varepsilon) \ni (q_2, \varepsilon)$
bb	\$aa	q_2	$\delta(q_2, \text{b}, \text{a}) \ni (q_2, \varepsilon)$
b	\$a	q_2	$\delta(q_2, \text{b}, \text{a}) \ni (q_2, \varepsilon)$
ε	\$	q_2	$\delta(q_2, \varepsilon, \$) \ni (q_3, \varepsilon)$
ε	ε	q_3	–

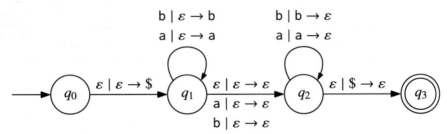

Abb. 3.4 Der Kellerautomat K_2 für die Sprache der Palindrome L_2

Um die Arbeitsweise der Kellerautomaten deutlich zu machen, werden wir uns beispielhaft in Tab. 3.1 einen Lauf für das Wort aabb auf dem KA K_1 ansehen. Wir erkennen, dass dieser Lauf in einer akzeptierenden Konfiguration endet. Damit haben wir gezeigt, dass K_1 das Wort aabb akzeptiert. Es ist nicht schwer zu sehen, dass nur die Wörter aus L_1 akzeptiert werden.

Eine weitere kontextfreie Sprache ist $L_2 = \{u \in \{\text{a}, \text{b}\}^* \mid u = \bar{u}\}$. Die Wörter aus der Sprache L_2 heißen **Palindrome**. Um zu zeigen, dass L_2 kontextfrei ist, reicht es aus, einen Kellerautomaten K_2 anzugeben, der L_2 akzeptiert. Das Zustandsdiagramm des Kellerautomaten ist in Abb. 3.4 zu sehen. Wir erkennen, dass im ersten Teil des Automaten das gelesene Wort auf den Keller abgelegt wird. Dies passiert im Zustand q_1. Vorher wurde das Ende des Kellers mit dem Symbol \$ markiert. Wenn die Hälfte des Wortes gelesen ist, gehen wir vom Zustand q_1 in den Zustand q_2. Bei einem Wort mit einer geraden Anzahl von Zeichen lesen wir dabei kein Zeichen von der Eingabe, bei einem Wort mit einer ungeraden Anzahl von Zeichen lesen wir das Mittelzeichen. Beachten Sie, dass wir nicht die Parität der Länge der Eingabe kennen und schon gar nicht wissen wir, ob wir uns aktuell in der Mitte des Wortes befinden. Dies ist jedoch kein Problem, da wir ja nur sicherstellen müssen, dass es für die Wörter aus L_2 *einen* akzeptierenden Lauf gibt. Unter allen möglichen Läufen wird es aber einen geben, der den Übergang von q_1 nach q_2 zum richtigen Zeitpunkt ausführt. Nach dem Wechsel in den Zustand q_2 wird nun der Rest der Eingabe mit dem Kellerinhalt zeichenweise verglichen. Da wir das zuletzt auf dem

Keller gespeicherte Zeichen als Erstes vergleichen, prüfen wir also, ob die erste Hälfte der Eingabe gleich der gespiegelten zweiten Hälfte ist, was genau dann der Fall ist, wenn die Eingabe ein Palindrom ist. Wir akzeptieren die Eingabe genau dann, wenn am Ende der Keller auch wirklich leer ist. Dies überprüfen wir, indem wir nachsehen, ob sich am Ende das $-Zeichen auf dem Keller befindet. Handelt es sich bei der Eingabe nicht um ein Palindrom, können wir keinen akzeptierenden Lauf finden. Die einzige Möglichkeit ist auch hier, den Übergang $q_1 \rightarrow q_2$ in der Mitte des Wortes durchzuführen. Da nun aber die beiden Hälften der Eingabe nicht „zusammenpassen", wird das Vergleichen im Zustand q_2 nicht erfolgreich sein, und damit gelangen wir nicht in den akzeptierenden Zustand q_3.

Test 3.1 Geben Sie einen Kellerautomaten für die folgende Sprache an:

$$L_3 := \{w \in \{0, 1\}^* \mid w \text{ enthält die gleiche Anzahl von } 0 \text{ en und } 1 \text{ en}\}.$$

Natürlich können wir für jede reguläre Sprache einen Kellerautomaten finden. Dafür nutzen wir den DEA dieser Sprache als Grundlage und ignorieren den Keller. Wie wir bereits gesehen haben, gibt es jedoch mit $\{a^n b^n \mid n \geq 0\}$ eine nichtreguläre Sprache, die kontextfrei ist. Wir fassen diese Beobachtung im folgenden Satz zusammen.

Satz 3.1 *REG $\subsetneq$ CFL*

3.2 Kontextfreie Grammatiken

3.2.1 Definitionen und Konzept

Im nächsten Abschnitt lernen wir eine neue Methode kennen, wie man kontextfreie Sprachen beschreiben kann. Dies sind die kontextfreien Grammatiken. Allgemein finden Grammatiken in der Informatik vielfältigen Einsatz, zum Beispiel beim Übersetzerbau. Grob gesprochen handelt es sich bei einer Grammatik um eine Menge von Regeln, die beschreiben, wie man aus einem Symbol durch das wiederholte Ersetzen von Teilwörtern ein Wort konstruieren kann. Die Grammatik beschreibt die Sprache, die sich aus den Wörtern zusammensetzt, die sich so bilden lassen. Neben den kontextfreien Grammatiken gibt es auch andere Arten von Grammatiken; sie unterscheiden sich dadurch, welche Arten von Regeln erlaubt sind. Das Ersetzen eines Teilwortes durch ein anderes Teilwort nennt man in diesem Zusammenhang **ableiten**, und die Regeln, die vorgeben, welche Ersetzungen erlaubt sind, heißen **Ableitungsregeln**.

In einer kontextfreien Grammatik gibt es zwei Arten von Symbolen. Zum einen gibt es das Alphabet Σ, welches die Zeichen enthält, die nicht weiter ersetzt werden können. Man nennt die Zeichen aus Σ auch **Terminalsymbole**. Zum anderen gibt es die Zeichen, die noch zu ersetzen sind. Diese Zeichen nennen wir **Variablen**, und wir bezeichnen die Menge der Variablen mit V. Wir setzen voraus, dass $V \cap \Sigma = \emptyset$. Das Ableiten muss natürlich einen Anfang haben. Deshalb wählen wir ein Symbol aus V als das **Startsymbol** aus. Das Startsymbol wird meist mit S bezeichnet. Das eigentliche Herzstück einer kontextfreien Grammatik ist die Regelmenge P. Sie gibt an, welche Ableitungsregeln „erlaubt" sind. Eine Regel besteht aus einer linken und einer rechten Seite. Auf der linken Seite steht bei den Regeln einer kontextfreien Grammatik eine einzelne Variable. Diese Variable beschreibt das Symbol, welches bei der Anwendung einer Ableitungsregel ersetzt werden soll. Auf der rechten Seite steht hingegen das Wort, mit welchem man die Variable auf der linken Seite ersetzen kann. Bei dem Wort auf der rechten Seite handelt es sich um ein Wort aus $(\Sigma \cup V)^*$, das heißt, die rechte Seite kann sowohl Variablen als auch Terminalsymbole enthalten.

Wir sehen uns vor der formalen Definition ein Beispiel für die Anwendung von Ableitungsregeln an. Wir notieren eine Ableitungsregel im Allgemeinen als

$$\text{linke Seite} \rightarrow \text{rechte Seite.}$$

Also zum Beispiel

$$S \rightarrow \text{aa}S.$$

Um den Unterschied zwischen Variablen und Terminalsymbolen deutlich zu machen, nutzen wir als Variablen Großbuchstaben und als Terminalsymbole (wie bislang üblich) Kleinbuchstaben oder Zahlen in der Schriftart `typewriter`. Wenn es mehrere Regeln mit gleicher linker Seite gibt, nutzen wir als kompakte Darstellung

$$\text{linke Seite} \rightarrow \text{rechte Seite 1} \mid \text{rechte Seite 2} \mid \text{rechte Seite 3.}$$

Wir wollen uns als Nächstes das Anwenden der Ableitungsregeln ansehen. Sei w ein Wort über dem Alphabet $V \cup \Sigma$, welches die Variable X enthält. Wir können dann $w = uXv$ schreiben, wobei $u, v \in (V \cup \Sigma)^*$. Angenommen, es gibt eine Regel $X \rightarrow z$, dann bezeichnen wir das Ersetzen von X durch z in w als Ableiten. Das abgeleitete Wort wäre in diesem Fall uzv. Wir schreiben dafür $uXv \Rightarrow uzv$. Zur Demonstration wählen wir $V = \{S\}$ und $\Sigma = \{a, b\}$ mit der Regelmenge

$$S \rightarrow \text{a}S\text{a} \mid \text{b.}$$

In unserem Beispiel können wir eine Sequenz von Ableitungen angeben, sodass es am Ende keine Variablen mehr im Wort gibt. Zum Beispiel

$$S \Rightarrow \text{a}S\text{a} \Rightarrow \text{aa}S\text{aa} \Rightarrow \text{aabaa.}$$

Eine solche (endliche) Sequenz von Ableitungen kürzen wir oft ab, was wir mit

$$S \Rightarrow^* \text{aabaa}$$

festhalten. Falls gilt, dass $S \Rightarrow^* w$, sagen wir auch, dass w von der Grammatik **erzeugt** wird.

Bevor wir weitere Beispiele diskutieren, führen wir nun die formale Definition ein. Die Regeln einer Grammatik werden wir formal als Paar von Wörtern verstehen, wobei der erste Teil eines Paares die linke Seite und der zweite Teil eines Paares die rechte Seite der Regel angibt.

Definition 3.4 (kontextfreie Grammatik) Eine *kontextfreie Grammatik G* ist ein 4-Tupel (V, Σ, P, S), wobei gilt:

- V ist eine endliche Menge von Variablen,
- Σ ist eine zu V disjunkte endliche Menge von Terminalsymbolen,
- $P \subseteq \{(L, R) \mid L \in V, R \in (V \cup \Sigma)^*\}$ ist eine endliche Menge von Ableitungsregeln und
- $S \in V$ ist das Startsymbol.

Wie bereits erwähnt, besteht die Sprache einer (kontextfreien) Grammatik aus genau den Wörtern, die aus dem Startsymbol abgeleitet werden können.

Definition 3.5 (Sprache einer kontextfreien Grammatik) Die Sprache einer kontextfreien Grammatik $G = (V, \Sigma, P, S)$ ist definiert als

$$L(G) := \{w \in \Sigma^* \mid S \Rightarrow^* w\}.$$

Sehen wir uns nun ein erstes vollständiges Beispiel an. Sei G_1 gegeben durch

$$G_1 = (\{S\}, \{a, b\}, \{(S, aSb), (S, \varepsilon)\}, S).$$

Da diese Form der Beschreibung gewöhnlich schwer zu lesen ist, geben wir meistens nur die Regelmenge in der bereits beschriebenen Notation an. Wenn wir also nichts weiter angeben, setzen wir voraus, dass die Variablen durch alle Großbuchstaben in den Regeln bestimmt sind, die Terminale durch alle anderen Buchstaben und außerdem, dass das Startsymbol S heißt. Wir können also für G_1 kurz schreiben:

$$S \to aSb \mid \varepsilon$$

Was sind nun die Wörter, die wir aus G_1 ableiten können? Ein Wort, welches wir definitiv aus S ableiten können, ist ε, denn $S \Rightarrow \varepsilon$. Ein anderes Wort ist ab, denn $S \Rightarrow aSb \Rightarrow ab$. Bei der ersten Ableitung haben wir die erste Regel $S \to aSb$ benutzt, bei der zweiten Ableitung die zweite Regel $S \to \varepsilon$. Wir erkennen nun, dass durch das k-malige Ableiten der ersten Regel, gefolgt durch das einmalige Anwenden der zweiten Regel, das Wort $a^k b^k$ abgeleitet wird. Andere Wörter kann man nicht ableiten, denn wir haben in den

Teilableitungen immer genau eine Variable, solange wir die erste Regel benutzen. Sobald wir die zweite Regel benutzen, haben wir keine Variable mehr. Das heißt, wir können dann nicht weiter ableiten. Aus diesen Überlegungen folgt, dass

$$L(G_1) = \{a^n b^n \mid n \geq 0\}.$$

Wir fahren mit weiteren Beispielen für kontextfreie Grammatiken fort.

Beispiel 3.1 Sei die kontextfreie Grammatik G_2 durch folgende Regeln gegeben:

$$S \rightarrow BA$$

$$A \rightarrow aA \mid B$$

$$B \rightarrow Bbb \mid b$$

Wir sehen uns als Erstes an, welche Wörter wir aus der Variable A ableiten können. Wir können A beliebig oft durch aA ersetzen, bis wir einmal ein A durch ein B ersetzen. Dieser letzte Schritt muss erfolgen, da es keine andere Regel gibt, die ein A in der Teilableitung eliminiert. Das heißt also, dass $A \Rightarrow^* a^k B$ für alle $k \geq 0$ folgt. Die Variable B können wir hingegen wiederholt durch Bbb ersetzen, bis wir diesen Prozess durch das Anwenden der Regel $B \rightarrow b$ stoppen. Das heißt, dass $B \Rightarrow^* b^{2k'+1}$ für alle $k' \geq 0$ folgt. Nun ist es einfach, die Struktur der Wörter aus $L(G_2)$ zu erkennen. Wir erhalten

$$L(G_2) = \{b^{2n+1} a^m b^{2k+1} \mid k, m, n \geq 0\}.$$

Beispiel 3.2 Für die folgende Grammatik nutzen wir $\Sigma = \{[,]\}$. Die kontextfreie Grammatik G_3 ist nun durch folgende Regeln gegeben:

$$S \rightarrow SS \mid [S] \mid \varepsilon.$$

Mit dieser Grammatik können wir zum Beispiel das Wort [][[]] erzeugen, da

$$S \Rightarrow SS \Rightarrow [S]S \Rightarrow [S][S] \Rightarrow [S][[S]] \Rightarrow [][[S]] \Rightarrow [][[]].$$

Wir behaupten, dass genau die Wörter erzeugt werden können, für die gilt, dass (1) die Anzahl der schließenden und öffnenden Klammern gleich ist und (2) kein Präfix mehr schließende als öffnende Klammern hat. Wörter, die diese Bedingung erfüllen, bezeichnen wir als „korrekt geklammerte Terme".

Wir beweisen nun unsere Behauptung. Zuerst zeigen wir, dass wir jeden korrekt geklammerten Term ableiten können. Wir nutzen zum Beweis die vollständige Induktion über die Länge des Terms w. Der Induktionsanfang ist $|w| = 0$. In diesem Fall gilt $w = \varepsilon$, und wir können das Wort ableiten, indem wir die Regel $S \rightarrow \varepsilon$ anwenden. Im

Induktionsschritt können wir nun wie folgt argumentieren. Wenn $|w| > 0$ und korrekt geklammert, dann hat entweder w die Form $w = [u]$, mit u korrekt geklammert, oder aber $w = uv$ und u, v sind korrekt geklammerte Terme. Im ersten Fall nutzen wir die Regel $S \to [S]$ sowie den Umstand, dass wir u nach Induktionsannahme aus S ableiten können. Im zweiten Fall nutzen wir die Regel $S \to SS$ und den Umstand, dass wir sowohl u als auch v nach Induktionsannahme aus S ableiten können.

Es ist nicht schwer zu sehen, dass nur korrekt geklammerte Terme abgeleitet werden können. Der Grund dafür ist, dass alle Regeln der Grammatik die geforderten Eigenschaften (1) und (2) als Invariante erhalten. Die Sprache von G_3 entspricht damit genau den korrekt geklammerten Termen.

Test 3.2 Beschreiben Sie die durch folgende Grammatik erzeugte Sprache.

$$S \to aAbbbBa$$

$$A \to aAbb \mid \varepsilon$$

$$B \to bbBa \mid b$$

Wir wollen uns nun das Konzept des Ableitungsbaumes ansehen. Ein Ableitungsbaum soll dokumentieren, welche Regeln ausgeführt wurden, um ein Wort aus dem Startsymbol abzuleiten. Man kann natürlich auch (wie bislang) die Folge der ausgeführten Ableitungen betrachten. Sehen wir uns zum Beispiel folgende Grammatik G_4 mit den Terminalsymbolen $\Sigma = \{+, *, a\}$ an, welche durch folgende Regeln gegeben ist:

$$S \to S + S \mid S * S \mid a$$

Ein Wort aus der Sprache $L(G_4)$ ist a + a * a. Als Nachweis dient die folgende Sequenz von Ableitungen:

$$S \Rightarrow S{+}S \Rightarrow S{+}S{*}S \Rightarrow a{+}S{*}S \Rightarrow a{+}a{*}S \Rightarrow a{+}a{*}a \qquad (V1)$$

Eine Alternative dazu wäre

$$S \Rightarrow S{+}S \Rightarrow a{+}S \Rightarrow a{+}S{*}S \Rightarrow a{+}a{*}S \Rightarrow a{+}a{*}a \qquad (V2)$$

Die Variante (V2) hat die Eigenschaft, dass wir immer die am weitesten links stehende Variable ersetzen. Eine solche Ableitungssequenz nennen wir **Linksableitung**. Beachten Sie, dass es zu jedem Wort aus der Sprache einer kontextfreien Grammatik eine Linksableitung gibt. Schließlich wollen wir noch als dritte Variante folgende Ableitungssequenz betrachten:

$$S \Rightarrow S{*}S \Rightarrow S{+}S{*}S \Rightarrow a{+}S{*}S \Rightarrow a{+}a{*}S \Rightarrow a{+}a{*}a \qquad (V3)$$

Die Version (V3) unterscheidet sich „strukturell" von den anderen Versionen (ist aber auch wieder eine Linksableitung). Um dies deutlich zu machen, nutzen wir als Hilfsmittel den **Ableitungsbaum**. Ein Ableitungsbaum ist ein geordneter Baum, was bedeutet, dass für jeden Elternknoten seine Kinder geordnet sind. Des Weiteren sind alle Knoten des Baumes beschriftet. Folgende Bedingungen muss ein Ableitungsbaum einer kontextfreien Grammatik G erfüllen:

- Alle inneren Knoten sind mit Variablen beschriftet, und in der Wurzel steht das Startsymbol.
- Alle Blätter sind mit Terminalsymbolen oder mit ε beschriftet.
- Wenn ein innerer Knoten die Beschriftung X aufweist und seine Kinder (von links nach rechts) mit $x_1, x_2, \ldots x_k$ beschriftet sind, dann muss es in G die Regel $X \to x_1 x_2 \cdots x_k$ geben.

Beispiele für Ableitungsbäume sind in Abb. 3.5 zu sehen. Es liegt auf der Hand, wie man einen Ableitungsbaum mit der Ableitung eines Wortes in Verbindung bringt. Die Eltern-Kind-Beziehungen stehen für die Anwendung einer Regel, und das Startsymbol in der Wurzel sichert, dass wir als Erstes diese Variable ersetzen. Das abgeleitete Wort erhält man durch die Verkettung der Terminalsymbole der Blätter in Präorder (Tiefensuche). Im Gegensatz zu den Ableitungssequenzen abstrahiert ein Ableitungsbaum besser die im Ableitungsprozess vorhandene Nebenläufigkeit. Das erkennt man unter anderem daran, dass die Ableitungssequenzen (V1) und (V2) den gleichen Ableitungsbaum besitzen. Die unterschiedlichen Ableitungsbäume, die man aus den Sequenzen (V1) und (V3) gewinnt, deuten an, dass es *strukturell* unterschiedliche Arten der Ableitung für ein und dasselbe Wort geben kann. Eine Grammatik, in der es ein Wort mit zwei unterschiedlichen Ableitungsbäumen gibt, nennen wir **mehrdeutig**. Alternativ können wir definieren, dass es ein Wort geben muss, das unterschiedliche Linksableitungen besitzt.

Mehrdeutige Grammatiken möchte man in der Regel vermeiden, weil sie im Anwendungsfall oft unerwünschte Auswirkungen haben. Um dies zu erläutern, sehen wir uns

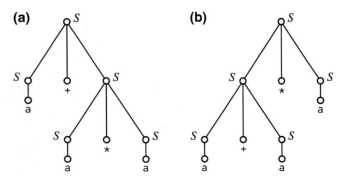

Abb. 3.5 Ableitungsbäume der Grammatik G_4 für das Wort a + a * a. Der Baum (**a**) passt zu den Ableitungssequenzen (V1) und (V2), der Baum (**b**), zur Ableitungssequenz (V3)

noch einmal das Beispiel zu Grammatik G_4 an. Mit dieser Grammatik können wir Terme mit Addition und Multiplikation aufstellen. Zum Auswerten dieser Terme kann man den Ableitungsbaum benutzen, indem man diesen rekursiv auswertet. Da es nun jedoch für a + a * a unterschiedliche Ableitungsbäume gibt, kann man kein eindeutiges Ergebnis garantieren. In der Tat steht der Ableitungsbaum aus Abb. 3.5a für die Reihung der Operatoren * vor + und der Ableitungsbaum aus Abb. 3.5b für die umgekehrte Reihung.

Wenn eine Sprache eine mehrdeutige Grammatik hat, dann kann es für deren Sprache auch eine Grammatik geben, die nicht mehrdeutig ist. Es gibt allerdings auch kontextfreie Sprachen, für die alle möglichen Grammatiken mehrdeutig sind, so zum Beispiel die Sprache $\{a^i b^j c^k \mid i = j \text{ oder } j = k\}$. Wir gehen auf die Ursachen dafür nicht näher im Rahmen des Buches ein.

Test 3.3 Zeigen Sie, dass die durch folgende Regeln gegebene kontextfreie Grammatik G_5 mehrdeutig ist.

$$S \rightarrow aXb \mid Sab \mid X$$

$$X \rightarrow ab \mid ba$$

Geben Sie für $L(G_5)$ eine Grammatik an, die nicht mehrdeutig ist.

3.2.2 Äquivalenz der Modelle Kellerautomat und kontextfreie Grammatik

Die kontextfreien Grammatiken heißen nicht ohne Grund „kontextfrei". In der Tat kann man aus den kontextfreien Grammatiken genau die kontextfreien Sprachen ableiten.

Satz 3.2 $CFL = \{L \mid \exists \text{ kontextfreie Grammatik } G \text{ mit } L(G) = L\}$

Wir wollen nun diesen Satz beweisen. Den Beweis werden wir in zwei Teile zerlegen. Wir werden zum einen zeigen, dass man einen gegebenen Kellerautomaten durch eine kontextfreie Grammatik simulieren kann und zum anderen, dass man die Ableitungen einer gegebenen kontextfreien Grammatik durch einen Kellerautomaten ausführen kann. Beide Teilresultate formulieren wir in einem Lemma. Wir beginnen mit:

Lemma 3.1 Sei G eine kontextfreie Grammatik, dann existiert ein Kellerautomat K mit $L(K) = L(G)$.

Vor dem formalen Beweis wollen wir die Beweisidee vorstellen. Für $w \in L(G)$ gibt es eine Linksableitung, etwa

$$S \Rightarrow w_1 \Rightarrow w_2 \cdots \Rightarrow w_{k-1} \Rightarrow w_k = w.$$

Diese Linksableitung wollen wir mit dem Kellerautomaten K simulieren. Hilfreich wäre es, wenn wir die Teilableitungen als $\bar{w}_i$ auf dem Keller speichern könnten, um dann sukzessive $\bar{w}_i$ durch w_{i+1}^- zu ersetzen. Am Ende könnte man dann leicht überprüfen, ob w mit dem (gespiegelten) Wort auf dem Keller übereinstimmt, indem wir zeichenweise abgleichen. Das Problem bei dieser Idee ist jedoch, dass wir den Übergang von $\bar{w}_i$ zu w_{i+1}^- nicht ohne Weiteres ausführen können. Nehmen wir zum Beispiel an, dass die Regel $X \to z$ zur Anwendung kam. Man könnte natürlich versuchen, den Keller bis zum X abzubauen und dann das X durch $\bar{z}$ zu ersetzen. Dann wäre allerdings ein Teil der Teilableitung (vor dem X) verloren. Es gibt jedoch eine einfache Lösung für dieses Problem. Wir wissen ja (Linksableitung!), dass vor dem X auf dem Keller nur Terminalsymbole stehen. Diese bleiben auch in allen folgenden Teilableitungen erhalten. Somit können wir diese Zeichen ja schon jetzt mit der Eingabe abgleichen. Wir speichern also statt w_i nur das Suffix von w_i (gespiegelt) ab der ersten Variable.

Wir beschreiben diese Idee noch einmal an einem Beispiel. Dazu möchten wir die Ableitung des Wortes aabb in der Grammatik G_1 simulieren. Falls das Top-Symbol auf dem Keller ein Terminalsymbol ist, versuchen wir, es mit dem aktuellen Zeichen der Eingabe abzugleichen. Falls es jedoch eine Variable X ist, wählen wir (nichtdeterministisch) eine Regel $X \to z$ aus und ersetzen das Top-Symbol durch $\bar{z}$ (in mehreren Schritten). Tab. 3.2 skizziert den Ablauf der Simulation. Im folgenden Beweis geben wir weitere Details für die Beschreibung des Kellerautomaten K.

Beweis. (Lemma 3.1) Sei $G = (V, \Sigma, P, S)$ eine kontextfreie Grammatik. Wir konstruieren einen Kellerautomaten $K = (Q, \Sigma, V \cup \Sigma \cup \{\$\}, \delta, q_0, \{q_{akz}\})$ mit $L(G) = L(K)$. Das Grundgerüst des Kellerautomaten besteht aus den vier Zuständen q_0, q_{start}, q_{sim} und q_{akz}. Der zentrale Zustand ist q_{sim}. Man gelangt von q_0 über q_{start} dorthin, indem $\$S$ auf den Keller geschrieben wird, ohne dabei ein Zeichen von der Eingabe zu lesen. Das Zeichen $\$$ markiert wie üblich das Ende des Kellers. Befindet man sich im Zustand q_{sim} und das Top-Symbol ist $\$$, gehen wir in den einzig akzeptierenden Zustand q_{akz} über, wieder ohne ein Zeichen der Eingabe zu lesen. Der Rest des Kellerautomaten besteht nur aus Schleifen, die über den Zustand q_{sim} laufen (siehe dazu Abb. 3.6).

Tab. 3.2 Simulation einer Linksableitung von aabb in G_1 durch einen Kellerautomaten

i	w_i	Kellerinhalt	Rest der Eingabe	Schritt
–	S	$\$S$	aabb	Ersetzen ($S \to aSb$)
1	aSb	$\$bSa$	aabb	Abgleichen (a)
1	aSb	$\$bS$	abb	Ersetzen ($S \to aSb$)
2	$aaSbb$	$\$bbSa$	abb	Abgleichen (a)
2	$aaSbb$	$\$bbS$	bb	Ersetzen ($S \to \varepsilon$)
3	$aabb$	$\$bb$	bb	Abgleichen (b)
3	$aabb$	$\$b$	b	Abgleichen (b)
3	$aabb$	$\$\varepsilon$	ε	Akzeptanz

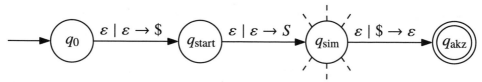

Abb. 3.6 Grundstruktur des Simulations-Kellerautomaten K aus dem Beweis zu Lemma 3.1

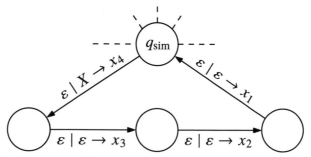

Abb. 3.7 Modul zum Ersetzen des Top-Symbols X mit dem Wort $x_4x_3x_2x_1$, wie im Beweis von Lemma 3.1 eingesetzt. Dieses Modul würde die Anwendung der Regel $X \rightarrow x_1x_2x_3x_4$ simulieren

Als Nächstes fügen wir für jede Regel $X \rightarrow z$ der Grammatik dem Kellerautomaten ein Untermodul hinzu. Dieses Modul ersetzt das Top-Symbol X durch $\overleftarrow{z}$ auf dem Keller. Da wir $\overleftarrow{z}$ im Allgemeinen nicht mit einem Befehl auf dem Keller ablegen können, zerteilen wir den Befehl in Einzelschritte, die $\overleftarrow{z}$ zeichenweise auf dem Keller abspeichern. Dazu bedarf es einer Anzahl neuer Zustände. Während des ganzen Prozesses wird kein Zeichen von der Eingabe gelesen. Ein Beispiel für eine solche Folge ist in Abb. 3.7 zu sehen.

Zum Schluss fügen wir für jedes $a \in \Sigma$ einen Übergang ein, der das Zeichen a vom Keller entfernt und das Zeichen a von der Eingabe liest. Dieser Übergang realisiert also das Abgleichen der Eingabe mit einem Terminalsymbol. Ein kompletter Kellerautomat, der nach dieser Vorschrift für G_1 entwickelt wurde, ist in Abb. 3.8 dargestellt.

Wir wollen nun argumentieren, dass $L(K) = L(G)$. Sei $w \in L(G)$ und die dazugehörige Linksableitung

$$S \Rightarrow w_1 \Rightarrow w_2 \cdots \Rightarrow w_{k-1} \Rightarrow w_k = w.$$

Ferner bezeichnen wir mit w_i' das Suffix von w_i, welches mit der ersten Variable von w_i beginnt. Wir behaupten, dass es einen Lauf auf K gibt, sodass der Kellerinhalt während des Laufes den Inhalt $\$$, $\$S$, ..., $\$\overleftarrow{w_1'}$, ..., $\$\overleftarrow{w_2'}$, ..., $\$\overleftarrow{w_k'}$, ..., $\$$, ε annimmt. Zudem wird während des Laufes die Eingabe komplett gelesen. In der Tat können wir sicherstellen, dass wir Kellerinhalt $\overleftarrow{w_i'}$ in Kellerinhalt $\overleftarrow{w_{i+1}'}$ umwandeln können. Dazu nutzen wir das Ersetzen-Modul bezüglich der Ableitungsregel, die $w_i \Rightarrow w_{i+1}$ ermöglichte. Anschließend führen wir eventuell das Modul zum Abgleichen der Terminalsymbole aus, um auch wirklich das gewünschte Suffix von w_{i+1} auf dem Keller zu erhalten. Nach diesem Schema

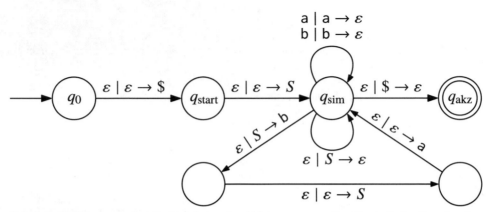

Abb. 3.8 Kellerautomat für die Simulation der Ableitungen von G_1. Oberhalb der Grundstruktur befinden sich die Übergänge für das Abgleichen mit der Eingabe, unterhalb die Übergänge für das Ersetzen entsprechend den Regeln

verarbeiten wir sukzessive das Wort w und enden dabei mit Keller $ in q_{sim}, sodass wir in den akzeptierenden Zustand q_{akz} laufen können.

Es ist für den Kellerautomaten K nicht möglich, ein Wort $w \notin L(G)$ zu akzeptieren. Die modulare Struktur erlaubt nur die von uns vorgesehene Arbeitsweise. Das heißt, jeder Lauf muss entweder Ableitungsregeln anwenden oder Terminalsymbole mit der Eingabe abgleichen. Wenn nun w einen akzeptierenden Lauf in K hätte, könnten wir daraus die Ableitungsregeln rekonstruieren, die $S \Rightarrow^* w$ bezeugen würden. Diese Ableitung kann es aber nicht geben, da $w \notin L(G)$.   ∎

Lemma 3.2 Sei K ein Kellerautomat, dann existiert eine kontextfreie Grammatik G mit $L(K) = L(G)$.

Für den Beweis des Lemmas nutzen wir den folgenden Hilfssatz.

Lemma 3.3 Jede kontextfreie Sprache wird von einem Kellerautomaten akzeptiert, der nur Push- und Pop-Befehle besitzt, nur einen einzigen akzeptierenden Zustand besitzt und der die Eigenschaft hat, dass jeder akzeptierende Lauf mit leerem Keller stoppt.

Beweis. (Lemma 3.3) Sei K ein Kellerautomat für die kontextfreie Sprache L, und seien $ und # Zeichen, welche nicht im Arbeitsalphabet von K enthalten sind. Wir werden K so modifizieren, dass die gleiche Sprache erkannt wird, aber die Eigenschaften aus dem Lemma erfüllt werden. Dazu nehmen wir $ und # zum Arbeitsalphabet hinzu. Jeden Switch-Befehl können wir als Pop mit nachgeschaltetem Push modellieren. Dazu führen wir einen neuen Zustand, etwa r, ein (der nur an dieser Stelle benutzt wird). Wenn der Switch-Befehl $(q, y) \in \delta(p, a, x)$ ist, dann wird er durch $(r, \varepsilon) \in \delta(p, a, x)$ und $(q, y) \in \delta(r, \varepsilon, \varepsilon)$ ersetzt. Ähnlich leicht können wir alle Übergänge ersetzen, die den Keller nicht verändern. In diesem Falle ersetzen wir $(q, \varepsilon) \in \delta(p, a, \varepsilon)$ durch $(r, \#) \in \delta(p, a, \varepsilon)$ und $(q, \varepsilon) \in \delta(r, \varepsilon, \#)$. Das heißt, wir legen ein beliebiges Zeichen auf dem Keller ab (Push)

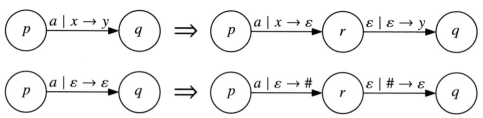

Abb. 3.9 Substitutionen für das Umgehen von Switch-Befehlen und Übergängen ohne Kellerbewegung

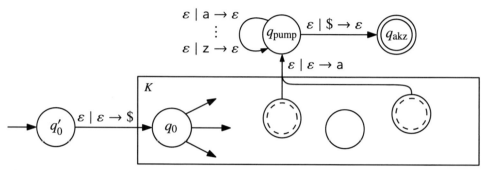

Abb. 3.10 Modifikation zum Akzeptieren mit leerem Keller

und nehmen es direkt wieder runter (Pop). Der Zustand r wurde wieder neu eingeführt. Abb. 3.9 illustriert das Vorgehen.

Nun müssen wir noch die Akzeptanz mit leerem Keller sicherstellen. Dazu werden wir das Kellerende anfangs mit einem $ markieren. Das erreichen wir mit einem neuen Startzustand q_0', der mit einem Push $ in den alten Startzustand q_0 überführt. Alle alten akzeptierenden Zustände gehen (ohne ein Zeichen von der Eingabe zu lesen, mit einem beliebigen Push) zu einem neuen Zustand q_{pump} über. In q_{pump} können alle Zeichen vom Keller entfernt werden. Wir verbleiben dabei in q_{pump}, außer wenn wir ein $ entfernen. In diesem Fall gehen wir zu einem weiteren neuen Zustand q_{akz} über, welcher nun der einzige akzeptierende Zustand ist. Offensichtlich akzeptieren wir genau die Wörter, die auch K akzeptiert hat, denn genau die Läufe, die in einem alten akzeptierenden Zustand endeten, kann man nach q_{akz} überführen. Klar ist aber auch, dass wir nur q_{akz} mit leerem Keller erreichen können. Der Umbau ist schematisch in Abb. 3.10 zu sehen. ∎

Der Beweis von Lemma 3.2 beruht auf einer einfachen (aber auch trickreichen) Idee. Sei $K = (Q, \Sigma, \Gamma, \delta, q_0, F)$ ein Kellerautomat für eine Sprache L. Wir gehen davon aus, dass K die Eigenschaften aus Lemma 3.3 besitzt. Außerdem seien die Zustände $Q = \{q_0, q_1, \ldots, q_m\}$, wobei $F = \{q_m\}$. Nun gilt es, eine Grammatik für die Sprache $L(K)$ zu konstruieren. Ein Wort wird akzeptiert, wenn sein Lauf vom Startzustand q_0 mit leerem Keller zum (einzigen) akzeptierenden Zustand q_m mit leerem Keller führt. Genau diese Wörter wollen wir aus dem Startsymbol der Grammatik ableiten können. Um das zu realisieren, nutzen wir einen rekursiven Ansatz. Das heißt, wir interessieren uns für die Teilprobleme:

Welche Wörter führen vom Zustand q_i bei leerem Keller zum Zustand q_j mit leerem Keller?

Wenn ein Wort von q_i bei leerem Keller nach q_j mit leerem Keller überführen *kann*, schreiben wir $q_i \overset{w}{\leadsto} q_j$. Wir führen für jedes Zustandspaar (q_i, q_j) eine Variable ein, die wir A_{ij} nennen. Wir wollen folgenden Zusammenhang herstellen:

$$\forall w \in \Sigma^*: \quad (A_{ij} \Rightarrow^* w) \iff (q_i \overset{w}{\leadsto} q_j). \tag{3.1}$$

Wenn diese Beziehung gilt, können wir mit Startsymbol A_{0m} genau die Wörter aus $L(K)$ mit der Grammatik ableiten.

Wie kann man nun die Regeln der Grammatik so wählen, dass Bedingung (3.1) gilt? Wir nutzen hierzu eine Fallunterscheidung:

(Fall 1): Sei w ein Wort mit $q_i \overset{w}{\leadsto} q_j$. Eine Möglichkeit, von q_i nach q_j zu kommen, ist es, innerhalb des Laufes einen Zustand q_k zu besuchen, wobei zu diesem Zeitpunkt auch der Keller leer ist. Abb. 3.11a deutet dieses Szenario an. Da dies für jeden Zwischenzustand gilt, fügen wir folgende Regeln der Grammatik hinzu:

$$A_{ij} \to A_{i0}A_{0j} \mid A_{i1}A_{1j} \mid \cdots \mid A_{im}A_{mj}.$$

Die Regel gilt auch für $i = j$.

(Fall 2): Natürlich können wir auch von q_i bei leerem Keller nach q_j mit leerem Keller gelangen, ohne dass zwischendurch der Keller noch einmal leer war. Da es nur Push- und Pop-Befehle gibt, muss ein solcher Lauf mit einem Push von $x \in \Gamma$ beginnen und mit einem Pop von genau demselben x enden. Das heißt, für alle Befehlspaare $(q_r, x) \in \delta(q_i, a, \varepsilon)$ und $(q_j, \varepsilon) \in \delta(q_s, b, x)$ fügen wir die Regel

$$A_{ij} \to a A_{rs} b$$

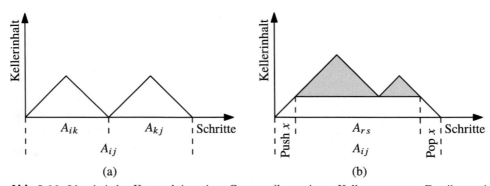

(a)   (b)

Abb. 3.11 Idee bei der Konstruktion einer Grammatik zu einem Kellerautomaten. Es gibt zwei grundlegende Möglichkeiten für $q_i \overset{w}{\leadsto} q_j$, hier als (**a**) und (**b**) skizziert

hinzu, wobei $a, b \in \Sigma \cup \{\varepsilon\}$. Es ist durchaus erlaubt, dass Teile der Indizes i, j, r, s übereinstimmen. Siehe hierzu auch Abb. 3.11b. Beachten Sie, dass beim Teillauf vom zweiten zum vorletzten Zustand stets das Zeichen x am Kellerende steht. Deshalb ist der Lauf ohne den ersten und letzten Übergang auch ein Lauf, welcher mit leerem Keller beginnt und endet.

(Fall 3): Es kann natürlich auch sein, dass wir gar kein Wort lesen müssen. Für alle $q_i \in Q$ setzen wir

$$A_{ii} \to \varepsilon.$$

Für den Beweis von Lemma 3.2 müssen wir nur noch zeigen, dass unsere Ideen auch korrekt sind. Obwohl die obige Konstruktion schon recht glaubhaft ist, wollen wir den formalen Beweis nicht unterschlagen.

Beweis. (Lemma 3.2) Sei K ein Kellerautomat mit den Eigenschaften aus Lemma 3.3 und sei G die nach der obigen Idee zu K konstruierte kontextfreie Grammatik mit Startsymbol A_{0m}. Wie bereits erwähnt, folgt $L(K) = L(G)$ aus der Gl. (3.1). Das heißt, es genügt diese Äquivalenzaussage für jedes w nachzuweisen.

Hin-Richtung: $\forall w \colon (A_{ij} \Rightarrow^* w) \Longrightarrow (q_i \overset{w}{\leadsto} q_j)$:

Wir zeigen die Aussage mittels Induktion über die Anzahl der Ableitungsschritte für w. In einem Schritt kann man nur $A_{k,k} \to \varepsilon$ ableiten. Das ist auch korrekt, denn in diesem Fall ist $w = \varepsilon$ und $q_k \overset{\varepsilon}{\leadsto} q_k$.

Der Induktionsschritt sieht nun wie folgt aus: Wir nehmen an, dass die Aussage für k Einzelableitungen gilt. Es gibt nun zwei Fälle. Im ersten Fall wurde bei der ersten Ableitung eine Regel der Form $A_{ij} \to a A_{rs} b$ ausgeführt. Nach Induktionsvoraussetzung gilt nun $q_r \overset{v}{\leadsto} q_s$ mit $w = avb$. Aufgrund der Konstruktionsvorschrift gilt dann aber auch $q_i \overset{w}{\leadsto} q_j$. Im 2. Fall war die erste Ableitung der Form $A_{ij} \to A_{ik} A_{kj}$. Dann gilt nach Induktionsvoraussetzung $q_i \overset{u}{\leadsto} q_k$ und $q_k \overset{v}{\leadsto} q_j$, mit $w = uv$, und damit auch $q_i \overset{w}{\leadsto} q_j$.

Rück-Richtung: $\forall w \colon (A_{ij} \Rightarrow^* w) \Longleftarrow (q_i \overset{w}{\leadsto} q_j)$:

Auch hier benutzen wir einen Induktionsbeweis, diesmal über die Anzahl der Übergänge beim Lauf von q_i nach q_j. Wir beginnen mit 0 Übergängen. In diesem Fall verbleiben wir im Zustand q_i, und nur ε kann erkannt werden. Aufgrund der Regel $A_{ii} \to \varepsilon$ gilt aber auch, dass $A_{ii} \Rightarrow^* \varepsilon$.

Der Induktionsschritt sieht nun wie folgt aus: Wir nehmen an, dass die Aussage für k Übergänge gilt. Im ersten Fall wird beim Lauf von q_i nach q_j der Keller zwischendurch leer (in einem Zustand q_k). Sei u der Teil des Wortes w, welcher während des Laufes bis q_k gelesen wird, und sei $w = uv$. Nach Annahme gilt $A_{ik} \Rightarrow^* u$ sowie $A_{kj} \Rightarrow^* v$. Da es die Regel $A_{ij} \to A_{ik} A_{kj}$ gibt, folgt dementsprechend, dass $A_{ij} \Rightarrow^* w$. Im zweiten Fall wird bei einem Lauf über $k + 1$ Schritte der Keller nie leer. Dann muss der erste Übergang ein Push (etwa $(q_r, x) \in \delta(q_i, a, \varepsilon)$) und der letzte ein Pop sein (etwa $(q_j, \varepsilon) \in \delta(q_s, b, x)$). Außerdem kommt man in diesem Fall mit dem Wort u ($w = aub$) vom Folgezustand von

q_r zum Vorgänger von q_s mit leerem Keller. Nach Induktionsannahme gilt $A_{rs} \Rightarrow^* u$.
Daraus folgt dann $A_{ij} \Rightarrow a A_{rs} b \Rightarrow^* aub = w$.   ■

3.2.3   Grammatiken für reguläre Sprachen

Aus Satz 3.1 und 3.2 folgt, dass es kontextfreie Grammatiken gibt, die Sprachen erzeugen,
welche nicht regulär sind. Zum besseren Verständnis wollen wir nun die Frage diskutieren,
ob es vielleicht auch eine spezielle Art der kontextfreien Grammatiken für die regulären
Sprachen gibt. In der Tat können wir eine solche Familie von kontextfreien Grammatiken
finden.

Definition 3.6 (rechtslineare Grammatik) Eine kontextfreie Grammatik heißt *rechtsli-
near*, falls alle rechten Seiten ihrer Regeln entweder aus einem Wort gebildet aus einem
Terminal gefolgt von einer Variablen bestehen oder dem leeren Wort entsprechen.

Folgende kontextfreie Grammatik G_6 ist ein Beispiel für eine rechtslineare Grammatik.

$$S \rightarrow aS \mid aA$$

$$A \rightarrow bA \mid aS \mid \varepsilon$$

Wir werden nun eine Methode beschreiben, wie man aus einer rechtslinearen Grammatik
$G = (V, \Sigma, P, S)$ einen NEA $N_G = (Q, \Sigma, \delta, q_0, F)$ konstruieren kann, der die gleiche
Sprache akzeptiert.

* Für die Zustandsmenge Q wählen wir $Q = V$.
* Für jede Regel $X \rightarrow aY$ ergänzen wir δ mit $Y \in \delta(X, a)$.
* Alle Variablen X, für die es die Regel $X \rightarrow \varepsilon$ gibt, wählen wir als akzeptierende
  Zustände.
* Der Startzustand ist $q_0 = S$.

Der NEA für das Beispiel G_6 ist in Abb. 3.12 zu sehen.
    Die Idee hinter dieser Konstruktion ist die folgende. Wir wollen mit dem NEA die
Ableitung $S \Rightarrow^* w$ simulieren. Jede Teilableitung einer rechtslinearen Ableitung sieht
aber so aus, dass sie nur maximal eine Variable enthält (denn es gibt keine Regel mit zwei
oder mehr Variablen auf der rechten Seite). Diese „aktuelle" Variable soll den aktuellen

Abb. 3.12 NEA für die
rechtslineare Grammatik G_6

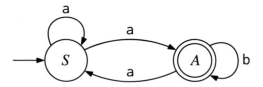

Zustand angeben. Die rechtslinearen Regeln $X \to aY$ interpretieren wir dann als „Wenn ich im Zustand X bin, dann kann ich ein Zeichen a der Eingabe lesen und in den Zustand Y übergehen". Die letzte Regel einer Ableitungssequenz ist immer von der Form $X \to \varepsilon$. Das sind für den NEA genau die Zustände, bei welchen die Berechnung akzeptierend stoppen kann. Für das Beispiel der Grammatik G_6 kann man beobachten, dass für das Wort $w = \text{aaab}$ folgende Ableitung existiert

$$S \Rightarrow \text{a}S \Rightarrow \text{aa}A \Rightarrow \text{aaa}S \Rightarrow \text{aaaa}A \Rightarrow \text{aaaab}A \Rightarrow \text{aaaab}.$$

Es gibt aber auch dementsprechend den dazugehörigen N_{G_6} w-Lauf (S, S, A, S, A, A), welcher in A endet und somit akzeptierend ist. Wir beweisen nun unsere Idee.

Lemma 3.4 Sei G eine rechtslineare Grammatik und N_G der dazu nach dem obigen Verfahren konstruierte NEA. Dann erkennen Grammatik und Automat die gleiche Sprache.

Beweis. Für jedes $w = a_1 a_2 \cdots a_n \in L(G)$ (mit $a_i \in \Sigma$) gibt es eine Ableitung in G der Form

$$S \Rightarrow a_1 X_1 \Rightarrow a_1 a_2 X_2 \Rightarrow \cdots a_1 \cdots a_{n-1} X_{n-1} \Rightarrow a_1 \cdots a_n X_n \Rightarrow a_1 \cdots a_n = w,$$

da wir immer eine Variable durch ein Wort aus $\Sigma \circ V$ ersetzen, bis wir (beim letzten Mal) eine Regel $X \to \varepsilon$ nutzen. Nach Definition gibt es dann in N_G die Übergänge $\delta(X_i, a_{i+1}) \ni X_{i+1}$, und weiterhin ist $X_n \in F$. Da $S = q_0$, ist nun $(S, X_1, X_2, \ldots, X_n)$ ein akzeptierender w-Lauf, und somit ist $w \in L(N_G)$.

Falls nun $w \in L(N_G)$, können wir analog vorgehen. Es muss in diesem Fall einen akzeptierenden w-Lauf $(S = Y_0, Y_1, Y_2, \ldots, Y_n)$ geben. Da der NEA keine ε-Übergänge besitzt, lesen wir bei jedem Übergang ein Zeichen, was bedeutet, dass $\delta(Y_i, a_{i+1}) \ni Y_{i+1}$ für alle $i < n$. Daraus folgt, dass es in G die entsprechenden Regeln $Y_i \to a_{i+1} Y_{i+1}$ gibt. Außerdem gibt es die Regel $Y_n \to \varepsilon$, da $Y_n \in F$. Diese Regeln erlauben als Ableitung

$$S = Y_0 \Rightarrow a_1 Y_1 \Rightarrow a_1 a_2 Y_2 \Rightarrow \cdots \Rightarrow a_1 a_2 \cdots a_n Y_n \Rightarrow a_1 a_2 \cdots a_n = w.$$

Somit ist auch $w \in L(G)$. ∎

Das vorige Lemma zeigt uns, dass wir mit den rechtslinearen Grammatiken Sprachen beschreiben, die regulär sind. Es gilt sogar, dass wir zu jeder regulären Sprache eine passende rechtslineare Grammatik finden. Sei L eine reguläre Sprache und $M = (Q, \Sigma, \delta, q_0, F)$ ein DEA, welcher L akzeptiert. Wir definieren die Grammatik $G_M = (V, \Sigma, P, S)$ wie folgt:

- Als Variablen wählen wir die Zustände, das heißt $V = Q$.
- Für jeden Übergang $\delta(p, a) = q$ nehmen wir die Regel $p \to aq$ in P auf.

- Für jeden Zustand $q \in F$ nehmen wir die Regel $q \to \varepsilon$.
- Der Startzustand ist $S = q_0$.

Man kann schon erkennen, dass wir hier die gleichen Ideen wie bei der vorigen Konstruktion benutzen.

Lemma 3.5 Sei L eine reguläre Sprache, die von einem DEA M akzeptiert wird. Dann gibt es eine rechtslineare Grammatik G_M mit $L = L(G_M)$.

Der Beweis des Lemmas ist völlig analog zum Beweis von Lemma 3.4. Das ist nicht verwunderlich, da beide Beweise auf der gleichen Idee beruhen, wie man Ableitungen in der Grammatik und Läufe des Automaten gegenseitig simulieren kann. Wir verzichten deshalb an dieser Stelle auf einen nochmaligen Beweis. Die Überlegungen aus dem letzten Abschnitt fassen wir in folgendem Korollar zusammen.

Korollar 3.1 Die Sprachen, die von rechtslinearen Grammatiken beschrieben werden, sind genau die regulären Sprachen.

Test 3.4 Entwerfen Sie einen NEA, der die Sprache erkennt, die durch folgende rechtslineare Grammatik erzeugt wird.

$$S \to aS \mid bA \mid \varepsilon$$
$$A \to bB \mid bA$$
$$B \to aS \mid bB$$

3.3   Chomsky-Normalform

Kontextfreie Grammatiken erlauben es, dass auf den rechten Seiten der Regeln beliebige Wörter bestehend aus Terminalsymbolen und Variablen auftauchen. Wir wollen untersuchen, ob man diese Freiheit wirklich braucht oder ob eine eingeschränkte Form der Ableitungsregeln ausreicht. Der Grund dafür, warum wir an einer solchen „Normalform" interessiert sind, ist folgender. Wenn wir eine Eigenschaft der kontextfreien Sprachen beweisen wollen, können wir auf die Sprache erzeugende kontextfreie Grammatik zurückgreifen. Wenn wir nun zusätzliche Annahmen über die Struktur der Regeln dieser Grammatik machen können, fällt es uns leichter, mit dieser Grammatik *zu arbeiten*.

In diesem Abschnitt wollen wir die **Chomsky-Normalform** vorstellen. Diese ist wie folgt definiert.

Definition 3.7 (Chomsky-Normalform) Eine kontextfreie Grammatik $G = (V, \Sigma, P, S)$ ist in *Chomsky-Normalform* (CNF), falls sie ausschließlich aus Regeln der folgenden Form besteht:

1. $A \to XY$, wobei A, X und Y Variablen sind (möglicherweise identisch), X und Y sind jedoch nicht S
2. $A \to x$, wobei A Variable und x Terminalsymbol
3. $S \to \varepsilon$

Die folgende Grammatik ist ein Beispiel für eine Grammatik in Chomsky-Normalform.

$$S \to AA \mid AB \mid \text{b} \mid \varepsilon$$

$$A \to BB \mid \text{a}$$

$$B \to \text{b}$$

Es gibt verschiedene Gründe, warum eine kontextfreie Grammatik nicht in CNF ist.

1. Es gibt Regeln, bei denen S auf der rechten Seite auftaucht.
2. Es gibt Regeln, bei denen die rechte Seite ε ist, die linke Seite jedoch nicht S.
3. Es gibt Regeln, bei denen die rechte Seite aus einer einzigen Variable besteht.
4. Es gibt Regeln, bei denen die rechte Seite mehr als 2 Zeichen lang ist.
5. Es gibt Regeln, bei denen die rechte Seite die Länge 2 hat und mindestens ein Terminalsymbol enthält.

Wenn die Regeln einer Grammatik diese „verbotenen" Regeln vermeiden, dann kann es nur noch Regeln geben, die in der Chomsky-Normalform erlaubt sind. Wir wollen nun zeigen, dass wir jede kontextfreie Grammatik in eine äquivalente Grammatik in CNF umwandeln können. Dabei werden wir so vorgehen, dass wir alle verbotenen Regeln *eliminieren*. Das bedeutet, dass wir diese Regeln aus der Grammatik durch andere Regeln ersetzen werden, sodass wir immer noch die gleichen Wörter ableiten können. Wir gehen hierbei in der Reihenfolge vor, die wir bei der Aufzählung der nichterlaubten Regeln angegeben haben.

1. Eliminiere Regeln mit S auf rechter Seite. Wir führen eine neue Variable S' ein. Jedes Vorkommen von S ersetzen wir durch S'. Danach fügen wir noch die Regel $S \to S'$ hinzu. Offensichtlich kann man nun die gleichen Wörter aus S ableiten wie vorher. Es gilt jedoch, dass S nie auf einer rechten Seite erscheint.

2. Eliminiere jede Regel der Form $A \to \varepsilon$ mit $A \neq S$. Wir werden jede Regel der Form $A \to \varepsilon$ einzeln eliminieren. Wir merken uns dabei die Regeln $A \to \varepsilon$, die wir bereits entfernt haben. Sei nun $A \to \varepsilon$ eine Regel in der Grammatik. Wir streichen diese Regel, müssen aber sicherstellen, dass nach wie vor die gleiche Sprache beschrieben wird.

Deshalb müssen wir neue Regeln hinzufügen, die uns immer dann weiterhelfen, wenn in einer Ableitung $A \to \varepsilon$ zur Anwendung kam. Wird die Regel $A \to \varepsilon$ in der Ableitung genutzt, muss vorher das A durch eine andere Regel eingefügt worden sein. Wir werden deshalb alle Regeln verändern müssen, in welchen A in der rechten Seite enthalten ist; wie zum Beispiel die Regel $X \to uAw$, wobei $u, w \in (\Sigma \cup V)^*$. Durch die Regel $A \to \varepsilon$ war es ja möglich, das A sofort zu löschen. Das heißt, wir fügen die Regel $X \to uw$ der Grammatik hinzu, um die Ableitung durch die nun entfernte Regel $A \to \varepsilon$ nicht zu „verlieren". (Die Regel $X \to uAw$ bleibt selbstverständlich erhalten.) Eine Regel der Form $X \to X$ müssen wir natürlich nie hinzunehmen. Erscheint die Variable A mehrmals auf einer rechten Seite, kann jedes Vorkommen von A unabhängig von den anderen Vorkommen weggelassen werden oder auch nicht weggelassen werden. Das heißt, für jede Teilmenge der A-Vorkommen muss eine neue Regel erstellt werden. Gibt es zum Beispiel die Regel

$$X \to \mathsf{x}Ay A,$$

wird daraus

$$X \to \mathsf{x}AyA \mid \mathsf{x}yA \mid \mathsf{x}Ay \mid \mathsf{x}y.$$

Wir müssen noch einen Sonderfall beachten. Durch das Eliminieren einer Regel $A \to \varepsilon$ kann es passieren, dass eine andere Regel $B \to \varepsilon$ hinzugefügt wird. Dadurch könnte unser Algorithmus unter Umständen nicht stoppen. Das kann zum Beispiel auftreten, wenn es die Regeln $A \to B \mid \varepsilon$ und $B \to A \mid \varepsilon$ gibt. An dieser Stelle ist es hilfreich, dass wir uns die bereits entfernten Regeln gemerkt haben. Entsteht zum Beispiel eine Regel $B \to \varepsilon$ und wir hatten bereits $B \to \varepsilon$ vorher eliminiert, können wir diese Regel direkt löschen. Dies funktioniert, da wir ja schon die „Funktionalität" dieser Regel durch andere Regeln sichergestellt haben. Entstehen also in diesem Schritt Regeln der Form $B \to \varepsilon$, nehmen wir sie nur dann zur Grammatik hinzu, wenn sie vorher nicht schon einmal eliminiert wurden.

3. Eliminiere jede Regel der Form $A \to B$. Wir gehen hier ähnlich vor wie im vorigen Schritt. Das heißt, wir eliminieren die Regeln der Form $A \to B$ nacheinander und merken uns die Regeln, die wir schon eliminiert haben. Wir werden die Regel $A \to B$ löschen, müssen dies aber ausgleichen, indem wir andere Regeln aufnehmen. Um zu verhindern, dass wir durch das Entfernen von $A \to B$ Ableitungen verlieren, fügen wir für jede Regel der Form $B \to w$ eine Regel $A \to w$ ein. Falls es zum Beispiel die Regeln $A \to B$ und $B \to \mathsf{x}y \mid \mathsf{x}B\mathsf{x}y$ gibt, ersetzen wir $A \to B$ durch $A \to \mathsf{x}y \mid \mathsf{x}B\mathsf{x}y$. Auch in diesem Schritt müssen wir beachten, dass neue Regeln der Form $A \to C$ entstehen können. Wir können dieses Problem aber analog zum vorigen Schritt lösen. Das heißt, wir nehmen nur eine Regel der Form $A \to C$ neu auf, wenn wir sie vorher noch nicht eliminiert haben.

4. Eliminiere jede Regel mit langer rechter Seite. Wir ersetzen nun alle Regeln, deren rechte Seite mehr als 2 Zeichen enthält. Angenommen, eine Regel hat eine lange rechte Seite, sagen wir, $A \rightarrow x_1 x_2 \ldots x_n$, wobei x_i sowohl Variable als auch Terminalsymbol sein kann. Durch die Benutzung von neuen Variablen $X_1, X_2, \ldots, X_{n-2}$ können wir die ursprüngliche Regel in mehrere Teile zerlegen. Dazu fügen wir folgende Regeln hinzu

$$A \rightarrow x_1 X_1$$

$$X_1 \rightarrow x_2 X_2$$

$$\vdots$$

$$X_{n-2} \rightarrow x_{n-1} x_n$$

Da es nur eine Ableitung für die neuen Variablen gibt, kann nur das Wort $x_1 x_2 \ldots x_n$ mit diesen Regeln aus A abgeleitet werden. Bei der nächsten Regel mit langer rechter Seite benutzen wir natürlich andere neue Variablen.

5. Eliminiere jede Regel mit Terminalsymbolen auf der rechten Seite, außer sie hat die Form $X \rightarrow a$. Alle Regeln (bis auf eventuell $S \rightarrow \varepsilon$) haben jetzt eine rechte Seite der Länge 1 oder 2. Wenn die Länge 1 ist, handelt es sich beim Zeichen auf der rechten Seite um ein Terminalsymbol, da ja die Regeln der Form $A \rightarrow B$ eliminiert wurden. Dies entspricht somit den Regeln der Chomsky-Normalform. Gibt es jedoch zwei Zeichen auf der rechten Seite, kann eines davon, oder beide, ein Terminalsymbol sein, was in der CNF nicht erlaubt ist. Dies kann man leicht dadurch beheben, indem man für jedes Terminalsymbol x eine neue Variable V_x einführt und als Regel $V_x \rightarrow x$ hinzunimmt. Nun kann man alle Terminalsymbole auf den rechten Seiten der Länge 2 durch ihre dazugehörige Variable ersetzen. So wird zum Beispiel $A \rightarrow xB$ zu $A \rightarrow V_x B$, wobei $V_x \rightarrow x$.

Durch die Ausführung aller 5 Regeln haben alle Regeln der Grammatik eine Form, die in der CNF erlaubt ist. Da die 5 Regeln die beschriebene Sprache erhalten haben, gilt der folgende Satz.

Satz 3.3 Zu jeder kontextfreien Sprache L gibt es eine kontextfreie Grammatik G in CNF, sodass $L(G) = L$.

Wir sehen uns als Beispiel eine Umformung einer kontextfreien Grammatik in Chomsky-Normalform mit dem beschriebenen Verfahren an. Dazu betrachten wir die folgende Grammatik:

$$S \rightarrow AA \mid b$$

$$A \rightarrow S \mid bAa \mid \varepsilon$$

Im ersten Schritt ersetzen wir alle S durch S' und fügen die Regel $S \to S'$ ein. Dies ergibt folgende Grammatik:

$$S \to S'$$
$$S' \to AA \mid \text{b}$$
$$A \to S' \mid \text{b}A\text{a} \mid \varepsilon$$

Im zweiten Schritt werden wir alle Regeln der Form $X \to \varepsilon$ eliminieren. Wir sehen, dass es mit $A \to \varepsilon$ eine solche Regel gibt. Eliminieren wir nach unserer Vorschrift, erhalten wir:

$$S \to S'$$
$$S' \to AA \mid A \mid \varepsilon \mid \text{b}$$
$$A \to S' \mid \text{b}A\text{a} \mid \text{ba}$$

Wir erkennen, dass mit $S' \to \varepsilon$ eine weitere Regel der Form $X \to \varepsilon$ entstanden ist. Nun werden wir auch diese Regel eliminieren, was folgende Grammatik ergibt:

$$S \to S' \mid \varepsilon$$
$$S' \to AA \mid A \mid \text{b}$$
$$A \to S' \mid \text{b}A\text{a} \mid \text{ba}$$

Beachten Sie, dass an dieser Stelle ein Sonderfall auftritt. Bei unserem Vorgehen entsteht eigentlich die Regel $A \to \varepsilon$. Da wir jedoch schon einmal $A \to \varepsilon$ entfernt haben, wird diese Regel nicht hinzugefügt.

Wir gehen nun zu Schritt 3 über und eliminieren alle Regeln der Form $X \to Y$. Hierbei fangen wir mit der Regel $S' \to A$ an. Dies ergibt:

$$S \to S' \mid \varepsilon$$
$$S' \to AA \mid \text{b} \mid \text{b}A\text{a} \mid \text{ba}$$
$$A \to S' \mid \text{b}A\text{a} \mid \text{ba}$$

Beachten Sie, dass wir die Regel $S' \to S'$ natürlich nicht in die Grammatik aufgenommen haben. Wir sehen nun, dass noch weitere Regeln der Form $X \to Y$ vorhanden sind. Dies sind $A \to S'$ und $S \to S'$. Wir eliminieren diese Regeln nacheinander und erhalten:

$$S \to \varepsilon \mid AA \mid \text{b} \mid \text{b}A\text{a} \mid \text{ba}$$
$$S' \to AA \mid \text{b} \mid \text{b}A\text{a} \mid \text{ba}$$
$$A \to \text{b}A\text{a} \mid \text{ba} \mid AA \mid \text{b}$$

Nun gehen wir im Schritt 4 dazu über, die Regeln mit zu langer rechter Seite zu kürzen. Dies betrifft nur drei Regeln. Wir benutzen an dieser Stelle die neu eingefügte Variable X_1 für alle drei Ersetzungen, um etwas Platz zu sparen. Es ergibt sich:

$$S \to \varepsilon \mid AA \mid b \mid bX_1 \mid ba$$

$$S' \to AA \mid b \mid bX_1 \mid ba$$

$$A \to bX_1 \mid ba \mid AA \mid b$$

$$X_1 \to Aa$$

Nun können wir im Schritt 5 die Grammatik in Chomsky-Normalform überführen, indem wir die Regeln $V_x \to x$ und $V_y \to y$ aufnehmen und an den Stellen, an denen kein Terminalsymbol stehen darf, die entsprechende Variable einsetzen. Damit erhalten wir als Endergebnis:

$$S \to \varepsilon \mid AA \mid b \mid V_b X_1 \mid V_b V_a$$

$$S' \to AA \mid b \mid V_b X_1 \mid V_b V_a$$

$$A \to V_b X_1 \mid V_b V_a \mid AA \mid b$$

$$X_1 \to A V_a$$

$$V_a \to a$$

$$V_b \to b$$

Test 3.5 Wandeln Sie folgende Grammatik in Chomsky-Normalform um.

$$S \to aSa \mid AC$$

$$A \to ba \mid B \mid C \mid \varepsilon$$

$$B \to BB \mid BA$$

$$C \to B \mid a$$

3.4 Der CYK-Algorithmus

Wir wollen uns nun einen Algorithmus für das Wortproblem für kontextfreie Sprachen ansehen. Dieser Algorithmus ist unter dem Namen *CYK-Algorithmus* bekannt (nach seinen Erfindern Cocke, Younger, Kasami). Der Algorithmus benutzt als Ausgangspunkt eine kontextfreie Grammatik $G = (V, \Sigma, P, S)$ in Chomsky-Normalform. Wenn die kontextfreie Sprache durch ein anderes Modell beschrieben ist (zum Beispiel durch einen Kellerautomaten oder durch eine kontextfreie Grammatik, die nicht in CNF ist), können wir die bereits vorgestellten Methoden nutzen, um eine Grammatik in CNF zu konstruieren.

Sei w das Wort, für welches wir entscheiden wollen, ob $w \in L(G)$ oder $w \notin L(G)$. Die Länge von w bezeichnen wir mit n. Der CYK-Algorithmus versucht, das Wortproblem rekursiv zu lösen. Dazu werden wir w in Teilwörter teilen. Wir bezeichnen mit $w[i, j]$ das Teilwort von w, welches mit dem i-ten Zeichen beginnt und mit dem j-ten Zeichen endet. In dieser Notation entspricht $w[1, n]$ dem Wort w. Im CYK-Algorithmus werden die folgenden Mengen bestimmt

$$W_{i,j} := \{X \in V \mid X \Rightarrow^* w[i, j]\}.$$

Das Wortproblem reduziert sich dann darauf zu testen, ob $S \in W_{1,n}$.

Für die Bestimmung der Mengen $W_{i,j}$ nutzen wir, wie bereits erwähnt, einen rekursiven Ansatz. Nehmen wir an, dass $j = i$. Da G in CNF ist, kann es nur Regeln der Form $A \to w[i, i]$ geben, mit welchen man $w[i, i]$ ableiten kann. Wir gehen deshalb alle Regeln durch und merken uns die Variablen A mit $A \to w[i, i]$. Aus diesen Variablen setzt sich dann die Menge $W_{i,i}$ zusammen. Somit gilt also

$$W_{i,i} = \{A \in V \mid \text{ es gibt die Regel } A \to w[i, i]\}.$$

Für die Mengen $W_{i,j}$ mit $j > i$ wissen wir, dass als erste Ableitungsregel eine Regel der Form $A \to XY$ $(X, Y \neq S)$ Anwendung finden muss. Die gesuchte Ableitung hat also die Form

$$A \Rightarrow XY \Rightarrow \cdots \Rightarrow w[i, j].$$

Da es für alle $Z \neq S$ keine Regeln $Z \to \varepsilon$ gibt, muss bei der weiteren Ableitung $X \Rightarrow^* u$ und $Y \Rightarrow^* v$ folgen, mit $u, v \neq \varepsilon$ und $w[i, j] = uv$. Dies erkennt man gut, wenn man das Schema des dazugehörigen Ableitungsbaumes betrachtet (siehe Abb. 3.13).

Wir können nicht genau wissen, wie lang u beziehungsweise v sind. Mitunter gibt es auch verschiedene Möglichkeiten $w[i, j]$ zu trennen, sodass man eine Ableitung findet.

Abb. 3.13 Schema eines Ableitungsbaumes für eine Grammatik in CNF

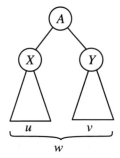

Deshalb werden wir an dieser Stelle alle Möglichkeiten durchprobieren, wie man $w[i, j]$ in zwei nichtleere Teilwörter aufteilen kann. Das heißt also,

$$W_{i,j} = \bigcup_{t=i}^{j-1} \{A \in V \mid \text{es gibt die Regel } A \to XY \text{ und } X \Rightarrow^* w[i, t] \text{ und } Y \Rightarrow^* w[t+1, j]\}.$$

Wenn wir davon ausgehen können, dass die Mengen $W_{i,t}$ und $W_{t+1,j}$ schon bestimmt wurden, können wir folgende Rekursionsformel ableiten

$$W_{i,j} = \bigcup_{t=i}^{j-1} \{A \in V \mid \text{es gibt die Regel } A \to XY \text{ und } X \in W_{i,t} \text{ und } Y \in W_{t+1,j}\}.$$

Praktisch wird man an dieser Stelle prüfen, welche Variablenpaare man in $W_{i,t} \times W_{t+1,j}$ findet und dann nachsehen, welche dieser Paare auf der rechten Seite von Regeln des Typs $A \to XY$ auftauchen. Falls eine der Mengen $W_{i,t}$ oder $W_{t+1,j}$ leer ist, können wir kein Variablenpaar finden und können für diese Trennstelle t keine Variablen $W_{i,j}$ hinzufügen.

Als Rekursionsanker benutzen wir die bereits beschriebenen Mengen $W_{i,i}$. Die Mengen $W_{i,j}$ können nun mit wachsendem $j - i$ berechnet werden. In unserem Ansatz sind wir davon ausgegangen, dass w mindestens aus einem Zeichen besteht. Für $w = \varepsilon$ können wir den CYK-Algorithmus deshalb nicht benutzen. Dieser Sonderfall ist aber sehr einfach lösbar. Wenn die Grammatik in CNF gegeben ist, können wir nur ε ableiten, wenn es eine Regel $S \to \varepsilon$ gibt. Wir müssen also nur überprüfen, ob $S \to \varepsilon$ in der Regelmenge der Grammatik vorhanden ist.

Die Korrektheit des CYK-Algorithmus ergibt sich direkt aus der Konstruktion. Wir verzichten an dieser Stelle darauf, die obigen Argumente als formalen Beweis zu wiederholen. Der CYK-Algorithmus ist als Algorithmus 2 in Pseudocode nochmals aufgeführt.

Wir sehen uns nun die Ausführung des CYK-Algorithmus an einem Beispiel an. Dafür nutzen wir als G die Grammatik

$$S \to BB \mid AA$$
$$A \to AB \mid AC \mid a$$
$$B \to BA \mid CB \mid b$$
$$C \to BC \mid c$$

Als Erstes wollen wir testen, ob das Wort $w = \text{babcb}$ in $L(G)$ enthalten ist. Wir werden die Werte für $W_{i,j}$ in einer Tabelle notieren. Da nur die Fälle $j \geq i$ interessant sind, brauchen wir nur einen Teil der Tabelle. Wir notieren die Tabelle so, dass die Zeilen von $i = n$ bis $i = 1$ geordnet sind (vergleiche dazu Tab. 3.3). In der Initialisierungsphase füllen wir die Diagonale der Tabelle. Dazu sehen wir uns die Regeln der Form $A \to x$ an. Da $w[1, 1] = \text{b}$ und es nur die Regel $B \to \text{b}$ gibt, deren rechte Seite b ist, setzen wir

---

Algorithmus 2: CYK-Algorithmus

    // Initialisierung
1 **for** $i = 1$ **to** n **do** $W_{i,i} = \{A \in V \mid A \rightarrow w[i,i]\}$
    // Iteration (d ist Abstand zwischen i und j)
2 **for** $d = 1$ **to** $n - 1$ **do**
3   **for** $i = 1$ **to** $n - d$ **do**
4         $j = i + d$
5   **for** $t = i$ **to** $j - 1$ **do**
6   **for all** $A \rightarrow XY \in P$ **do**
7   **if** $X \in W_{i,t}$ **and** $Y \in W_{t+1,j}$ **then** $W_{i,j} = W_{i,j} \cup \{A\}$
8   **end**
9   **end**
10   **end**
11 **end**
12 **if** $S \in W_{1,n}$ **then return** *true* **else return** *false*

Tab. 3.3 CYK-Tabelle für $w = \text{baaac}$

$W_{i,j}$	1	2	3	4	5
5	–	–	–	–	B
4	–	–	–	C	B
3	–	–	B	C	S, B
2	–	A	A	A	A
1	B	B	S, B	B, C	S, B

$W_{1,1} = \{B\}$. Als Nächstes sehen wir uns das Teilwort $w[2, 2] = $ a an. Auch hier gibt es mit $A \rightarrow$ a nur eine Regel, die a als rechte Seite besitzt. Demnach ist $W_{2,2} = \{A\}$. Nach dem gleichen Schema bestimmen wir $W_{3,3} = \{B\}$, $W_{4,4} = \{C\}$ und $W_{5,5} = \{B\}$ und tragen dies in die Tabelle ein.

Nun gilt es, alle Zellen zu bestimmen, für die $j - i = 1$. Das sind genau die Zellen auf der Nebendiagonalen unmittelbar unterhalb der Diagonalen. Der erste Eintrag ist $W_{1,2}$. Hier gibt es mit $w[1, 2] = w[1, 1]w[2, 2]$ nur eine Möglichkeit, in zwei nichtleere Teilwörter zu zerteilen. Wir können nun auf bereits berechnete Informationen in der Tabelle zurückgreifen: $w[1, 1]$ kann man aus B ableiten und $w[2, 2]$ aus A. Da es die Regel $B \rightarrow BA$ gibt, können wir aus B das Teilwort $w[1, 2]$ ableiten. Andere Möglichkeiten gibt es für $w[1, 2]$ nicht. Deshalb tragen wir $W_{1,2} = \{B\}$ in die Tabelle ein. Die restlichen Zellen werden analog bestimmt.

Exemplarisch sehen wir uns noch einmal als etwas komplexeres Beispiel an, wie man die Zelle für $W_{1,4}$ bestimmt. Man probiert als Erstes die Trennstelle $t = 1$. Da $W_{1,1} = \{B\}$ und $W_{2,4} = \{A\}$, prüfen wir, ob es Regeln mit rechter Seite BA gibt. Eine solche Regel gibt es mit $B \rightarrow BA$. Deshalb nehmen wir B zu $W_{1,4}$ hinzu. Für die zweite Trennstelle $t = 2$ sehen wir, dass $W_{1,2} = \{B\}$ und $W_{3,4} = \{C\}$. Da es die Regel $C \rightarrow BC$ gibt, fügen wir auch C der Menge $W_{1,4}$ hinzu. Zuletzt überprüfen wir die Trennstelle $t = 3$. Wir sehen, dass $W_{1,3} = \{S, B\}$ und $W_{4,4} = \{C\}$. Nun gibt es mehrere Möglichkeiten, hieraus ein Variablenpaar zu bestimmen. Es gilt, die Möglichkeiten SC und BC zu prüfen. Keine Regel hat SC auf der rechten Seite, also verändert sich erst einmal nichts. Es gibt eine Regel mit BC als rechter Seite. Dies ist die Regel $C \to BC$. Da wir aber schon C zur Menge $W_{1,4}$ dazugenommen haben, verändert sich auch hier nichts. Wir haben somit $W_{1,4} = \{B, C\}$ bestimmt. Nachdem wir die Tabelle komplett ausgefüllt haben, sehen wir nach, ob S in $W_{1,5}$ enthalten ist. Da dies so ist, können wir schlussfolgern, dass $w \in L(G)$.

Ein weiteres Beispiel einer ausgefüllten Tabelle für den CYK-Algorithmus ist in Tab. 3.4 zu sehen. Hier wurde $w = $ baaac gewählt. Wir sehen, dass $W_{1,5}$ nicht das Startsymbol S enthält. Somit ist $w \notin L(G)$.

Wir wollen noch einmal auf das Schema verweisen, wie man die Zellen in der Tabelle füllt. Angenommen, wir wollen eine Zelle W auswerten. Wir nehmen an, dass die Einträge in der Zeile bis W mit $X_1, X_2, \dots$ benannt sind und die Einträge in der Spalte ab W mit $Y_1, Y_2, \dots$ benannt sind. Die Variablenpaare, die wir betrachten, ergeben sich dann aus den Mengen $X_i \times Y_i$. Siehe hierzu auch Abb. 3.14. Wenn eine der Mengen X_i oder Y_i die leere Menge ist, dann ist natürlich auch $X_i \times Y_i = \emptyset$. In diesem Fall kann also für dieses Paar W nie erweitert werden.

Tab. 3.4 CYK-Tabelle für $w = $ babcb

$W_{i,j}$	1	2	3	4	5
5	–	–	–	–	C
4	–	–	–	A	A
3	–	–	A	S	S
2	–	A	S	$\emptyset$	$\emptyset$
1	B	B	B	B	B, C

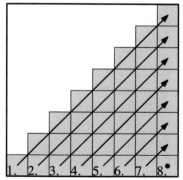

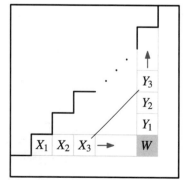

Abb. 3.14 Schematischer Ablauf des CYK-Algorithmus. Links: Reihenfolge der Bestimmung der Zellen der Tabelle. Rechts: Schema beim Ausfüllen einer Zelle W in der Tabelle

Zusammenfassend können wir sagen, dass es mit dem CYK-Algorithmus einen sehr einfachen Algorithmus für das Wortproblem der kontextfreien Sprachen gibt. Zudem können wir beobachten, dass wir nicht mehr als $O(n^3|P|)$ Schritte ausführen müssen. Hierbei bezeichnet aber P die Regelmenge einer zur Sprache gehörenden Grammatik in CNF. Die Größe der Regelmenge (für eine feste Grammatik) ist immer gleich, unabhängig davon, welches Eingabewort wir prüfen. Deshalb können wir sagen, dass der CYK-Algorithmus die Laufzeit von $O(n^3)$ besitzt.

Test 3.6 Sei G die folgende Grammatik:

$$S \rightarrow W_1 A \mid W_2 B \mid W_3 C$$

$$X \rightarrow XX \mid \mathsf{a} \mid \mathsf{b} \mid \mathsf{c}$$

$$W_1 \rightarrow AX \mid \mathsf{a}$$

$$W_2 \rightarrow BX \mid \mathsf{b}$$

$$W_3 \rightarrow CX \mid \mathsf{c}$$

$$A \rightarrow \mathsf{a} \quad B \rightarrow \mathsf{b} \quad C \rightarrow \mathsf{c}$$

Bestimmen Sie mit Hilfe des CYK-Algorithmus, ob $w_1 = \mathsf{cbbac}$ und $w_2 = \mathsf{abacb}$ in der durch G gegebenen Sprache liegen.

3.5   Das kontextfreie Pumpinglemma

Wir werden nun eine Methode kennenlernen, wie man zeigen kann, dass eine Sprache *nicht* kontextfrei ist. Wie schon bei den regulären Sprachen ist es immer etwas schwieriger zu zeigen, dass eine Sprache nicht aus einer Sprachklasse ist. An dieser Stelle lernen wir mit dem *kontextfreien Pumpinglemma* eine Methode für einen solchen Nachweis kennen.

Bereits bei den regulären Sprachen haben wir ein Pumpinglemma kennengelernt. Wenn wir nur vom Pumpinglemma (ohne den Zusatz kontextfrei) sprechen, beziehen wir uns immer auf das reguläre Pumpinglemma. Das reguläre Pumpinglemma basierte darauf, dass lange Wörter in einem DEA Zustände doppelt besuchen müssen. Aus diesen akzeptierenden Läufen mit doppelten Zuständen müssen sich dann bestimmte andere akzeptierende Läufe ableiten lassen. Die Idee beim kontextfreien Pumpinglemma ist etwas anders. Wir wissen, dass es für jedes Wort der Sprache eine Ableitung gibt. Nutzt die Ableitung viele Regeln, dann muss mindestens eine Variable mehrmals ersetzt worden sein. In diesem Fall können wir aber schlussfolgern, dass dann auch bestimmte andere Ableitungen existieren müssen.

Wir geben nun das kontextfreie Pumpinglemma an und orientieren uns dabei an der Darstellung des regulären Pumpinglemmas. Als Erstes definieren wir:

Definition 3.8 (kf-pumpbar) Eine Sprache L heißt *kf-pumpbar*, wenn Folgendes gilt. Es gibt ein $k \in \mathbb{N}$, sodass für alle Wörter $w \in L$ mit Mindestlänge k gilt: Es gibt eine Zerlegung von w in fünf Teile u, v, x, y, z, welche die folgenden Eigenschaften erfüllt:

1. $\forall i \geq 0: uv^i x y^i z \in L$,
2. $vy \neq \varepsilon$,
3. $|vxy| \leq k$.

Wir sehen, dass der wichtigste Unterschied zum Begriff (regulär) pumpbar die Zerteilung in 5 Teilwörter ist, von denen das zweite und das vierte (mit der gleichen Vielfachheit) „gepumpt" werden. Das kontextfreie Pumpinglemma besagt nun:

Lemma 3.6 Wenn eine Sprache kontextfrei ist, dann ist sie auch kf-pumpbar.

Sehen wir uns nun einmal die Aussage des Pumpinglemmas an einem Beispiel an. Dazu nehmen wir die Sprache $L = \{a^n b^n \mid n \geq 0\}$, von der wir bereits wissen, dass sie kontextfrei ist. Das Lemma besagt, dass L auch kf-pumpbar sein muss. Das werden wir nun überprüfen. Wir wählen $k = 3$ und sehen uns alle Wörter aus L mit Mindestlänge k an. Ein solches Wort hat die Struktur $a^\ell b^\ell$ mit $\ell > 1$. Wir wählen nun die Zerteilung $u = a^{\ell-1}$, $v = a, x = \varepsilon, y = b, z = b^{\ell-1}$. Für diese Zerteilung gilt (1) $uv^i x y^i z = a^{\ell-1+i} b^{\ell-1+i} \in L$, (2) $vy = ab \neq \varepsilon$ und (3) $|vxy| = |ab| \leq k = 3$. Damit sind alle Eigenschaften aus Definition 3.8 erfüllt, und L ist kf-pumpbar.

Bevor wir das kontextfreie Pumpinglemma formal beweisen, skizzieren wir die Beweisidee. Für den Beweis nutzen wir zwei Konzepte, die wir im Zusammenhang mit kontextfreien Sprachen bereits besprochen haben. Zum einen wissen wir, dass es zu jedem Wort, das von einer kontextfreien Grammatik erzeugt wird, einen Ableitungsbaum gibt. Wir werden im Beweis hauptsächlich mit diesem Baum arbeiten. Zum anderen wissen wir, dass es für jede kontextfreie Grammatik eine äquivalente Grammatik in CNF gibt. Durch die Verwendung von Grammatiken in Chomsky-Normalform können wir den Beweis etwas vereinfachen.

Sei nun L eine kontextfreie Sprache. Wenn wir nun ein sehr langes Wort $w \in L$ wählen, dann muss es in seinem Ableitungsbaum einen Pfad geben, auf dem eine Variable, sagen wir X, doppelt vorkommt. Wir können den Ableitungsbaum an den zwei Vorkommen von X zerschneiden und erhalten drei Bäume: den oberen Baum mit Wurzel S, den mittleren Baum, der als Wurzel X hat und ein Blatt X besitzt, und den unteren Baum, der als Wurzel X hat (vergleiche dazu Abb. 3.15). Wir können nun neue Ableitungsbäume konstruieren, indem wir diese Teilbäume neu zusammensetzen. Eine Möglichkeit ist es, den oberen Baum mit einer Folge von i mittleren zu verknüpfen und dann mit dem unteren Baum abzuschließen. Eine andere Möglichkeit ist es, direkt den oberen und den unteren Baum zu verknüpfen. Wir werden sehen, dass wir mit dieser Technik Ableitungsbäume für genau die Wörter erzeugen, die im kontextfreien Pumpinglemma beschrieben sind. Details zu dieser Idee gibt der folgende formale Beweis.

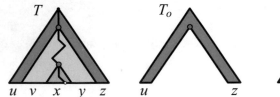
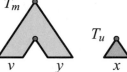

Abb. 3.15 Zerteilung des Ableitungsbaumes T für $w = uvxyz$ im Beweis des kontextfreien Pumpinglemmas

Beweis. Sei $G = (V, \Sigma, P, S)$ eine kontextfreie Grammatik in CNF für die Sprache L. Wir wählen ein $w \in L$ mit Mindestlänge $k = 2^{|V|}$. Sei nun T ein Ableitungsbaum für w. Da T ein Ableitungsbaum ist, sind alle Blätter mit Terminalsymbolen beschriftet, und da G in CNF ist, sind alle Blätter „Einzelkinder". Sei T' der Baum, den man erhält, wenn man alle Blätter aus T löscht. Nach der vorigen Überlegung haben T und T' gleich viele Blätter. Da T natürlich $|w|$ Blätter hatte, hat somit auch T' ebenso $|w|$ Blätter. Weil G in CNF, ist T' ein Binärbaum.

Wir wählen als Φ den längsten Wurzel-Blatt-Pfad in T'. Wir notieren die Anzahl der Knoten in Φ mit $|\Phi|$. Im Extremfall ist T' balanciert, das heißt, alle Wurzel-Blatt-Pfade haben die gleiche Länge. In diesem Fall hat der Baum T' genau $2^{|\Phi|-1}$ Blätter. Im nichtbalancierten Fall hat der Baum weniger Blätter. Wir können also schlussfolgern, dass $2^{|\Phi|-1} \geq |w|$. Dadurch ergibt sich aus der Wahl von k, dass

$$2^{|V|} = k \leq |w| \leq 2^{|\Phi|-1},$$

und somit ist $|V| \leq |\Phi| - 1$. Aus dieser Beobachtung können wir schließen, dass es mindestens eine Variable in Φ gibt, die doppelt auftaucht. Wir durchwandern Φ vom Blatt zur Wurzel und nennen die erste so gefundene doppelte Variable X.

Wir zerteilen nun T' an den untersten Vorkommen von X entlang Φ. Dadurch erhalten wir die Bäume T'_o (oben), T'_m (mittig) und T'_u (unten). Siehe dazu Abb. 3.15. Analog seien T_o, T_m und T_u die entsprechenden Bäume, die bei der Zerteilung von T an den gleichen Schnittknoten entstehen.

Die Teilung von T induziert auch eine Teilung von $w = uvxyz$ in fünf Teile:

- u: Terminalsymbole in T_o in Präorder bis zum Schnittknoten zu T_m,
- v: Terminalsymbole in T_m in Präorder bis zum Schnittknoten zu T_u,
- x: Terminalsymbole in T_u in Präorder,
- y: Terminalsymbole in T_m in Präorder ab dem Schnittknoten zu T_u,
- z: Terminalsymbole in T_o in Präorder ab dem Schnittknoten zu T_m.

Sei T^i der Baum, den man wie folgt erhält: Man nimmt T_o und klebt eine Kopie von T_m an. Hierbei identifiziert man die Wurzel von T_m mit dem Blatt von T_o, das bei der

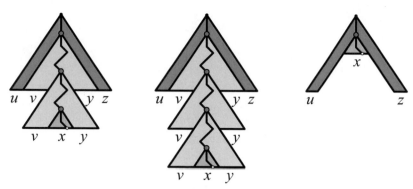

Abb. 3.16 Zusammensetzen von neuen Ableitungsbäumen im Beweis des kontextfreien Pumpinglemmas für die Wörter uv^2xy^2z (links), uv^3xy^3z (Mitte) und uv^0xy^0z (rechts)

Zerteilung von T entstand. Beide Knoten passen zusammen, da sie mit X beschriftet sind. Man kann nun weitere Kopien von T_m an die letzte Kopie von T_m in der gleichen Art und Weise anhängen. Dies wiederholt man so lange, bis i Kopien von T_m angeklebt wurden. Als Letztes fügt man noch den Baum T_u ein. Ein Grenzfall ist der Baum T^0. Hier fügt man direkt die Bäume T_o und T_u zusammen. Offensichtlich ist T^i ein Ableitungsbaum für uv^ixy^iz, und damit ist dieses Wort aus L. Dies weist die Bedingung 1 der Kf-pumpbar-Eigenschaft nach. Vergleiche dazu Abb. 3.16.

Der längste Pfad des Baumes T'_m mit dem angehängten Baum T'_u ist ein Teilpfad von Φ, welcher maximal Länge $|V| + 1$ hat. Der dazugehörige Binärbaum hat deshalb maximal $2^{|V|} = k$ Blätter. Also hat auch die Verknüpfung von T_m und T_u maximal k Blätter, und somit ist $|vxy| \leq 2^{|V|} = k$, was die dritte Bedingung der Kf-pumpbar-Eigenschaft zeigt.

Zuletzt bemerken wir noch, dass T_m mindestens ein Kind hat, da ja am Schnittknoten mindestens ein Kind von Φ abzweigt. Somit ist $vy \neq \varepsilon$ und Bedingung 2 der Kf-pumpbar-Eigenschaft folgt. ∎

Wir wollen nun das kontextfreie Pumpinglemma anwenden, um nachzuweisen, dass eine Sprache nicht kontextfrei ist. Dazu müssen wir zeigen, dass diese Sprache *nicht* kf-pumpbar ist. Um klar zu machen, was nun gezeigt werden muss, formulieren wir die Definition 3.8 um.

Eine Sprache L ist *nicht kf-pumpbar*, falls es für alle $k \in \mathbb{N}$ ein Wort $w \in L$ der Mindestlänge k gibt, sodass für alle Zerteilungen $w = uvxyz$, die $|vxy| \leq k$ und $vy \neq \varepsilon$ genügen, gilt, dass für ein $i \geq 0$ das Wort uv^ixy^iz nicht aus der Sprache L ist.

Wie beim regulären Pumpinglemma kann man auch hier wieder den Nachweis als Spiel auffassen, für das wir eine Gewinnstrategie angeben müssen. Der Gegenspieler wählt das k, worauf wir in Abhängigkeit von k ein gültiges Wort w wählen. Dann wählt der Gegenspieler eine Zerteilung $uvxyz$ von w, die den Einschränkungen $|vxy| \leq k$

und $vy \neq \varepsilon$ genügt, und wir gewinnen genau dann, wenn wir ein $i \geq 0$ finden, mit $uv^i xy^i z \notin L$.

Beispiel 3.3 Als Erstes wollen wir nachweisen, dass die Sprache $L_1 = \{a^n b^n c^n \mid n \geq 0\}$ nicht kf-pumpbar ist. Dazu wählen wir (in Abhängigkeit von k) $w = a^k b^k c^k$. Offensichtlich ist $w \in L$ und $|w| \geq k$. Nun müssen wir *alle* Zerteilungen $w = uvxyz$ berücksichtigen, die $|vxy| \leq k$ und $vy \neq \varepsilon$ erfüllen. Egal, wie eine solche Zerteilung aussieht, das Teilwort vxy kann aufgrund seiner Länge nie sowohl das Zeichen a als auch das Zeichen c enthalten. Angenommen, das Zeichen c fehlt (der andere Fall ist hierzu völlig analog). Dann gilt, dass es in $uv^2 xy^2 z$ mehr as oder mehr bs geben muss, als es cs gibt. Somit ist also dieses aufgepumpte Wort nicht aus L_1. Das heißt, L_1 ist nicht kf-pumpbar und damit nicht kontextfrei.

Beispiel 3.4 Als ein zweites Beispiel sehen wir uns die Sprache $L_2 = \{uu \mid u \in \{0, 1\}^*\}$ an. Wir wählen diesmal das Wort $w = 0^k 1^k 0^k 1^k$. Das Wort hat Mindestlänge k und ist aus L_2. Egal, wie die Zerteilung $uvxyz$ aussehen wird, wir wählen $i = 0$. Damit ist klar, dass $uv^0 xy^0 z = uxz$ die Form $0^*1^*0^*1^*$ besitzen wird. Wir werden nun 3 Fälle unterscheiden.

1. *Fall*: Beide Pumpstellen liegen in der vorderen Hälfte von w. Dann hat uxz die Form $0^*1^*0^k 1^k$, wobei der erste Teil eine Länge kleiner $2k$ hat. Teilt man w in zwei gleich große Teile auf, dann endet der erste Teil mit einer 0 und der zweite mit einer 1. Es folgt, dass $uxz \notin L$.
2. *Fall*: Die Pumpstellen liegen in unterschiedlichen Hälften von w. Da $|vxy| \leq k$ hat uxz die Form $0^k 1^*0^*1^k$, wobei der Mittelteil eine Länge kleiner $2k$ hat. Damit hat w Länge kleiner $4k$. Wenn sich w als uu schreiben lassen würde, dann müsste u mit 0^k beginnen und mit 1^k enden. In diesem Fall hat w aber die Länge von mindestens $4k$, was zu einem Widerspruch führt. Somit ist $uxz \notin L$.
3. *Fall*: Beide Pumpstellen liegen in der hinteren Hälfte von w. Nun hat uxz die Form $0^k 1^k 0^*1^*$, wobei der letzte Teil eine Länge kleiner $2k$ hat. Teilt man w in zwei gleich große Teile auf, dann endet der erste Teil mit einer 1 und der zweite mit einer 0. Es folgt wiederum, dass $uxz \notin L$.

Wir sehen, dass, egal, wie zerteilt wurde, wir mit $i = 0$ immer aus der Sprache „hinauspumpen" können. Damit ist L_2 nicht kf-pumpbar und somit auch nicht kontextfrei.

Test 3.7 Benutzen Sie das kontextfreie Pumpinglemma, um zu zeigen, dass die Sprache $L_3 = \{a^i b^j c^k \mid 0 < i < j < k\}$ nicht kontextfrei ist.

3.6 Abschlusseigenschaften kontextfreier Sprachen

Wir wollen uns nun ansehen, unter welchen Operationen die kontextfreien Sprachen abgeschlossen sind. Wir beginnen mit einigen positiven Ergebnissen.

Satz 3.4 Die kontextfreien Sprachen sind unter Vereinigung und Konkatenation abgeschlossen.

Beweis. Seien L_1 und L_2 zwei kontextfreie Sprachen mit den dazugehörigen Grammatiken $G_1 = (V_1, \Sigma, P_1, S_1)$ für L_1 und $G_2 = (V_2, \Sigma, P_2, S_2)$ für L_2. Wir können annehmen, dass V_1 und V_2 disjunkt sind, andernfalls benennen wir die Variablen aus G_2 um.

Als Erstes zeigen wir den Abschluss unter Vereinigung. Wir konstruieren eine kontextfreie Grammatik $G_3 = (V_3, \Sigma, P_3, S')$, welche die Sprache $L_1 \cup L_2$ erzeugen soll. Das Startsymbol S' ist so gewählt, dass es nicht in $V_1 \cup V_2$ vorkommt. Als Variablenmenge wählen wir $V_3 := V_1 \cup V_2 \cup \{S'\}$. Die Kernidee bei der Konstruktion ist, dass wir sowohl die Ableitungen aus G_1 als auch die Ableitungen aus G_2 beibehalten wollen. Deshalb fügen wir als neue Regeln $S' \rightarrow S_1 \mid S_2$ ein und behalten ansonsten die Regelmenge $P_1 \cup P_2$ bei. Nun können wir alle Wörter ableiten, die entweder von S_1 oder von S_2 aus der jeweiligen Grammatik ableitbar waren. Andere Wörter können wir nicht ableiten, da wir immer $S' \rightarrow S_1 \mid S_2$ als eine erste Regel nutzen müssen, und von da an können wir nur die Wörter aus L_1 oder L_2 ableiten.

Die Abgeschlossenheit unter Konkatenation funktioniert ähnlich. Wir tauschen hier nur die Regeln $S' \rightarrow S_1 \mid S_2$ durch $S' \rightarrow S_1 S_2$ aus. Jedes Wort, das wir aus S' ableiten können, muss aus einem Anfangsteil bestehen, der aus S_1 ableitbar ist, und aus einem Rest, der aus S_2 ableitbar ist. Ferner finden wir für jedes Wort uv mit $S_1 \Rightarrow^* u$ und $S_2 \Rightarrow^* v$ eine Ableitung in der neuen Grammatik. Das heißt, dass wir eine kontextfreie Grammatik für $L_1 \circ L_2$ gefunden haben, und somit ist diese Sprache kontextfrei. ∎

Test 3.8 Zeigen Sie, dass die kontextfreien Sprachen unter Spiegelung abgeschlossen sind.

Wir sehen uns nun Operationen an, unter denen die kontextfreien Sprachen nicht abgeschlossen sind.

Satz 3.5 Die kontextfreien Sprachen sind nicht unter Schnitt abgeschlossen.

Beweis. Seien

$$L_{\mathsf{ab}} = \{\mathsf{a}^n \mathsf{b}^n \mathsf{c}^m \mid n, m \geq 0\} \text{ und}$$
$$L_{\mathsf{bc}} = \{\mathsf{a}^m \mathsf{b}^n \mathsf{c}^n \mid n, m \geq 0\}.$$

Sowohl L_{ab} als auch L_{bc} sind kontextfrei. Dies kann man zeigen, indem man für beide Sprachen eine kontextfreie Grammatik angibt. Im Falle von L_{ab} wäre dies zum Beispiel

$$S \rightarrow AC$$

$$A \rightarrow \mathrm{a}A\mathrm{b} \mid \varepsilon$$

$$C \rightarrow \mathrm{c}C \mid \varepsilon$$

und im Falle von L_{bc} können wir die Grammatik

$$S \rightarrow AB$$

$$A \rightarrow \mathrm{a}A \mid \varepsilon$$

$$B \rightarrow \mathrm{b}B\mathrm{c} \mid \varepsilon$$

wählen. Nun gilt jedoch

$$L_{ab} \cap L_{bc} = \{\mathrm{a}^n \mathrm{b}^n \mathrm{c}^n \mid n \geq 0\}.$$

Von dieser Sprache wissen wir aber bereits, dass sie nicht kontextfrei ist. Dies wurde im Beispiel 3.3 gezeigt. Somit sind die kontextfreien Sprachen also nicht unter Schnitt abgeschlossen.   ■

Satz 3.6 Die kontextfreien Sprachen sind nicht unter Komplementbildung abgeschlossen.

Beweis. Angenommen, die kontextfreien Sprachen wären unter Komplement abgeschlossen. Für zwei beliebige Sprachen $L_1, L_2 \in CFL$ gilt nun nach den de-morganschen Regeln, dass

$$L_1 \cap L_2 = \overline{\overline{L_1} \cup \overline{L_2}}.$$

Nach unserer Annahme und Satz 3.4 sind die kontextfreien Sprachen unter Vereinigung und Komplement abgeschlossen. Somit wäre auch $\overline{L_1} \cup \overline{L_2}$ und demnach auch $L_1 \cap L_2$ kontextfrei. Das würde aber bedeuten, dass die kontextfreien Sprachen unter Schnitt abgeschlossen wären. Nach Satz 3.5 ist das aber nicht der Fall. Deshalb erhalten wir einen Widerspruch zur Annahme, dass die kontextfreien Sprachen unter Komplementbildung abgeschlossen sind, und der Satz ist damit bewiesen.   ■

Das Lemma 3.5 besagt, dass, wenn wir zwei kontextfreie Sprachen schneiden, das Ergebnis nicht notwendigerweise kontextfrei ist. Anders sieht es aus, wenn man eine kontextfreie Sprache mit einer regulären Sprache schneidet.

Lemma 3.7 Eine kontextfreie Sprache geschnitten mit einer regulären Sprache ist kontextfrei.

Beweis. Seien $K = (Q_1, \Sigma, \Gamma, \delta_1, q_1, F_1)$ ein KA und $M = (Q_2, \Sigma, \delta_2, q_2, F_2)$ ein DEA. Analog zum ersten Beweis von Satz 2.3 können wir einen Produktautomaten (als KA) K' für K und M erzeugen, der $L(K) \cap L(M)$ akzeptiert. Die Zustandsmenge von K' ist $Q = Q_1 \times Q_2$ mit den akzeptierenden Zuständen $F_1 \times F_2$ und Startzustand (q_1, q_2). Für die Übergangsfunktion δ gilt für alle $a \in \Sigma$ und alle $x, y \in \Gamma \cup \{\varepsilon\}$:

$$\delta((q_1, q_2), a, x) = ((p_1, p_2), y) \iff \delta_1(q_1, a, x) = (p_1, y) \text{ und } \delta_2(q_2, a) = p_2 \quad \text{sowie}$$

$$\delta((q_1, q_2), \varepsilon, x) = ((p_1, q_2), y) \iff \delta_1(q_1, \varepsilon, x) = (p_1, y).$$

Offensichtlich korrespondiert nun jeder akzeptierende Lauf im Produkt(keller)automaten K' zu einem akzeptierenden Lauf in M und K. ∎

3.7 Deterministische Kellerautomaten

Der Kellerautomat ist ein nichtdeterministisches Berechnungsmodell. Vom Kellerautomaten gibt es aber auch eine deterministische Version, die wir nun vorstellen werden. Anders als bei den endlichen Automaten werden wir sehen, dass bei den Kellerautomaten das deterministische und das nichtdeterministische Modell nicht gleichmächtig sind.

Das Modell des Kellerautomaten enthält neben dem Nichtdeterminismus auch ε-Übergänge. Diese wollen wir in der deterministischen Version *nicht* verbieten. Das hat den Grund, dass ansonsten die Möglichkeiten des Modells sehr eingeschränkt werden. In diesem Fall könnten wir den Keller nur dann um ein Zeichen verändern, wenn wir ein Zeichen der Eingabe lesen. Es ist aber sinnvoll, auch größere Teile des Kellers zwischen dem Lesen von Zeichen der Eingabe zu verändern. Somit schränken wir das Kellerautomatenmodell nur in der Art ein, dass wir fordern, dass die Übergangsfunktion garantieren muss, dass es in einem Lauf eines Kellerautomaten nie zwei verschiedene mögliche Folgekonfigurationen geben darf. Dies bezieht sich auch auf ε-Übergänge, die nicht gleichzeitig zu anderen Übergängen möglich sein dürfen. Formal können wir das so beschreiben.

Definition 3.9 (deterministischer Kellerautomat (DKA)) Wir nennen einen Kellerautomaten $K = (Q, \Sigma, \Gamma, \delta, q_0, F)$ einen *deterministischen Kellerautomaten (DKA)*, wenn

1. für jedes Tripel $q \in Q, a \in \Sigma \cup \{\varepsilon\}$ und $x \in \Gamma \cup \{\varepsilon\}$ gilt $|\delta(q, a, x)| \leq 1$ und
2. für jedes Tripel aus $q \in Q, a \in \Sigma$ und $x \in \Gamma$ genau einer der Werte

$$\delta(q, a, x), \delta(q, \varepsilon, x), \delta(q, a, \varepsilon), \delta(q, \varepsilon, \varepsilon)$$

nicht $\emptyset$ ist.

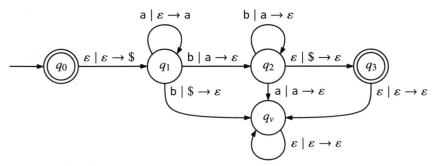

Abb. 3.17 Ein DKA für die Sprache $\{a^n b^n \mid n \geq 0\}$ mit dem Arbeitsalphabet $\{a, \$\}$

Die Sprache eines DKA ist wie bisher definiert (der DKA ist nur eine spezielle Form des KA). Das heißt also, wir akzeptieren ein Wort w genau dann, wenn es einen akzeptierenden w-Lauf im DKA gibt. Wir nennen alle Sprachen, die durch einen deterministischen Kellerautomaten erkannt werden können, **deterministisch kontextfrei**.

Ein Beispiel eines DKAs ist in Abb. 3.17 zu sehen. Der in diesem Beispiel dargestellte DKA erkennt die Sprache $\{a^n b^n \mid n \geq 0\}$. Wir sehen damit sofort, dass die deterministisch kontextfreien Sprachen auch nichtreguläre Sprachen enthalten. Natürlich ist aber jede reguläre Sprache deterministisch kontextfrei, da jeder DEA ein DKA ist, der keine Kellermanipulation ausführt.

Wir wollen uns nun noch einmal einigen Besonderheiten widmen, die sich aus der Definition 3.9 ergeben. Die zweite Eigenschaft besagt, dass es zu jeder Konfiguration höchstens einen möglichen Übergang gibt, und die erste Eigenschaft besagt, dass dieser Übergang zu einer eindeutigen Folgekonfiguration führt. Zur besseren Lesbarkeit schreiben wir in Zukunft $\delta(q, a, x) = (p, y)$ statt $\delta(q, a, x) = \{(p, y)\}$. Zu Konfigurationen mit nichtleerem Keller gibt es wegen der zweiten Eigenschaften immer einen möglichen Übergang, sofern die Eingabe noch nicht komplett gelesen wurde. Nur wenn der Keller leer ist, gibt es möglicherweise schon vorher keine Folgekonfiguration (im Fall $\delta(q, a, x) = \delta(q, a, \varepsilon) = \delta(q, \varepsilon, \varepsilon) = \emptyset, \delta(q, \varepsilon, x) \neq \emptyset$). In diesem Fall stoppt die Berechnung, und das Wort wird wie beim KA immer verworfen (egal, ob der aktuelle Zustand akzeptierend ist oder nicht). Im DKA aus Abb. 3.18 passiert dies beispielsweise für das Eingabewort xy.

Beachten Sie, dass nach dem Lesen des letzten Zeichens die Berechnung noch mit der Anwendung von ε-Übergängen weitergeführt werden kann (aber nicht muss). In diesem Sinne hat ein DKA (obwohl deterministisch) mitunter mehrere mögliche Läufe für eine Eingabe. Für Worte, die nicht akzeptiert werden, kann in einem DKA eine unendlich lange Folge von ε-Übergängen auch früher im Wort auftreten (der Lauf ist dann aber eindeutig). Wenn ein unendlich langer Lauf existiert, sprechen wir davon, dass der KA *zykelt*.

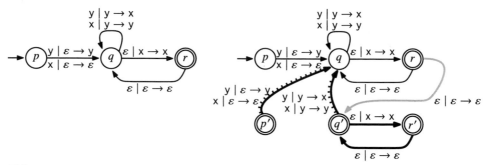

Abb. 3.18 Links ein DKA mit $\Sigma = \Gamma = \{x, y\}$. Rechts der entsprechende stabile DKA aus dem Beweis von Lemma 3.8

Diese Besonderheiten betrachten wir beispielhaft am DKA aus Abb. 3.18 (links):

- Für die Eingabeworte ε, x und yx^n, $n \geq 0$, stoppt die Berechnung verwerfend (in p beziehungsweise q), nachdem die Eingabe vollständig gelesen wurde.
- Für Eingabeworte, die mit x beginnen und mindestens zwei Zeichen enthalten, stoppt die Berechnung in q, da der Keller leer ist. Diese Worte werden also nicht vollständig gelesen und somit nicht akzeptiert.
- Für Eingabeworte der Form $yx^n y$, $n \geq 0$, gibt es jeweils unendlich viele Läufe, da nach dem Lesen eines solchen Wortes eine beliebig lange Abfolge der ε-Übergänge zwischen q und r ausgeführt werden kann. Da darunter akzeptierende Läufe sind, werden diese Worte akzeptiert.
- Schließlich bleiben Eingabewörter mit einem echten Präfix der Form $yx^n y$, $n \geq 0$. Für diese Wörter zykelt die Berechnung nach dem Lesen des Präfix, ohne die gesamte Eingabe zu lesen. Diese Wörter werden also nicht akzeptiert.

Wir haben zwei Situationen gesehen, in denen die Eingabe nicht vollständig gelesen wird. Obwohl dieses Verhalten nach Definition erlaubt ist, möchten wir es gerne ausschließen, da es folgende Überlegungen verkompliziert. Dafür überlegen wir uns nun, wie wir jeden DKA so umbauen können, dass beide Effekte nicht auftreten, die Sprache nicht verändert wird und jede Eingabe vollständig gelesen wird. Zuerst stellen wir eine etwas technische, aber später sehr hilfreiche Modifikation des DKA vor. Wir nennen eine Folge von aufeinanderfolgenden Konfigurationen im Lauf des DKA, in der kein Zeichen der Eingabe gelesen wird, eine **ε-Phase**. Eine ε-Phase kann also im Grenzfall nur aus einer Konfiguration bestehen. Erreichen wir in einer ε-Phase einen akzeptierenden Zustand, möchten wir die gesamte verbleibende ε-Phase in (ggf. neu eingeführten) akzeptierenden Zuständen verbringen. Sobald wir die ε-Phase verlassen, wechseln wir wieder in den Zustand, in welchem wir im unmodifizierten DKA gewesen wären. Diese Modifikation ändert die erkannte Sprache nicht, wird uns aber im Folgenden hilfreich sein. Einen DKA, der diese Eigenschaft hat, nennen wir einen **stabilen DKA**.

Lemma 3.8 Jeden DKA $K = (Q, \Sigma, \Gamma, \delta, q_0, F)$ können wir in einen stabilen DKA umwandeln, der die gleiche Sprache erkennt.

Beweis. Um K in einen stabilen DKA zu überführen, fügen wir für jeden Zustand p einen neuen akzeptierenden Zustand p' ein. Ein solcher gestrichener Zustand sagt uns, dass wir in der aktuellen ε-Phase bereits einen akzeptierenden Zustand besucht haben. Gibt es einen Übergang $\delta(q, \varepsilon, x) = (p, y)$ mit $q \in F$, dann ersetzen wir diesen durch $\delta(q, \varepsilon, x) = (p', y)$. Für jeden Übergang $\delta(p, \varepsilon, x) = (r, y)$ fügen wir $\delta(p', \varepsilon, x) = (r', y)$ ein, und für jeden Übergang $\delta(p, a, x) = (r, y)$ mit $a \in \Sigma$ (also $a \neq \varepsilon$) nehmen wir $\delta(p', a, x) = (r, y)$ auf.

Sobald wir im modifizierten Automaten in einer ε-Phase zum ersten Mal einen akzeptierenden Zustand q angenommen haben und wir noch nicht am Ende dieser Phase angekommen sind, gehen wir in einen neuen akzeptierenden Zustand p' über. In der verbleibenden ε-Phase ist man dann stets in den „gestrichenen Zuständen" und folgt dabei den ursprünglichen Übergängen. Am Ende der Phase, also sobald ein Zeichen der Eingabe gelesen wird, wechseln wir zurück in die ungestrichenen Zustände. Somit ist der modifizierte DKA ein stabiler DKA, der die gleiche Sprache wie K erkennt. ■

Die Konstruktion aus dem Beweis des Lemmas ist in Abb. 3.18 (rechts) an einem Beispiel ausgeführt. Für jeden Zustand wurde ein „gestrichener" Zustand eingefügt. Der grau-dick markierte Übergang führt von den ungestrichenen zu den gestrichenen Zuständen, die schwarz-dick markierten Übergänge entsprechen Übergängen in einer ε-Phase, und die gezinkt-dick markierten Übergänge führen (am Ende einer ε-Phase) von den gestrichenen zu den ungestrichenen Zuständen zurück.

Nun schauen wir uns an, wie wir immer die gesamte Eingabe lesen können.

Lemma 3.9 Wir können jeden DKA $K = (Q, \Sigma, \Gamma, \delta, q_0, F)$ in einen DKA umwandeln, welcher die gleiche Sprache erkennt und zudem alle Eingaben vollständig liest.

Beweis. Wie bereits diskutiert, folgt aus der Definition des DKA, dass wir nur das Leerlaufen des Kellers und das Zykeln ohne vollständiges Lesen der Eingabe ausschließen müssen. Aufgrund des Lemmas 3.8 gehen wir davon aus, dass K ein stabiler DKA ist.

Wir widmen uns als Erstes dem Verhalten bei leerem Keller. Um in den Berechnungen einen leeren Keller zu erkennen, fügen wir dem Arbeitsalphabet ein Sonderzeichen $\bot$ hinzu. Dieses Zeichen legen wir zu Beginn auf den Keller. Dafür bedarf es eines neuen Startzustands q_0', der mit einem Übergang $\delta(q_0', \varepsilon, \varepsilon) = (q_0, \bot)$ versehen ist. Für jeden Zustand $q \in Q$ fügen wir einen neuen verwerfenden Zustand q_v ein, und für jedes Tupel $q \in Q, a \in \Sigma$ mit $\delta(q, a, \varepsilon) = \delta(q, \varepsilon, \varepsilon) = \emptyset$ fügen wir einen Übergang $\delta(q, a, \bot) = (q_v, \bot)$ hinzu. Zudem fügen wir für jedes $q \in Q$ und jedes $a \in \Sigma$ den Übergang $\delta(q_v, a, \varepsilon) = (q_v, \varepsilon)$ ein. Wenn nun ein Lauf den Zustand q erreicht und die Berechnung in K stoppen würde, bevor die gesamte Eingabe gelesen wurde, so liegt im modifizierten Automaten nur das $\bot$-Symbol auf dem Keller, und der DKA geht in den verwerfenden Zustand q_v über. Der modifizierte DKA verbleibt in diesem Zustand und liest hier die übrige Eingabe. Er wird die Eingabe also vollständig lesen und nicht akzeptieren.

Als zweiten Teil des Beweises sehen wir uns an, wie wir das vorzeitige Zykeln vermeiden können. Angenommen, K würde auf einer Eingabe w zykeln. Wenn die Eingabe in K nicht vollständig gelesen wird, müssen wir K so umkonstruieren, dass die Eingabe w verworfen wird, nachdem die Eingabe zu Ende gelesen wurde. Wenn die Eingabe in K vollständig gelesen wird, dürfen wir aber weiterhin nur dann verwerfen, wenn alle Zustände, die nach dem Lesen der Eingabe besucht werden, nicht akzeptierend sind.

Ein Zyklus entspricht einer unendlich langen ε-Phase. Wir benennen die Konfigurationen in dieser Phase $K_0, K_1, \ldots$, wobei K_i den Kellerinhalt s_i besitzt. Wir zeigen nun, dass es eine unendlich lange Folge von Indizes $i_0 < i_1 < \cdots$ gibt, sodass für alle $k \geq 0$ und alle $i \geq i_k$ gilt:

$$|s_{i_k}| \leq |s_i|. \tag{3.2}$$

Das heißt, ab Zeitpunkt i_k stehen nie weniger als $|s_{i_k}|$ Elemente auf dem Keller. Alle Symbole unter dem Top-Symbol werden demnach nicht mehr verändert. Eine solche Sequenz können wir iterativ finden. Wir wählen i_0 so, dass $|s_{i_0}| = \min\{|s_i| \mid i \geq 0\}$. Die weiteren Indizes bestimmen wir in aufsteigender Reihenfolge. Für i_k kommen alle Werte ab $i_{k-1} + 1$ infrage. Von jenen wählen wir als i_k einen Zeitpunkt mit einer kleinsten Kellerbelegung aus, es gilt dann $|s_{i_k}| = \min\{|s_i| \mid i \geq i_{k-1} + 1\}$. Abb. 3.19 veranschaulicht dieses Prinzip.

Innerhalb der Sequenz $i_0, i_1, \ldots$ wählen wir eine unendliche Teilsequenz $j_0 < j_1 < \cdots$, sodass wir jedes Mal den gleichen Übergang (sagen wir $\delta(q, \varepsilon, x) = (p, y)$) beim Zeitpunkt j_k ausführen. Da wir nur endlich viele verschiedene Übergänge haben, aber $i_0, i_1, \ldots$ unendlich ist, muss es so eine Teilsequenz geben. Zu keinem der Zeitpunkte j_k lesen wir später unterhalb des aktuellen Top-Symbols. Deshalb ist der Kellerinhalt unterhalb des Top-Symbols für den weiteren Lauf des Kellerautomaten irrelevant.

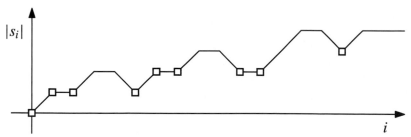

Abb. 3.19 Finden einer Folge von Zeitpunkten mit schwach monoton steigenden Kellerbelegungen, wie im Lemma 3.9 diskutiert. Die Quadrate beschreiben die Folge $i_0 < i_1 < \cdots$

Wir werden also in jedem beliebigen Lauf, in dem wir den Übergang $\delta(q, \varepsilon, x)$ ausführen, zykeln (egal, was der übrige Kellerinhalt ist und egal, was die Eingabe ist, wir sind ja in einer ε-Phase). Wir betrachten nun die Menge P derjenigen Paare $(q, x) \in Q \times (\Gamma \cup \{\varepsilon\})$, welche am Anfang einer endlosen ε-Phase stehen, in der nicht unterhalb des ersten Top-Symbols gearbeitet wird, und die unendlich oft als Teil einer Konfiguration dieser Phase auftreten. Wir wollen an dieser Stelle nicht ausführen, wie man P konstruktiv bestimmt. Für den Beweis genügt es, dass jede endlose ε-Phase solche Konfigurationen erreicht (wie wir gerade gezeigt haben). Einen (rekursiven) Algorithmus zur Bestimmung von P zu finden, ist nicht schwierig, aber doch recht technisch zu beschreiben. Für jedes $(q, x) \in P$ mit $q \notin F$ können wir direkt nach q_v (aus dem ersten Teil des Beweises) wechseln und damit vollständig lesen und verwerfen. Wir verändern somit die Übergangsfunktion so, dass $\delta(q, \varepsilon, x) = (q_v, x)$. Dies ist korrekt, da die entsprechende ε-Phase komplett verwerfende Zustände enthält. Würde in der Phase ein akzeptierender Zustand auftreten, wären alle folgenden Zustände (und damit auch q, der ja immer wieder folgt) auch akzeptierend, denn K ist stabil. Wichtig ist hier auch, dass diese ε-Phase immer eintritt (unabhängig von der Eingabe und unabhängig vom restlichen Keller), wenn Zustand q bei Top-Symbol x erreicht wird. Das heißt, für alle Eingaben bleibt das Verhalten korrekt. Gilt für ein Paar $(q, x) \in P$ hingegen $q \in F$, dann müssen alle darauf folgenden Zustände aus der ε-Phase auch akzeptierend sein. Hier sollten wir also akzeptieren, wenn wir am Ende der Eingabe sind, ansonsten aber verwerfen. Dies können wir realisieren, indem wir $\delta(q, \varepsilon, x) = (q_a, x)$ setzen, wobei q_a ein neuer akzeptierender Zustand ist. Für alle Zeichen $a \in \Sigma$ wechseln wir mit $\delta(q_a, a, x) = (q_v, x)$ nach q_v, ohne den Keller zu verändern. Somit wird die Eingabe im modifizierten DKA verworfen (und vollständig gelesen), wenn diese in K noch nicht fertig gelesen wurde. Wir sehen, dass im modifizierten Automaten keine endlosen ε-Phasen mehr auftreten. ∎

Wir haben nun relativ viel Arbeit auf uns genommen, um einen DKA in eine uns gut passende Form zu bringen. Nun wollen wir dies nutzen, um ein Ergebnis zu beweisen.

Satz 3.7 Die deterministisch kontextfreien Sprachen sind unter Komplement abgeschlossen.

Beweis. Sei L eine deterministisch kontextfreie Sprache und $K = (Q, \Sigma, \Gamma, \delta, q_0, F)$ ein stabiler DKA, der seine komplette Eingabe liest, der nicht zykelt und der L erkennt. Wir wollen einen DKA $\overline{K} = (Q', \Sigma, \Gamma, \delta', q_0', F')$ zu $\overline{L}$ konstruieren. Die Grundidee ist es, einfach die akzeptierenden und verwerfenden Zustände auszutauschen. Alle Läufe, die in einem akzeptierenden Zustand enden, werden dann in einem verwerfenden Zustand enden und umgekehrt. Hier ist wichtig, dass der DKA K die komplette Eingabe liest und nicht in Gefahr läuft, dass es endlose Läufe oder Zugriffe auf den leeren Keller gibt.

Leider haben wir ein Problem übersehen, welches wir noch aus der Welt schaffen müssen. Es kann sein, dass wir in der letzten ε-Phase (also nach dem Lesen des letzten

Zeichens) zunächst in einem verwerfenden Zustand sind und dann in einen akzeptierenden wechseln. Das Zurückwechseln ist zwar in einem stabilen DKA nicht möglich, aber es könnten trotzdem sowohl akzeptierende als auch verwerfende Läufe für eine Eingabe existieren. In diesem Fall würden wir die Eingabe akzeptieren (es gibt ja einen akzeptierenden Lauf), allerdings würden wir auch nach dem Vertauschen der akzeptierenden Zustände die Eingabe in $\bar{K}$ akzeptieren.

Im Folgenden nennen wir eine ε-Phase akzeptierend, wenn sie einen akzeptierenden Zustand enthält, ansonsten nennen wir die ε-Phase verwerfend. Zur Erinnerung weisen wir darauf hin, dass eine ε-Phase im Grenzfall nur aus einer Konfiguration besteht. Insbesondere ist jede Konfiguration Teil einer ε-Phase. Um unser Problem zu lösen, wollen wir mit $\bar{K}$ genau dann in einen akzeptierenden Zustand wechseln, wenn wir am Ende einer verwerfenden ε-Phase in K sind. Erkennen wir hingegen, dass wir in K in einer akzeptierenden ε-Phase sind, werden wir in $\bar{K}$ in dieser ε-Phase nie akzeptieren.

Wir erklären nun, wie wir $\bar{K}$ aus K erstellen. Zunächst übernehmen wir in $\bar{K}$ alle Zustände aus K, keiner dieser Zustände wird jedoch in $\bar{K}$ akzeptieren. Um jedoch auf die Zustände, die in K akzeptierend waren, Bezug nehmen zu können, nennen wir diese Zustände *pseudoakzeptierend*.

Die Übergänge aus K übernehmen wir zunächst für $\bar{K}$, wir werden diese aber noch verändern und erweitern, da noch neue Zustände dazukommen. Konkret möchten wir das Ende der (in K) verwerfenden ε-Phasen verändern. Dazu betrachten wir Konfigurationen, aus denen man nur durch das Lesen eines Zeichens „herauskommt". Liegt in einer solchen Konfiguration ein pseudoakzeptierender Zustand vor, müssen wir in $\bar{K}$ nun verwerfen. Wir wechseln hier die ε-Phase, ohne ein Akzeptieren zu ermöglichen, indem wir keine Modifikation bei den Übergängen vornehmen.

Sind wir hingegen am Ende der ε-Phase in keinem pseudoakzeptierenden Zustand, dann müssen wir in $\bar{K}$ akzeptieren. Dazu gehen wir in einen neuen akzeptierenden Zwischenzustand über, ohne ein Zeichen der Eingabe zu lesen. Dieser Zwischenzustand $\hat{q}$ sagt uns, dass wir vorher im Zustand q waren und die Berechnung nur durch Lesen eines Zeichens der Eingabe hätten fortsetzen können. Falls noch ungelesene Zeichen der Eingabe vorhanden sind, lesen wir das nächste Zeichen dann durch einen passenden Übergang von $\hat{q}$ aus. Es wird aber nicht möglich sein, $\hat{q}$ zu verlassen, ohne ein Zeichen der Eingabe zu lesen.

Um den Determinismus zu erhalten, müssen wir bei der Definition der Übergänge durch δ' zwei Fälle unterscheiden. Jeden Übergang $\delta(q, a, x) = (p, y)$ mit $q \in Q \setminus F$, $p \in Q$, $a \in \Sigma$ und $x, y \in \Gamma \cup \{\varepsilon\}$ ersetzen wir in $\bar{K}$ durch die Übergänge

$$\delta'(q, \varepsilon, \varepsilon) = (\hat{q}, \varepsilon) \text{ und } \delta'(\hat{q}, a, x) = (p, y), \quad \text{falls es ein } b \in \Sigma \text{ mit } \delta(q, b, \varepsilon) \neq \emptyset \text{ gibt,}$$

$$\delta'(q, \varepsilon, x) = (\hat{q}, x) \text{ und } \delta'(\hat{q}, a, x) = (p, y), \quad \text{wenn es kein solches } b \text{ gibt.}$$

Abb. 3.20 zeigt die Umformung (aus dem zweiten Fall) an einem Beispiel.

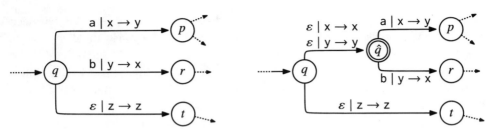

Abb. 3.20 Für einen nichtpseudoakzeptierenden Zustand q werden die lesenden Übergänge über einen neuen, akzeptierenden Zwischenzustand $\hat{q}$ geführt. Um die Lesbarkeit zu erhöhen, sind einige Übergänge (z. B. in den Müllzustand) nicht dargestellt

Wir überlegen uns nun, warum kein Nichtdeterminismus entstehen kann. Im ersten Fall gibt es ein $b \in \Sigma$ mit $\delta(q, b, \varepsilon) \neq \emptyset$, und da K ein DKA war, darf es dann für kein $x \in \Gamma$ ein $\delta(q, \varepsilon, x) \neq \emptyset$ geben. Somit können wir gefahrlos einen Übergang $\delta'(q, \varepsilon, \varepsilon) \neq \emptyset$ verwenden. Im zweiten Fall dürfen wir keinen Übergang $\delta'(q, \varepsilon, \varepsilon) \neq \emptyset$ verwenden, denn dies würde zum Beispiel für die Situation aus Abb. 3.20 zum Nichtdeterminismus führen. Hier können wir aber Übergänge der Form $\delta'(q, \varepsilon, x) \neq \emptyset$ verwenden, da es nun keinen Übergang $\delta(q, b, \varepsilon) \neq \emptyset$ (für alle $b \in \Sigma$) geben darf.

In beiden Fällen lassen wir fehlende Übergänge, die entsprechend Punkt 2 aus Definition 3.9 in den „Zwischenzuständen" auftreten können, in einen verwerfenden Müllzustand führen. Die einzigen akzeptierenden Zustände in $\bar{K}$ sind somit die Zustände $\{\hat{q} \mid q \in Q \setminus F\}$. Als Startzustand wählen wir $q_0' = q_0$. Abb. 3.21 stellt die Konsequenzen aus der Umformung schematisch dar.

Wir weisen darauf hin, dass somit der letzte Zustand einer maximalen ε-Phase in $\bar{K}$ entweder akzeptierend oder pseudoakzeptierend ist. Wir rekapitulieren nun noch einmal unsere Konstruktion. Wenn $w \in L(\bar{K})$, dann endete ein w-Lauf in $\bar{K}$, in einem akzeptierenden Zustand. Daraus folgt, dass in der letzten ε-Phase kein pseudoakzeptierender Zustand enthalten ist und deshalb kein w-Lauf in $\bar{K}$ in einem solchen endete. Alle w-Läufe in K endeten also in einer verwerfenden ε-Phase und $w \notin L$ folgt. Wenn $w \notin L(\bar{K})$, dann gibt es keinen akzeptierenden Zustand in der letzten ε-Phase in $\bar{K}$. In der ε-Phase von $\bar{K}$ muss in diesem Fall ein pseudoakzeptierender Zustand am Ende stehen. Somit gab es einen akzeptierenden w-Lauf in K und $w \in L$ folgt. Wir sehen, dass $L(\bar{K}) = \bar{L}$. ∎

Korollar 3.2 Die deterministischen kontextfreien Sprachen sind eine echte Teilmenge der kontextfreien Sprachen.

Beweis. Da die kontextfreien Sprachen nach Satz 3.6 nicht unter Komplement abgeschlossen sind, die deterministischen Sprachen hingegen schon, können beide Sprachklassen nicht identisch sein. Die Teilmengenbeziehung folgt direkt aus der Definition, da jeder DKA ein KA ist. ∎

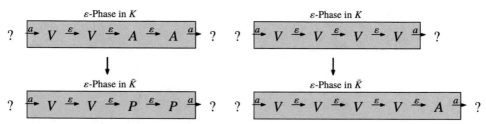

Abb. 3.21 Modifikation der ε-Phasen. Links eine akzeptierende ε-Phase in K, rechts eine verwerfende ε-Phase in K. A ist Konfiguration mit akzeptierendem Zustand, V ist Konfiguration mit verwerfendem Zustand, und P ist Konfiguration mit pseudoakzeptierendem Zustand (also auch verwerfend)

Zum Abschluss dieses Abschnitts geben wir noch eine konkrete Sprache an, die kontextfrei, aber nicht deterministisch kontextfrei ist. Dies ist die Sprache

$$L_{kf} = \{a^i b^j c^k \mid i \neq j \text{ oder } j \neq k\}.$$

Diese Sprache ist kontextfrei, da sie durch folgende kontextfreie Grammatik erzeugt werden kann:

$$S \rightarrow FC \mid AL$$
$$F \rightarrow aFb \mid Aa \mid Bb$$
$$L \rightarrow bLc \mid Bb \mid Cc$$
$$A \rightarrow Aa \mid \varepsilon$$
$$B \rightarrow Bb \mid \varepsilon$$
$$C \rightarrow Cc \mid \varepsilon$$

Um zu zeigen, dass L_{kf} nicht deterministisch kontextfrei ist, hilft uns Lemma 3.7, welches besagt, dass eine kontextfreie Sprache geschnitten mit einer regulären Sprache immer kontextfrei ist. Angenommen, L_{kf} wäre deterministisch kontextfrei. Dann wäre auch

$$\overline{L_{kf}} = \{a^n b^n c^n \mid n \geq 0\} \cup (\{a, b, c\}^* \setminus L(a^* b^* c^*))$$

deterministisch kontextfrei und somit kontextfrei. Das würde nach Lemma 3.7 aber dann bedeuten, dass $\overline{L_{kf}} \cap L(a^* b^* c^*) = \{a^n b^n c^n \mid n \geq 0\}$ kontextfrei ist. Damit erhalten wir einen Widerspruch, denn bekanntlich ist $\{a^n b^n c^n \mid n \geq 0\}$ nicht kontextfrei.

3.8   Der Satz von Chomsky-Schützenberger

In diesem Abschnitt werden wir zeigen, dass es eine sehr natürliche Sprachfamilie gibt, aus der man mit sehr einfachen Umformungen jede kontextfreie Sprache erzeugen kann.

Wir stellen zunächst die Sprachen vor, die der Ausgangspunkt unserer Überlegungen sind. Sei k eine positive natürliche Zahl. Wir nehmen an, dass wir in unserem Alphabet k unterschiedliche Klammersymbole haben. Jedes Klammersymbol gibt es dabei in Form einer öffnenden und schließenden Klammer. Für $k = 2$ können wir also $\{(,),[,]\}$ als Alphabet benutzen. Da wir aber auch mit höheren Werten von k arbeiten wollen, schreiben wir den Typ der Klammer als Zahl klein unter die (eckige) Klammer. Im Fall $k = 2$ könnten wir dann

$$(:= [_1 \qquad) :=]_1 \qquad [:= [_2 \qquad] :=]_2$$

setzen. Wir nennen ein Wort ein **korrekt geklammertes** Wort, wenn es folgender rekursiver Definition entspricht:

1. ε ist korrekt geklammert.
2. Wenn u korrekt geklammert, dann ist auch für alle $i \leq k$ das Wort $[_i u]_i$ korrekt geklammert.
3. Wenn u, v korrekt geklammert, dann ist auch das Wort uv korrekt geklammert.

Die formale Definition beschreibt damit genau das, was wir auch intuitiv unter einem korrekt geklammerten Wort verstehen. So ist zum Beispiel $[[][]]_{122111}$ korrekt geklammert, aber $[[][]]_{1211211}$ nicht.

Definition 3.10 (Dyck-Sprache) Die k-te Dyck-Sprache ist die Sprache D_k über dem Alphabet $\bigcup_{i \leq k}\{[_i,]_i\}$, welche alle korrekt geklammerten Worte enthält.

Die Dyck-Sprachen sind kontextfrei. Eine kontextfreie Grammatik kann man leicht aus der rekursiven Definition ableiten (siehe dazu Beispiel 3.2 für die Sprache D_1).

Als Nächstes stellen wir die Operationen vor, die wir für die Formulierung des folgenden Satzes benötigen. Eine der Operationen ist der „Schnitt" zweier Mengen, welchen wir schon häufig benutzt haben. Die zweite Operation ist die homomorphe Abbildung. Wir nennen eine Funktion $h: \Sigma_1^* \to \Sigma_2^*$ **homomorphe Abbildung**, wenn für alle Wörter $u, v \in \Sigma_1^*$ gilt, dass $h(u \circ v) = h(u) \circ h(v)$. Mit einer homomorphen Abbildung können wir zum Beispiel die Zeichen des Alphabets umbenennen. Es sollte klar sein, dass nicht alle Funktionen homomorph sind. Zum Beispiel kann keine Funktion mit $h(\varepsilon) \neq \varepsilon$ homomorph sein. Für eine Menge $X \subseteq \Sigma_1^*$ ist $h(X) := \{h(x) \mid x \in X\}$.

Nun haben wir alle Begriffe eingeführt, um den Satz von Chomsky-Schützenberger zu formulieren.

Satz 3.8 (Satz von Chomsky-Schützenberger) Für jede kontextfreie Sprache L gibt es eine reguläre Sprache R, eine homomorphe Abbildung h und eine Zahl k, sodass

$$L = h(D_k \cap R).$$

Beweis. Sei $G = (V, \Sigma, P, S)$ eine kontextfreie Grammatik für L in Chomsky-Normalform. Wir nummerieren die $k = |P|$ Regeln in P in einer beliebigen Reihenfolge durch. Wir leiten aus G eine Grammatik $G' = (V, \Sigma_k, P', S)$ ab, wobei $\Sigma_k = \{[_i,]_i, (_i,)_i \mid i \le k\}$. Wie wir sehen, nutzen wir zwei Klammertypen mit jeweils einer Nummer. Natürlich könnten wir auch nur einen Klammertyp benutzen und dann den Wertebereich der Indizes verdoppeln. Die gewählte Darstellung mit zwei Typen macht den Beweis aber verständlicher. Die Sprache der korrekt geklammerten Ausdrücke über Σ_k sei D'_k. Die Regeln in P' definieren sich wie folgt:

1. Wenn $A \to BC$ die i-te Regel aus P, dann enthält P' die Regel $A \to [_i B]_i (_i C)_i$.
2. Wenn $A \to a$ die i-te Regel aus P, dann enthält P' die Regel $A \to [_i]_i (_i)_i$.
3. Wenn $S \to \varepsilon$ die i-te Regel aus P, dann enthält P' die Regel $S \to [_i]_i (_i)_i$.

Die grobe Idee hinter der Grammatik G' ist, dass sie die Ableitungsbäume, die hinter den Worten aus $L(G)$ stehen, durch die Klammern codiert.

Jedes Wort aus $L(G')$ ist korrekt geklammert, aber nicht jedes korrekt geklammerte Wort über Σ_k ist aus $L(G')$. Die folgenden $4 + |V|$ Einschränkungen treten bei Wörtern auf, die man aus den Regeln P ableiten kann.

(E1) Für jedes i folgt auf jedes $]_i$ direkt ein $(_i$.

(E2) Für jedes i folgt auf jedes $)_i$ niemals direkt eine öffnende Klammer.

(E3) Wenn in P die i-te Regel $A \to BC$ ist, dann folgt auf jeden $[_i$ direkt eine Klammer $[_j$, wobei Regel Nummer j in P die linke Seite B hat, und auf jeden $(_i$ folgt eine Klammer $[_k$, wobei Regel Nummer k in P die linke Seite C hat.

(E4) Wenn in P die i-te Regel $A \to a$ ist, dann folgt auf jeden $[_i$ direkt ein $]_i$ und auf jeden $(_i$ ein $)_i$.

Zusätzlich muss für alle Wörter w mit $A \Rightarrow^* w$ folgende Regel gelten:

(E-A) Das Wort w beginnt mit $[_i$, wobei die linke Seite der Regel i in P ein A ist.

Jede dieser aufgelisteten Bedingungen kann leicht durch einen regulären Ausdruck beschrieben werden. Aus diesem Grund ist dann auch

$$R_A := \{w \in \Sigma_k^* \mid w \text{ erfüllt (E1)–(E4) sowie (E-}A)\}$$

eine reguläre Sprache für jedes $A \in V$.

Jedes Wort, welches man aus A in G' ableiten kann, ist offensichtlich aus der Menge $D_k' \cap R_A$. Wir wollen aber auch die umgekehrte Richtung zeigen: Für alle $A \in V$ gilt, dass man jedes Wort w aus $D_k' \cap R_A$ in G' aus A ableiten kann. Dafür nutzen wir Induktion über die Länge von w. Die kürzesten Wörter aus $D_k' \cap R_A$ haben die Form $[_i]_i (_i)_i$, wobei die Regel i in G die Form $A \to a$ hat (im Falle $A = S$ ist auch $S \to \varepsilon$ möglich). Dieses Wort kann man offensichtlich in G' aus A ableiten.

Nun müssen wir den Induktionsschritt durchführen. Aus den Einschränkungen folgt, dass jedes $w \in D_k' \cap R_A$ die Form $[_i u]_i (_i v)_i$ haben muss, wobei $u, v \in \Sigma_k^*$ und die i-te Regel in G auf der linken Seite ein A stehen hat.

- Falls Regel i in P die Form $A \to BC$ hat, dann gilt nach (E3), dass u (E-B) und v (E-C) erfüllt. Beide Wörter müssen ebenso (E1)–(E4) erfüllen. Damit ist $u \in D_k' \cap R_B$ und $v \in D_k' \cap R_C$. Nach Induktionsvoraussetzung gilt $B \Rightarrow^* u$ und $C \Rightarrow^* v$ (in G'). Somit können wir also $[_i u]_i (_i v)_i$ zu w ableiten. Da P' aber $A \to [_i B]_i (_i C)_i$ enthält, gilt auch $A \Rightarrow^* w$ in G'.
- Falls Regel i in P die Form $A \to a$ hat, dann gilt nach (E4), dass $u = v = \varepsilon$. Dieser Fall ist bereits durch den Induktionsanfang abgedeckt worden.

Aus dem eingeschobenen Induktionsbeweis folgt, dass $L(G') = D_k' \cap R_S$. Sei $w' \in L(G')$ und w das Wort aus $L(G)$, welches mit den korrespondierenden Regeln gebildet wurde. Wenn wir uns an den Regelmodifikationen orientieren, die uns G' aus G erzeugten, können wir leicht eine homomorphe Abbildung h angeben, sodass $h(w') = w$. Dazu setzen wir

$$h([_i) = h(]_i) = h((_i) = h()_i) = \varepsilon, \qquad \text{falls Regel } i \text{ Form } A \to BC,$$

$$h([_i) = a \text{ und } h(]_i) = h((_i) = h()_i) = \varepsilon, \qquad \text{falls Regel } i \text{ Form } A \to a,$$

$$h([_i) = h(]_i) = h((_i) = h()_i) = \varepsilon, \qquad \text{falls Regel } i \text{ Form } S \to \varepsilon,$$

$$h(\varepsilon) = \varepsilon.$$

Somit ist nun $L(G) = h(D'_k \cap R_S)$. Wie bereits erwähnt, können wir D'_k auch als D_{2p} auffassen, woraus die Aussage des Satzes folgt.   ∎

3.9   Bibliografische Anmerkungen

Die Ursprünge des Modells Kellerautomat gehen auf Schützenberger [1] und Oettinger [2] zurück. Kontextfreie Grammatiken hat man bereits zuvor eingeführt. Eine erste Erwähnung findet sich 1956 bei Chomsky [3]. Die Äquivalenz zwischen Kellerautomat und kontextfreien Grammatiken wurde in den Arbeiten von Chomsky [4], Schützenberger [1] und Evey [5] beschrieben. Chomsky war es auch, der die Chomsky-Normalform einführte [6].

Der CYK-Algorithmus wurde nach Angabe von Hopcroft und Ullman von Cocke entdeckt [7], unabhängig davon findet er sich aber auch bei Younger [8] und Kasami [9]. Das kontextfreie Pumpinglemma findet sich bei Bar-Hillel, Perles und Shamir [10].

Die deterministischen Kellerautomaten wurden zuerst von Fischer [11] und Schützenberger [1] vorgestellt. Letzterer erkannte auch, dass man jeden DKA so umformen kann, dass er seine gesamte Eingabe liest. Die Abgeschlossenheit der deterministisch kontextfreien Sprachen unter Komplement findet sich unter anderem bei Ginsburg und Greibach [12], wurde aber auch von anderen erkannt. Der Satz von Chomsky und Schützenberger stammt aus einer Arbeit der beiden Namensgeber [13].

3.10   Lösungsvorschläge der Selbsttestaufgaben zum Kapitel 3

Lösungsvorschlag zum Selbsttest 3.1

Das Zustandsdiagramm des Kellerautomaten für L_3 ist Abb. 3.22 angegeben. Zuerst wird das Ende des Kellers mit $ markiert. Für jede gelesene 1 legen wir entweder eine 1 auf den Keller oder, falls das Top-Symbol 0 ist, löschen wir es. Ebenso verfahren wir bei einer 0: Entweder wird eine 0 auf den Keller gelegt, oder das Top-Symbol wird gelöscht, falls es 1 war. Damit wird in jedem Schritt entweder ein Zeichen auf den Keller gelegt oder eines gelöscht. Gelöscht werden kann aber nur, wenn entweder 1 gelesen wird und 0 Top-Symbol ist oder umgekehrt. Damit kann der Endzustand q_2 nur erreicht werden, wenn das Wort gleich viele 1en wie 0en enthält. Auf der anderen Seite gibt es für jedes Wort der Sprache auch einen akzeptierenden Lauf. Man erhält ihn, indem man immer die Möglichkeit des Zustandsübergangs auswählt, die den Keller möglichst klein hält. Damit markiert der Keller immer die Differenz der bisher gelesenen 0en und 1en. Zudem besteht der Kellerinhalt entweder aus 0en oder 1en. Gibt es zum Beispiel im bislang gelesenen Wort k 0en mehr als 1en, dann ist der Kellerinhalt 0^k.

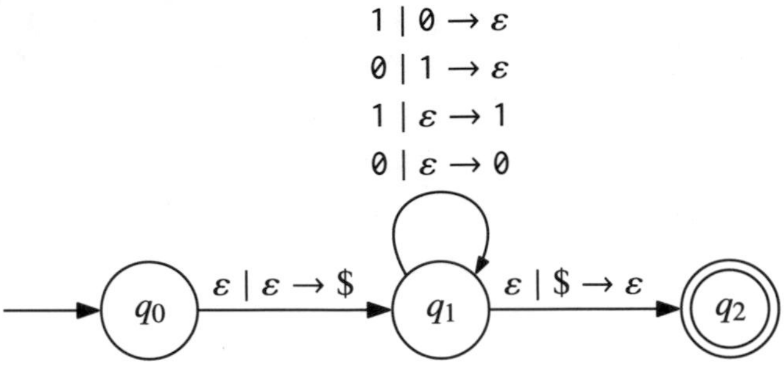

$$1 \mid 0 \rightarrow \varepsilon$$
$$0 \mid 1 \rightarrow \varepsilon$$
$$1 \mid \varepsilon \rightarrow 1$$
$$0 \mid \varepsilon \rightarrow 0$$

Abb. 3.22 Ein Kellerautomat für die Sprache L_3

Lösungsvorschlag zum Selbsttest 3.2

Wir sehen uns zuerst an, welche Wörter wir aus den Variablen A und B ableiten können. A können wir beliebig häufig durch aAbb ersetzen, bis wir A durch ε ersetzen. Das heißt also, dass $A \Rightarrow^* a^k b^{2k}$ für alle $k \geq 0$. Für B gilt, dass wir es beliebig oft durch bb$B$a ersetzen können, bis wir einmal B durch b ersetzen. Also, $B \Rightarrow^* b^{2l+1} a^l$ für alle $l \geq 0$. Das Startsymbol S kann nur durch aAbbb$B$a ersetzt werden. Nun ist es einfach, die Struktur der Wörter aus der Sprache zu erkennen. Wir erhalten

$$L = \{a^x b^{2(x+y)} a^y \mid x, y \geq 1\}.$$

Lösungsvorschlag zum Selbsttest 3.3

Für das Wort abab gibt es zwei unterschiedliche Linksableitungen. Zum einen gilt

$$S \Rightarrow aXb \Rightarrow abab,$$

zum anderen

$$S \Rightarrow Sab \Rightarrow Xab \Rightarrow abab.$$

Damit ist G_5 mehrdeutig.

Man kann die Grammatik G_5 vereinfachen, indem man die möglichen Ableitungen für das Symbol X in den rechten Seiten (die X enthalten) einsetzt. Dadurch erhält man

$$S \rightarrow aabb \mid abab \mid Sab \mid ab \mid ba.$$

Dies kann man nun noch etwas weiter vereinfachen als

$$S \rightarrow aabb \mid ba \mid Sab \mid ab.$$

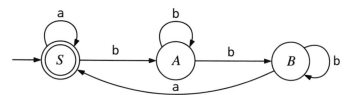

Abb. 3.23 Lösung von Selbsttest 3.4 als Zustandsdiagramm

Es existiert in dieser Form nur eine Regel ($S \rightarrow S$ab) mit einer Variablen auf der rechten Seite. Deshalb gibt es in allen Teilableitungen nur eine Variable. Eine kurze Überprüfung zeigt, dass alle Linksableitungen ein unterschiedliches Wort ableiten. Somit ist die Grammatik nicht mehrdeutig.

Lösungsvorschlag zum Selbsttest 3.4

Ein äquivalenter NEA für die angegebene Grammatik lässt sich leicht mit der im Buch vorgestellten Methode konstruieren. Das Ergebnis ist in Abb. 3.23 zu sehen.

Lösungsvorschlag zum Selbsttest 3.5

Als Erstes ersetzen wir alle S durch S' und fügen die Regel $S \rightarrow S'$ ein. Dies ergibt folgende Grammatik:

$$S \rightarrow S'$$
$$S' \rightarrow aS'a \mid AC$$
$$A \rightarrow ba \mid B \mid C \mid \varepsilon$$
$$B \rightarrow BB \mid BA$$
$$C \rightarrow B \mid a$$

Nun werden wir alle Regeln der Form $X \rightarrow \varepsilon$ eliminieren. Wir erhalten:

$$S \rightarrow S'$$
$$S' \rightarrow aS'a \mid AC \mid C$$
$$A \rightarrow ba \mid B \mid C$$
$$B \rightarrow BB \mid BA$$
$$C \rightarrow B \mid a$$

Wir eliminieren nacheinander $C \to B$, $A \to B$, $A \to C$, $S' \to C$ und $S \to S'$ und erhalten:

$$S \to \mathrm{a}S'\mathrm{a} \mid AC \mid BB \mid BA \mid \mathrm{a}$$
$$S' \to \mathrm{a}S'\mathrm{a} \mid AC \mid BB \mid BA \mid \mathrm{a}$$
$$A \to \mathrm{ba} \mid BB \mid BA \mid \mathrm{a}$$
$$B \to BB \mid BA$$
$$C \to BB \mid BA \mid \mathrm{a}$$

Nun kürzen wir die Regeln mit zu langer rechter Seite:

$$S \to \mathrm{a}X_1 \mid AC \mid BB \mid BA \mid \mathrm{a}$$
$$S' \to \mathrm{a}X_1 \mid AC \mid BB \mid BA \mid \mathrm{a}$$
$$A \to \mathrm{ba} \mid BB \mid BA \mid \mathrm{a}$$
$$B \to BB \mid BA$$
$$C \to BB \mid BA \mid \mathrm{a}$$
$$X_1 \to S'\mathrm{a}$$

Zuletzt erstellen wir die Regeln $V_\mathrm{a} \to \mathrm{a}$ und $V_\mathrm{b} \to \mathrm{b}$ und ersetzen die Stellen, an denen kein Terminalsymbol stehen darf. Die Grammatik in Chomsky-Normalform ist also:

$$S \to V_\mathrm{a}X_1 \mid AC \mid BB \mid BA \mid \mathrm{a}$$
$$S' \to V_\mathrm{a}X_1 \mid AC \mid BB \mid BA \mid \mathrm{a}$$
$$A \to V_\mathrm{b}V_\mathrm{a} \mid BB \mid BA \mid \mathrm{a}$$
$$B \to BB \mid BA$$
$$C \to BB \mid BA \mid \mathrm{a}$$
$$X_1 \to S'V_\mathrm{a}$$
$$V_\mathrm{a} \to \mathrm{a}$$
$$V_\mathrm{b} \to \mathrm{b}$$

Tab. 3.5 CYK-Tabelle für $w = \text{cbbac}$

$W_{i,j}$	1	2	3	4	5
5	–	–	–	–	X, W_3, C
4	–	–	–	X, W_1, A	X, W_1
3	–	–	X, W_2, B	X, W_2	X, W_2
2	–	X, W_2, B	X, W_2, S	X, W_2	X, W_2
1	X, W_3, C	X, W_3	X, W_3	X, W_3	X, W_3, S

Tab. 3.6 CYK-Tabelle für $w = \text{abacb}$

$W_{i,j}$	1	2	3	4	5
5	–	–	–	–	X, W_2, B
4	–	–	–	X, W_3, C	X, W_3
3	–	–	X, W_1, A	X, W_1	X, W_1
2	–	X, W_2, B	X, W_2	X, W_2	X, W_2, S
1	X, W_1, A	X, W_1	X, W_1, S	X, W_1	X, W_1

Lösungsvorschlag zum Selbsttest 3.6

Die ausgefüllte Tabelle für den CYK-Algorithmus für das Wort w_1 ist in Tab. 3.5 zu sehen, die für w_2 in Tab. 3.6. Wir können also schlussfolgern, dass $w_1 \in L(G)$ und $w_2 \notin L(G)$.

Lösungsvorschlag zum Selbsttest 3.7

Wir wählen das Wort $w = \text{a}^k\text{b}^{k+1}\text{c}^{k+2}$. Das Wort hat Mindestlänge k und ist aus L_3. Wir müssen alle Zerteilungen $w = uvxyz$ berücksichtigen, die $|vxy| \leq k$ und $vy \neq \varepsilon$ erfüllen. Egal, wie eine solche Zerteilung aussieht, das Teilwort vxy kann aufgrund seiner Länge nie sowohl das Zeichen a als auch das Zeichen c enthalten.

Wir unterscheiden zwei Fälle:

1. *Fall*: Beide Pumpstellen liegen im vorderen Teil von w, also im Teil a*b*. Dann wählen wir $i = 2$, und damit gilt, dass $uv^2xy^2z \notin L_3$, da dann entweder gilt, dass die Anzahl der as größer gleich der Anzahl der bs ist oder dass die Anzahl der bs größer gleich der Anzahl der cs ist.
2. *Fall*: Beide Pumpstellen liegen im hinteren Teil von w, also im Teil b*c* . Dann wählen wir $i = 0$, und damit gilt, dass $uxz \notin L_3$, da dann entweder gilt, dass die Anzahl der as größer gleich der Anzahl der bs ist oder dass die Anzahl der bs größer gleich der Anzahl der cs ist.

Wir sehen, dass, egal, wie zerteilt wurde, wir entweder mit $i = 2$ oder mit $i = 0$ aus der Sprache „hinauspumpen" können. Damit ist L_3 nicht kf-pumpbar und somit auch nicht kontextfrei.

Lösungsvorschlag zum Selbsttest 3.8

Sei L eine kontextfreie Sprache mit der dazugehörigen Grammatik $G = (V, \Sigma, P, S)$ in Chomsky-Normalform. Wir konstruieren eine kontextfreie Grammatik $\hat{G} = (V, \Sigma, \hat{P}, S)$. Als Regelmenge wählen wir $\hat{P} := \{A \to CB \mid A \to BC \in P\} \cup \{A \to a \mid A \to a \in P\}$ wobei $A, B, C \in V$ und $a \in \Sigma$.

Nun müssen wir noch zeigen, dass $\hat{G}$ eine Grammatik für $\bar{L}$ ist. Es genügt hierbei $\bar{L} \subseteq L(\hat{G})$ zu zeigen, da dann auch $L(\hat{G}) = L(\hat{\hat{G}}) \subseteq L(\hat{\hat{G}}) = L(\bar{G}) = \bar{L}$ folgt.

Wir führen den Beweis mittels Induktion über die Anzahl der Ableitungen. Wir beweisen hierbei etwas stärker für alle Variablen A: Wenn in G gilt, dass $A \Rightarrow^* w$, dann gilt in $\hat{G}$, dass $A \Rightarrow^* \bar{w}$.

Wenn das Wort w durch das einmalige Anwenden einer Regel in G aus A entstanden ist, dann ist w nur ein Zeichen lang, also $w = \bar{w}$. Sowohl P als auch $\hat{P}$ enthält dann die Regel $A \to w$. Folglich gilt also $A \Rightarrow \bar{w}$ in $\hat{G}$.

Wir nehmen nun an, dass für alle Wörter w und alle $A \in V$ gilt, wenn $A \Rightarrow^{k-1} w$ in G, dann $A \Rightarrow^* \bar{w}$ in $\hat{G}$. (Wir schreiben $A \Rightarrow^m w$, wenn man w aus A mit der Anwendung von höchstens m Regeln ableiten kann.) Sei nun w so gewählt, dass $A \Rightarrow^k w$ in G. Die erste Regel, die bei $A \Rightarrow^k w$ in G angewendet wird, ist eine Regel der Form $A \to BC$ (ansonsten sind wir im Fall des Induktionsanfangs). In diesem Fall gibt es in $\hat{P}$ die Regel $A \to CB$. Weiterhin können wir annehmen, dass für $w = w_B w_C$ in G gilt, dass $B \Rightarrow^{k-1} w_B$ und $C \Rightarrow^{k-1} w_C$. Nach Induktionsannahme gilt dann in $\hat{G}$, dass $B \Rightarrow^* \bar{w_B}$ und $C \Rightarrow^* \bar{w_C}$. Es folgt dann, dass wir in $\hat{G}$ $A \Rightarrow CB \Rightarrow^* \bar{w_C} \bar{w_B} = \bar{w}$ und somit $A \Rightarrow^* \bar{w}$ ableiten können.

3.11 Übungsaufgaben zum Kapitel 3

Aufgabe 3.1

Geben Sie für folgende Sprachen eine kontextfreie Grammatik an.

(a) $L_1 = \{a^n b^{2n} \mid n \geq 0\}$
(b) $L_2 = \{a^n b^m \mid n \neq m\}$
(c) $L_3 := \{a^n b^m \mid n > m \geq 0\}$
(d) $L_4 := \{w \in \{a, b\}^* \mid w$ enthält genauso viele as wie bs$\}$

Aufgabe 3.2

Beschreiben Sie verbal die durch folgende Grammatik erzeugte Sprache.

$$S \to aSc \mid X \mid \varepsilon$$

$$X \to bXc \mid \varepsilon$$

Aufgabe 3.3

Geben Sie einen Kellerautomaten für die folgende Sprache an.

$L = \{w \in \{0, 1\}^* \mid$ Die Anzahl der 0en in w entspricht $2 \cdot$ Anzahl der 1en $+ 1\}$.

Aufgabe 3.4

Es sei folgende Grammatik G über dem Alphabet $\{0, \#\}$ gegeben:

$$S \to \quad AA \mid U00$$

$$A \to \quad 0A \mid A0 \mid \#$$

$$U \to \quad 0U000 \mid \#$$

(a) Beschreiben Sie verbal die von G erzeugte Sprache $L(G)$.
(b) Geben Sie einen Kellerautomaten (in Diagrammform) an, der $L(G)$ erkennt.

Aufgabe 3.5

Zeigen Sie, dass die folgende kontextfreie Grammatik G mehrdeutig ist.

$$S \to aXa \mid abS$$

$$X \to bab \mid b$$

Geben Sie für $L(G)$ eine Grammatik an, die nicht mehrdeutig ist.

Aufgabe 3.6

Zeigen Sie, dass die Sprache $L = \{wu\bar{w} \mid w, u \in \{a, b\}^*, |w| \geq 1\}$ regulär ist durch Angabe eines DEA. Leiten Sie dann daraus eine äquivalente rechtslineare Grammatik für L ab.

Aufgabe 3.7

Zeigen Sie, dass die deterministisch kontextfreien Sprachen nicht unter Vereinigung und Schnitt abgeschlossen sind.

Aufgabe 3.8

Wandeln Sie folgende Grammatik in Chomsky-Normalform um.

$$S \to A \mid B$$

$$A \to bBa \mid \varepsilon$$

$$B \to bbAa \mid A \mid C \mid \varepsilon$$

$$C \to CS \mid A$$

Aufgabe 3.9

Sei G folgende Grammatik:

$$S \to CA \mid AB$$

$$A \to BB \mid \text{a}$$

$$B \to CA \mid \text{b}$$

$$C \to AC \mid \text{b}$$

Bestimmen Sie mit Hilfe des CYK-Algorithmus, ob $w_1 = \text{bbbbb}$, $w_2 = \text{bbbbbb}$ und $w_3 = \text{abbba}$ in der durch G gegebenen Sprache liegen.

Aufgabe 3.10

Benutzen Sie das kontextfreie Pumpinglemma, um zu zeigen, dass folgende Sprachen nicht kontextfrei sind.

(a) $L_1 = \{0^p \mid p \text{ ist Primzahl}\}$
(b) $L_2 = \{w \in \{\text{a, b, c}\}^* \mid \text{Anzahl der as und bs und cs ist gleich}\}$
(c) $L_3 := \{0^n 1^m 0^{\max(n,m)} \mid n, m \geq 0\}$,
(d) $L_4 := \{0^n 1^n 0^n 1^n \mid n \geq 0\}$.

Aufgabe 3.11

Es sei $L \subseteq \{a\}^*$. Zeigen Sie:

$$L \text{ ist pumpbar} \iff L \text{ ist kf-pumpbar.}$$

Aufgabe 3.12

(a) Zeigen Sie, dass es eine kontextfreie Sprache L gibt, sodass die Sprache $\{www \mid w \in L\}$ kontextfrei ist.
(b) Zeigen Sie, dass es eine kontextfreie Sprache L' gibt, sodass die Sprache $\{www \mid w \in L'\}$ *nicht* kontextfrei ist.

Aufgabe 3.13*

Für eine Sprache $L \subseteq \Sigma^*$ definieren wir

$$\text{halb}(L) := \{x \mid \exists y \colon |x| = |y| \text{ und } xy \in L\} \text{ und}$$

$$\text{twist}(L) := \{yx \mid \exists y \colon xy \in L\}.$$

Zeigen Sie, dass die kontextfreien Sprachen

(a) nicht unter der halb-Operation abgeschlossen sind, aber
(b) unter der twist-Operation abgeschlossen sind.

3.12 Lösungsvorschläge für die Übungsaufgaben zum Kapitel 3

Lösungsvorschlag zur Aufgabe 3.1

(a) Eine kontextfreie Grammatik für L_1 ist durch folgende Regeln gegeben.

$$S \rightarrow aSbb \mid \varepsilon$$

Es ist offensichtlich, dass alle Wörter, die durch diese Grammatik erzeugt werden, doppelt so viele bs wie as enthalten. Zudem sind alle Wörter von der Form a*b*.

(b) Es gilt, dass $L_2 = \{a^n b^m \mid n \neq m\} = \{a^n b^m \mid n > m\} \cup \{a^n b^m \mid n < m\}$. Wir erstellen die Regeln der Grammatik für beide Teile der Sprache unabhängig voneinander.

$$S \rightarrow S_a \mid S_b$$

$$S_a \rightarrow aS_ab \mid aA$$

$$A \rightarrow aA \mid \varepsilon$$

$$S_b \rightarrow aS_bb \mid bB$$

$$B \rightarrow bB \mid \varepsilon$$

Von der Variable S_a aus lassen sich die Wörter ableiten, die mehr as als bs enthalten. Von S_b aus die Wörter, die mehr bs als as enthalten. Damit die Grammatik L_2 erzeugt, muss man nur noch die Regeln hinzufügen, die das Startsymbol durch S_a oder S_b ersetzen.

(c) Die folgende Grammatik ist eine Grammatik für L_3. Die Korrektheit ist offensichtlich.

$$S \rightarrow aSb \mid A$$

$$A \rightarrow aA \mid a$$

(d) Eine Grammatik für L_4 zu finden ist schwieriger. Folgende Vorüberlegung hilft hierbei. Wenn $w \in L_4$, dann könnte es ein Präfix u zu $w = uv$ geben, das auch aus L_4 ist. Dann muss aber auch der Rest v aus L_4 sein. Das heißt also, dass wir in diesem Fall $w = uv$ setzen können, mit $u, v \in L_4$. Gibt es nun kein echtes Präfix zu w aus L_4, heißt dies, dass jedes echte Präfix mehr as als bs enthält oder umgekehrt. Da ja in w die Anzahl übereinstimmen muss, folgt, dass entweder w mit einem a beginnt und mit einem b endet, oder w beginnt mit einem b und endet mit einem a. Daraus ergibt sich nun folgende Grammatik

$$S \to aSb \mid bSa \mid SS \mid \varepsilon$$

Man sieht, dass auch wirklich nur Wörter aus L_2 abgeleitet werden können, denn jede Ableitungsregel belässt die Differenz der Anzahl von as und bs gleich.

Lösungsvorschlag zur Aufgabe 3.2

Wir sehen uns an, welche Wörter wir aus S ableiten können. S kann beliebig häufig durch aSc ersetzt werden, und als letzter Schritt muss S entweder durch X oder durch ε ersetzt werden. Das heißt also $S \Rightarrow^* a^l c^l$ und $S \Rightarrow^* a^l X c^l$ für alle $l \geq 0$ (die Wörter enthalten also die gleiche Anzahl an as und cs). Die Variable X kann beliebig häufig durch bXc ersetzt werden, und als letzter Schritt muss X durch ε ersetzt werden. Es gilt also, $X \Rightarrow^* b^k c^k$ für alle $k \geq 0$. Das heißt, X erzeugt Wörter mit gleich vielen bs wie cs. Zusammengefasst erzeugt die angegebene Grammatik also die Sprache $L = \{a^n b^m c^{n+m} \mid n, m \geq 0\}$.

Lösungsvorschlag zur Aufgabe 3.3

Wir konstruieren einen KA, der folgende Invariante respektieren soll: Wenn das bislang gelesene Präfix genau k 0en und ℓ 1en enthält, dann soll der Kellerinhalt wie folgt aussehen:

$$\$0^{2\ell-k}, \text{ falls } 2\ell \geq k,$$
$$\$1^{k-2\ell}, \text{ falls } 2\ell < k.$$

Zu Beginn legen wir ein $\$$ auf dem Keller ab. Lesen wir eine 0 und das Top-Symbol ist 0, dann entfernen wir dieses mit einem Pop-Befehl. Lesen wir eine 0 und wir haben ein anderes Top-Symbol, fügen wir 1 dem Keller hinzu. Welche Option wir wählen, bestimmen wir nichtdeterministisch. Lesen wir nun eine 1 und das Top-Symbol ist eine 0 oder ein $\$$, dann „pushen" wir zweimal 0. Lesen eine 1 und die obersten beiden Zeichen des Kellers sind 11, dann entfernen wir diese. Sind hingegen die obersten beiden Zeichen $\$1$, dann ersetzen wir das Top-Symbol 1 durch 0. Auch hier können wir die entsprechende Auswahl nichtdeterministisch treffen. Wenn wir nach diesen Regeln unseren Lauf des Kellerautomaten ausführen, dann wird der Kellerinhalt nie 0en und 1en enthalten, und man kann sich davon überzeugen, dass unsere Invariante erhalten bleibt. Wir müssen also nur (auch wieder nichtdeterministisch) am Ende prüfen, ob der Kellerinhalt $\$1$ nach dem Lesen der Eingabe auf dem Keller verbleibt. Die Abb. 3.24 zeigt den KA als Zustandsdiagramm.

Unsere Invariante garantiert uns, dass wir die Wörter aus L akzeptieren. Wir müssen noch zeigen, dass wir keine anderen Wörter akzeptieren. Sei die aktuelle Anzahl der 1en

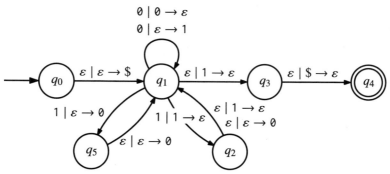

Abb. 3.24 Ein Kellerautomat für die Sprache L aus Aufgabe 3.3

auf dem Keller minus die Anzahl der 0en auf dem Keller gleich d. Wenn wir eine 1 lesen, fällt d um 2. Wenn wir eine 0 lesen, steigt d um 1. Da wir nur akzeptieren, wenn am Ende $1 auf dem Keller steht, müssen wir für jede gelesene 1 zwei 0en gelesen haben und dann noch eine zusätzliche 0. Das ist aber genau die Bedingung, die wir für die Wörter aus L fordern.

Lösungsvorschlag zur Aufgabe 3.4

(a) Über die Variable A können genau die Wörter über dem Alphabet $\{0, \#\}$ abgeleitet werden, die genau zweimal das Symbol # (an beliebigen Stellen) enthalten. Über die Variable U können genau die Wörter $0^k \# 0^{3k+2}$, mit $k \geq 0$, abgeleitet werden. Die Sprache $L(G)$ umfasst genau diese beiden Arten von Wörtern.
(b) Ein Kellerautomat, der $L(G)$ erkennt, ist in Abb. 3.25 angegeben.

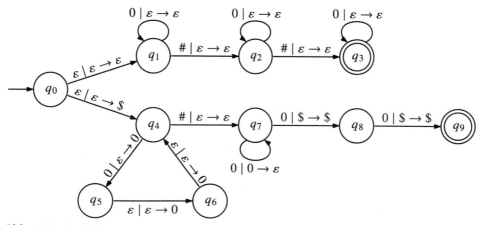

Abb. 3.25 Ein Kellerautomat zur Sprache $L(G)$ aus Aufgabe 3.4

Abb. 3.26 Zwei verschiedene
Ableitungsbäume für das Wort
ababa

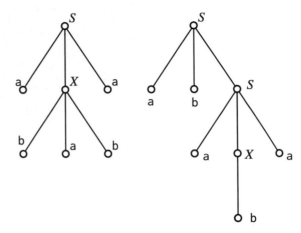

Abb. 3.27 Ein DEA für die
Sprache L

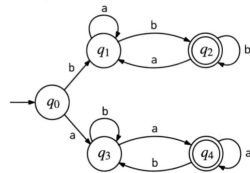

Lösungsvorschlag zur Aufgabe 3.5

In Abb. 3.26 sind zwei verschiedene Ableitungsbäume für das Wort ababa angegeben.
Eine eindeutige Grammatik ist wie folgt gegeben:

$$S \rightarrow \text{ababa} \mid \text{aba} \mid S\text{ab} \mid \text{ab}S$$

Lösungsvorschlag zur Aufgabe 3.6

Der DEA ist in Abb. 3.27 dargestellt. Beachten Sie, dass genau die Wörter in L sind, deren
erstes und letztes Zeichen übereinstimmen und die Länge mindestens zwei haben.
Die äquivalente rechtslineare Grammatik erstellen wir wie im Text besprochen. Hier
entspricht die Variable V_i dem Zustand q_i, und folglich ist V_0 der Startzustand.

$$V_0 \rightarrow \text{a}V_3 \mid \text{b}V_1$$
$$V_1 \rightarrow \text{a}V_1 \mid \text{b}V_2$$

$$V_2 \rightarrow aV_1 \mid bV_2 \mid \varepsilon$$

$$V_3 \rightarrow bV_3 \mid aV_4$$

$$V_4 \rightarrow bV_3 \mid aV_4 \mid \varepsilon$$

Lösungsvorschlag zur Aufgabe 3.7

Wir zeigen zunächst, dass die deterministisch kontextfreien Sprachen nicht unter Schnitt abgeschlossen sind. Wir haben bereits gesehen, dass $L_= = \{a^n b^n \mid n \geq 0\}$ eine deterministisch kontextfreie Sprache ist. Der deterministische Kellerautomat zu dieser Sprache aus Abb. 3.17 kann leicht modifiziert werden, sodass

- er am Ende noch beliebig viele cs liest,
- wenn vorher ein c kommt, in den Müllzustand gegangen wird.

Die erkannte Sprache ist dann $L_{=c} = \{a^n b^n c^m \mid n \geq 0\}$, und damit ist diese Sprache deterministisch kontextfrei. Aus ähnlichen Gründen ist aber auch $L_{a=} = \{a^m b^n c^n \mid n \geq 0\}$ deterministisch kontextfrei. Wir wissen aber, dass $L_{=c} \cap L_{a=} = \{a^n b^n c^n \mid n \geq 0\}$ nicht kontextfrei ist, und damit ist diese Sprache natürlich auch nicht deterministisch kontextfrei. Also sind die deterministischen kontextfreien Sprachen nicht unter Schnitt abgeschlossen.

Nehmen wir nun an, dass die deterministisch kontextfreien Sprachen unter Vereinigung abgeschlossen wären. Dann würde für zwei deterministisch kontextfreie Sprachen L_1, L_2 gelten, dass $\overline{\overline{L_1} \cup \overline{L_2}}$ wegen Theorem 3.6 auch deterministisch kontextfrei ist. Diese Sprache entspricht nach den de-morganschen Regeln aber $L_1 \cap L_2$ und der Abschluss unter Schnitt würde folgen. Da wir bereits wissen, dass der Abschluss unter Schnitt nicht gilt, war unsere Annahme falsch.

Lösungsvorschlag zur Aufgabe 3.8

Zuerst ersetzten wir alle S durch S' und führen die Regel $S \rightarrow S'$ ein:

$$S \rightarrow S'$$

$$S' \rightarrow A \mid B$$

$$A \rightarrow bBa \mid \varepsilon$$

$$B \rightarrow bbAa \mid A \mid C \mid \varepsilon$$

$$C \rightarrow CS' \mid A$$

Jetzt eliminieren wir alle Regeln der Form $X \rightarrow \varepsilon$. Wir erhalten:

$$S \rightarrow S' \mid \varepsilon$$
$$S' \rightarrow A \mid B$$
$$A \rightarrow bBa \mid ba$$
$$B \rightarrow bbAa \mid bba \mid A \mid C$$
$$C \rightarrow CS' \mid S' \mid A$$

Wir eliminieren zuerst $S' \rightarrow A$ und $S' \rightarrow B$:

$$S \rightarrow S' \mid \varepsilon$$
$$S' \rightarrow bBa \mid ba \mid bbAa \mid bba \mid C$$
$$A \rightarrow bBa \mid ba$$
$$B \rightarrow bbAa \mid bba \mid A \mid C$$
$$C \rightarrow CS' \mid S' \mid A$$

Dann $S' \rightarrow C$:

$$S \rightarrow S' \mid \varepsilon$$
$$S' \rightarrow bBa \mid ba \mid bbAa \mid bba \mid CS'$$
$$A \rightarrow bBa \mid ba$$
$$B \rightarrow bbAa \mid bba \mid A \mid C$$
$$C \rightarrow CS' \mid S' \mid A$$

Dann $B \rightarrow A$ und $B \rightarrow C$:

$$S \rightarrow S' \mid \varepsilon$$
$$S' \rightarrow bBa \mid ba \mid bbAa \mid bba \mid CS'$$
$$A \rightarrow bBa \mid ba$$
$$B \rightarrow bbAa \mid bba \mid bBa \mid ba \mid CS' \mid S'$$
$$C \rightarrow CS' \mid S' \mid A$$

Nun $B \to S'$, $C \to S'$ und $C \to A$:

$$S \to S' \mid \varepsilon$$
$$S' \to bBa \mid ba \mid bbAa \mid bba \mid CS'$$
$$A \to bBa \mid ba$$
$$B \to bbAa \mid bba \mid bBa \mid ba \mid CS'$$
$$C \to CS' \mid bBa \mid ba \mid bbAa \mid bba$$

Und zum Schluss $S \to S'$:

$$S \to bBa \mid ba \mid bbAa \mid bba \mid CS' \mid \varepsilon$$
$$S' \to bBa \mid ba \mid bbAa \mid bba \mid CS'$$
$$A \to bBa \mid ba$$
$$B \to bbAa \mid bba \mid bBa \mid ba \mid CS'$$
$$C \to CS' \mid bBa \mid ba \mid bbAa \mid bba$$

Nun kürzen wir die Regeln mit zu langer rechter Seite:

$$S \to bX_1 \mid ba \mid bX_2 \mid bX_4 \mid CS' \mid \varepsilon$$
$$S' \to bX_1 \mid ba \mid bX_2 \mid bX_4 \mid CS'$$
$$A \to bX_1 \mid ba$$
$$B \to bX_2 \mid bX_4 \mid bX_1 \mid ba \mid CS'$$
$$C \to CS' \mid bX_1 \mid ba \mid bX_2 \mid bX_4$$
$$X_1 \to Ba$$
$$X_2 \to bX_3$$
$$X_3 \to Aa$$
$$X_4 \to ba$$

Zuletzt erstellen wir die Regeln $V_a \to a$ und $V_b \to b$ und ersetzen die Stellen an den kein Terminalsymbol stehen darf entsprechend. Die Grammatik in Chomsky-Normalform ist also:

$$S \to V_bX_1 \mid V_bV_a \mid V_bX_2 \mid V_bX_4 \mid CS' \mid \varepsilon$$
$$S' \to V_bX_1 \mid V_bV_a \mid V_bX_2 \mid V_bX_4 \mid CS'$$

$$A \rightarrow V_b X_1 \mid V_b V_a$$

$$B \rightarrow V_b X_2 \mid V_b X_4 \mid V_b X_1 \mid V_b V_a \mid C S'$$

$$C \rightarrow C S' \mid V_b X_1 \mid V_b V_a \mid V_b X_2 \mid V_b X_4$$

$$X_1 \rightarrow B V_a$$

$$X_2 \rightarrow V_b X_3$$

$$X_3 \rightarrow A V_a$$

$$X_4 \rightarrow V_b V_a$$

$$V_a \rightarrow a$$

$$V_b \rightarrow b$$

Lösungsvorschlag zur Aufgabe 3.9

Die ausgefüllte Tabelle für den CYK-Algorithmus für das Wort w_1 ist in Tab. 3.7 zusehen, die für w_2 in Tab. 3.8 und die für w_3 in Tab. 3.9. Wir können also schlussfolgern, dass $w_1 \in L(G)$, $w_2 \notin L(G)$ und $w_3 \in L(G)$.

Tab. 3.7 CYK-Tabelle für $w =$ bbbbb

$W_{i,j}$	1	2	3	4	5
5	–	–	–	–	B, C
4	–	–	–	B, C	A
3	–	–	B, C	A	S, B, C
2	–	B, C	A	S, B, C	A
1	B, C	A	S, B, C	A	S, B, C

Tab. 3.8 CYK-Tabelle für $w =$ bbbbbb

$W_{i,j}$	1	2	3	4	5	6
6	–	–	–	–	–	B, C
5	–	–	–	–	B, C	A
4	–	–	–	B, C	A	S, B, C
3	–	–	B, C	A	S, B, C	A
2	–	B, C	A	S, B, C	A	S, B, C
1	B, C	A	S, B, C	A	S, B, C	A

Tab. 3.9 CYK-Tabelle für
$w = $ abbba

$W_{i,j}$	1	2	3	4	5
5	–	–	–	–	A
4	–	–	–	B, C	S, B
3	–	–	B, C	A	A
2	–	B, C	A	S, B, C	B, S
1	A	S, C	$\emptyset$	S, C, B	S, B

Lösungsvorschlag zur Aufgabe 3.10

(a) Wir wählen das Wort $w = 0^p \in L_1$ wobei $p \geq k$ und p ist Primzahl. Da L_1 eine Sprache über einem einelementiges Alphabet ist, spielt bei der Zerteilung von w nur die Länge von vy eine Rolle. Wir wählen $i = p + 1$ und erhalten $|uv^{p+1}xy^{p+1}z| = p + |vy|p = p(|vy| + 1)$. Es gilt, dass $|uv^{p+1}xy^{p+1}z|$ keine Primzahl sein kann. Es folgt, dass $uv^{p+1}xy^{p+1}z \notin L_1$ und damit ist L_1 nicht kf-pumpbar.

(b) Wir wählen das Wort $w = a^k b^k c^k$. Das Wort hat Mindestlänge k und ist aus L_2. Wir betrachten die Zerteilungen $w = uvxyz$ die $|vxy| \leq k$ und $vy \neq \varepsilon$ erfüllen. Egal, wie eine solche Zerteilung aussieht, das Teilwort vxy kann aufgrund seiner Länge nie sowohl das Zeichen a, als auch das Zeichen c enthalten.

Wir müssen zwei Fälle unterscheiden

1. Fall: Die Pumpstellen enthalten mindestens ein a. Da $|vxy| \leq k$ bedeutet das, dass kein c in einer Pumpstelle enthalten sein kann. Wenn wir also $i = 2$ wählen gilt, dass $uv^2wy^2z \notin L_2$, da die Anzahl der cs kleiner als die Anzahl der as ist.

2. Fall: Die Pumpstellen enthalten kein a. Wenn wir also $i = 2$ wählen gilt, dass $uv^2wy^2z \notin L_2$, da die Anzahl der as kleiner als die Anzahl der bs oder cs ist.

Wir sehen, dass, egal, wie zerteilt wurde, man mit $i = 2$ aus der Sprache „hinauspumpen" kann. Damit ist L_2 nicht kf-pumpbar und somit auch nicht kontextfrei.

(c) Wir wählen das Wort $w = 0^{2k}1^k0^{2k}$. Das Wort hat Mindestlänge k und ist aus L_3. Wir betrachten die Zerteilungen $w = uvxyz$, die $|vxy| \leq k$ und $vy \neq \varepsilon$ erfüllen. Egal, wie eine solche Zerteilung aussieht, das Teilwort vxy kann aufgrund seiner Länge nie sowohl Zeichen aus dem ersten Block der 0en haben als auch Zeichen aus dem hinteren Block der 0en. Wir müssen folgende Fälle unterscheiden

1. Fall: Die Pumpstellen enthalten mindestens ein 0 aus dem vorderen Block. Da $|vxy| \leq k$ bedeutet das, dass keine 0 aus dem hinteren Block in einer Pumpstelle enthalten sein kann. Wenn wir also $i = 0$ wählen gilt, dass

$$uv^2wy^2z = \underbrace{0\ldots0}_{<2k}\underbrace{1\ldots1}_{\leq k}\underbrace{0\ldots0}_{=2k} \notin L_1,$$

da die Anzahl der 0en im hinteren Block größer als die Anzahl der 1en und größer als die Anzahl der 0en im vorderen Block ist.

2. *Fall*: Die Pumpstellen enthalten mindestens ein $\emptyset$ aus dem hinteren Block. Da $|vxy| \leq k$ bedeutet das, dass keine $\emptyset$ aus dem vorderen Block in einer Pumpstelle enthalten sein kann. Wenn wir also $i = 0$ wählen gilt, dass $uv^0wy^0z \notin L_1$, da die Anzahl der $\emptyset$en im vorderen Block größer als die Anzahl der 1en und größer als die Anzahl der $\emptyset$en im hinteren Block ist.

3. *Fall*: Die Pumpstellen enthalten nur 1en. Wenn wir $i = 2k + 1$ wählen gilt, dass

$$uv^{2k+1}wy^{2k+1}z = \underbrace{\emptyset\ldots\emptyset}_{=2k}\ \underbrace{1\ldots1}_{=k+2k|uv|}\ \underbrace{\emptyset\ldots\emptyset}_{=2k} \notin L_1,$$

da $= k+2k|uv| \geq 3k > 2k$ und somit die Anzahl der $\emptyset$en im hinteren Block kleiner die Anzahl der 1en ist.

Wir sehen, dass, egal, wie zerteilt wurde, man aus der Sprache „hinauspumpen" kann. Damit ist L_3 nicht kf-pumpbar und somit auch nicht kontextfrei.

(d) Wir wählen das Wort $w = \emptyset^k1^k\emptyset^k1^k$. Das Wort hat Mindestlänge k und ist aus L_4. Wir betrachten die Zerteilungen $w = uvxyz$, die $|vxy| \leq k$ und $vy \neq \varepsilon$ erfüllen. Egal, wie eine solche Zerteilung aussieht, das Teilwort vxy kann aufgrund seiner Länge nie Zeichen aus allen vier Blöcken enthalten. Damit ist sofort klar, dass $uv^0xy^0z \notin L_4$.

Lösungsvorschlag zur Aufgabe 3.11

Wir zeigen zunächst: L ist pumpbar $\Rightarrow$ L ist kf-pumpbar.

Wenn L pumpbar ist, dann gibt es ein k, sodass es für alle $w \in L$ mit $|w| \geq k$ eine Zerlegung $w = pqr$ gibt, für die gilt $|pq| \leq k, q \neq \varepsilon$ und $\forall i: pq^ir \in L$. Wir wählen $u = p, v = q, xy = \varepsilon$ und $z = r$. Dann gilt $|vxy| \leq k, vy \neq \varepsilon$ und $\forall i: uv^ixy^iz = pq^ir \in L$. Somit ist L kf-pumpbar.

Nun zeigen wir L ist kf-pumpbar $\Rightarrow$ L ist pumpbar.

Wenn L kf-pumpbar ist, dann gibt es ein k, sodass es für alle $w \in L$ mit $|w| \geq k$ eine Zerlegung $w = uvxyz$ gibt, für die gilt $|vxy| \leq k, vy \neq \varepsilon$ und $\forall i: uv^ixy^iz \in L$. Wir wählen $p = \varepsilon, q = a^{|v|+|y|} = vy$ und $r = a^{|uxz|} = uxz$. Dann gilt $|pq| = |v| + |y| \leq k$, $q \neq \varepsilon$ und $\forall i: pq^ir = a^{i(|v|+|y|)}a^{|uxz|} = uv^ixy^iz \in L$. Dabei haben wir für die letzte Eigenschaft ausgenutzt, dass das Wort nur aus as besteht und somit die einzelnen Teile der Zerlegung beliebig vertauscht werden können, ohne das Wort zu verändern. Somit ist L pumpbar.

Lösungsvorschlag zur Aufgabe 3.12

(a) Für die erste Aussage wählen wir die Sprache $L = \{a^n \mid n \geq 0\}$. Es gilt, dass L kontextfrei ist; L ist sogar regulär. Die Sprache $\{www \mid w \in L\} = \{a^k \mid k$ ist durch 3 teilbar$\}$ ist ebenfalls kontextfrei (und ebenfalls regulär). Damit ist die erste Aussage gezeigt.

(b) Wir wählen $L' = \{a^n b^n \mid n \geq 1\}$. Wie wir bereits wissen, ist L' kontextfrei. Wir zeigen mit Hilfe des Pumpinglemmas für kontextfreie Sprachen, dass $L'' = \{www \mid w \in L'\}$ nicht kontextfrei ist. Dafür muss gezeigt werden, dass L'' nicht kf-pumpbar ist. Für ein beliebiges k wählen wir das Wort $w' = a^k b^k a^k b^k a^k b^k$. Das Wort hat Mindestlänge k und ist aus L''. Wir betrachten die Zerteilungen $w' = uvxyz$, die $|vxy| \leq k$ und $vy \neq \varepsilon$ erfüllen. Egal, wie eine solche Zerteilung aussieht, es gilt $vy = a^s b^t$ oder $vy = b^t a^s$ für $s, t \geq 0$ mit $1 \leq s + t \leq k$. Das Teilwort vxy enthält also entweder nur Zeichen aus nebeneinanderliegenden Blöcken von as und bs oder vxy liegt komplett in einem Block bestehend aus as oder bs (wenn $s = 0$ oder $t = 0$). Wählen wir $i = 0$, dann gilt $uv^0 xy^0 z \notin L''$ da

$$uv^0 xy^0 z \in \left\{ \begin{array}{l} a^{k-s} b^{k-t} a^k b^k a^k b^k,\ a^k b^{k-s} a^{k-t} b^k a^k b^k,\ a^k b^k a^{k-s} b^{k-t} a^k b^k, \\ a^k b^k a^k b^{k-s} a^{k-t} b^k,\ a^k b^k a^k b^k a^{k-s} b^{k-t} \end{array} \right\}$$

und somit $uv^0 xy^0 z$ nicht in drei gleiche Teile zerlegt werden kann, die jeweils $a^n b^n$ (für ein $n \geq 0$) entsprechen.

Lösungsvorschlag zur Aufgabe 3.13

(a) Wir nehmen als Sprache $L = \{a^n b^n c^m x x c^{3m} \mid n, m \geq 0\}$. Dies ist eine kontextfreie Sprache, denn sie kann durch folgende Grammatik erzeugt werden:

$$S \to AC$$

$$A \to aAb \mid \varepsilon$$

$$C \to cCccc \mid xx$$

Angenommen, halb(L) wäre kontextfrei, dann wäre aufgrund von Lemma 3.7 auch $L' = \text{halb}(L) \cap L(a^*b^*c^*x)$ kontextfrei, da $L(a^*b^*c^*x)$ eine reguläre Sprache ist.

Schauen wir uns ein Wort w' aus L' an. Es muss gelten, dass $w' = a^n b^n c^m x$ für $n, m > 0$. Dann wäre aber das Wort $w \in L$, von dem w' gebildet wurde, gleich $w = a^n b^n c^m x x c^{3m}$. Offensichtlich hat w die Länge $2n + 4m + 2$ und somit (da halb so lang) w' die Länge $n + 2m + 1$. Auf der anderen Seite ist aber $|w'| = 2n + m + 1$ und deshalb muss $n = m$ gelten. Wir sehen, dass $L' = \{a^n b^n c^n x \mid n \geq 0\}$. Da $L' \cap L(a^*b^*c^*) = \{a^n b^n c^n \mid n \geq 0\}$ ja nicht kontextfrei ist, ist auch L' nicht kontextfrei (wiederum wegen Lemma 3.7). Also ist auch halb(L) nicht kontextfrei.

(b) Sei L eine kontextfreie Sprache und $K = (Q, \Sigma, \Gamma, \delta, q_0, F)$ der dazugehörige Kellerautomat. Wir können annehmen, dass nur Wörter mit leerem Keller akzeptiert werden (dies können wir mit der Konstruktion aus Lemma 3.3 realisieren). Wenn ein Wort $xy \in L$ akzeptiert wird, dann gibt es einen akzeptierenden Lauf dazu in K.

Innerhalb dieses Laufes wird zuerst x gelesen und danach dann y. Wir nehmen an, dass der Zustand nach dem Lesen des letzten Zeichens von x gleich q_i ist und zu diesem Zeitpunkt der Kellerinhalt $\kappa = a_1 a_2 \ldots a_k$ war, wobei a_k das Top-Symbol ist.

Die Idee ist nun (auf K aufbauend), einen KA K' für twist(L) zu konstruieren. Der KA K' läuft in zwei Phasen ab. In Phase 1 soll für das Wort $xy \in L$ das Wort y gelesen werden. Zusätzlich soll am Ende noch eine Nebenbedingung gelten, die wir gleich festlegen werden. Wir wissen, dass unser Startzustand q_i sein soll, aber das Problem ist, dass wir mit dem leeren Keller starten und nicht mit κ. Während der 1. Phase werden wir deshalb immer, wenn wir eine Pop-Operation von a_i ausführen, alternativ die Möglichkeit haben, ein Zeichen a_i' (neu, nicht aus Γ) zu pushen. Die Bedeutung des a_i' ist, dass wir gewissermaßen einen Kredit aufnehmen und uns merken, dass wir eigentlich ein a_i auf dem Keller beim Start brauchten. Wenn wir mit dem Nichtdeterminismus diese Regeln immer korrekt auswählen steht am Ende der 1. Phase $\bar{\kappa}$ auf dem Keller. Unsere Nebenbedingung ist also, dass am Ende der 1. Phase der Kellerinhalt $\bar{\kappa}$ ist.

Wir starten als Nächstes (auch wieder nichtdeterministisch, weil wir ja nicht genau wissen, wann die Berechnung von w anhielt) die zweite Phase in q_0, wenn wir in der ersten Phase in einem Zustand aus F waren. In dieser Phase wollen wir nicht nur x lesen und verarbeiten, sondern auch sicherstellen, dass wir am Ende im Zustand q_i sind und der Kellerinhalt in K (für den dazugehörigen Lauf in K) κ wäre. Das können wir wie folgt erreichen: Immer wenn wir ein Zeichen auf den Keller ablegen, können wir raten, dass dies ein Zeichen ist, welches ein Teil von κ ist. In diesem Fall werden wir aber kein Push a_i ausführen, sondern das Zeichen a_i' vom Keller entfernen (wir werden also unsere Schulden begleichen). Beachten Sie, dass die Reihenfolge der Zeichen im Keller stimmt, da wir als Erstes das Zeichen bezahlen, was wir uns als Letztes „geborgt" hatten und das deshalb das Top-Symbol ist. Wenn wir q_i mit leerem Keller erreichen, werden wir nun akzeptieren. Der Test auf leeren Keller kann wie üblich durchgeführt werden, indem als erster Schritt (noch vor Phase 1) ein spezielles Zeichen \$ auf dem Keller abgelegt wird.

Zum Abschluss erwähnen wir noch ein paar Details. Wir müssen stets verifizieren, dass wir nichtdeterministisch korrekt geraten haben. Dazu müssen wir zum Beispiel sicherstellen, dass man Ende der ersten Phase nur Symbole des Typs a_i' auf dem Keller sind. Dies können wir aber prüfen, indem wir in der zweiten Phase, anstatt eines a_i ein a_i'' auf dem Keller ablegen, was ansonsten wie a_i behandelt wird. Finden wir dann ein a_i auf dem Keller, dann verwerfen wir, denn wir hatten falsch geraten. Ein anderer Punkt betrifft die Kenntnis des Zustands q_i. Wir können hier für jedes q_i einen Kellerautomaten K_i' auf die beschriebene Weise konstruieren. Die Sprache twist(L) ist dann $\bigcup_i L(K_i')$ und aufgrund der Abschlusseigenschaften kontextfrei.

Literatur

1. M. P. Schützenberger. „On context-free languages and push-down automata". In: *Information and Control* 6 (1963), S. 246–264.
2. A. G. Oetinger. „Automatic syntactic analysis and the pushdown store". In: *Structure of Language and Its Mathematical Aspects*. Hrsg. von R. Jakobson. Bd. 12. Proceedings of Symposia in Applied Mathematics. AMS, 1961, S. 104–129.
3. N. Chomsky. „Three models for the description of language". In: *IRE Trans. Inf. Theory* 2.3 (1956), S. 113–124.
4. N. Chomsky. *Context-Free Grammars and Pushdown Storage*. Quarterly Progress Report 65. Research Laboratory of Electronics (RLE) at the Massachusetts Institute of Technology (MIT), Apr 1962.
5. R. J. Evey. „Application of pushdown-store machines". In: *Proceedings of the 1963 fall joint computer conference, AFIPS 1963 (Fall), Las Vegas, Nevada, USA, November 12–14, 1963* Hrsg. von J. D. Tupac. ACM, 1963, S. 215–227.
6. N. Chomsky. „On Certain Formal Properties of Grammars". In: *Inf. Control.* 2.2 (1959), S. 137–167.
7. J. E. Hopcroft und J. D. Ullman. *Formal languages and their relation to automata*. Addison-Wesley series in computer science and information processing. Addison-Wesley, 1969.
8. D. H. Younger. „Recognition and Parsing of Context-Free Languages Recognition and parsiong of context-free languages in time n^3". In: *Information and Control* 10 (1967), S. 189–208.
9. T. Kasami. *An efficient recognition and syntax-analysis algorithm for context-free languages* Techn. Ber R-257. Coordinated Science Laboratory University of Illinois at Urbana-Champaign, März 1966.
10. Y Bar-Hillel, M. Perles und E. Shamir. „On formal properties of simple phrase structure grammars". In: *Z. Phonetik Sprachwiss. Kommunikat.* 14 (1961), S. 143–172.
11. P. C. Fischer. „On computability by certain classes of restricted Turing machines". In: *4th Annual Symposium on Switching Circuit Theory and Logical Design, Chicago, Illinois, USA, October 28–30, 1963*. IEEE Computer Society, 1963, S. 23–32.
12. S. Ginsburg und S. A. Greibach. „Deterministic context free languages". In: *Information and Control* 9 (1966), S. 620–648.
13. N. Chomsky und M. P Schützenberger. „The algebraic theory of context-free languages". In: *Computer programming and formal systems*. North-Holland, Amsterdam, 1963, S. 118–161.

Entscheidbare und erkennbare Sprachen

4

In diesem Kapitel lernen wir die entscheidbaren Sprachen kennen und stellen mit der Turingmaschine das dazugehörige Rechenmodell vor. Die Turingmaschine ist das Modell, welches einen idealisierten Rechner nachbildet. Turingmaschinenprogramme (also konkrete Realisierungen von Turingmaschinen) sind genauso mächtig wie Programme in typischen Programmiersprachen wie zum Beispiel C, Java oder Python. Demnach handelt es sich bei den Sprachen, die durch die Turingmaschinen erkannt werden können, um die Sprachen, für die wir einen Algorithmus (nach unserem intuitiven Verständnis des Begriffes Algorithmus) für das Wortproblem dieser Sprachen angeben können. In der Tat werden wir das Modell der Turingmaschine benutzen, um zu definieren, was wir unter einem Algorithmus oder „das, was wir berechnen können" verstehen.

Die Turingmaschine ist ein mächtigeres Modell als zum Beispiel der endliche Automat oder der Kellerautomat. Diese Mächtigkeit hat aber auch ihren Preis. Es ist sehr viel schwieriger, Aussagen über konkrete Turingmaschinen zu erhalten. So ist es zum Beispiel unmöglich, einen Algorithmus für das Wortproblem von Sprachen von Turingmaschinen anzugeben (das diskutieren wir jedoch erst im nächsten Kapitel).

Neben der *klassischen* Turingmaschine gibt es auch vielfältige Varianten dieses Modells. Viele dieser Variationen kann man gegeneinander simulieren; sie sind also gleich mächtig. Es gibt jedoch Unterschiede, wenn wir uns später mit der Laufzeit von Programmen beschäftigen. Durch die Kenntnis vieler äquivalenter Modellvarianten können wir uns das Leben (zum Beispiel bei der Ausführung von Beweisen) zum Teil erheblich vereinfachen.

© Der/die Autor(en), exklusiv lizenziert an Springer-Verlag GmbH, DE,
ein Teil von Springer Nature 2022
A. Schulz, *Grundlagen der Theoretischen Informatik*,
https://doi.org/10.1007/978-3-662-65142-1_4

4.1   Das Modell Turingmaschine

Eine Turingmaschine ist ein abstraktes Berechnungsmodell, welches aus zwei Teilen besteht. Zum einen besitzt eine Turingmaschine einen Speicher. Bei diesem handelt es sich um ein unbeschränktes Band, welches aus einer Folge von Zellen besteht. In den Zellen können bestimmte Zeichen stehen. Zugriff hat man jedoch immer nur auf eine Position des Bandes, und zwar auf die Zelle, an welcher der *Kopf* des Bandes steht. Die Zelle an dieser Stelle kann man beschreiben oder auslesen. Auf alle anderen Zellen hat man (vorerst) keinen Zugriff. Man kann jedoch den Kopf des Bandes bewegen. Dabei hat man die Möglichkeit, den Kopf um eine Position nach links oder nach rechts zu verschieben. Neben dem Speicher besitzt eine Turingmaschine auch einen Steuermechanismus, manchmal auch als *endliche Kontrolleinheit* bezeichnet. Er legt fest, wie der Kopf bewegt wird und welche Zeichen auf das Band geschrieben werden. Der Steuermechanismus hat in etwa die Funktionalität eines endlichen Automaten. Das heißt, er besitzt endlich viele Zustände. Während der Ausführung befindet man sich immer in einem Zustand, und das Programm legt die Zustandsübergänge fest. Einen schematischen Aufbau einer Turingmaschine zeigt Abb. 4.1.

Schon beim Kellerautomaten hat es nicht ausgereicht, dass wir für den aktuellen Stand der Berechnung nur den Zustand betrachtet haben. Wir haben außerdem berücksichtigen müssen, wie der Kellerinhalt aussieht. Kellerinhalt und Zustand haben wir als Konfiguration bezeichnet. Bei der Turingmaschine werden wir ähnlich vorgehen. Hier bezeichnen wir als Konfiguration das Tupel aus Zustand, Bandinhalt und Kopfposition. Das eigentliche Programm definiert nun die möglichen Übergänge zwischen den Konfigurationen. Ein möglicher Übergang hängt vom aktuellen Zustand und dem Zeichen an der Kopfposition ab. Beim Übergang wird (eventuell) das Zeichen an der Kopfposition ersetzt, ein (eventuell) neuer Zustand wird angenommen, und der Kopf wird um eine Position bewegt. Da das Band unbeschränkt ist (genauer gesagt, es verfügt sowohl links als auch rechts über keinen Rand), müssen wir noch festlegen, was der *Defaultwert* der Zellen ist. Hierfür nutzen wir ein Sonderzeichen, welches nicht im Eingabealphabet vorhanden sein darf. Dieses Sonderzeichen nennen wir das **Blanksymbol** und notieren es mit □.

Es gibt noch zwei wichtige Unterschiede zwischen der Turingmaschine und unseren bisherigen Rechenmodellen wie endlicher Automat oder Kellerautomat. Zum einen ist

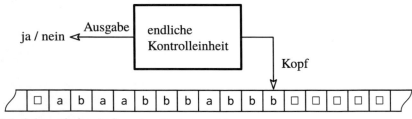

Abb. 4.1 Schematischer Aufbau einer Turingmaschine

im Turingmaschinenmodell die Eingabe nicht separat verfügbar. Sie wird auch nicht (notwendigerweise) zeichenweise verarbeitet. Bei einer Turingmaschine steht die Eingabe am Anfang der Berechnung auf dem Band, und die Zeichen können (gemäß den Regeln) in einer beliebigen Abfolge gelesen werden. Das macht den Umgang mit der Eingabe zwar etwas komfortabler, dafür ist es nun aber schwerer festzulegen, wann die Berechnung zu einem Ende gekommen ist. Das zeichenweise Verarbeiten der Eingabe gibt es ja in der bekannten Form nicht mehr. Deshalb (und das ist der zweite Unterschied zu den bisherigen Maschinenmodellen) handhabt man die Terminierung des Programmablaufs stattdessen so: Die endliche Kontrolleinheit verfügt über zwei gesondert ausgezeichnete Zustände. Geht die Turingmaschine in einen dieser Zustände über, wird die Berechnung sofort gestoppt. Einer dieser gesonderten Zustände ist *der akzeptierende Zustand*. Endet die Berechnung hier, werden wir die Eingabe akzeptieren. Der andere gesonderte Zustand ist *der verwerfende Zustand*. Gelangen wir während der Berechnung in diesen Zustand, wird die Eingabe verworfen.

Nachdem wir die prinzipielle Struktur des Modells Turingmaschine grob umrissen haben, wollen wir es nun formal definieren.

Definition 4.1 (Turingmaschine) Unter einer Turingmaschine M verstehen wir ein 7-Tupel $M = (Q, \Sigma, \Gamma, \delta, q_0, q_A, q_V)$, für das gilt

- Q ist eine endliche Menge von Zuständen,
- Σ ist ein endliches Alphabet ($\square \notin \Sigma$),
- Γ ist ein endliches Alphabet (das Arbeitsalphabet) ($\Sigma \subset \Gamma, \square \in \Gamma$),
- $\delta \colon Q \times \Gamma \to Q \times \Gamma \times \{L, R\}$ (Übergangsfunktion),
- $q_0 \in Q$ ist der Startzustand,
- $q_A \in Q$ ist der akzeptierende Zustand,
- $q_V \in Q$ ist der verwerfende Zustand ($q_V \neq q_A$).

Das meiste aus der Definition erschließt sich aus unseren bisherigen Erläuterungen beziehungsweise in Analogie zu bisherigen Modellen. Auf die formale Beschreibung der Übergänge wollen wir jedoch noch einmal eingehen. Wir sehen, dass die Übergangsfunktion δ ein Paar von Zustand und Zeichen aus dem Arbeitsalphabet in ein Tripel von Zustand, Zeichen und einem Zeichen aus $\{L, R\}$ abbildet. Wenn $\delta(p, a) = (q, b, X)$ gilt, interpretieren wir dies wie folgt: Befindet sich die Turingmaschine im Zustand p und das Zeichen an der Kopfposition ist a, dann wechseln wir in den Zustand q, ersetzen das Zeichen an der Kopfposition durch b (falls $a \neq b$) und bewegen dann den Kopf. Falls $X = R$, wird der Kopf eine Position nach rechts, falls $X = L$, wird der Kopf eine Position nach links bewegt. Abb. 4.2 zeigt den Zusammenhang zwischen den Übergängen und der Funktion δ im Beispiel.

Unser nächstes Ziel ist es, die Akzeptanz eines Wortes durch eine Turingmaschine formal zu definieren. Dafür sehen wir uns als Erstes an, wie man eine Konfiguration einer Turingmaschine angeben kann. Wie bereits erwähnt, besteht eine Konfiguration aus

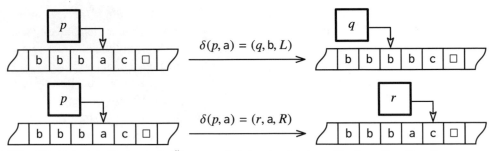

Abb. 4.2 Beispiele für durch die Übergangsfunktion beschriebene Konfigurationsübergänge

Bandinhalt, Kopfposition und Zustand. Natürlich interessieren uns vom Bandinhalt nur die Zellen, auf denen irgendwann einmal der Kopf stand beziehungsweise die Zellen, welche die Eingabe enthalten. In allen anderen Zellen kann nur das Blanksymbol stehen. Wir bezeichnen diesen Teil des Bandes als das **besuchte Band**. Um eine Konfiguration zu notieren, nutzen wir folgende Konvention: Den linken Teil des besuchten Bandes bis einschließlich der Zelle vor der Kopfposition fassen wir als Wort auf, welches wir w_ℓ nennen. Der Rest des besuchten Bandes, also ab der aktuellen Kopfposition notieren wir durch das Wort w_r. Ferner bezeichnen wir den aktuellen Zustand mit p. Die so festgelegte Konfiguration der Turingmaschine geben wir als

$$w_\ell / p / w_r$$

an. Die Konfiguration aus Abb. 4.2 oben links bezeichnen wir somit als $\texttt{bbb}/p/\texttt{ac}$.

Wir können nun formal festlegen, wie man von einer Konfiguration in eine andere gelangt. Dazu definieren wir den Begriff der **Folgekonfiguration** wie folgt. Sei $u/p/av$ eine Konfiguration, wobei $u, v \in \Gamma^*$ und $a \in \Gamma$. Wir sagen,

$ub/q/v$ ist Folgekonfiguration von $u/p/av$, falls $\delta(p, a) = (q, b, R)$.

Dies entspricht einem Übergang nach rechts. Für einen Übergang nach links betrachten wir die Konfiguration $uc/p/av$. Nun gilt

$u/q/cbv$ ist Folgekonfiguration von $uc/p/av$, falls $\delta(p, a) = (q, b, L)$.

Eine spezielle Konfiguration ist die **Startkonfiguration** für das Eingabewort w; sie ist als $\varepsilon/q_0/w$ definiert. Des Weiteren nennen wir eine Konfiguration **akzeptierende Konfiguration**, falls sie den Zustand q_A enthält, und **verwerfende Konfiguration**, falls sie den Zustand q_V enthält.

Definition 4.2 (Akzeptanz eines Wortes durch eine Turingmaschine) Wir sagen, eine Turingmaschine akzeptiert die Eingabe w, falls es eine Folge von nichtverwerfenden Konfigurationen $(K_0, K_1, \ldots, K_m)$ gibt, für die gilt:

1. K_0 ist die Startkonfiguration bezüglich w,
2. für alle $1 \leq i \leq m$ ist K_i die Folgekonfiguration von K_{i-1},
3. K_m ist eine akzeptierende Konfiguration.

Die Konfigurationsfolge bezeichnen wir als *akzeptierenden Berechnungspfad* der Turingmaschine bei Eingabe w.

Gibt es eine Folge von Zustandsübergängen, wie in Definition 4.2, wobei K_m entweder eine verwerfende oder akzeptierende Konfiguration ist, nennen wir diese Berechnungspfad. Wie üblich bezeichnen wir mit $L(M)$ die Menge der von M akzeptierten Wörter. Wir nennen $L(M)$ die von der Turingmaschine akzeptierte Sprache. Häufig sprechen wir statt von akzeptierten Wörtern (Sprachen) auch von **erkannten** Wörtern (Sprachen). Wir nutzen die Notation $M(w)$, um anzugeben, dass wir eine Turingmaschine M mit Eingabe w betrachten.

An dieser Stelle wollen wir deutlich machen, dass es zwei Gründe geben kann, warum ein Wort nicht akzeptiert wird. Zum einen ist es natürlich möglich, dass die Sequenz von Folgekonfigurationen die Startkonfiguration in eine verwerfende Konfiguration überführt. Wir sagen in diesem Fall, dass das Eingabewort **verworfen** wird. Das hat zur Folge, dass wir dieses Wort nicht akzeptieren. Es gibt aber noch eine andere Möglichkeit für die Nichtakzeptanz. Es kann nämlich der Fall eintreten, dass die Berechnung nicht terminiert. Dies passiert, wenn wir uns in einer Endlosschleife befinden oder, zum Beispiel, wenn wir immer nach links laufen, ohne das Band zu verändern. Auch in diesen Fällen gibt es keine Folge von Konfigurationen wie in Definition 4.2 beschrieben, und die Eingabe wird nicht akzeptiert. Wenn eine Turingmaschine die Eingabekonfiguration in die akzeptierende oder verwerfende Konfiguration überführt, sagen wir, die Turingmaschine **hält** bei dieser Eingabe. Wenn eine Turingmaschine nicht hält, sagen wir, dass sie **zykelt**. Die Nichtakzeptanz kann also dadurch realisiert werden, dass die Eingabe verworfen wird *oder* die Turingmaschine zykelt. Beim deterministischen endlichen Automaten war diese Unterscheidung nicht notwendig, da hier Nichtakzeptanz und Verwerfen gleichgesetzt waren. Für alle anderen bereits eingeführten Modelle konnte es zwar unendlich lange Läufe durch die Verwendung von ε-Übergänge geben, das stellte uns aber nie vor große Probleme. So konnten wir beim nichtdeterministischen endlichen Automaten das Wortproblem ja dadurch lösen, indem wir den Potenzautomaten gebildet haben, in welchem keine ε-Übergänge mehr vorkommen. Beim (deterministischen) Kellerautomaten kann man ebenfalls jeden Kellerautomaten, der unendlich lange Läufe hat, durch einen ersetzen, der dies vermeidet (vergleiche Lemma 3.9). Wie wir noch sehen werden, ist das Problem des Nichtterminierens für Turingmaschinen viel schwieriger zu handhaben.

Wir wollen nun die Sprachklasse definieren, die wir den Turingmaschinen zuordnen. In der Tat werden wir zwei verschiedene Sprachklassen definieren. Das hängt damit zusammen, dass die Nichtakzeptanz durch Zykeln oder Verwerfen ausgedrückt werden kann. Zum Lösen des Wortproblems gehört nicht nur, alle positiven Antworten zu ermitteln, sondern auch dann eine Antwort zu geben, wenn ein Wort nicht in der Sprache enthalten ist. Wenn eine Turingmaschine zykelt, ist dies ein Problem. Wir wissen zu keinem Zeitpunkt, ob wir dann die Eingabe akzeptieren oder nicht akzeptieren sollen, da wir uns nie sicher sein können, ob die Turingmaschine nicht doch noch in den akzeptierenden oder verwerfenden Zustand wechselt. Man könnte natürlich darauf hoffen, dass es sich feststellen lässt, ob eine Turingmaschine zykelt. Eventuell reicht es ja aus, die Anzahl der ausgeführten Schritte zu zählen. Bei zu vielen Schritten scheint ein Zykeln wahrscheinlich. Leider funktioniert diese Idee nicht, und es gibt keine generelle Strategie, um herauszufinden, ob eine Turingmaschine hält. Dies werden wir jedoch erst in Kap. 5 beweisen.

Turingmaschinen, die auf jeder Eingabe stoppen, nennen wir **Entscheider**. Wir definieren nun die folgenden Sprachklassen.

Definition 4.3 (Entscheidbar) Eine Sprache L heißt *entscheidbar*, falls es einen Entscheider M gibt, sodass $L(M) = L$. Wir sagen, dass L durch M entschieden wird. Die Klasse der entscheidbaren Sprachen bezeichnen wir mit $\mathbb{E}$.

Die Sprachklasse $\mathbb{E}$ wird häufig auch die Menge der *rekursiven Sprachen* genannt.

Für Turingmaschinen, die nicht notwendigerweise auf allen Eingaben stoppen, wollen wir auch die dazugehörige Sprachklasse benennen.

Definition 4.4 (Erkennbar) Eine Sprache L heißt *erkennbar*, falls es eine Turingmaschine M gibt, sodass $L(M) = L$. Wir sagen, dass L durch M erkannt wird. Die Klasse der erkennbaren Sprachen bezeichnen wir mit $\mathbb{A}$.

Die Sprachklasse $\mathbb{A}$ ist auch unter den Namen *semientscheidbare Sprachen* und *rekursiv aufzählbare Sprachen* bekannt. Für erkennbare Sprachen bekommen wir also mitunter nur eine Antwort für die Ja-Instanzen der Sprache, wohingegen wir bei entscheidbaren Sprachen Ja- und Nein-Instanzen definitiv beantworten können.

Als Nächstes wollen wir uns Beispiele für Turingmaschinen ansehen. Dazu führen wir eine grafische Notation ein, welche sich an den Zustandsdiagrammen für endliche Automaten anlehnt. Wir werden Zustände als Kreise darstellen und Pfeile nutzen, um die Übergänge zu kennzeichnen. Startzustand und der akzeptierende Zustand werden wie bei den endlichen Automaten markiert. Den verwerfenden Zustand zeichnen wir mit gestrichelter Linie. Einen Übergang $\delta(p, a) = (q, b, X)$ geben wir an, indem wir eine gerichtete Kante von p zu q einzeichnen und diese mit $a \rightarrow b, X$ beschriften. Abb. 4.3 zeigt ein Beispiel für die grafische Notation eines Übergangs. Fehlen im

Abb. 4.3 Grafische Notation
für $\delta(p, a) = (q, b, X)$

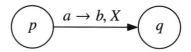

Zustandsdiagramm Übergänge, dann interpretieren wir das so, dass diese Übergänge in den verwerfenden Zustand führen.

Sehen wir uns nun ein konkretes Beispiel an. Das Zustandsdiagramm der Turingmaschine M_1 ist in Abb. 4.4 dargestellt. Für diese Maschine gilt $\Sigma = \{a, b\}$ sowie $\Gamma = \{a, b, \square\}$. Es fehlen einige Übergänge für das Blanksymbol. Nach unserer Konvention wird bei fehlenden Übergängen verworfen. Für die Eingabe aba ergibt sich dann der Berechnungspfad, der in Abb. 4.5 zu sehen ist. Der Berechnungspfad besteht aus 6 Konfigurationen, wobei seine letzte Konfiguration eine akzeptierende Konfiguration ist und keine der vorigen Konfigurationen verwerfend ist. Demnach wird das Wort $w = $ aba von der Turingmaschine akzeptiert/erkannt.

Test 4.1 Finden Sie ein Wort, bei welchem die Turingmaschine M_1 zykelt, und ein Wort, welches die Turingmaschine M_1 verwirft.

Nach dem etwas künstlich gewählten Beispiel der Turingmaschine M_1 werden wir uns nun eine Turingmaschine ansehen, die auch wirklich eine interessante Sprache erkennt.

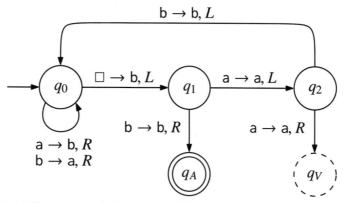

Abb. 4.4 Zustandsdiagramm der Turingmaschine M_1

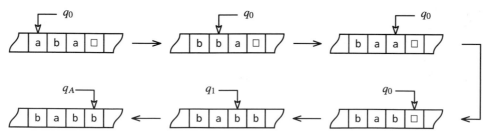

Abb. 4.5 Berechnungspfad der Turingmaschine M_1 bei Eingabe aba

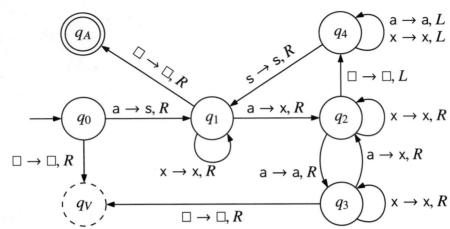

Abb. 4.6 Turingmaschine M_2 für die Sprache $\{a^{2^n} \mid n \geq 0\}$

Das Zustandsdiagramm dieser Turingmaschine M_2 ist in Abb. 4.6 abgebildet. Die Sprache, die von dieser Turingmaschine erkannt wird, ist $\{a^{2^n} \mid n \geq 0\}$. Obwohl M_2 nur 7 Zustände hat, ist es recht schwierig, die Arbeitsweise dieser Turingmaschine ohne weitere Kommentare zu verstehen. Wir werden deshalb die Arbeitsweise dieser Maschine im Folgenden erklären.

Die prinzipielle Idee der Berechnung ist, dass wir eine Zweierpotenz so lange ohne Rest durch 2 teilen können, bis wir eine 1 erhalten. Als Arbeitsalphabet nutzen wir $\Gamma = \{a, x, s, \Box\}$ und $\Sigma = \{a\}$. Das Zeichen s nutzen wir, um den Anfang unserer Eingabe zu markieren. Dies macht es uns etwas einfacher, wieder zum Anfang des Wortes zu laufen. Das Zeichen x nutzen wir, um zu kennzeichnen, dass wir ein Zeichen „gestrichen" haben. Eine Division durch 2 kann man nun ausführen, indem man jedes zweite a streicht (genauer, durch x ersetzt). Dies führt die Maschine in den Zuständen q_2 und q_3 aus. Der Streichvorgang durchläuft hierbei die Eingabe von links nach rechts und wechselt jedes Mal zwischen q_2 und q_3, wenn er ein a findet. Bereits gestrichene Zeichen x werden ignoriert. Das Streichen findet ein Ende, wenn man ein Blanksymbol liest. Geschieht dies im Zustand q_3, hatten wir eine ungerade Anzahl von Zeichen gestrichen, was bedeutet, dass die Division durch 2 einen Rest von 1 hatte. In diesem Fall verwerfen wir die Eingabe. Endet das Streichen jedes zweiten as jedoch im Zustand q_2, gab es bei der Division durch 2 keinen Rest, und wir fahren mit einer weiteren Division durch 2 fort. Dazu begeben wir uns wieder an den Anfang des Wortes. Das Nachvornelaufen wird im Zustand q_4 realisiert.

Wichtig ist nun noch, dass wir feststellen können, wann wir die Eingabe akzeptieren müssen. Wir haben erfolgreich gezeigt, dass die Eingabe eine Zweierpotenz ist, wenn nach einer Divisionsrunde nur noch ein a auf dem Band verbleibt. Das können wir jedoch direkt mit dem Dividieren abtesten. Konkret heißt das, dass wir beim Dividieren erst in den q_2/q_3-Teil übergehen, nachdem das zweite a gefunden wurde. Wir warten deshalb im Zustand q_1 bis zum ersten Streichen eines as. Zu Beginn hatten wir im ersten Übergang den Anfang des Wortes mit $\underline{s}$ markiert (im Zustand q_0), was wir dann beim Zurücklaufen (im Zustand q_4) nutzen.

Die Turingmaschine M_2 hält bei jeder Eingabe. Deshalb ist sie ein Entscheider. In diesem Sinne wird die Sprache $\{a^{2^n} \mid n \geq 0\}$ nicht nur von M_2 erkannt, sondern sogar entschieden.

Bei der Konstruktion von Turingmaschinen setzt man zwei Techniken häufig ein, die wir an dieser Stelle kurz beleuchten wollen. Der Speicher der Turingmaschine ist hauptsächlich ihr Band. Die Turingmaschine kann aber auch endlich viele Informationen in ihrer Kontrolleinheit speichern, sozusagen durch ihren aktuellen Zustand. Wollen wir uns zum Beispiel *merken*, welches Zeichen links auf dem beschriebenen Band steht, sagen wir, dass wir uns diese Information „in den Zuständen merken". Eine Möglichkeit hierfür wäre es, den Zustandsraum zu verdoppeln, indem wir jedes $q_i \in Q$ durch ein q_i^a und ein q_i^b ersetzen. Befinden wir uns nun im Zustand q_i^x, soll dies bedeuten, dass die ursprüngliche Maschine sich im Zustand q_i befand und wir uns das Zeichen x gemerkt haben. Die Turingmaschine mit dem neuen Zustandsraum kann man leicht aus der ursprünglichen Turingmaschine konstruieren.

Eine zweite Technik ist das *Markieren von Symbolen*. An dieser Stelle wollen wir ein Symbol mit einer Marke versehen, ohne es zu löschen. Auch dies kann man relativ einfach realisieren. Dazu fügt man für jedes Symbol $x \in \Gamma$ ein Symbol x' dem Arbeitsalphabet hinzu. Möchte man ein Zeichen x markieren, ersetzt man es durch x', will man die Markierung entfernen, ersetzt man x' durch x. Die ursprüngliche Information, dass auf dieser Zelle ein x gespeichert wurde, geht somit nicht verloren. Natürlich kann man diese Methode auch mit verschiedenen Marken ausführen.

Test 4.2 Konstruieren Sie eine Turingmaschine, welche die Sprache $\{u\$u \mid u \in \{a, b\}^*\}$ erkennt. Geben Sie dazu ein Zustandsdiagramm an, und kommentieren Sie die Arbeitsweise der Turingmaschine.

Wie wir in den Beispielen gesehen haben, ist es sehr mühselig, Turingmaschinen zu konstruieren. Des Weiteren sind Turingmaschinen als Zustandsdiagramm nur sehr schwer lesbar. Deshalb wollen wir noch eine andere Art der Beschreibung von Turingmaschinen etablieren. Die **Modulbeschreibung** ist eine textuelle Beschreibung einer Turingmaschine. Ein Modul besteht hierbei aus einem Programmteil, der eine sehr einfache Operation auf dem Band ausführt. Beispiele hierfür wären: „Gehe nach links, bis ein Blanksymbol erscheint", oder „Laufe über das beschriebene Band und ersetze jedes zweite a durch ein b". Jedes dieser Module sollte so einfach gehalten sein, dass man es mit wenigen Zuständen, quasi als Unterprogramm der Turingmaschine, realisieren kann. In der Modulbeschreibung erklären wir nun, wie diese Module verknüpft sind. Wir wollen die Modulbeschreibung an einem einfachen Beispiel demonstrieren.

Beispiel 4.1 Wir wollen eine Turingmaschine für die Sprache $\{a^{n^2} \mid n \geq 1\}$ in Modulschreibweise angeben. Wir nutzen dabei den Umstand, dass $n^2 - (n-1)^2 =$

$2n - 1$. Das heißt, dass die Differenzen zwischen den Quadratzahlen die ungeraden Zahlen $1, 3, 5, \ldots$ sind. Die Idee ist nun, die ungeraden Zahlen „hochzuzählen" und auf der Eingabe abzustreichen. Folgende Turingmaschine führt dies aus.

1. Gehe zum Ende der Eingabe und ersetze das erste Blanksymbol durch 1.
2. Ersetze die am weitesten links stehende 1 durch 0, dann gehe zum a, das am weitesten links steht und ersetze dieses a durch x. Findet sich kein a, stoppe verwerfend.
3. Wiederhole das vorige Modul 2, bis es kein Zeichen 1 mehr gibt.
4. Teste nun, ob alle as durch x ersetzt wurden, falls ja, stoppe akzeptierend.
5. Ersetze alle 0 durch 1 und füge zwei Zeichen 1 am rechten Rand hinzu.
6. Fahre mit 2. fort.

Im Gegensatz zum Zustandsdiagramm ist die Modulbeschreibung weniger präzise. Die Modulbeschreibung aus Beispiel 4.1 erhält zum Beispiel die Angabe „Wiederhole das vorige Modul 2, bis es kein Zeichen 1 mehr gibt.". Hier steckt implizit ein Test dahinter, der prüft, ob auf dem beschriebenen Band ein a steht. Diesen Test kann man auf verschiedene Arten durchführen. Wichtig ist es, dass es sich bei der Anweisung um eine einfache Aufgabe handelt. Je vertrauter wir mit der Arbeitsweise von Turingmaschinen sind, desto komplexer können wir die einzelnen Module definieren.

Test 4.3 Geben Sie eine Turingmaschine für die Sprache $\{a^n b^m c^{n \cdot m} \mid n, m \geq 0\}$ in Modulbeschreibung an.

Wenn wir Turingmaschinen entwerfen, geht es uns nicht vorrangig darum, eine konkrete Turingmaschine als Programm zu bestimmen. Die „Programmiersprache" Turingmaschinenmodell ist wenig komfortabel und wird natürlich nicht in der Praxis eingesetzt. Für uns ist es aber wichtig, dass wir uns überzeugen können, dass es für eine Sprache eine Turingmaschine gibt, die diese akzeptiert. Für diese „Überzeugung" reicht in der Regel die Angabe der Turingmaschine in Modulschreibweise aus.

4.2 Varianten der Turingmaschine

Wir sehen uns nun Varianten des Turingmaschinenmodells an. Je nach Anwendungsgebiet hat die eine oder die andere Variante Vor- oder Nachteile. Je mehr Varianten wir kennen, desto einfacher wird es uns fallen, über Turingmaschinen zu argumentieren.

4.2.1 Mehrband-Turingmaschine

Eine sehr wichtige Modifikation der Turingmaschine ist die sogenannte Mehrband-Turingmaschine. Die Idee ist hierbei einfach: Statt eines Bandes besitzt die Turingma-

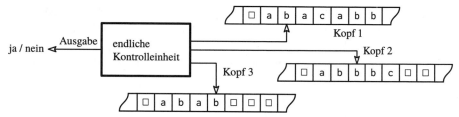

Abb. 4.7 Schematischer Aufbau einer 3-Band-Turingmaschine

schine mehrere Bänder. Jedes dieser Bänder verfügt über einen Schreib- und Lesekopf und die Köpfe bewegen sich unabhängig voneinander. Als Konsequenz hieraus hängt nun die Folgekonfiguration von den Inhalten der Zellen an den Kopfpositionen aller Bänder ab. Zudem können innerhalb eines Zustandsüberganges die Zellen an der Kopfposition auf jedem Band verändert werden. Der schematische Aufbau einer Mehrband-Turingmaschine ist in Abb. 4.7 abgebildet. Besitzt die Turingmaschine k Bänder, spricht man von einer **k-Band-Turingmaschine**. Für eine solche Turingmaschine ergibt sich demnach eine Übergangsfunktion $\delta : Q \times \Gamma^k \to Q \times \Gamma^k \times \{L, R, N\}^k$. Aus Gründen des Programmierkomforts erlauben wir auch, dass ein Kopf eines Bandes stehen bleibt, was durch ein N codiert wird. Auf eine genaue formale Angabe der Arbeitsweise einer Mehrband-Turingmaschine verzichten wir aufgrund des geringen Unterschieds zum Original.

Das erste Band enthält die Eingabe und entspricht dem Band der (1-Band-) Turingmaschine. Dieses Band bezeichnet man als **Eingabeband**. Die restlichen Bänder nennt man **Arbeitsbänder**. Gibt es mehrere Arbeitsbänder, so werden diese durchnummeriert.

Der Vorteil von mehreren Bändern ist, dass man sich Informationen bequem abspeichern kann. So könnte man für die Turingmaschine zu $\{a^{n^2} \mid n \geq 1\}$ aus Beispiel 4.1 eine einfachere Mehrband-Version beschreiben, in welcher das Heraufzählen der ungeraden Zahlen auf einem Arbeitsband ausgeführt wird. Die angepasste Modulbeschreibung sieht dann wie folgt aus:

1. Schreibe eine 1 auf das Arbeitsband.
2. Bewege den Kopf des Arbeitsbandes auf das am weitesten links stehende Zeichen 1.
3. Bewege den Kopf des Arbeitsbandes und des Eingabebandes simultan nach rechts, bis auf dem Arbeitsband ein Blanksymbol erscheint. Wurde vorher ein Blanksymbol auf dem Eingabeband gefunden, stoppe verwerfend.
4. Ist nun die Eingabe komplett gelesen, stoppe akzeptierend. Ansonsten schreibe 11 rechts auf das Arbeitsband und fahre mit Modul 2. fort.

Es drängt sich natürlich die Frage auf, ob wir mit der Mehrband-Turingmaschine eine größere Sprachfamilie akzeptieren können als mit der klassischen Turingmaschine. Die negative Antwort wird durch den folgenden Satz gegeben.

Satz 4.1 Zu jeder Mehrband-Turingmaschine gibt es eine (1-Band-)Turingmaschine, welche die gleiche Sprache akzeptiert.

Beweis. Für den Beweis stellen wir eine Technik vor, welche *Mehrspurtechnik* heißt. Angenommen, die k-Band-Turingmaschine ist $M = (Q, \Sigma, \Gamma, \delta, q_0, q_A, q_V)$. Wir wollen diese Maschine durch eine 1-Band-Turingmaschine simulieren. Dazu müssen wir natürlich eine Möglichkeit haben, den Inhalt der k Bänder auf einem Band abzuspeichern. Als Lösung für dieses Problem werden wir einfach als Arbeitsalphabet der Einbandmaschine Γ^k benutzen. Das heißt, in einer Zelle des Bandes steht nun statt eines Zeichens aus Γ ein k-Tupel aus Γ^k. Wir definieren als **Spur** i des Bandes alle i-ten Komponenten der Zellen (siehe dazu Abb. 4.8). Somit hat unser Band k Spuren, und wir haben eine Möglichkeit gefunden, den Inhalt der k-Bänder auf einem einzelnen Band unterzubringen.

Damit sind wir aber noch nicht am Ziel, denn eine Spur verhält sich nicht wie ein Band. Genauer gesagt, besitzen die Spuren keine unabhängigen Schreib-/Leseköpfe. Im verbleibenden Teil des Beweises erklären wir, wie man die Köpfe und deren Bewegung „simulieren" kann.

In jeder Spur werden wir die aktuelle Kopfposition markieren, indem wir das Zeichen an dieser Stelle markieren. Konkret könnte das so aussehen, dass wir als Arbeitsalphabet $(\Gamma \cup \Gamma')^k$ wählen, wobei $\Gamma' := \{x' \mid x \in \Gamma\}$. Das Zeichen der Spur unter dem (virtuellen) Kopf wird durch die gestrichene Version ersetzt (siehe Abb. 4.9). Die Kopfbewegung von M muss nun auf den Spuren durchgeführt werden. Dabei werden wir für die Simulation eines Schrittes ein ganzes Unterprogramm benötigen. Da wir für die Unterprogramme einen komplett neuen Zustandsraum benötigen, merken wir uns den Zustand der simulierten Maschine in den Zuständen der 1-Band-Turingmaschine. In Modulschreibweise läuft dieser Programmteil für einen Befehlt des Typs $\delta(p, (x_1, \dots, x_k)) = (q, (y_1, \dots, y_k), (D_1, \dots, D_k))$ in etwa so ab:

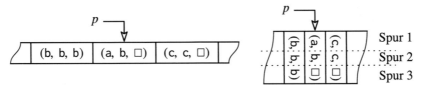

Abb. 4.8 Mehrspurtechnik: Realisierung von 3 Spuren auf einem Band. Spur 1: $(\dots, \mathsf{b}, \mathsf{a}, \mathsf{c}, \dots)$, Spur 2: $(\dots, \mathsf{b}, \mathsf{b}, \mathsf{c}, \dots)$, Spur 3: $(\dots, \mathsf{b}, \square, \square, \dots)$

Abb. 4.9 Simulation eines Schrittes einer 3-Band-Turingmaschine mit der Mehrspurtechnik. Im Bild wurde der Befehl $\delta(p, (\mathsf{c}, \mathsf{a}, \mathsf{b})) = (q, (\mathsf{c}, \mathsf{b}, \mathsf{a}), (L, N, R))$ simuliert. Links ist die Situation vor, rechts nach der Ausführung skizziert

1. Für jede Spur $i = 1, \ldots, k$ mache das Folgende und wechsle danach den gemerkten Zustand zu q:
2. Gehe zum linken Ende des beschriebenen Bandes und dann gehe nach rechts, bis das Zeichen mit der Markierung der Kopfposition für die i-te Spur gefunden wurde.
3. Ersetze $(a_1, \ldots, x_i', \ldots, a_k)$ durch $(a_1, \ldots, y_i, \ldots, a_k)$.
4. Falls $D_i = R$, gehe nach rechts, bei $D_i = L$ gehe nach links, falls $D_i = N$, gehe nach links, dann wieder nach rechts.
5. Ersetze $(a_1, \ldots, a_i, \ldots, a_k)$ durch $(a_1, \ldots, a_i', \ldots, a_k)$. Weiter bei 1.

Das obige Unterprogramm führt also einen Übergang aus. Für jeden der endlich vielen Befehle der Turingmaschine M konstruieren wir nun ein solches Unterprogramm. Nun benötigen wir noch ein *Steuermodul*, welches diese Unterprogramme aufruft und testet, ob wir die Simulation stoppen können. Das Modul sieht zum Beispiel wie folgt aus:

1. Gehe zum linken Ende des beschriebenen Bandes.
2. Teste, ob an der Kopfposition ein Zeichen aus $(\Gamma \cup \Gamma')^k$ steht, in welchem gestrichene Komponenten auftreten. Merke diese Zeichen (inkl. der Spur, auf der sie stehen) in den Zuständen.
3. Gehe einen Schritt nach rechts. Falls noch nicht das rechte Ende des beschriebenen Bandes erreicht wurde, gehe zu 2.
4. Rufe das entsprechende Unterprogramm für die Kopfbewegung auf.
5. Ist nun der gemerkte Zustand q_V, stoppe verwerfend, ist dieser Zustand q_A, stoppe akzeptierend, ansonsten fahre mit 1. fort.

Beachten Sie, dass wir uns in den Zuständen immer nur endlich viele Informationen merken. Die Korrektheit der Simulation folgt direkt aus der Konstruktion. ∎

4.2.2 Halbband-Turingmaschine und LBA

Neben der Möglichkeit, eine Turingmaschine mit mehreren Bändern auszustatten, kann man natürlich auch andersherum versuchen, das vorhandene Band einzuschränken. Wenn wir das Band auf beiden Seiten beschränken, dann können wir nur endlich viele Zellen benutzen. Wir haben aber bereits festgestellt, dass man endlich viele Informationen auch schon in den Zuständen speichern kann. Also braucht man in diesem Fall gar kein Band. Eine Turingmaschine, die ihr Band ignoriert, verhält sich wie ein DEA, somit ist diese Einschränkung nicht interessant.

Weniger restriktiv ist es, das Band nur auf einer Seite zu beschränken. Hierfür nehmen wir an, dass es einen linken Rand des Bandes gibt. Am Anfang der Berechnung steht der Kopf auf dem am weitesten links stehenden Zeichen (und somit beginnt die Eingabe am linken Rand). Eine solche Turingmaschine nennen wir **Halbband-Turingmaschine**. Würde ein Befehl den Kopf über das linke Ende des Bandes schieben, würde er die

Kopfbewegung nicht ausführen und den Kopf an der Stelle belassen. Wir führen dieses Modell ein, da es komfortabler sein kann, mit einem Band zu arbeiten, das nur nach einer Seite unbeschränkt ist. Der folgende Satz sagt uns, dass diese Modifikation nicht die Ausdruckskraft des Modells einschränkt.

Satz 4.2 Zu jeder Turingmaschine gibt es eine Halbband-Turingmaschine, welche die gleiche Sprache erkennt.

Beweis. Sei $M = (Q, \Sigma, \Gamma, \delta, q_0, q_A, q_V)$ die Turingmaschine, die wir durch eine Halbband-Turingmaschine M' mit Übergangsfunktion δ' simulieren wollen. Wir nummerieren die Zellen von M von links nach rechts, sodass der Kopf zu Beginn auf der Zelle mit Nummer 0 steht. Auf dem Halbband werden wir nun zwei Spuren einrichten, wie im Beweis zu Satz 4.1 beschrieben. Eine der Spuren speichert alle Zellen des Bandes von M mit positiven Nummern (aufsteigend), die andere Spur die Zellen mit negativen Nummern (absteigend). Die Zelle am linken Rand markieren wir durch ein Sonderzeichen, zum Beispiel durch $. Ob wir uns aktuell (in der Simulation) auf einer Zelle mit positiver oder negativer Nummer befinden, merken wir uns in den Zuständen. Genauer gesagt, gibt es von jedem Zustand $q \in Q$ zwei Versionen q_+ (aktuell Kopf auf positiver Zelle) und q_- (aktuell Kopf auf negativer Zelle). Die aktuelle Kopfposition auf der Halbband-Turingmaschine zeigt genau auf die Zelle, in welcher sich die simulierte Turingmaschine befinden würde (siehe Abb. 4.10).

Nun ist es nicht schwer, die Befehle für die Halbband-Turingmaschine zu konstruieren. Vereinfacht gesprochen, gibt es für jeden Befehl in M zwei Befehle in M'. Falls also $\delta(q, x) = (p, y, X)$, wird daraus $\delta'(q_+, (x, a)) = (p_+, (y, a), X)$ und $\delta'(q_-, (a, x)) = (p_-, (a, y), \bar{X})$ für alle Möglichkeiten von $a \in \Gamma$. Hierbei bezeichnet $\bar{X}$ die entgegengesetzte Richtung zu X. Wir fügen nun Befehle hinzu, die beim Lesen eines $ einen Wechsel der Spuren realisieren, zum Beispiel $\delta'(p_+, \$) = (p_-, \$, R)$. Zum Abschluss ergänzen wir ein Modul, welches uns am Anfang die Eingabe in die richtige Spur kopiert und das $-Zeichen setzt. Die so konstruierte Halbband-Turingmaschine M' arbeitet genauso wie die Turingmaschine M. ∎

Wir können das Band einer Turingmaschine auch in der Art einschränken, dass nur die Zellen benutzt werden dürfen, auf denen am Anfang die Eingabe stand. Beachten Sie, dass dies ein Unterschied zu einem (unabhängig von der Eingabe) beidseitig beschränkten Band

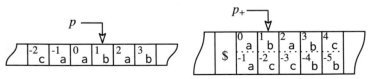

Abb. 4.10 Simulation eines Bandes durch ein Halbband mit zwei Spuren. Die (virtuellen) Zellen sind zusätzlich mit ihrer Nummer gekennzeichnet

ist. Wie schon bei der Halbband-Turingmaschine würde man bei einer Kopfbewegung über den erlaubten Bereich des Bandes den Kopf an seiner Position belassen.

Die Beschränkung des Bandes auf die Eingabe klingt im ersten Moment restriktiv. Wir können natürlich die bereits bekannte Mehrspurtechnik nutzen, um uns etwas mehr Platz auf dem Band zu verschaffen. Die Anzahl der Spuren muss aber im Voraus (vor der Berechnung) festgelegt werden. Benutzen wir zum Beispiel k Spuren, dann können wir auf kn virtuelle Zellen bei Eingabelänge n zugreifen. Wir haben somit linear viel Speicher (bzgl. n) zur Verfügung. Aus diesem Grunde nennen wir die Turingmaschinen mit einer solchen Bandbeschränkung **linear beschränkte Automaten (LBA)**.

Definition 4.5 (Linear beschränkter Automat (LBA)) Eine Turingmaschine,[1] welche nur den Speicherplatz benutzen darf, auf dem ihre Eingabe anfangs stand, heißt *linear beschränkter Automat*, kurz LBA. Falls der Kopf über den erlaubten Bereich hinaus bewegt werden würde, bleibt er stattdessen stehen.

Die Sprachen, die durch einen LBA erkannt werden, bilden eine interessante Klasse. Nicht jede Turingmaschine kann durch einen LBA simuliert werden, aber viele praktische Probleme lassen sich mit einem LBA lösen. Wir gehen an dieser Stelle nicht weiter auf LBAs ein, werden aber später im weiteren Verlauf des Buches auf diese Turingmaschinen-Variante zurückkommen. Dann werden wir genauer die Unterschiede zwischen LBA und Turingmaschine untersuchen.

4.2.3 Nichtdeterministische Turingmaschine

Analog zu den endlichen Automaten stellen wir nun eine nichtdeterministische Version des Modells Turingmaschine vor.

Definition 4.6 (Nichtdeterministische Turingmaschine) Eine *nichtdeterministische Turingmaschine* (kurz NTM) ist ein 7-Tupel
$M = (Q, \Sigma, \Gamma, \delta, q_0, q_A, q_V)$, für welches die gleichen Bedingungen gelten wie für die Turingmaschine. Einzige Ausnahme ist die Übergangsfunktion δ, welche die Form $\delta \colon Q \times \Gamma \to \mathcal{P}(Q \times \Gamma \times \{L, R\})$ hat.

Den Begriff der Konfiguration werden wir wie im deterministischen Modell benutzen. Die modifizierte Übergangsfunktion beschreibt jetzt nicht mehr nur eine Möglichkeit, die Berechnung fortzusetzen, sie gibt eine Menge von Möglichkeiten an. Damit gibt

---

[1] Nach der Definition ist ein LBA ein deterministisches Modell. Häufig wird auch das nichtdeterministische Äquivalent als LBA bezeichnet. Es ist nicht bekannt, ob beide Varianten gleichmächtig sind.

es nicht mehr zu jeder Konfiguration eine eindeutige Folgekonfiguration, sondern eine Menge von legalen Folgekonfigurationen. Dementsprechend macht es auch nicht mehr Sinn, die Berechnung als eine Folge von Konfigurationen zu verstehen (durch den Berechnungspfad angegeben). Da wir nun mehrere Möglichkeiten haben, werden wir die „Berechnung" anders aufschreiben. Statt eines Pfades nutzen wir einen Baum, welchen wir **Berechnungsbaum** nennen. Ein Berechnungsbaum ist für eine Turingmaschine und ein Eingabewort definiert.

Definition 4.7 (Berechnungsbaum) Sei M eine NTM und w das Eingabewort. Der *Berechnungsbaum* zu M und w ist ein (nicht notwendigerweise endlicher) Baum, dessen Knoten mit Konfigurationen beschriftet sind. Die Wurzel des Berechnungsbaumes ist mit der Startkonfiguration beschriftet. Jeder Knoten mit Konfiguration K (K nicht verwerfend oder akzeptierend) hat ein Kind für jede Folgekonfiguration von K. Die Kinder sind mit den dazugehörigen Folgekonfigurationen beschriftet.

Aus der Definition folgt, dass die Blätter des Berechnungsbaumes den stoppenden Konfigurationen entsprechen. Es kann im Baum natürlich Knoten mit der gleichen Beschriftung geben (wir fassen diese Knoten nicht zusammen!). Die folgende einfache NTM N_1 aus Abb. 4.11 soll für ein einfaches Beispiel dienen. Bei der Darstellung nutzen wir die gleichen Regeln wie bei den deterministischen Turingmaschinen.

Wir wollen uns nun den Berechnungsbaum für die Eingabe $w =$ aaba ansehen. Die Wurzel des Baumes ist mit der Startkonfiguration $\varepsilon/q_0/$aaba beschriftet. Wir sehen, dass es mit a/q_0/aba und a/q_1/aba zwei mögliche Folgekonfigurationen für die Startkonfiguration gibt. Demnach hat die Wurzel zwei Kinder, welche mit diesen Konfigurationen beschriftet sind. In dieser Weise kann man nun versuchen, den Baum zu vervollständigen. Das fertige Ergebnis ist in Abb. 4.12 zu sehen.

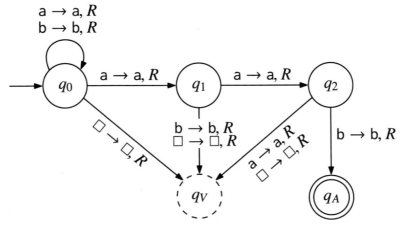

Abb. 4.11 Die nichtdeterministische Turingmaschine N_1

Abb. 4.12 Berechnungsbaum zu N_1 bei Eingabe aaba. Knoten mit akzeptierender Konfiguration sind doppelt umrandet, Knoten mit verwerfenden Konfigurationen gestrichelt

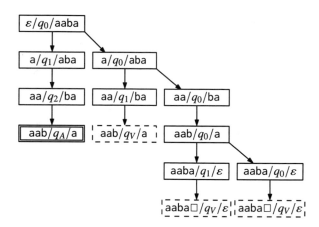

Wir werden nun definieren, wann eine NTM ihre Eingabe akzeptiert. Zur Erinnerung: Bei einem NEA wurde ein Wort akzeptiert, wenn es einen Lauf gab, der in einen akzeptierenden Zustand führte. Der Akzeptanzbegriff bei den nichtdeterministischen Turingmaschinen ist analog gefasst.

Definition 4.8 (Akzeptanz eines Wortes durch eine NTM) Eine NTM N *akzeptiert* oder *erkennt* ihre Eingabe w, falls der Berechnungsbaum zu N und w einen Knoten enthält, der mit einer akzeptierenden Konfiguration beschriftet ist.

Da der Berechnungsbaum zu N_1 und $w = $ aaba eine akzeptierende Konfiguration enthält, wird also w von N_1 akzeptiert. Beachten Sie, dass es durchaus unendliche Berechnungsbäume geben kann, die eine akzeptierende Konfiguration enthalten. Die Sprache, die durch eine NTM N akzeptiert beziehungsweise erkannt wird, ist wie immer gegeben durch die Menge der von der Maschine akzeptierten Wörter. Wir bezeichnen die akzeptierte Sprache mit $L(N)$.

Der nun folgende Satz zeigt uns, dass die nichtdeterministischen Turingmaschinen nicht mächtiger sind als die deterministischen.

Satz 4.3 Für jede nichtdeterministische Turingmaschine N gibt es eine Turingmaschine M mit $L(M) = L(N)$.

Beweis. Die Simulation von N durch M reduziert sich auf das Durchsuchen des Berechnungsbaumes nach einer akzeptierenden Konfiguration. Es ist möglich, dass es im

Berechnungsbaum unendlich lange Pfade gibt. Deshalb liefert eine Tiefensuche mitunter keinen Erfolg. Stattdessen durchsuchen wir den Baum mit Breitensuche. Dabei gehen wir wie folgt vor:

Sei b die maximale Anzahl von Kindern, die ein Knoten im Berechnungsbaum hat. Der Wert b ist für jede NTM eine Konstante. Die Kinder im Berechnungsbaum besitzen keine Ordnung. Wir werden jedoch eine beliebige Ordnung für sie festsetzen. Eine Möglichkeit ist es, die Kinder bezüglich ihrer Konfigurationen lexikografisch zu ordnen. Wir können nun jedem Knoten im Baum eine *Adresse* zuweisen. Dazu notieren wir die Nummern der jeweiligen Kinder im Pfad von der Wurzel. Siehe dazu auch Abb. 4.13. Eine Adresse ist somit ein Wort über dem Alphabet $\{1, 2, \ldots, b\}$. Natürlich gibt es auch Adressen, zu denen es keinen Knoten gibt. Das soll uns aber nicht weiter stören.

Wir werden uns nun überlegen, wie wir ein Teilprogramm konstruieren können, welches uns alle Adressen aufzählt. Wir können die Adressen als natürliche Zahlen in Darstellung zur Basis b verstehen. Wir beginnen, indem wir 1 auf das Band zum Aufzählen schreiben. Dann werden wir wiederholt zu der aktuell dargestellten Zahl eine 1 addieren. Die Addition kann leicht durchgeführt werden und wird in der dem Beweis folgenden Selbsttestaufgabe besprochen.

Unsere Maschine M verfügt über 3 Bänder: das Eingabeband, das Simulationsband und das Adressband. Auf dem Eingabeband lassen wir die Eingabe stehen. Wir nutzen es nur für das Kopieren der Eingabe auf das Simulationsband. Das Simulationsband nutzen wir, um die Konfiguration des Knotens des Berechnungsbaumes zu berechnen, dessen Adresse auf dem Adressband abgespeichert ist.

Die Maschine M führt folgende Schritte aus:

1. Lösche Simulationsband und kopiere die Eingabe auf das Simulationsband.
2. Finde die Konfiguration der Adresse, die auf dem Adressband gespeichert ist (Simulationsphase).
3. Falls die gefundene Konfiguration akzeptierend ist, stoppe akzeptierend.
4. Inkrementiere die Adresse auf dem Adressband und mache bei 1. weiter.

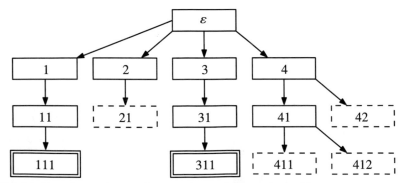

Abb. 4.13 Ein Berechnungsbaum mit zugeordneten Adressen in den Knoten

Wir müssen nun noch etwas genauer erklären, wie die Simulationsphase abläuft. Das Simulationsband wird wie das Band der NTM benutzt. Wir werden die Befehle in der Simulationsphase analog zur NTM definieren. Allerdings hängt es immer auch vom Zeichen auf dem Adressband ab, welchen der möglichen Befehle wir auch wirklich ausführen können. Steht auf dem Adressband die Nummer k auf der Zelle des Kopfes, dann können wir nur den k-ten Befehl (der möglichen Befehle) ausführen. Gibt es gar keinen Befehl mit Nummer k, stoppen wir die Simulationsphase. Haben wir ansonsten einen Schritt ausführen können, dann versetzen wir den Kopf auf dem Adressband um eine Position.

Mit dieser Technik können wir alle Knoten des Baumes prüfen und finden somit auch eine akzeptierende Konfiguration, wenn diese existiert. Wenn es keine akzeptierende Konfiguration im Berechnungsbaum gibt, dann wird die Maschine M zykeln. Das heißt, in diesem Fall wird die Eingabe korrekterweise nicht akzeptiert. ∎

Test 4.4 Entwerfen Sie eine Turingmaschine, die als Eingabe eine natürliche Zahl m in Binärdarstellung erhält und dann das Eingabeband so ändert, dass auf dem Eingabeband $m + 1$ (als Binärzahl) steht. Diskutieren Sie, ob sich dieses Verfahren auch für Zahlen in Darstellung zu einer anderen Basis eignet.

Auch für NTMs können wir die Benutzung des Bandes einschränken oder erweitern. Daraus ergeben sich dann Varianten mit mehreren Bändern oder einem Halbband. Diese Modelle sind äquivalent zur (1-Band-)NTM. Auf die Beweise dazu verzichten wir, da sie völlig analog zum deterministischen Fall verlaufen.

4.2.4 Turingmaschinen für Funktionen

Bislang haben wir uns nur mit Berechnungsmodellen für Entscheidungsprobleme befasst. Es gibt jedoch häufig auch Probleme, welche nicht nur mit „Ja" oder „Nein" beantwortet werden können. Allgemein können wir ein *Problem* dadurch beschreiben, dass wir eine Funktion definieren, welche die Menge der Eingabeinstanzen in die Menge der Lösungen abbildet. Bei Entscheidungsproblemen/Sprachen wäre dies eine Funktion von Σ^* in die Menge $\{0, 1\}$, wobei wir 0 für „Nein" und 1 für „Ja" verwenden. Eine solche Funktion nennt man die **charakteristische Funktion** einer Menge/Sprache. Wir benutzen die Bezeichnung

$$\chi_A(x) := \begin{cases} 1 & x \in A \\ 0 & x \notin A \end{cases}.$$

Unter diesem Gesichtspunkt berechnen Turingmaschinen charakteristische Funktionen. Mit der folgenden leichten Modifikation des Turingmaschinenmodells können wir aber auch andere Funktionen berechnen. Dazu geben wir der Turingmaschine ein zusätzliches Band, welches wir das *Ausgabeband* nennen. Dieses Band arbeitet wie ein ganz normales Band einer Turingmaschine. Die Turingmaschine für Funktionen arbeitet wie die herkömmliche Turingmaschine. Wird die Berechnung beendet (egal, ob nun q_A oder q_V erreicht wurde), entspricht das Wort auf dem beschriebenen Teil des Ausgabebandes dem berechneten Funktionswert. Eingabe und Ausgabe müssen natürlich geeignet als Wörter codiert werden. Auf diese Weise können wir mit dem Turingmaschinenmodell auch Funktionen berechnen.

Beim Berechnen von Funktionswerten müssen wir jedoch berücksichtigen, dass eine Turingmaschine auch zykeln kann. In diesem Fall werden wir sagen, dass die Funktion an dieser Stelle undefiniert ist. Um mit undefinierten Stellen besser umzugehen, werden wir den Funktionsbegriff etwas allgemeiner fassen, als wir das aus der Analysis kennen. Wir definieren dafür die **partiellen Funktionen** wie folgt.

Definition 4.9 (Partielle Funktion) Seien X und Y zwei Mengen. Eine Relation $R \subseteq X \times Y$ heißt *partielle Funktion*, falls es für jedes $x \in X$ keine zwei $y, y' \in Y$ gibt ($y \neq y'$) mit $(x, y) \in R$ und $(x, y') \in R$.

Die Relationen, welche partielle Funktionen beschreiben, nennt man auch rechtseindeutig. Wir benutzen auch für partielle Funktionen die für Funktionen bekannte Schreibweise $f(x) = y$, falls (x, y) ein Paar der zur f gehörigen Relation ist. Falls es für ein x kein y gibt mit $f(x) = y$, schreiben wir $f(x) = \text{div}$ (für divergierend). Partielle Funktionen, die für alle $x \in X$ definiert sind, nennen wir **totale Funktionen**. Abschließend definieren wir:

Definition 4.10 (Berechenbare Funktion) Eine partielle Funktion heißt *berechenbar*, falls es eine Turingmaschine gibt, die diese Funktion berechnet.

4.3   Die Church-Turing-These

Wir wollen uns nun dem Begriff des Algorithmus widmen und versuchen, ihn formal zu definieren. Dafür beschränken wir uns der Einfachheit halber auf Algorithmen für Entscheidungsprobleme.

Unser intuitives Verständnis von einem Algorithmus ist das folgende:

Ein Algorithmus besteht aus einer endlichen Anzahl von elementaren Anweisungen, sodass einer Eingabe in endlicher Zeit die Antwort „Ja" oder „Nein" zugeordnet werden kann.

Das Hauptproblem bei dieser Beschreibung besteht darin, den Begriff *elementare Anweisung* zu formalisieren.

Für dieses Problem gibt es keine *richtige* oder *beweisbare* Lösung. Wir müssen uns an dieser Stelle auf eine sinnvolle Definition festlegen. Natürlich wünschen wir eine

Definition, die unsere Anschauung bestätigt. In der Vergangenheit hat sich hierbei die folgende These etabliert:

> Wir identifizieren den Begriff des *Algorithmus* mit dem Begriff der Turingmaschine (als Instanz des Turingmaschinenmodells).

Diese These ist als **Church-Turing-These** bekannt. Damit können wir das *Modell* Turingmaschine als eine elementare Programmiersprache für Algorithmen auffassen und Turingmaschinen (als Instanzen dieses Modells) als Programm. Um dies deutlich zu machen, sprechen wir in der Zukunft auch von **Turingmaschinenprogrammen**.

Die Church-Turing-These kann nicht bewiesen werden. Es gibt aber Gründe, weshalb wir sie verwenden. Unter formalen Gesichtspunkten gibt es Berechnungsmodelle, die sich von der Turingmaschine unterscheiden (Registermaschine, λ-Kalkül, WHILE-Programme, μ-rekursive Funktionen etc.). Auch diese Modelle haben ihre Berechtigung. Man kann jedoch zeigen, dass sie alle äquivalent zum Modell der Turingmaschine sind.

Ein anderer Punkt, der die Church-Turing-These stützt, ist der folgende: Das Turingmaschinenmodell benötigt nur sehr einfache Annahmen. Zudem können die endlichen Operationen zuverlässig, wiederholbar und verifizierbar in einem physikalischen Modell umgesetzt werden, welches unsere Wahrnehmung vom maschinellen Rechnen bestätigt.

In der Mathematik hat man sich erst relativ spät mit algorithmischen Fragen auseinandergesetzt. Als wichtiges Ereignis gilt unbestritten der zweite Internationale Mathematikerkongress, welcher im Jahre 1900 in Paris stattfand. Zu diesem Kongress hielt der Mathematiker David Hilbert eine Ansprache, in der er programmatisch 23 offene Probleme der Mathematik vorstellte. Hilbert hoffte, dass diese Probleme (oder die Arbeit daran) das Gesicht der Mathematik im 20. Jahrhundert bestimmen würden. In der Tat fand dieses Programm einen starken Anklang.

In seinem 10. Problem stellte Hilbert sinngemäß die Frage, ob es ein Verfahren gibt, mit welchem man bestimmen kann, ob Polynome mit ganzzahligen Koeffizienten eine ganzzahlige Nullstelle haben. Das Polynom $x^3 - 2y^2 - 7z$ hat zum Beispiel mit $x = 4$, $y = 5$ und $z = 2$ eine ganzzahlige Nullstelle. Dieses Problem wurde im Jahre 1970 von Juri Matijasevič negativ beantwortet: Ein solches Verfahren gibt es nicht. Um zu dieser Aussage zu gelangen, bedurfte es jedoch der formalen Beschreibung der erlaubten Operationen im Verfahren. Dies führte zur Formalisierung des Begriffes *Algorithmus* durch das Modell der Turingmaschine als Resultat der Church-Turing-These.

4.4 Aufzählbare Sprachen

Wir möchten nun untersuchen, ob es möglich ist, durch eine Turingmaschine alle Wörter einer Sprache zu bestimmen. Hierbei ist klar, dass wir das Modell der Turingmaschine abändern müssen, sodass eine Aufzählung der Wörter einer Sprache umgesetzt werden kann. Wir werden diese Turingmaschinenvariante **Aufzähler** für eine Sprache L nennen.

Ein Aufzähler erhält keine Eingabe, somit hat er auch kein Eingabeband. Da er jedoch alle Wörter der Sprache L ausgeben muss, verfügt er neben dem Arbeitsband über ein *Ausgabeband*. Auf dem Ausgabeband werden die Wörter der Sprache L hintereinander aufgeschrieben. Für die Trennung der einzelnen Wörter auf dem Ausgabeband nutzen wir das Zeichen #, welches nicht aus dem Eingabealphabet stammt. Auf dem Ausgabeband kann der Kopf nur stehen bleiben oder nach rechts wandern. Das heißt, dass das beschriebene Band links des Kopfes nicht mehr verändert werden kann.

Bei der Aufzählung einer Sprache fordern wir, dass jedes Wort der Sprache zu einem Zeitpunkt auch wirklich auf dem Ausgabeband (umgeben vom Trennzeichen #) erscheint. Es ist aber erlaubt, dass ein Wort mehrfach ausgegeben wird. Wir wollen nun noch einmal formal definieren, was wir unter dem Aufzählen einer Sprache verstehen.

Definition 4.11 (Aufzähler) Ein *Aufzähler* ist eine deterministische Turingmaschine, die ein Arbeitsband und ein Ausgabeband besitzt. Der Kopf auf dem Ausgabeband kann nur an seiner Position verbleiben oder nach rechts umgesetzt werden. Zu Beginn der Berechnung sind Arbeitsband und Ausgabeband mit Blanksymbolen beschriftet.

Definition 4.12 (Aufzählbar) Wir nennen eine Sprache $L \subseteq \Sigma^*$ *aufzählbar*, falls es einen Aufzähler A gibt, welcher auf das Ausgabeband das Wort $w_1\#w_2\#w_3\#\ldots$ schreibt (mit $w_i \in \Sigma^*$), sodass $L = \{w_i \mid i \geq 1\}$. Wir schreiben $L(A) = L$.

In der Definition 4.11 wurde angegeben, dass ein Aufzähler nur ein Arbeitsband besitzt. Wir haben bereits gesehen, dass man immer mehrere Bänder durch ein Band ersetzen kann (Satz 4.1). Wir können aus diesem Grund annehmen, dass der Aufzähler auch über eine beliebige (feste) Anzahl von Arbeitsbändern verfügt. Wir werden davon ausgehen, dass ein Aufzähler niemals hält. Würde er halten, könnte man stattdessen in eine Endlosschleife gehen.

Der Aufzähler gibt in der Regel eine unendliche Sequenz von Zeichen aus. Wir sagen, der Einfachheit halber, dass ein Wort w ausgegeben wurde, wenn unter den bislang ausgegebenen Zeichen #w# oder $\square w$# ein Teilwort ist.

Wir wollen uns nun ein einfaches Beispiel für einen Aufzähler ansehen. Analog zu den Turingmaschinen werden wir für dessen Beschreibung die Modulschreibweise benutzen. Der Aufzähler arbeitet wie folgt:

1. Schreibe `ab` auf das Arbeitsband.
2. Kopiere das gesamte Arbeitsband auf das Ausgabeband. Danach schreibe ein Zeichen # auf das Ausgabeband.
3. Gehe zum ersten Blanksymbol am Ende des Arbeitsbandes und fahre mit Schritt 1 fort.

Es ist nicht schwer zu verstehen, welche Wörter auf das Ausgabeband geschrieben werden. Das erste Wort ist `ab`, das zweite `abab`, das dritte `ababab` und so weiter. Jedes Mal wird also das zuletzt aufgezählte Wort durch ein hinten angehängtes ab ergänzt. Wir sehen also, dass die Sprache $\{(\text{ab})^k \mid k \geq 1\}$ aufzählbar ist.

Wir wollen nun zeigen, dass die Sprache Σ^* aufzählbar ist. Hierfür nehmen wir an, dass $\Sigma = \{0, 1\}$. Für andere Alphabete können wir unsere Konstruktion leicht anpassen. Um Σ^* aufzuzählen, müssen wir uns überlegen, in welcher Reihenfolge die Wörter aus Σ^* aufgezählt werden sollen. Am einfachsten ist es, die Wörter in aufsteigender Länge auszugeben. Wörter mit gleicher Länge sollen *lexikografisch* geordnet ausgegeben werden. Die Folge der aufgezählten Wörter wäre somit

$$\varepsilon, 0, 1, 00, 01, 10, 11, 000, 001, 010, 011, 100, \ldots$$

Wir bezeichnen diese Folge als die **Standardaufzählung** von Σ^*. Am einfachsten kann man die Standardaufzählung wie folgt beschreiben: Dies ist die Folge der Binärdarstellungen der natürlichen Zahlen ab 1, aufsteigend sortiert, wobei für jede Zahl die führende 1 gestrichen wurde. Diese Beschreibung kann nun relativ leicht in einen Algorithmus umgeformt werden. Wir haben bereits in der Selbsttestaufgabe 4.4 gesehen, wie man eine Binärzahl auf einem Arbeitsband einer Turingmaschine inkrementieren kann. Dieses Unterprogramm können wir deshalb als einzelnes Modul in der folgenden Beschreibung verwenden.

1. Schreibe auf das Arbeitsband 1.
2. Bewege den Kopf des Arbeitsbandes auf das Zeichen rechts neben der am weitesten links stehenden 1.
3. Kopiere den Bandinhalt des Arbeitsbandes ab Kopfposition auf das Ausgabeband.
4. Erhöhe den Wert der Binärzahl auf dem Arbeitsband um 1.
5. Schreibe # auf das Ausgabeband und gehe zu 2.

Test 4.5 Geben Sie für die Sprache

$$\{1^k \mid k \geq 1\}$$

einen Aufzähler an.

Satz 4.4 Eine Sprache ist genau dann aufzählbar, wenn sie erkennbar ist.

Beweis. Wir werden den Beweis in zwei Teile gliedern. Als Erstes zeigen wir, dass jede aufzählbare Sprache auch erkennbar ist. Dies ist die einfachere Richtung. Bevor Sie weiterlesen, sollten Sie testen, ob Sie allein auf die Beweisidee kommen. Etwas schwieriger ist zu zeigen, dass jede erkennbare Sprache aufzählbar ist. Hier bedarf es eines kleinen Tricks.

(Aus aufzählbar folgt erkennbar.) Angenommen, die Sprache L wird durch einen Aufzähler A aufgezählt. Wir konstruieren darauf basierend eine Turingmaschine M,

welche L erkennen wird. Den Aufzähler A setzen wir als Unterprogramm ein, welches zwei gesonderte Bänder benutzen wird. Das Ausgabeband von A ist nun natürlich ein normales Band, wird aber von A nur von links nach rechts beschrieben.

Sei w die Eingabe der Turingmaschine M. Wir werden den Aufzähler so lange simulieren, bis auf dem Ausgabeband ein # geschrieben wird. An dieser Stelle unterbrechen wir die Simulation und prüfen, ob das letzte aufgezählte Wort mit w übereinstimmt. Falls ja, akzeptieren wir; falls nein, fahren wir mit der Simulation von A fort. Ist $w \in L$, dann wird w auch irgendwann auf das Ausgabeband geschrieben, und danach werden wir w akzeptieren. Falls $w \notin L$, werden wir A endlos simulieren. In diesem Fall würde also M zykeln und w nicht akzeptieren. Somit erkennt M die Sprache L.

(Aus erkennbar folgt aufzählbar.) Für die zweite Richtung überlegen wir uns zuerst Folgendes. Sei L eine durch die Turingmaschine M erkennbare Sprache über dem Alphabet Σ. Wir können alle Wörter aus Σ^* auf einem Band aufzählen lassen und dann für jedes dieser Wörter M simulieren. Wird eine Eingabe w akzeptiert, schreiben wir sie auf das Ausgabeband. Verwirft M die Eingabe w, schreiben wir hingegen nichts auf das Ausgabeband. Diese Strategie funktioniert, wenn M auf keiner Eingabe zykelt, denn dann werden auch wirklich alle $w \in L$ aufgezählt. Zykelt die Turingmaschine jedoch bei einer Eingabe, dann werden die Eingaben $w \in L$, die noch nicht geprüft wurden, auch nicht aufgezählt.

Um das Problem des Zykelns von M zu umgehen, nutzen wir nun die folgende Strategie. Statt $M(w)$ komplett zu simulieren, werden wir $M(w)$ nur für eine bestimmte Anzahl von Schritten simulieren. Diese Grenze versuchen wir nach und nach hochzusetzen. Natürlich können wir nicht *alle* Eingaben bis zur Schrittgrenze k simulieren und danach alle Eingaben bis zu einer Schrittgrenze $k' > k$, da es ja unendlich viele Eingaben gibt. Wir werden deshalb nur einen Teil der Eingaben simulieren und diesen Teil nach und nach ausweiten. Es gibt in unserer Simulation also zwei Parameter: (1) die maximale Anzahl der Schritte pro Eingabe und (2) die Anzahl der zu überprüfenden Eingaben. Beide Parameter werden schrittweise erhöht werden.

Unser Aufzähler wird in Runden arbeiten. In der Runde i werden wir die ersten i Eingaben maximal i Schritte simulieren. Jede Eingabe, die akzeptiert wird, schreiben wir auf das Ausgabeband. Sind wir mit der Runde i fertig, fahren wir mit der Runde $i + 1$ fort. Die aktuelle Rundennummer speichern wir auf einem extra Arbeitsband. Falls w das j-te Eingabewort ist, welches in k Schritten von M akzeptiert wird, dann wird w ab der Runde $\max\{j, k\}$ in jeder Runde auf das Ausgabeband geschrieben. Auf diese Weise werden definitiv alle $w \in L$ aufs Ausgabeband geschrieben. Ist $w \notin L$, wird w garantiert nicht auf das Ausgabeband geschrieben. Mit dieser Methode wird jedes Wort aus L natürlich unendlich oft aufgezählt werden. Dies ist aber nach der Definition erlaubt. ∎

Aufgrund des Satzes 4.4 werden wir die Begriffe aufzählbar und erkennbar synonym gebrauchen. Traditionell wird die Bezeichnung aufzählbar (oft auch *rekursiv aufzählbar*) häufiger benutzt.

Algorithmus 3: Aufzähler für L aus dem Beweis für Satz 4.4

```
1  for i = 1 to ∞ do
2      for j = 1 to i do
3          Konstruiere s_j als j-tes Wort aus Σ*
4          Simuliere M(s_j) i Schritte lang
5          Bei Erfolg schreibe s_j# aufs Ausgabeband
6      end
7  end
```

4.5 Co-aufzählbare Sprachen

Als Nächstes wollen wir uns die Familie der co-aufzählbaren Sprachen ansehen. Allgemein definieren wir

Definition 4.13 Sei $\mathcal{C}$ eine Klasse von Sprachen, dann definieren wir als CO-$\mathcal{C}$ die Menge der Sprachen, deren Komplement in $\mathcal{C}$ ist. Es gilt also:

$$\text{CO-}\mathcal{C} = \{L \mid \overline{L} \in \mathcal{C}\}.$$

Beachten Sie, dass im Allgemeinen nicht gilt, dass CO-$\mathcal{C} = \overline{\mathcal{C}}$. So ist zum Beispiel CO-*CFL* nicht die Menge der nichtkontextfreien Sprachen, sondern die Menge der Sprachen, deren Komplement kontextfrei ist.

Test 4.6 Zeigen Sie, dass CO-*CFL* $\neq \overline{CFL}$.

Wenn eine Klasse $\mathcal{C}$ unter Komplement abgeschlossen ist, gilt natürlich $\mathcal{C} = $ CO-$\mathcal{C}$. So ist zum Beispiel *REG* = CO-*REG*.

In diesem Abschnitt sehen wir uns kurz die co-aufzählbaren Sprachen CO-$\mathbb{A}$ an. Die Klassen $\mathbb{A}$ und CO-$\mathbb{A}$ kann man auch unter dem Gesichtspunkt der Church-Turing-These wie folgt verstehen. Wenn ein Entscheidungsproblem zu $\mathbb{A}$ gehört, dann gibt es einen Algorithmus, der uns definitiv die Ja-Instanzen des Problems bestätigen kann. Bei den Nein-Instanzen bekommen wir zwar keine falsche Antwort, es kann aber sein, dass der Algorithmus für diese Eingaben nicht terminiert. Bei den Problemen aus CO-$\mathbb{A}$ ist das Verhalten genau andersherum. Wir bekommen definitiv vom Algorithmus die Nein-Instanzen bestätigt; bei den Ja-Instanzen kann es aber vorkommen, dass der Algorithmus nicht terminiert. Die Klasse CO-$\mathbb{A}$ wird im weiteren Verlauf eine wichtige Rolle spielen, wir diskutieren aber bereits jetzt schon einige Eigenschaften.

Lemma 4.1 Die entscheidbaren Sprachen sind unter Komplement abgeschlossen. Es gilt also $\mathbb{E} = \text{co-}\mathbb{E}$.

Beweis. Sei L eine entscheidbare Sprache und M der Entscheider, der L erkennt. Wir konstruieren eine neue Turingmaschine M', die genau wie M arbeitet, vertauschen aber den akzeptierenden und den verwerfenden Zustand. Natürlich hält auch M' auf jeder Eingabe. Somit ist M' ein Entscheider. Ein Wort wird genau dann von M' akzeptiert, wenn es von M verworfen wird. Daraus folgt, dass M' die Sprache $\overline{L}$ entscheidet.   ∎

Satz 4.5 Es gilt:

$$\mathbb{E} = \text{A} \cap \text{co-A}.$$

Beweis. Wir zeigen zuerst $\mathbb{E} \subseteq \text{A} \cap \text{co-A}$. Sei $L \in \mathbb{E}$. Das heißt, es gibt eine Turingmaschine (Entscheider), die L erkennt. Daraus folgt direkt, dass L erkennbar ist und somit $L \in \text{A}$. Da L entscheidbar ist, gilt aber auch nach Lemma 4.1, dass $\overline{L}$ entscheidbar ist, was wiederum bedeutet, dass $\overline{L} \in \text{A}$. Somit ist also auch L aus co-A und deshalb auch im Schnitt von A und co-A enthalten.

Als Zweites zeigen wir $\text{A} \cap \text{co-A} \subseteq \mathbb{E}$. Sei nun $L \in \text{A} \cap \text{co-A}$. Das heißt, es gibt eine Turingmaschine M, die L erkennt, und eine Turingmaschine M', die $\overline{L}$ erkennt. Wir konstruieren nun eine Turingmaschine M'', welche die Turingmaschinen M und M' als Unterprogramm enthält. Die Turingmaschine M'' simuliert bei Eingabe w abwechselnd $M(w)$ und $M'(w)$ jeweils einen Schritt. Falls $M(w)$ akzeptiert oder $M'(w)$ verwirft, akzeptiert M'' ihre Eingabe. Wenn hingegen $M(w)$ verwirft oder $M'(w)$ akzeptiert, dann wird die Eingabe w verworfen. Die Turingmaschine $M''(w)$ wird definitiv stoppen, da entweder $M(w)$ (bei $w \in L$) oder $M'(w)$ (bei $w \notin L$) stoppen muss (es war wichtig, dass wir abwechselnd simuliert haben). Daraus folgt, dass M'' ein Entscheider ist. Offensichtlich erkennt M'' die Sprache L, und somit ist L entscheidbar.   ∎

4.6   Die universelle Turingmaschine

4.6.1   Codierung von Turingmaschinen

In Kap. 1 haben wir bereits erörtert, dass wir Entscheidungsprobleme als Wortprobleme von Sprachen formulieren. Das heißt, wir überlegen uns eine sinnvolle Codierung der Eingabeinstanzen als Wörter. Alle Wörter, die zu Ja-Instanzen gehören, nehmen wir in die zum Problem assoziierte Sprache auf. Nun reduziert sich das Lösen des Entscheidungsproblems darauf, nachzuprüfen, ob eine als Wort codierte Eingabe in dieser Sprache liegt oder nicht. Da unsere Berechnungsmodelle bislang recht limitiert waren, haben wir diese Motivation meist vernachlässigt und uns auf die formalen Sprachen selbst konzentriert.

Mit der Turingmaschine können wir nun aber sehr viel mehr berechnen. Deshalb wollen wir uns an dieser Stelle noch einmal mit Codierungen beschäftigen.

Im ersten Kapitel haben wir schon Codierungen für Zahlen, Graphen und Funktionen gesehen. Dies sind alles wichtige mathematische Strukturen, mit denen wir viele Probleme beschreiben können. Ganz wesentlich sind aber auch Entscheidungsprobleme, die etwas über Turingmaschinenprogramme fragen. Deshalb wollen wir nun diskutieren, wie man eine Turingmaschine codieren kann. Nach dem gleichen Prinzip können wir auch endliche Automaten oder Kellerautomaten codieren.

Um die Beschreibung der Codierung etwas einfacher zu gestalten, werden wir folgende Annahmen treffen. Die Zustände der Turingmaschine werden durch Zahlen beschriftet. Wir nehmen zusätzlich an, dass der Startzustand die Nummer 1, der akzeptierende Zustand die Nummer 2 und der verwerfende Zustand die Nummer 3 erhält. Auch die Zeichen des Arbeitsalphabets werden wir durchnummerieren, sodass $\Gamma = \{a_1, a_2, \dots, a_z = \square\}$. Für jede Turingmaschine finden wir eine äquivalente Maschine, die unsere Annahmen erfüllt.

Durch unsere Annahmen unterscheiden sich die Turingmaschinen nun lediglich durch ihre Übergangsfunktion. Wir haben bereits diskutiert, wie man Funktionen codieren kann. Als Alphabet nutzen wir $\Sigma = \{0, 1\}$. Falls es einen Übergang $\delta(i, a_x) = (j, a_y, L)$ gibt, notieren wir das als Wort

$$1^i 0 1^x 0 1^j 0 1^y 0 1.$$

Der Übergang $\delta(i, a_x) = (j, a_y, R)$ wird durch das Wort

$$1^i 0 1^x 0 1^j 0 1^y 0 11$$

codiert. Wir kombinieren nun alle Übergänge, indem wir die zugehörigen Wörter getrennt durch 00 konkatenieren. Wir benutzen hierfür die Konvention, dass fehlende Übergänge in der Codierung als Übergänge in den verwerfenden Zustand interpretiert werden. Die so erzeugte Codierung für eine Turingmaschine M bezeichnen wir wie üblich mit $\langle M \rangle$.

Als Beispiel sehen wir uns die Turingmaschine M_1 aus Abb. 4.14 an. Die angegebene Turingmaschine nutzt als Eingabealphabet $\Sigma = \{0, 1\}$ und als Arbeitsalphabet $\Gamma = \{0, 1, \square\}$. Wir setzen hierbei 0 als das erste Zeichen a_1, 1 als das zweite Zeichen a_2 und $\square$ als das dritte Zeichen a_3 fest. Wir erhalten damit

$$\langle M_1 \rangle = 1010101011\ 00\ 10110111011101\ 00\ 101110110101.$$

Es gibt natürlich viele verschiedene Möglichkeiten, eine Turingmaschine zu codieren. Wie man bei der Codierung genau vorgegangen ist, spielt für die folgenden Betrachtungen meist eine untergeordnete Rolle. So war nichts Besonderes an dem Alphabet $\{0, 1\}$. Wir können die gleiche Codierung auch über dem Alphabet $\{a, b\}$ definieren. Lediglich bei Themen der Komplexitätstheorie müssen wir etwas darauf achten, dass wir „sinnvoll" codiert haben.

Abb. 4.14 Turingmaschine
M_1 zur Demonstration der
Codierung

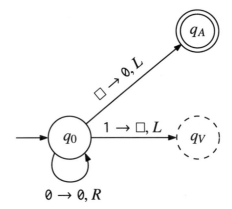

Eine Codierung einer Turingmaschine ist eine Funktion, die jede Turingmaschine auf ein Wort aus, sagen wir, $\{0, 1\}^*$ abbildet. Diese Funktion ist im Allgemeinen nicht surjektiv. Das heißt, es gibt Wörter aus $\{0, 1\}^*$, die nicht die Codierung einer Turingmaschine sind. Nach unserer vorgestellten Methode würde zum Beispiel 000 keine Codierung einer Turingmaschine sein. Prinzipiell ist das kein Problem. Zukünftige Betrachtungen werden aber etwas vereinfacht, wenn wir annehmen, dass jedes Wort die Codierung einer Turingmaschine ist. Deshalb wählen wir als M_0 eine Turingmaschine aus, die unabhängig von der Eingabe sofort in den verwerfenden Zustand wechselt. Alle Wörter, die bislang nicht die Codierung einer Turingmaschine waren, werden nun per Definition die Maschine M_0 codieren.

Häufig interessieren uns auch Entscheidungsprobleme, deren Instanzen aus mehr als einer Turingmaschine bestehen. Zum Beispiel aus einer Turingmaschine und einem Eingabewort. Streng genommen sollte dann die Codierung als $\langle (M, w) \rangle$ angegeben werden. Die Klammern der Tupel lassen wir aber in solchen Fällen bei Codierungen zwecks besserer Lesbarkeit weg. Wir würden in diesem Fall vereinfachend $\langle M, w \rangle$ schreiben.

4.6.2 Simulation von Turingmaschinen

Wir werden nun eine sehr besondere Turingmaschine vorstellen. Diese Turingmaschine nennen wir die **universelle Turingmaschine**. Die Bezeichnung „universell" bezieht sich darauf, dass wir mit dieser Maschine alle anderen Maschinen simulieren können. Die universelle Turingmaschine M_u bekommt ein Turingmaschinenprogramm M und ein Wort w als Eingabe und berechnet dann $M(w)$. Es mag vielleicht auf den ersten Blick ein wenig seltsam aussehen, dass eine Turingmaschine mit Turingmaschinenprogrammen rechnet. Viele reale Probleme sind aber genau von dieser Natur. Zum Beispiel können wir uns vorstellen, dass wir ein Programm schreiben wollen, das testet, ob andere Programme terminieren. Oder aber wir wollen ein Programm schreiben, mit welchem wir andere Programme ausführen können (also einen *Interpreter*). Man kann nun die

Frage stellen, ob eine Programmiersprache mächtig genug ist, sodass ein Interpreter für ihre Programme in ihrer eigenen Programmiersprache geschrieben werden kann. Es gibt Programmiersprachen, in denen dies möglich ist (zum Beispiel gibt es Python-Interpreter, die selbst in Python geschrieben sind). Wir wollen nun diskutieren, ob das Gleiche auch für das Turingmaschinenmodell gilt. Dazu werden wir angeben, wie die Turingmaschine $M_u(\langle M, w \rangle)$ arbeitet.

Als ersten Schritt prüft M_u, ob M der Syntax einer Turingmaschinencodierung im ursprünglichen Sinne entspricht. Dieser Test ist einfach und wird in Selbsttestaufgabe 4.7 näher betrachtet. Besteht M den Syntaxtest nicht, interpretieren wir dies als eine Codierung von M_0 und verwerfen, da M_0 alle ihre Eingaben verwirft.

Test 4.7 Zeigen Sie, dass die Sprache

$$L = \{\langle M \rangle \mid \langle M \rangle \text{ ist eine Codierung einer TM}\}$$

eine reguläre Sprache ist. (In diesem Fall beziehen wir uns auf die ursprüngliche Codierung, in der wir noch nicht allen Codewörtern eine Turingmaschine zugeordnet haben.)

Wenn der Syntaxtest bestanden wurde, kopieren wir alle Befehle von M auf ein gesondertes Band von M_u, welches wir das *Programmband* nennen. Die Maschine verfügt außerdem über ein Band, welches wir das *Simulationsband* nennen. Das Simulationsband wird genau die Rolle des Arbeitsbandes von M erfüllen. Wir schreiben also vor Beginn der Simulation die Eingabe w auf dieses Band und bewegen den Kopf auf das erste Zeichen von w. Ein weiteres Band ist das *Zustandsband*, auf welchem wir die Nummer des aktuellen Zustands notieren. Zu Beginn steht hier eine 1.

Nun können wir die eigentliche Simulation durchführen. Wir bewegen den Kopf des Programmbandes auf den linken Anfang. Dann gehen wir alle „Befehle" des Programmbandes durch und prüfen, ob einer dieser Befehle anwendbar ist. Dazu vergleichen wir Ausgangszustand und Ausgangszeichen des Befehls mit dem Zustand auf dem Zustandsband und dem aktuellen Zeichen auf dem Simulationsband. Falls Zustand und aktuelles Zeichen übereinstimmen, simulieren wir den Schritt von M. Die Informationen über den neuen Zustand, das neue Zeichen und die Kopfbewegung stehen auf dem Programmband. Wir führen nun die Modifikationen auf Zustandsband und Simulationsband entsprechend aus. Jetzt testen wir, ob wir im verwerfenden (akzeptierenden) Zustand sind und verwerfen (akzeptieren) in diesem Fall. Bei jedem anderen Zustand führen wir den nächsten Simulationsschritt für M in der gleichen Art und Weise durch.

Wir haben bislang noch nicht erklärt, wie wir die Zeichen des Arbeitsalphabets von M auf dem Simulationsband darstellen können. Wir gehen hier ähnlich vor wie bei der Codierung von Turingmaschinen. Das heißt, wir codieren diese Zeichen unär. Falls $|\Gamma| = k$, notieren wir das i-te Zeichen aus Γ als $1^i 0^{k-i}$. Das hat den Vorteil, dass die Codewörter aller Zeichen gleich lang sind. Bei unterschiedlicher Länge müssten wir eventuell auf dem Simulationsband beim Schreiben eines Zeichens mit längerem Codewort Platz durch Umkopieren schaffen. Die Zeichen werden zusätzlich durch das Zeichen # getrennt. Den Wert von k können wir bestimmen, indem wir das komplette Programm durchsehen und uns das Zeichen mit der größten Nummer merken. Bei Simulationszustand i schreiben wir 1^i auf das Zustandsband. Diese Art der Codierung erlaubt es uns sehr einfach, einen Vergleich mit den unär codierten Zeichen auf dem Programmband vorzunehmen.

Wir fassen nun unsere Überlegungen im folgenden Satz zusammen.

Satz 4.6 Es existiert eine Turingmaschine, genannt *universelle Turingmaschine*, welche bei Eingabe $\langle M, w \rangle$ das gleiche Verhalten zeigt wie $M(w)$.

Der Satz 4.6 sagt uns auch, dass $M_u(\langle M, w \rangle)$ dann zykelt, wenn $M(w)$ zykelt. Das bedeutet, dass M_u kein Entscheider ist.

4.7 Wichtige Sprachen mit Bezug zu Berechnungsmodellen

An dieser Stelle wollen wir einige Sprachen vorstellen, die uns im weiteren Verlauf des Buches häufig begegnen werden. Die den Sprachen zugeordneten Entscheidungsprobleme haben eine große Bedeutung für die Informatik. Unser Ziel ist es deshalb zu verstehen, welche dieser Sprachen entscheidbar, aufzählbar oder co-aufzählbar sind. Die erste Sprache ist in diesem Zusammenhang

$$A_{\mathrm{TM}} := \{\langle M, w \rangle \mid \text{die Turingmaschine } M \text{ akzeptiert } w\}.$$

Satz 4.7 Die Sprache A_{TM} ist aufzählbar.

Beweis. Um zu zeigen, dass A_{TM} aufzählbar ist, müssen wir eine Turingmaschine angeben, die diese Sprache erkennt. Dies ist aber genau die universelle Turingmaschine, deren Existenz wir bereits in Abschn. 4.6 nachgewiesen haben. ∎

Weitere interessante Sprachen mit Bezug zu Turingmaschinen sind:

$$\mathrm{HALT} := \{\langle M, w \rangle \mid \text{die TM } M \text{ hält bei Eingabe } w\}$$

$$E_{\mathrm{TM}} := \{\langle M \rangle \mid M \text{ ist Turingmaschine mit } L(M) = \emptyset\}$$

$$EQ_{\mathrm{TM}} := \{\langle M_1, M_2 \rangle \mid M_1, M_2 \text{ sind Turingmaschinen mit } L(M_1) = L(M_2)\}$$

Zu den bisher vorgestellten Sprachen gibt es auch Varianten, die statt dem Berechnungsmodell der Turingmaschine ein anderes Modell benutzen. In diesem Zusammenhang definieren wir:

$A_{\text{CFG}} := \{\langle G, w \rangle \mid w \text{ kann aus der kontextfreien Grammatik } G \text{ abgeleitet werden}\}$

$E_{\text{CFG}} := \{\langle G \rangle \mid G \text{ ist kontextfreie Grammatik mit } L(G) = \emptyset\}$

$EQ_{\text{CFG}} := \{\langle G_1, G_2 \rangle \mid G_1, G_2 \text{ sind kontextfreie Grammatiken mit } L(G_1) = L(G_2)\}$

$A_{\text{DEA}} := \{\langle M, w \rangle \mid w \text{ wird vom DEA } M \text{ akzeptiert}\}$

$E_{\text{DEA}} := \{\langle M \rangle \mid M \text{ ist DEA mit } L(M) = \emptyset\}$

$EQ_{\text{DEA}} := \{\langle M_1, M_2 \rangle \mid M_1, M_2 \text{ sind DEAs mit } L(M_1) = L(M_2)\}$

Satz 4.8 Die Sprachen A_{CFG} und A_{DEA} sind entscheidbar.

Beweis. Beide Sprachen beziehen sich auf das Wortproblem. Für endliche Automaten kann man das Wortproblem wie folgt entscheiden. Der Algorithmus berechnet den Lauf des Automaten und prüft, ob dieser akzeptierend ist. Diesen Algorithmus kann man auch auf einer Turingmaschine realisieren. Somit ist also $A_{\text{DEA}} \in \mathbb{E}$. Auch für die kontextfreien Sprachen gibt es mit dem CYK-Algorithmus einen Algorithmus, welcher das Wortproblem löst. Der CYK-Algorithmus ist zwar etwas aufwendiger, kann aber natürlich auch durch eine Turingmaschine realisiert werden. Somit ist also auch $A_{\text{CFG}} \in \mathbb{E}$. ∎

Test 4.8 Zeigen Sie, dass die Sprache E_{DEA} entscheidbar ist.

4.8 Abschlusseigenschaften der entscheidbaren und aufzählbaren Sprachen

Wir wollen uns in diesem Abschnitt mit einigen Abschlusseigenschaften der entscheidbaren und aufzählbaren Sprachen beschäftigen. Wir hatten bereits im Lemma 4.1 gezeigt, dass die entscheidbaren Sprachen unter Komplement abgeschlossen sind. Es folgen nun noch einige weitere Ergebnisse.

Satz 4.9 Sowohl die entscheidbaren als auch die aufzählbaren Sprachen sind unter Schnitt und Vereinigung abgeschlossen.

Beweis. Wir zeigen die Aussage zuerst für die aufzählbaren Sprachen. Seien L_1, L_2 zwei aufzählbare Sprachen, und M_1 und M_2 die dazugehörigen Turingmaschinen, die diese Sprachen erkennen. Wir konstruieren zuerst eine Turingmaschine $M_\cup$, welche die Sprache $L_1 \cup L_2$ erkennen soll. Diese Turingmaschine soll also genau die Eingaben akzeptieren, die entweder von M_1 oder von M_2 akzeptiert werden. Bei Eingabe w werden wir deshalb beide Turingmaschinen mit Eingabe w simulieren. Diese Simulation geschieht parallel, das heißt, wir simulieren beide Turingmaschinen schrittweise und wechseln bei jedem Schritt zwischen M_1 und M_2. Sobald bei der Simulation eine der Turingmaschinen akzeptierend

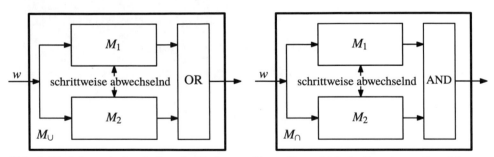

Abb. 4.15 Schematischer Aufbau der Turingmaschinen $M_\cup$ und $M_\cap$ im Beweis von Satz 4.9

stoppt, lassen wir $M_\cup$ akzeptierend stoppen. Damit werden die Wörter aus $L_1 \cup L_2$ akzeptiert. Stoppt eine der Turingmaschinen verwerfend, führen wir die Simulation der zweiten Maschine fort. Stoppt diese auch verwerfend, dann lassen wir $M_\cup$ anhalten und verwerfen auch hier. Damit werden alle $w \notin L_1 \cup L_2$ verworfen, oder die Turingmaschine $M_\cup$ zykelt auf diesen Eingaben. Somit erkennt $M_\cup$ die Sprache $L_1 \cup L_2$, und deshalb ist diese Sprache aufzählbar. Abb. 4.15 skizziert noch einmal die Struktur der konstruierten Maschine.

Um den Abschluss unter Schnitt zu zeigen, gehen wir analog vor. Wir konstruieren eine Turingmaschine $M_\cap$, welche bei Eingabe w die Läufe $M_1(w)$ und $M_2(w)$ simuliert. Stoppen beide Turingmaschinen akzeptierend, lassen wir auch $M_\cap$ akzeptieren. In allen anderen Fällen verwerfen wir oder die Turingmaschine zykelt. Demnach akzeptiert $M_\cap$ genau die Wörter aus $L_1 \cap L_2$.

Für die entscheidbaren Sprachen können wir auch die diskutierten Maschinen $M_\cap$ und $M_\cup$ benutzen. Nach wie vor erkennt $M_\cap$ die Sprache $L_1 \cap L_2$ und $M_\cup$ die Sprache $L_1 \cup L_2$. Da wir aber nun für die Unterprogramme der Maschinen M_1 und M_2 einen Entscheider einsetzen können ($L_1, L_2 \in \mathbb{E}$), werden sowohl $M_\cap$ als auch $M_\cup$ auf jeden Fall immer stoppen. Somit sind diese beiden Turingmaschinen Entscheider und sowohl $L_1 \cup L_2 \in \mathbb{E}$ als auch $L_1 \cap L_2 \in \mathbb{E}$.   ∎

Satz 4.10 Die aufzählbaren und die entscheidbaren Sprachen sind unter Konkatenation abgeschlossen.

Beweis. Wir zeigen zuerst, dass die entscheidbaren Sprachen unter Konkatenation abgeschlossen sind. Seien L_1, L_2 zwei entscheidbare Sprachen und M_1, M_2 die Turingmaschinen, die diese Sprachen entscheiden. Des Weiteren sei $M_\circ$ die Turingmaschine, welche die Sprache $L_1 \circ L_2$ entscheiden soll. Bei einer Eingabe w gilt es zu prüfen, ob man w in $w = uv$ zerteilen kann, sodass $u \in L_1$ und $v \in L_2$. Wir wissen hierbei nicht genau, wie die Zerteilung aussehen muss. Deshalb müssen wir alle möglichen Zerteilungen testen. Es gibt jedoch nur endlich viele dieser Zerteilungen, nämlich $|w| + 1$ viele. Für jede Zerteilung testen wir, ob $u \in L_1$ und $v \in L_2$. Diese Tests führen wir durch, indem wir die Turingmaschinen M_1 beziehungsweise M_2 als Unterprogramm aufrufen. Bei einem erfolgreichen Test stoppen wir die Berechnung und akzeptieren. Ist der Test für alle möglichen Zerteilungen negativ, werden wir stoppen und verwerfen. Offensichtlich erkennt $M_\circ$ die Sprache $L_1 \circ L_2$ und hält immer. Somit ist $L_1 \circ L_2 \in \mathbb{E}$.

Falls nun L_1, L_2 zwei aufzählbare Sprachen sind, können wir eine ähnliche Idee nutzen, müssen aber etwas vorsichtiger vorgehen. Das Problem ist, dass wir bei dem Überprüfen von einer Zerteilung eventuell zykeln könnten. Deshalb werden wir nicht die möglichen Zerteilungen der Reihe nach testen, sondern diese Tests parallelisieren. Dazu werden wir zuerst alle Zerteilungen einen Schritt simulieren, dann zwei Schritte, dann drei und so weiter. Die Simulationen starten wir hierbei jedes Mal von Neuem. Das heißt, wir speichern uns nur die aktuell zu simulierende Schrittzahl und die aktuelle Zerteilung. Wenn wir mit einer Simulation Erfolg haben, stoppen wir akzeptierend. Damit werden alle Wörter aus $L_1 \circ L_2$ erkannt. Für alle anderen Wörter wird die beschriebene Turingmaschine in eine Endlosschleife laufen. Das heißt, die Wörter, die nicht aus $L_1 \circ L_2$ sind, werden alle nicht akzeptiert. Somit wird also $L_1 \circ L_2$ von einer Turingmaschine erkannt und ist demnach aufzählbar.   ∎

4.9   Bibliografische Anmerkungen

Die Turingmaschine wurde von Alan Turing in seinem bahnbrechenden Artikel „On Computable Numbers, with an Application to the Entscheidungsproblem" eingeführt [1]. In diesem Artikel weist er auch die Existenz einer universellen Turingmaschine nach. Auch die Idee der nichtdeterministischen Turingmaschine sprach Turing in seiner Arbeit kurz an, ohne ihr aber weitere Beachtung zu schenken. Nichtdeterministische Turingmaschinen bekamen erst mit der Entstehung der Komplexitätstheorie mehr Aufmerksamkeit [2–4]. Erste Arbeiten zum Thema aufzählbare Sprachen stammen von Kleene [5] und Post [6]. Das Resultat von Matijasevič [7] zu Hilberts 10. Problem [8] stammt aus dem Jahr 1970.

4.10   Lösungsvorschläge der Selbsttestaufgaben zum Kapitel 4

Lösungsvorschlag zum Selbsttest 4.1

Ein Wort, bei welchem M_1 zykelt, ist beispielsweise das Wort abab. Der Berechnungspfad bei Eingabe abab sieht folgendermaßen aus:

$\varepsilon/q_0/\text{abab}$	$\text{baba}/q_0/\varepsilon$	$\text{bb}/q_0/\text{bab}$	$\text{bbab}/q_1/\text{ab}$
$\text{b}/q_0/\text{bab}$	$\text{bab}/q_1/\text{ab}$	$\text{bba}/q_0/\text{ab}$	$\text{bba}/q_2/\text{bab}$
$\text{ba}/q_0/\text{ab}$	$\text{ba}/q_2/\text{bab}$	$\text{bbab}/q_0/\text{b}$	$\text{bb}/q_0/\text{abab}$
$\text{bab}/q_0/\text{b}$	$\text{b}/q_0/\text{abab}$	$\text{bbaba}/q_0/\varepsilon$	$\ldots$

Man sieht, dass M_1 immer wieder im Zustand q_0 landet und links vom Kopf nur bs stehen, der Kopf auf dem Zeichen a ist und rechts davon bab steht. Dann durchläuft das Programm eine Schleife, wobei es am Ende wieder in q_0 landet, jetzt aber links vom Kopf ein b mehr steht.

Ein Beispiel für ein Wort, welches M_1 verwirft, ist abb. Der Berechnungspfad sieht folgendermaßen aus:

$$\varepsilon/q_0/\text{abb} \quad | \quad \text{ba}/q_0/\text{b} \quad | \quad \text{ba}/q_1/\text{ab} \quad | \quad \text{ba}/q_v/\text{ab}$$
$$\text{b}/q_0/\text{bb} \quad | \quad \text{baa}/q_0/\varepsilon \quad | \quad \text{b}/q_2/\text{aab}$$

Lösungsvorschlag zum Selbsttest 4.2

Das Zustandsdiagramm einer Turingmaschine M, welche die Sprache erkennt, ist in Abb. 4.16 angegeben.

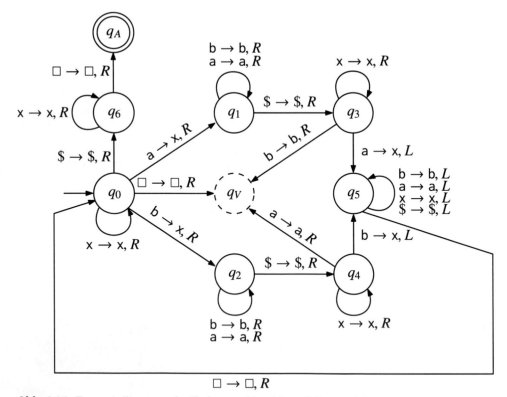

Abb. 4.16 Zustandsdiagramm der Turingmaschine M aus Selbsttest 4.2

Die Turingmaschine arbeitet folgendermaßen: Es wird immer das nächste (noch nicht durch ein x ersetzte) Zeichen der Eingabe durch ein x ersetzt. Wenn es ein a war, geht M in den Zustand q_1, sonst in den Zustand q_2 (außerdem verwirft M Eingaben, die nur aus $\square$ bestehen). So kann sich M durch den Zustand merken, ob ein a oder b ersetzt wurde. Dann ignoriert M alle Zeichen bis zu \$, hier geht M entweder in q_3, wenn sie davor in q_1 war, ansonsten in q_4 über. Danach sucht M das nächste Zeichen, das nicht x ist. Ist dies ein a und M ist in q_3, stellt M den Kopf wieder auf das am weitesten links stehende Zeichen der Eingabe und beginnt wieder mit dem Suchen des nächsten noch nicht ersetzten Zeichens von vorn. Ebenfalls tut M dies, wenn das Zeichen ein b ist und M in q_4. In allen anderen Fällen stoppt M in einem verwerfenden Zustand.

Lösungsvorschlag zum Selbsttest 4.3

Die Idee ist, dass man für jedes Vorkommen von a b-viele cs wegstreicht. Wenn am Ende alle cs weggestrichen wurden, akzeptiert man. Die Fälle, dass die Anzahl der as oder bs 0 ist, betrachten wir gesondert.

1. Überprüfe, ob die Eingabe leer ist, falls ja, akzeptiere.
2. Überprüfe, ob die Eingabe die Form a*b*c* hat, falls nein, verwerfe.
3. Überprüfe, ob die Eingabe nur aus as oder nur aus bs besteht, falls ja, akzeptiere.
4. Gehe zum ersten a (links) in der Eingabe und ersetze es durch x, dann wiederhole:
   4.1 Ersetze ein b durch ein y und suche ein c, welches durch x ersetzt wird. Mach dies so lange, bis kein b mehr gefunden wird. Wird vorher kein c gefunden, dann verwerfe.
5. Ersetze alle ys durch bs.
6. Teste, ob alle as und cs auf dem Band durch x ersetzt wurden, falls ja, stoppe und akzeptiere. Falls es keine as gibt, aber noch cs, verwerfe.
7. Fahre mit 4. fort.

Lösungsvorschlag zum Selbsttest 4.4

Abb. 4.17 zeigt das Zustandsdiagramm einer Turingmaschine, die eine Binärzahl um eins hochzählt. Die Idee ist, die am weitesten rechts stehende 0 zu finden, diese auf 1 zu setzen und alle 1en, die eventuell rechts von dieser 0 standen, auf 0 zu setzen.

Diese Idee kann prinzipiell auch für Zahlen in Darstellungen zu jeder beliebigen Basis benutzt werden. Sei z eine Zahl zur Basis b. Dann muss man die am weitesten rechts liegende Ziffer von z finden, die kleiner als $b-1$ ist. Diese wird mit eins addiert und alle Ziffern, die rechts davon liegen (diese sind alle $b-1$) auf 0 gesetzt.

Abb. 4.17 Zustandsdiagramm
der Turingmaschine M aus
Selbsttest 4.4

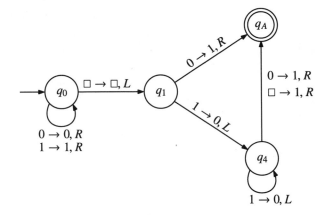

Lösungsvorschlag zum Selbsttest 4.5

Am einfachsten ist es wieder, die Wörter in aufsteigender Länge anzugeben. Man kann diese Folge als Unärdarstellung der natürlichen Zahlen ab 1, aufsteigend sortiert, ansehen. Der Aufzähler kann also auf die folgende Art beschrieben werden.

1. Schreibe auf das Arbeitsband 1. Schreibe auf das Ausgabeband 1#.
2. Kopiere alle 1en auf dem Arbeitsband auf das Ausgabeband.
3. Gehe auf dem Arbeitsband zum ersten Blanksymbol rechts neben der am weitesten rechts stehenden 1. Fahre mit Schritt 1 fort.

Lösungsvorschlag zum Selbsttest 4.6

Wir wollen CO-$CFL \neq \overline{CFL}$ zeigen. Es genügt, für eine Sprache aus CFL zu zeigen, dass ihr Komplement ebenfalls in CFL liegt. Die regulären Sprachen sind eine Teilmenge der kontextfreien Sprachen. Wir wissen zudem, dass die regulären Sprachen unter Komplementbildung abgeschlossen sind. Das heißt also, dass für jede reguläre Sprache L gilt, dass $\overline{L}$ auch regulär ist. Dies bedeutet, dass $\overline{L}$ auch aus CFL ist, also nicht aus dem Komplement von CFL sein kann. Damit ist CO-$CFL \neq \overline{CFL}$ gezeigt.

Lösungsvorschlag zum Selbsttest 4.7

Wir geben einen NEA M an, der die Sprache L akzeptiert. Das Zustandsdiagramm von M ist in Abb. 4.18 gegeben.

Lösungsvorschlag zum Selbsttest 4.8

Wir müssen einen Algorithmus finden, welcher prüft, ob es zumindest einen akzeptierenden Lauf im DEA gibt. Ein solcher Lauf existiert genau dann, wenn es einen

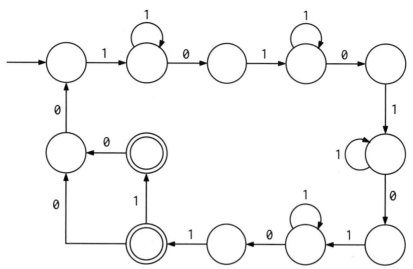

Abb. 4.18 Das Zustandsdiagramm der Turingmaschine M aus Selbsttest 4.7

„Pfad" im Zustandsdiagramm des DEA gibt, der im Startzustand beginnt und in einem akzeptierenden Zustand endet. Um die Existenz eines solchen Pfades zu prüfen, führen wir eine Breitensuche im Graph des Zustandsdiagramms aus. Finden wir bei dieser Suche einen akzeptierenden Zustand, stoppen wir verwerfend. Endet die Breitensuche, ohne dass ein akzeptierender Zustand gefunden wurde, stoppen wir akzeptierend. Diesen Algorithmus kann man natürlich auch durch eine Turingmaschine realisieren, somit ist also $E_{\mathrm{DEA}} \in \mathbb{E}$.

4.11 Übungsaufgaben zum Kapitel 4

Aufgabe 4.1
Konstruieren Sie eine Turingmaschine, welche die folgende Sprache erkennt:

$$\{w \in \{a, b, c\}^* \mid \text{die Anzahl der as und bs und cs ist gleich.}\}$$

Geben Sie dazu ein Zustandsdiagramm an, und kommentieren Sie die Arbeitsweise der Turingmaschine.

Aufgabe 4.2
Geben Sie eine Turingmaschine für die Sprache $\{a^n b^{\lfloor \log n \rfloor} \mid n > 0\}$ in Modulbeschreibung an. Wie immer bezeichnet log den Logarithmus zur Basis 2.

Aufgabe 4.3

Welche Sprachen über dem Alphabet $\{a, b\}$ werden von den folgenden NTMs erkannt?
Alle nicht angegebenen Übergänge führen in den verwerfenden Zustand.

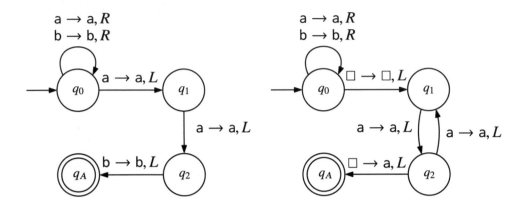

Aufgabe 4.4

Ist die folgende Argumentation korrekt? Begründen Sie Ihre Antwort ausführlich:

Sei M eine deterministische Turingmaschine und $L(M)$ die Sprache, die von M erkannt
wird. Die Komplementsprache von $L(M)$ ist definiert als $\overline{L(M)} = \{w \in \Sigma^* \mid w \notin L(M)\}$.
Die Sprache $\overline{L(M)}$ wird von derjenigen deterministischen Turingmaschine erkannt, die
entsteht, wenn man in M den akzeptierenden mit dem verwerfenden Zustand vertauscht.

Aufgabe 4.5

Wir nennen einen Aufzähler lexikografisch, wenn für seine Ausgabe $w_1 \# w_2 \# w_3 \ldots$ gilt,
dass die w_i zuerst der Länge nach und dann lexikografisch sortiert sind (Standardaufzählung). Beweisen Sie folgenden Sachverhalt: Für eine Sprache gibt es genau dann einen
lexikografischen Aufzähler, wenn sie entscheidbar ist.

Aufgabe 4.6

Ein 2-Kellerautomat ist ein Kellerautomat, der über einen zweiten Keller verfügt. Die Übergangsfunktion beschreibt die Befehle wie folgt: Wir übergeben ein Quadrupel bestehend
aus dem aktuellen Zustand, dem aktuellen Eingabezeichen und den beiden aktuellen Top-
Symbolen der beiden Keller. Das Eingabezeichen und die Top-Symbole können auch ε
sein. Das bedeutet, dass der mögliche Übergang unabhängig vom nächsten Eingabezeichen
(beziehungsweise Top-Symbol) ist. Die Übergangsfunktion gibt eine Menge von Tripeln
zurück, welche aus dem Folgezustand und den beiden neuen Top-Symbolen bestehen.

Formal:

$$\delta : Q \times (\Sigma \cup \{\varepsilon\}) \times (\Gamma \cup \{\varepsilon\}) \times (\Gamma \cup \{\varepsilon\}) \to \mathcal{P}(Q \times (\Gamma \cup \{\varepsilon\}) \times (\Gamma \cup \{\varepsilon\})).$$

Zeigen Sie, dass jede Turingmaschine durch einen 2-Kellerautomaten simuliert werden kann.

Aufgabe 4.7*

Eine *Einmal-Turingmaschine* ist eine Variante einer Turingmaschine, die sich dadurch von einer normalen Turingmaschine unterscheidet, dass jede Zelle des Eingabebandes nur einmal (mit einem anderen Zeichen) überschrieben werden darf. Dies betrifft sowohl die Zellen der Eingabe als auch die restlichen Zellen mit Blanksymbolen. Zeigen Sie: Einmal-Turingmaschinen können die gleichen Sprachen erkennen wie Turingmaschinen.

Hinweis: Versuchen Sie zuerst, eine Zweimal-Turingmaschine zu erstellen, das heißt, der Inhalt jeder Zelle darf genau zweimal verändert werden.

Aufgabe 4.8

Geben Sie für die Sprache

$$\{1^k \mid k > 0 \text{ und } k \text{ ist eine Quadratzahl}\}$$

einen Aufzähler an.

Aufgabe 4.9

Zeigen Sie, dass folgende Sprache aufzählbar ist:

$$L = \{\langle M \rangle \mid M \text{ hält auf mindestens einer Eingabe.}\}$$

Aufgabe 4.10

Bestimmen Sie die Länge der Codierung für eine Turingmaschine M in Abhängigkeit von Q und Γ.

Aufgabe 4.11

Zeigen Sie, dass wenn eine Sprache L co-aufzählbar ist, dann ist auch L^* co-aufzählbar.

Aufgabe 4.12

Zeigen Sie, dass die Sprache $E_{\text{CFG}} := \{\langle G \rangle \mid G \text{ ist kontextfreie Grammatik mit } L(G) = \emptyset\}$ entscheidbar ist.

4.12   Lösungsvorschläge für die Übungsaufgaben zum Kapitel 4

Lösungsvorschlag zur Aufgabe 4.1

Die Turingmaschine M sucht in jedem Durchlauf das am weitesten links stehende Zeichen der Eingabe, das noch nicht durch ein x ersetzt wurde. Sie ersetzt es dann durch x und speichert im Folgezustand, welches Zeichen es war, also a,b oder c. Sei der Folgezustand q_y, $y \in \{a, b, c\}$, wobei y das gerade ersetzte Zeichen ist. Jetzt sucht die Turingmaschine wiederum das nächste noch nicht ersetzte Zeichen, das nicht y ist und ersetzt es auch durch x. Im Folgezustand q_w, $w \in \{ab, ac, bc\}$ wird codiert, welche beiden Zeichen ersetzt wurden. Nun sucht die Turingmaschine nach dem nächsten Zeichen a, b, c, das nicht in w vorkam. Wenn sie so ein Zeichen findet, ersetzt sie es auch durch x und startet den nächsten Durchlauf. Wenn nicht, verwirft sie die Eingabe.

Das Zustandsdiagramm von M ist in Abb. 4.19 angegeben. Fehlende Übergänge führen in den verwerfenden Zustand.

Lösungsvorschlag zur Aufgabe 4.2

Der Logarithmus einer Zahl entspricht der Anzahl, wie häufig die Zahl ganzzahlig durch 2 geteilt werden kann (der eventuelle Rest 1 kann dabei ignoriert werden). Dies werden wir

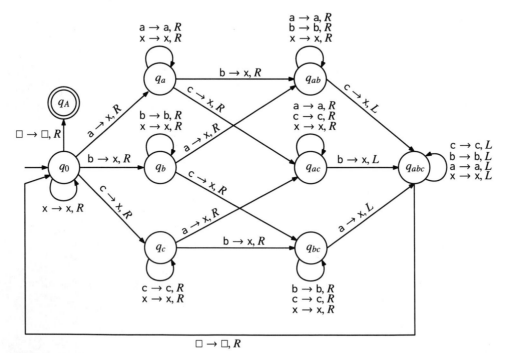

Abb. 4.19 Zustandsdiagramm der Turingmaschine M aus Aufgabe 4.1

im Folgenden ausnutzen. Bei jedem Durchlauf halbieren wir die Anzahl der as, wobei bei ungerader Anzahl der Rest ignoriert wird. Das heißt konkret: Von n-vielen as behalten wir nur $\lfloor n/2 \rfloor$ viele. Die anderen ersetzen wir jeweils durch ein x. Dies führen wir z-mal aus, wobei z die Anzahl der bs entspricht. Wenn am Ende nur noch ein a auf dem Band steht, akzeptieren wir.

1. Teste, ob die Eingabe leer ist, falls ja, stoppe verwerfend.
2. Teste, ob die Eingabe so aufgebaut ist, dass zuerst as, dann bs kommen. Falls nein, stoppe verwerfend, ansonsten fahre fort.
3. Teste, ob die Eingabe nur noch ein a enthält (alle anderen as und bs sind durch x ersetzt). Falls ja, stoppe akzeptierend.
4. Teste, ob noch ein b in der Eingabe steht und ersetze es durch x. Falls nein, stoppe verwerfend.
5. Ersetze jedes zweite a durch x, wobei wir beim linkesten a anfangen (damit ignorieren wir den Rest der Division, denn wenn eine ungerade Anzahl n an as auf dem Band steht, dann streichen wir $(n + 1/2)$).
6. Führe mit Schritt 2 fort.

Lösungsvorschlag zur Aufgabe 4.3

(a) $L := \{w \mid w \text{ enthält } baa \text{ als Teilwort}\}$

(b) $L := \{w \in \{a\}^* \mid w \text{ enthält ungerade Anzahl an Zeichen}\}$

Lösungsvorschlag zur Aufgabe 4.4

Nein, die Argumentation ist nicht korrekt. Die TM M erkennt die Sprache, das heißt, sie stoppt akzeptierend, wenn ihre Eingabe aus $L(M)$ ist. Wenn nicht, kann sie auch zykeln. Die TM M', die M entspricht bis auf den Umstand, dass die akzeptierenden und verwerfenden Zustände vertauscht sind, verwirft zwar alle Eingaben, die M akzeptiert, und sie akzeptiert auch alle Eingaben, bei denen M verwerfend stoppt. Sie zykelt jedoch auf denselben Eingaben wie M, dadurch erkennt sie die Sprache $\overline{L(M)}$ nicht notwendigerweise.

Lösungsvorschlag zur Aufgabe 4.5

Wir beweisen zuerst eine Richtung der Aussage. Nehmen wir dafür an, dass es für die Sprache L einen lexikografischen Aufzähler gibt. Ist L endlich, so ist L auch regulär und damit auch entscheidbar. Es verbleibt also noch der Fall, dass L nicht endlich ist. Ein möglicher Entscheider arbeitet für ein solches L wie folgt: Sei w ein Wort, von dem wir entscheiden wollen, ob $w \in L$. Wir starten den lexikografischen Aufzähler und lassen ihn so lange Wörter ausgeben, bis wir entweder auf w treffen oder zum ersten Mal einem Wort begegnen, welches in der Standardaufzählung hinter w eingeordnet ist. Im ersten Fall akzeptieren wir w, im zweiten verwerfen wir. Das Ergebnis ist zweifellos korrekt. Des Weiteren wird sowohl bei $w \in L$ als auch bei $w \notin L$ die angegebene Turingmaschine immer halten.

Für die andere Richtung nehmen wir an, dass L entscheidbar ist. Wir nutzen nun einen Aufzähler für die Standardaufzählung von Σ^* als Unterprogramm. Wir erzeugen nach und nach alle Wörter aus Σ^* mit diesem Aufzähler. Nachdem ein Wort w erzeugt wurde, prüfen wir mit dem Entscheider für L, ob $w \in L$. Falls dies erkannt wird, geben wir w aus, andernfalls geben wir nichts aus. Auf diese Weise werden alle Wörter aus L in der gewünschten Ordnung ausgegeben.

Lösungsvorschlag zur Aufgabe 4.6

Die Idee bei der Simulation ist es, das Band der Turingmaschine links vom Kopf „aufzubrechen". Den linken Teil legen wir auf einen Keller ab, den rechten auf den anderen. Dies machen wir so, dass die Zeichen, die an den Kopf der Turingmaschine grenzten, jetzt die Top-Symbole der Keller sind; siehe dazu Abb. 4.20. Das Zeichen, welches aktuell unter dem Kopf der Turingmaschine war, ist hierbei das Top-Symbol des rechten Kellers. Zu Beginn legen wir auf beide Keller ein Initialisierungssymbol, hier $, das niemals entfernt wird. Die Eingabe w wird am Anfang auf den linken Keller geschrieben und von dort danach in den rechten Keller umkopiert. Mit diesem Zwischenschritt sorgen wir dafür, dass der Inhalt im rechten Keller die richtige Ordnung hat und $\$\bar{w}$ entspricht. Nachdem wir die Eingabe so aufbereitet haben, beginnt die eigentliche Simulation der Turingmaschine. Eine Kopfbewegung der Turingmaschine nach rechts simulieren wir, indem wir das Top-Symbol vom rechten Keller entfernen und auf dem linken Keller ablegen. Für Kopfbewegungen nach links werden wir das Top-Symbol vom linken Keller entfernen und auf den rechten Keller ablegen. Das Ersetzen eines Zeichens bei einem Übergang kann durch einen Switch-Befehl leicht realisiert werden. Den aktuellen Zustand der Turingmaschine müssen wir nicht abspeichern. Diesen können wir uns im Zustand des 2-Kellerautomaten merken. Die Initialisierungssymbole $ werden als □ gedeutet. Auf diese Weise können wir jeden Konfigurationsübergang als Befehle im 2-Kellerautomaten

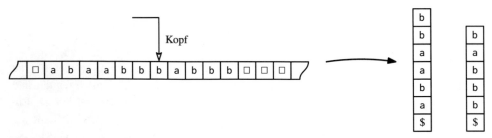

Abb. 4.20 Simulation einer Turingmaschine durch einen 2-Kellerautomaten

darstellen. Wir erkennen, wenn die Turingmaschine in den akzeptierenden Zustand läuft und würden dann auch den 2-Kellerautomaten in einen akzeptierenden Zustand überführen.

Lösungsvorschlag zur Aufgabe 4.7

Eine Zweimal-Turingmaschine simuliert einen Konfigurationsübergang einer „normalen" Turingmaschine, indem sie den relevanten Inhalt des (simulierten) Bandes hinter das rechte Ende ihres bislang besuchten Bandes kopiert. Während des Kopierens führt man dabei die notwendige Bandmodifikation des aktuellen Befehls aus. Man kann die verschiedenen Bandbereiche mit einem Sonderzeichen trennen. Für das Kopieren müssen wir auf dem Band der Zweimal-Turingmaschine hin- und herpendeln. Deshalb ist es notwendig, eine Marke zu setzen, die uns sagt, welches Zeichen aktuell kopiert wird. Jede Zelle wird also zweimal beschrieben: das erste Mal, um das Zeichen hierhin zu kopieren, und das zweite Mal, um sie beim Weiterkopieren zu markieren. Die Zelle, die den Kopf enthält, muss ebenfalls gesondert markiert sein, sodass beim Umkopieren der Schritt der Orginalturingmaschine eingearbeitet werden kann.

Die Zweimal-Turingmaschine kann durch eine Einmal-Turingmaschine simuliert werden, indem man jede Zelle beim Umkopieren durch einen Block von zwei aufeinanderfolgenden Zellen repräsentiert. In der ersten Zelle steht das ursprüngliche Zeichen. Die zweite Zelle ist dafür da, die Marke für das Weiterkopieren zu speichern. Der Rest verläuft analog zur Simulation einer Turingmaschine durch eine Zweimal-Turingmaschine.

Beachten Sie: Zu Beginn ist die Eingabe nicht in diesem 2-Zellen-Block-Format, beim ersten Umkopieren können wir aber die Marken wie bei der Zweimal-Turingmaschine setzen, da dieser Bereich ja schon zu Beginn auf dem Band stand. Auch die Kopfposition musste beim ersten Übergang nicht markiert werden, da dieser am Anfang des Bandes stehen muss.

Lösungsvorschlag zur Aufgabe 4.8

Am einfachsten ist es wieder, die Wörter in aufsteigender Länge anzugeben. Wir nutzen den Umstand, dass $n^2 - (n-1)^2 = 2n - 1$ (siehe auch Beispiel 4.1). Diesmal nutzen wir eine Turingmaschine mit zwei Arbeitsbändern und dem Ausgabeband. Die Idee ist, dass wir auf dem ersten Arbeitsband immer die Zahl n stehen haben, die in jedem Schritt eins hochgezählt wird, auf dem zweiten Arbeitsband berechnen wir stets n^2. Der Aufzähler kann also auf die folgende Art beschrieben werden:

1. Schreibe auf das erste Arbeitsband `1`.
2. Kopiere die `1`en des ersten Arbeitsbands zweimal hintereinander auf das zweite Arbeitsband.
3. Ersetze die am weitesten rechts stehende `1` auf dem zweiten Arbeitsband mit □.
4. Kopiere das gesamte zweite Arbeitsband auf das Ausgabeband. Setze davor aber #.

5. Gehe auf beiden Arbeitsbändern zum ersten Blank rechts neben der am weitesten rechts stehenden 1. Fahre mit Schritt 1 fort.

Lösungsvorschlag zur Aufgabe 4.9

Nach Satz 4.4 ist eine Sprache genau dann aufzählbar, wenn sie erkennbar ist. Wir zeigen, dass die Sprache L erkennbar ist, indem wir eine Turingmaschine M' angeben, die L erkennt. Diese Turingmaschine bekommt also eine Eingabe $\langle M \rangle$. Wir müssen nun testen, ob M auf mindestens einer Eingabe w hält. Dazu verfahren wir ähnlich wie im Beweis von Satz 4.4. Wir testen wieder für alle Wörter aus Σ^*, ob M bei Eingabe eines dieser Wörter hält. Für die Simulation von $M(w)$ nutzen wir ein Unterprogramm analog zur universellen Turingmaschine. Wir können natürlich nicht alle Wörter der Reihe nach probieren, da die Simulation bei einer Eingabe zykeln könnte. Um dieses Problem zu umgehen, arbeiten wir wieder in Runden. In der Runde i werden wir die ersten i Eingaben maximal i Schritte auf M simulieren. Wenn eine Eingabe von M akzeptiert wird, dann gehört $\langle M \rangle$ zu L, und wir akzeptieren. Falls M gar kein Wort akzeptiert, dann wird unsere Simulationsschleife endlos laufen. In diesem Falle würde M' zykeln, und wir würden $\langle M \rangle$ deshalb nicht akzeptieren.

Lösungsvorschlag zur Aufgabe 4.10

Zur Wiederholung: Es gilt $\delta : Q \times \Gamma \to Q \times \Gamma \times \{L, R\}$.

Für einen Übergang $\delta(i, a_x) = (j, a_y, L)$ notieren wir das als Wort $1^i 0 1^x 0 1^j 0 1^y 0 1$ und für einen Übergang $\delta(i, a_x) = (j, a_y, R)$ das Wort $1^i 0 1^x 0 1^j 0 1^y 0 1 1$.

Das heißt, dass wir pro Übergang eine Länge von $O(|Q| + |\Gamma|)$ benötigen. Außerdem gibt es höchstens $|Q| \cdot |\Gamma|$-viele unterschiedliche Übergänge.

Insgesamt hat die Codierung einer Turingmaschine also die Länge $O(|Q| \cdot |\Gamma|(|Q| + |\Gamma|))$.

Lösungsvorschlag zur Aufgabe 4.11

Wir wissen, dass die Sprache L co-aufzählbar ist. Das heißt, dass die Sprache $\overline{L}$ aufzählbar ist. Es gibt also eine Turingmaschine M, die die Sprache $\overline{L}$ erkennt. Um zu zeigen, dass L^* co-aufzählbar ist, müssen wir zeigen, dass $\overline{L^*}$ aufzählbar ist. Dazu geben wir eine Turingmaschine M' an, die $\overline{L^*}$ erkennt.

Damit ein Wort $w = u_1 u_2 \ldots u_k$ ($u_i \in \Sigma^+$) aus $\overline{L^*}$ ist, muss für alle möglichen Zerlegungen von w gelten, dass mindestens ein Teilwort u_i nicht aus L ist. Die Turingmaschine M' bekommt also die Eingabe w und muss für alle möglichen Zerlegungen von w überprüfen, ob zumindest eines der u_i in $\overline{L}$ liegt. Wenn für jede Zerlegung gilt, dass mindestens ein Teilwort aus $\overline{L}$ ist, gilt $w \in \overline{L}^*$, anderenfalls gilt $w \in L^*$. Um zu testen, ob ein Teilwort aus $\overline{L}$ ist, kann man M als Unterprogramm verwenden. Da M kein Entscheider ist, kann die Simulation von M eventuell zykeln. Um dieses Problem zu umgehen, verfahren wir wieder ähnlich wie in dem Beweis von Satz 4.4. Es gibt nur endlich viele Zerlegungen eines Wortes w. Jede Zerlegung hat endlich viele Teilwörter.

Wir schreiben jede mögliche Zerlegung von w hintereinander auf ein Arbeitsband und trennen diese durch Sonderzeichen. Diese unterschiedlichen Zerlegungen von w lassen sich leicht finden. Wir betrachten die möglichen „Schnittstellen", an denen w in Teilwörter geteilt werden kann. Insgesamt gibt es $(|w| - 1)$-viele dieser Schnittstellen, jeweils zwischen zwei Zeichen von w. Um nun alle Zerlegungen zu finden, kann man sich überlegen, dass man die möglichen Schnittstellen mit 0 oder 1 markiert, wobei 1 bedeutet, dass man das Wort an dieser Stelle „zerschneidet". Jede Unterteilung entspricht demnach einer Binärzahl der Länge $|w| - 1$. Diese Binärzahlen (und damit auch die dazugehörigen Zerlegungen) lassen sich leicht aufzählen.

Nun testen wir für jedes Teilwort jeder Zerlegung, ob es zu $\overline{L}$ gehört. Dazu arbeiten wir in Runden. In der Runde i werden wir für alle (noch fraglichen) Zerlegungen und für deren Teilwörter i Schritte von M simulieren. Wenn M ein Teilwort akzeptiert, dann löschen wir die dazugehörige Zerlegung auf dem Arbeitsband. Wenn das Arbeitsband irgendwann leer ist (bis auf die Sonderzeichen), dann akzeptiert M' die Eingabe.

Es verbleibt noch ein Sonderfall. Falls die Eingabe w das leere Wort ist, gibt es ja gar keine Zerteilung. Hier testen wir einfach, ob das leere Wort in $\overline{L}$ ist, falls ja, stoppt M akzeptierend und ebenso M'.

Lösungsvorschlag zur Aufgabe 4.12

Wir konstruieren eine Turingmaschine M, die E_{CFG} entscheidet. Zuerst wird überprüft, ob die Eingabe der Codierung einer kontextfreien Grammatik entspricht. Wenn dem so ist, wird diese Grammatik in Chomsky-Normalform überführt. Sei $G = (V, \Sigma, P, S)$ die Grammatik in CNF. Wir wissen nach dem Beweis vom kontextfreien Pumpinglemma, dass für alle Wörter der Länge $> 2^{|V|}$ auf einem Pfad im Ableitungsbaum mindestens eine Variable zweimal vorkommt. Analog zum Beweis des Pumpinglemmas können wir dann einen Ableitungsbaum für ein kürzeres Wort finden, indem wir etwas aus der Sprache herauspumpen.

Das heißt, wenn die Grammatik G ein Wort enthält, also nicht $L(G) = \emptyset$, dann muss es auch ein Wort mit Länge kleiner gleich $2^{|V|}$ geben, das sich aus G ableiten lässt. Um nun zu testen, ob sich ein Wort aus G ableiten lässt, testen wir einfach für alle Wörter der Länge kleiner gleich $2^{|V|}$, ob sie sich aus G ableiten lassen. Zum Testen können wir den CYK-Algorithmus verwenden. Finden wir ein Wort, das sich ableiten lässt, stoppt M verwerfend. Ansonsten stoppt M, nachdem alle Wörter getestet wurden, akzeptierend.

Literatur

1. A. M. Turing. „On Computable Numbers, with an Application to the Entscheidungsproblem". In: *Proc. London Math. Soc. (2)* 42.3 (1936), S. 230–265.

2. W J. Savitch. „Deterministic Simulation of Non-Deterministic Turing Machines (Detailed Abstract)". In: *Proceedings of the 1st Annual ACM Symposium on Theory of Computing, May 5–7, 1969, Marina del Rey CA, USA*. Hrsg. von P C. Fischer, S. Ginsburg und M. A. Harrison. ACM, 1969, S. 247–248.

3. S. A. Cook. „The Complexity of Theorem-Proving Procedures". In: *Proceedings of the 3rd Annual ACM Symposium on Theory of Computing, May 3–5, 1971, Shaker Heights, Ohio, USA*. Hrsg. von M. A. Harrison, R. B. Banerji und J. D. Ullman. ACM, 1971, S. 151–158.

4. S. A. Cook. „A Hierarchy for Nondeterministic Time Complexity". In: *J. Comput. Syst. Sci.* 7.4 (1973), S. 343–353.

5. S. C. Kleene. „Recursive predicates and quantifiers". In: *Trans. Amer Math. Soc.* 53 (1943), S. 41–73.

6. E. L. Post. „Recursively enumerable sets of positive integers and their decision problems". In: *Bull. Amer Math. Soc.* 50 (1944), S. 284–316.

7. J. V. Matijasevič. „The Diophantineness of enumerable sets". In: *Dokl. Akad. Nauk SSSR* 191 (1970), S. 279–282.

8. D. Hilbert. „Mathematische Probleme". In: *Nachrichten der Königlichen Gesellschaft der Wissenschaften zu Göttingen, mathematisch-physikalische Klasse* 3 (1900), S. 253–297.

Unentscheidbare Sprachen

5

Bislang haben wir uns mit verschiedenen Berechnungsmodellen beschäftigt. Dies waren unter anderem der endliche Automat, der Kellerautomat und die Turingmaschine. Jedem dieser Modelle haben wir eine (oder auch mehrere) Sprachklassen zugeordnet: Dem endlichen Automaten die regulären Sprachen, dem Kellerautomaten die kontextfreien Sprachen und der Turingmaschine die entscheidbaren und erkennbaren/aufzählbaren[1] Sprachen. Bei der Untersuchung dieser Sprachklassen haben wir festgestellt, dass die regulären Sprachen eine echte Teilmenge der kontextfreien Sprachen sind, und diese wiederum eine echte Teilmenge der entscheidbaren Sprachen. Der Fokus lag bislang darauf, die „Berechenbarkeit" von Sprachen (beziehungsweise Entscheidungsproblemen) nachzuweisen. Nun werden wir uns im Gegensatz dazu auf den Nachweis der „Nichtberechenbarkeit" konzentrieren. Wir versuchen zudem, die Grenze zwischen Nichtberechenbaren und Berechenbaren möglichst gut zu bestimmen.

Wir wissen bereits, dass es mit $\{a^n b^n \mid n \geq 0\}$ eine nichtreguläre und mit $\{a^n b^n c^n \mid n \geq 0\}$ eine nichtkontextfreie Sprache gibt. Um dies zu zeigen, hatten wir als Werkzeuge das Pumpinglemma (kontextfrei/regulär) und den Satz von Myhill–Nerode zur Verfügung. Wir wissen noch nicht, ob es Sprachen gibt, welche nicht entscheidbar oder nicht aufzählbar sind. Aus der Definition der aufzählbaren und der entscheidbaren Sprachen folgt zwar direkt, dass $\mathbb{E} \subseteq \mathbb{A}$, doch bislang haben wir noch nicht untersucht, ob dies eine *echte* Teilmengenbeziehung ist. Wir werden zeigen, dass es durchaus viele Sprachen gibt, die nicht entscheidbar sind. Um dies zu zeigen, nutzen wir das Beweisprinzip der Diagonalisierung.

Nachdem wir uns einige Beispiele für unentscheidbare Sprachen angesehen haben, stellen wir mit der Reduktion eine Technik vor, die man für den Nachweis einsetzen

---

[1] Beachten Sie, dass wir die Begriffe *aufzählbar* und *erkennbar* synonym benutzen.

© Der/die Autor(en), exklusiv lizenziert an Springer-Verlag GmbH, DE,
ein Teil von Springer Nature 2022
A. Schulz, *Grundlagen der Theoretischen Informatik*,
https://doi.org/10.1007/978-3-662-65142-1_5

kann, dass Sprachen nicht entscheidbar oder nicht aufzählbar sind. Reduktionen erlauben es, bekanntes Wissen über die Entscheidbarkeit beziehungsweise Unentscheidbarkeit von Sprachen auf neue Sprachen zu transferieren.

Mit Hilfe der Reduktionen können wir zeigen, dass fast alle Probleme, die Aussagen über Sprachen von Turingmaschinen treffen, nicht entscheidbar sind. Diese Ideen fassen wir im Satz von Rice zusammen. Mit Hilfe von Reduktionen können wir auch nachweisen, dass es Sprachen gibt, die weder aufzählbar noch co-aufzählbar sind.

Die ersten unentscheidbaren Sprachen, die wir kennenlernen werden, haben stets einen Bezug zu Turingmaschinen oder, genauer gesagt, zu Sprachen von Turingmaschinen. Man kann nach der ersten Hälfte dieses Kapitels den Eindruck gewinnen, dass alle unentscheidbaren Probleme von diesem Typ sind. Dies ist aber nicht der Fall. Wir werden mit dem postschen Korrespondenzproblem ein unentscheidbares Problem kennenlernen, welches auf den ersten Blick nichts mit Turingmaschinen und deren akzeptierten Sprachen zu tun hat. Für den Nachweis der Unentscheidbarkeit nutzen wir wieder Reduktionen, wobei wir allerdings neue Ideen verwenden werden.

Ein weiteres Thema dieses Kapitels ist der Rekursionssatz. Dieser Satz besagt, etwas vereinfacht gesprochen, aus, dass man Turingmaschinen konstruieren kann, die ihren eigenen Quellcode kennen. Das Verfahren ist zudem konstruktiv. Daraus ergibt sich eine Reihe von interessanten Konsequenzen. Wir können zum Beispiel mit dem Rekursionssatz die Unentscheidbarkeit von weiteren interessanten Problemen nachweisen. So werden wir zeigen, dass das Problem, zu testen, ob ein Turingmaschinenprogramm das kürzeste Programm für die erkannte Sprache ist, nicht erkennbar ist.

Zum Ende des Kapitels machen wir einen Ausflug in die mathematische Logik. Die mathematische Logik ist ein Teilgebiet der Mathematik, welches sich (zumindest zur Zeit ihrer Entstehung) mit dem formalen Unterbau der Mathematik beschäftigt. In diesem Zusammenhang gibt es eine Reihe von Problemen, von denen wir wissen wollen, ob sie entscheidbar oder unentscheidbar sind. Zuerst beschäftigen wir uns mit logischen Theorien. Mit einer Theorie bezeichnen wir die Menge von wahren Aussagen in einem bestimmten logisch-formalen System. Es wäre natürlich hilfreich, wenn wir einen Algorithmus kennen würden, mit dessen Hilfe wir entscheiden können, ob eine Aussage im jeweiligen System wahr oder falsch ist. Würde es einen solchen Algorithmus geben, bräuchten wir mathematische Sätze nicht mehr beweisen. Wir würden einfach den Algorithmus benutzen, um die Korrektheit eines Satzes zu zeigen. Diese Vorstellung klingt zu gut, um wahr zu sein. Es kommt jedoch auf das System (wir sagen auch Modell) an, ob ein solcher Algorithmus existiert oder nicht existiert.

Eng verbunden mit der Entscheidbarkeit von logischen Theorien ist der Begriff des Beweises. Mit unseren Erkenntnissen werden wir einige sehr negative Ergebnisse in Bezug zu der Beweisbarkeit von mathematischen Sätzen aufzeigen. Wir werden zum Beispiel sehen, dass es in einem hinreichend komplexen System immer Sätze geben muss, die wahr, aber nicht in diesem System beweisbar sind. Diese Erkenntnis stammt aus dem ersten gödelschen Unvollständigkeitssatz, über den wir am Ende des Kapitels sprechen werden.

5.1 Existenz von nichtaufzählbaren Sprachen

Wir beginnen unsere Untersuchung mit einer Existenzaussage. Wir wollen beweisen, dass es weniger Turingmaschinen gibt als Sprachen über dem Alphabet $\{0, 1\}$. Da es ja maximal so viele aufzählbare (also erkennbare) Sprachen geben kann, wie es Turingmaschinen gibt, würde daraus folgen, dass es Sprachen gibt, die nicht aufzählbar sind. Nun ist es jedoch so, dass es ja unendlich viele Turingmaschinen gibt und auch unendlich viele Sprachen. Wir müssen also eine Methode erarbeiten, mit welcher wir die „Größen" von unendlichen Mengen in sinnvoller Weise miteinander vergleichen können. Um solche Vergleiche vornehmen zu können, definieren wir den Begriff der **Gleichmächtigkeit**.

Definition 5.1 Zwei Mengen X und Y heißen *gleichmächtig*, falls eine Bijektion zwischen X und Y existiert.

Ein einfaches Beispiel zweier gleichmächtiger Mengen sind die Mengen $X_1 = \{a, b\}$ und $X_2 = \{0, 1\}$, denn wir können eine Funktion $f_1 : X_1 \rightarrow X_2$ angeben, die eine Bijektion ist; zum Beispiel:

$$f_1(x) := \begin{cases} 0 & \text{falls } x = a \\ 1 & \text{falls } x = b. \end{cases}$$

Es liegt auf der Hand, dass zwei endliche Mengen genau dann gleichmächtig sind, wenn sie die gleiche Kardinalität haben. Aber auch unendliche Mengen können gleichmächtig sein. Ein einfaches Beispiel hierfür sind die Mengen $Y_1 = \{i \in \mathbb{Z} \mid i \geq 0\}$ und $Y_2 = \{i \in \mathbb{Z} \mid i \geq 1\}$. Zwischen diesen Mengen können wir die folgende Bijektion $f_2 : Y_1 \rightarrow Y_2$ angeben:

$$f_2(x) := x + 1.$$

Wir sehen, dass f_2 keine zwei Zahlen auf eine gemeinsame Zahl abbildet, damit ist f_2 injektiv. Des Weiteren gibt es für jedes $y \in Y_2$ mit $y' = y - 1$ eine Zahl, sodass $f_2(y') = y$. Daraus folgt, dass f_2 surjektiv ist und demnach eine Bijektion darstellt. Beachten Sie aber, dass, obwohl beide Mengen gleichmächtig sind, Y_2 eine echte Teilmenge von Y_1 ist.

Test 5.1 Zeigen Sie, dass die Mengen $Z_1 = \{i \in \mathbb{N} \mid i \geq 1\}$ und $Z_2 = \{p \in \mathbb{N} \mid p$ ist Primzahl$\}$ gleichmächtig sind.

Von besonderem Interesse ist es, die Mengen zu bestimmen, die gleichmächtig zu den natürlichen Zahlen sind. Wir nehmen an, dass die 0 keine natürliche Zahl ist, alle

Argumente des Buches funktionieren aber genauso gut, wenn wir die 0 als natürliche Zahl zulassen würden.

Definition 5.2 (Abzählbar) Eine Menge X heißt *abzählbar*, falls (i) X endlich ist oder (ii) X und die Menge der natürlichen Zahlen $\mathbb{N}$ gleichmächtig sind.

Aus unseren bisherigen Beobachtungen folgt, dass zum Beispiel die Menge $\{p \in \mathbb{N} \mid p$ ist Primzahl$\}$ abzählbar ist. Wenn eine Menge X abzählbar ist, heißt dies also, dass wir alle ihre Elemente mit den natürlichen Zahlen durchnummerieren können. Eine Bijektion $f : \mathbb{N} \to X$ beschreibt die Vergabe der Nummern. Wir bezeichnen die dazugehörige Folge $f(1), f(2), f(3), \ldots$ auch als eine **Nummerierung** der Menge X. Beachten Sie aber, dass *abzählbar* und *aufzählbar* zwei verschiedene Eigenschaften sind.

Test 5.2 Zeigen Sie, dass, wenn X abzählbar, dann ist auch jede Teilmenge $Y \subseteq X$ abzählbar.

Lemma 5.1 Die Menge der ganzen Zahlen $\mathbb{Z}$ ist abzählbar.

Beweis. Wir geben eine Funktion $f : \mathbb{N} \to \mathbb{Z}$ an als

$$
f(x) = \begin{cases} x/2 & \text{falls } x \text{ gerade} \\ (1-x)/2 & \text{falls } x \text{ ungerade.} \end{cases}
$$

Wir erkennen, dass f die geraden Zahlen auf die positiven ganzen Zahlen abbildet und die ungeraden Zahlen auf die negativen ganzen Zahlen mit der Null. Es ist leicht zu sehen, dass es keine natürlichen Zahlen gibt, die auf die gleiche ganze Zahl abgebildet werden. Des Weiteren gibt es für jede Zahl $i \in \mathbb{Z}$ eine natürliche Zahl x mit $f(x) = i$. Also ist f surjektiv und injektiv und damit eine Bijektion. ∎

In den bisherigen Beispielen war es einfach, Gleichmächtigkeit (beziehungsweise Abzählbarkeit) durch eine Bijektion anzugeben. Wir wollen uns nun ein weiteres, sehr interessantes Beispiel ansehen, bei welchem der Nachweis der Abzählbarkeit nicht so offensichtlich ist.

Lemma 5.2 Die Menge $\mathbb{N}^2 = \mathbb{N} \times \mathbb{N}$ ist abzählbar.

Beweis. Bevor wir die Abzählbarkeit von $\mathbb{N}^2$ beweisen, werden wir kurz darauf eingehen, welcher Ansatz nicht funktioniert. Die Menge $\mathbb{N} \times \mathbb{N}$ ist die Menge der geordneten Paare von natürlichen Zahlen. Diese Menge kann man sich gut in einer (unbeschränkten) Tabelle vorstellen, bei welcher der Eintrag der i-ten Zeile und der j-ten Spalte das Tupel (i, j) enthält. Unser Ziel ist es, jedem Eintrag dieser Tabelle genau eine natürliche Zahl

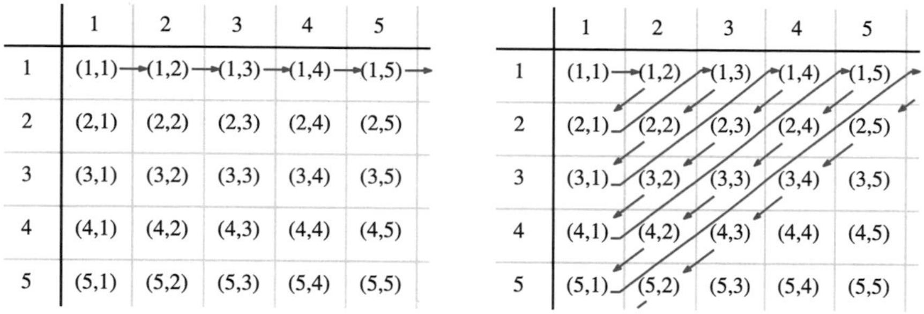

	1	2	3	4	5			1	2	3	4	5	
1	(1,1)	(1,2)	(1,3)	(1,4)	(1,5)		1	(1,1)	(1,2)	(1,3)	(1,4)	(1,5)	
2	(2,1)	(2,2)	(2,3)	(2,4)	(2,5)		2	(2,1)	(2,2)	(2,3)	(2,4)	(2,5)	
3	(3,1)	(3,2)	(3,3)	(3,4)	(3,5)		3	(3,1)	(3,2)	(3,3)	(3,4)	(3,5)	
4	(4,1)	(4,2)	(4,3)	(4,4)	(4,5)		4	(4,1)	(4,2)	(4,3)	(4,4)	(4,5)	
5	(5,1)	(5,2)	(5,3)	(5,4)	(5,5)		5	(5,1)	(5,2)	(5,3)	(5,4)	(5,5)	

Abb. 5.1 Strategie beim Durchnummerieren der Einträge einer Tabelle: zeilenweises Abzählen (links), Cantornummerierung (rechts)

zuzuordnen. Am einfachsten wäre es natürlich, dass wir die Zahlen $1, 2, 3, \ldots$ Zeile für Zeile über die Tabelle verteilen. Dies funktioniert jedoch nicht. In der ersten Zeile gibt es ja unendlich viele Einträge, deshalb würden wir bereits für die erste Zeile alle natürlichen Zahlen „aufbrauchen". Auch wenn wir spaltenweise vorgehen, haben wir das gleiche Problem. Es bedarf also einer anderen Strategie.

Anstatt die Nummern zeilen- oder spaltenweise zu vergeben, werden wir sie diagonal verteilen. Diese Idee (siehe Abb. 5.1) ist so einfach wie genial. Wir bezeichnen mit der k-ten Gegendiagonalen der Tabelle alle Einträge (i, j) mit $i + j = k$. Die k-te Gegendiagonale hat also $k - 1$ Einträge, welche wir nach aufsteigender Zeilennummer sortieren. Zum Beispiel erhalten wir für die vierte Gegendiagonale die Folge $(1, 3), (2, 2), (3, 1)$. Wir werden nun die Gegendiagonalen in aufsteigender Nummer abarbeiten. Dabei vergeben wir der Reihe nach die Nummern von $\mathbb{N}$ für die Einträge der Tabelle. Haben wir eine Gegendiagonale durchnummeriert, fahren wir mit der nächsten fort und beginnen das Nummerieren dort mit der nun folgenden Nummer. Auf diese Weise bekommen alle Einträge der Tabelle eine Nummer aus $\mathbb{N}$. Die so erhaltene Nummerierung beginnt demnach mit

$$(1, 1), (1, 2), (2, 1), (1, 3), (2, 2), (3, 1), (1, 4), (2, 3), (3, 2), (4, 1), (1, 5), (2, 4), \ldots$$

Die Vergabe der Nummern impliziert eine Bijektion zwischen $\mathbb{N}$ und $\mathbb{N}^2$. Wir weisen hierbei der Zahl i das mit i beschriftete Paar der Tabelle zu. Offensichtlich ist diese Funktion injektiv und surjektiv. ∎

Die Strategie, die Elemente von $\mathbb{N} \times \mathbb{N}$ in der im Beweis diskutierten Art zu nummerieren, ist als **Cantornummerierung** bekannt (nach ihrem Entdecker, dem deutschen Mathematiker Georg Cantor). Die daraus abgeleitete Funktion, die jedem Tabelleneintrag eine natürliche Zahl zuordnet, nennt man **cantorsche Paarungsfunktion**.

Test 5.3 Bestimmen Sie eine geschlossene Darstellung (Formel) für die cantorsche Paarungsfunktion.

Korollar 5.1 Die Menge der positiven rationalen Zahlen $\mathbb{Q}^+$ ist abzählbar.

Beweis. Jede Zahl aus $\mathbb{Q}^+$ ist als Bruch p/q darstellbar. Diese Brüche tragen wir in eine Tabelle ein, sodass p/q in der Zelle (p, q) eingetragen wird. Nun nummerieren wir die Tabelleneinträge mit der Cantornummerierung. Daraus ergibt sich eine Folge F von Brüchen, die wie folgt beginnt:

$$1/1, 1/2, 2/1, 1/3, 2/2, 3/1, 1/4, 2/3, \ldots$$

Wir streichen in dieser Folge alle Brüche, die wir kürzen können, zum Beispiel $3/9$. Die daraus entstandene Folge nennen wir F'. Die ersten Einträge von F' sind

$$1, 1/2, 2, 1/3, 3, 1/4, 2/3, 3/2, 4, 1/5, 5, \ldots$$

Wir können nun die folgende Bijektion zum Nachweis der Gleichmächtigkeit zu $\mathbb{N}$ benutzen:

$$f(i) := i\text{-ter Eintrag in } F' \text{ als rationale Zahl.} \qquad \blacksquare$$

Man könnte den Eindruck bekommen, dass alle Mengen von Zahlen abzählbar sind. Das folgende Lemma zeigt aber, dass dem nicht so ist. Eine Menge, die nicht abzählbar ist, nennen wir **überabzählbar**.

Lemma 5.3 Die Menge der reellen Zahlen $\mathbb{R}$ ist überabzählbar.

Beweis. Wir führen diesen Beweis als Widerspruchsbeweis. Dazu nehmen wir an, dass es eine Bijektion $f : \mathbb{N} \to \mathbb{R}$ gibt. Wir nutzen zum Beweis eine Tabelle T, in der wir die Nachkommastellen aller reellen Zahlen in Dezimaldarstellung „eintragen". Die Tabelle hat unendlich viele Spalten und Zeilen. In der Zelle (i, j) tragen wir die j-te Nachkommastelle der reellen Zahl $f(i)$ ein. Wir schreiben für den Inhalt der Zelle (i, j) von T kurz $T[i, j]$.

Wir werden nun eine reelle Zahl definieren, welche nicht in der Tabelle als Zeile aufgelistet ist. Dazu nutzen wir die Funktion

$$d(i, j) := \begin{cases} 0 & \text{falls } T[i, j] = 9 \\ T[i, j] + 1 & \text{sonst.} \end{cases}$$

Diese Funktion garantiert, dass $T[i, j] \neq d(i, j)$ für alle $(i, j) \in \mathbb{N}^2$. Des Weiteren sind die Funktionswerte von d nicht größer als 9. Sei r nun folgende reelle Zahl in Dezimaldarstellung angegeben:

$$r = 0.d(1, 1)d(2, 2)d(3, 3)d(4, 4)d(5, 5) \ldots$$

Abb. 5.2 Konstruktion einer reellen Zahl r, welche in der Nummerierung der reellen Zahlen durch f fehlt

$$f(1) = ?? . \; \underline{9} \; 1 \; 3 \; 3 \; 0 \; 0 \; 0 \; 0 \; 0 \; 0$$
$$f(2) = ?? . \; 1 \; \underline{5} \; 6 \; 3 \; 7 \; 1 \; 2 \; 1 \; 2 \; 1 \; 2$$
$$f(3) = ?? . \; 1 \; 1 \; \underline{1} \; 1 \; 1 \; 1 \; 1 \; 1 \; 1 \; 1 \; 1$$
$$f(4) = ?? . \; 4 \; 5 \; 1 \; \underline{1} \; 0 \; 1 \; 9 \; 3 \; 3 \; 1 \; 2$$
$$f(5) = ?? . \; 2 \; 2 \; 2 \; 2 \; \underline{2} \; 0 \; 0 \; 0 \; 0 \; 0 \; 0$$
$$f(6) = ?? . \; 2 \; 2 \; 2 \; 2 \; 2 \; \underline{0} \; 0 \; 0 \; 0 \; 0 \; 0$$
$$f(7) = ?? . \; 1 \; 4 \; 1 \; 5 \; 9 \; 2 \; \underline{6} \; 5 \; 3 \; 5 \; 8$$

$$r = 0 . \; 0 \; 6 \; 2 \; 2 \; 3 \; 1 \; 7 \; \cdots$$

Ein Beispiel für diese Konstruktion ist in Abb. 5.2 zu sehen.

Wir nehmen nun an, dass es ein i gibt mit $f(i) = r$. Das heißt, dass die Nachkommastellen von r in der Tabelle T in Zeile i eingetragen wurden. Die i-te Nachkommastelle von r ist $d(i, i)$, der Eintrag in der Tabelle T an dieser Stelle ist aber $T[i, i] \neq d(i, i)$. Das ist ein Widerspruch, folglich ist die Zahl r nicht in T eingetragen worden, und damit fehlt r in der Nummerierung. Wir sehen also, dass $\mathbb{R}$ nicht abzählbar ist. ∎

An dieser Stelle wollen wir uns die Zeit nehmen, über den Beweis von Lemma 5.3 noch etwas nachzudenken. Die Idee hinter dem Beweis ist sehr elegant, trotzdem kommt es hier oft zu Verwirrungen. Wir hatten gezeigt, dass in unserer Nummerierung der reellen Zahlen die Zahl r nicht vorkommen kann. Natürlich ist es möglich, eine andere Nummerierung zu finden, die r enthält. So könnte man zum Beispiel allen Zahlen eine um eins größere Nummer geben und dann r die Nummer 1 zuordnen. Bei dieser neuen Abbildung fehlt dann aber wieder eine (andere) Zahl.

Die Beweistechnik in Lemma 5.3 trägt den Namen **Diagonalisierung** und ist ein sehr mächtiges Werkzeug. Wir werden auch andere Sätze mit dieser Technik beweisen. Bei der Diagonalisierung geht es darum nachzuweisen, dass eine Folge in einer Nummerierung von Folgen $(F_i)_{i \in \mathbb{N}}$ fehlt. Im vorigen Beweis ergab sich zum Beispiel F_i aus den Nachkommastellen der reellen Zahl $f(i)$. Man trägt die Folgen F_i als Zeilen in eine unbeschränkte Tabelle ein. Hierbei wird die Folge F_i in die i-te Zeile geschrieben. Nun nimmt man sich die Diagonale der Tabelle als neue Folge und verändert jeden Wert in dieser Folge. Dadurch erreicht man, dass die so konstruierte Folge G sich von allen Folgen der Tabelle unterscheidet. Konkret unterscheidet sich G von der Folge F_i an der i-ten Stelle (Tabelleneintrag (i, i)). Dieses Prinzip wird noch einmal in Abb. 5.3 veranschaulicht.

Der Diagonalisierungsbeweis beruht auf dem Umstand, dass zwei Folgen schon dann unterschiedlich sind, wenn sie sich an einer Stelle unterscheiden. Wir konnten die erste Stelle benutzen, um die Ungleichheit zur ersten Folge zu erzwingen, die zweite Stelle für die Ungleichheit zur zweiten Folge und so weiter. Man sollte beachten, dass Diagonalisierung und Cantornummerierung nichts direkt miteinander zu tun haben, obwohl sie beide eine unbeschränkte Tabelle verwenden.

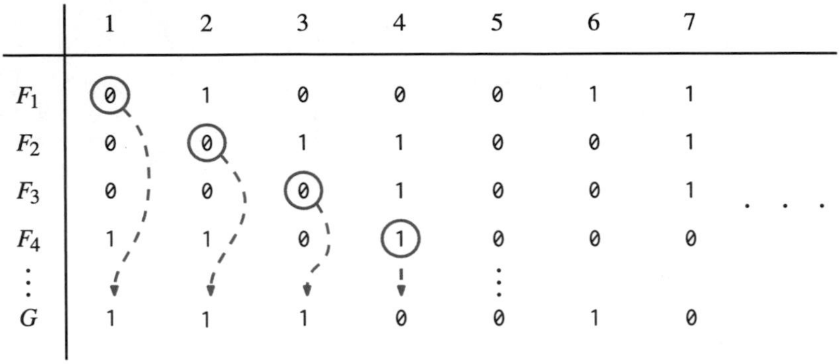

	1	2	3	4	5	6	7
F_1	⓪	1	0	0	0	1	1
F_2	0	⓪	1	1	0	0	1
F_3	0	0	⓪	1	0	0	1
F_4	1	1	0	①	0	0	0
$\vdots$							
G	1	1	1	0	0	1	0

Abb. 5.3 Allgemeines Prinzip der Diagonalisierung

Mit dem Lemma 5.3 haben wir gezeigt, dass es zwei unendliche Mengen gibt, die nicht gleichmächtig sind. In diesem Sinne konnten wir also nachweisen, dass es mehr reelle Zahlen als natürliche Zahlen gibt. Es gilt nun, diese Ideen umzuformulieren, sodass man zeigen kann, dass es mehr Sprachen gibt als Turingmaschinen. Bislang haben wir nur Mengen von Zahlen verglichen. Wir wollen nun auch Sprachen und Mengen von Funktionen vergleichen.

Lemma 5.4 Die Menge Σ^* ist abzählbar.

Beweis. Wir hatten bereits die Standardaufzählung von Σ^* vorgestellt. Zur Erinnerung: Man sortiert alle Zeichen in Σ^* entsprechend ihrer Länge in aufsteigender Reihenfolge, wobei man Wörter mit gleicher Länge lexikografisch sortiert. Eine Bijektion f zwischen $\mathbb{N}$ und Σ^* ergibt sich direkt als

$$f(i) := \text{ das } i\text{-te Wort in der Standardaufzählung von} \Sigma^*. \qquad \blacksquare$$

Lemma 5.5 Die Menge $\{L \subseteq \Sigma^*\}$ aller Sprachen über Σ ist überabzählbar.

Beweis. Wir führen den Beweis als Diagonalisierungsbeweis. Wir nehmen also an, dass eine Nummerierung aller Sprachen über Σ existiert. Sei dann L_i die i-te Sprache in dieser Nummerierung. Wir tragen alle Sprachen in eine Tabelle T ein. Hierbei werden wir L_i in die i-te Zeile eintragen. Die Spalten von T sind mit den Wörtern aus Σ^* beschriftet, sagen wir in der Reihenfolge der Standardaufzählung. Die Beschriftung der i-ten Spalte bezeichnen wir mit w_i. Wir markieren die Wörter, welche in L_i enthalten sind, indem wir in der korrespondierenden Zelle eine 1 eintragen. Wörter aus Σ^*, die nicht in L_i enthalten sind, markieren wir mit 0. Man könnte auch sagen, dass wir die charakteristische Funktion der Menge L_i in die i-te Zeile eintragen.

Wir konstruieren nun eine Sprache L', welche in der Nummerierung der L_i fehlt. Dazu „negieren wir die Diagonale der Tabelle" und übernehmen die so erzeugte Sequenz als

	ε	a	b	aa	ab	ba	bb
L_1	1	1	1	1	1	1	1
L_2	0	0	0	0	0	0	0
L_3	0	0	0	1	1	1	1
L_4	0	0	0	1	0	0	0
$\vdots$							
L'	0	1	1	0	0	1	0

Abb. 5.4 Ausführung des Beweises von Lemma 5.5 als Diagonalisierungsbeweis. Im Beispiel wurde $L_1 = \Sigma^*$, $L_2 = \emptyset$, $L_3 = \Sigma^2$, $L_4 = \{\text{aa}\}$ gewählt

charakteristische Funktion von L' (siehe Abb. 5.4). Das heißt konkret: Wenn $w_i \in L_i$, dann nehmen wir w_i nicht zu L' hinzu. Ist jedoch $w_i \notin L_i$, dann fügen wir w_i zu L' hinzu. Formal können wir definieren, dass

$$L' := \{w_i \mid w_i \notin L_i\}.$$

Die Sprache L' fehlt in der Nummerierung der L_i, da sie sich von jeder dieser Sprachen unterscheidet, da

$$w_i \in L_i \iff w_i \notin L'.$$

Somit haben wir durch den Diagonalisierungsbeweis gezeigt, dass $\{L \subseteq \Sigma^*\}$ überabzählbar ist. ∎

Den letzten Beweis kann man natürlich auch kürzer führen und zum Beispiel auf die Verwendung einer expliziten Tabelle verzichten. Die Verwendung der Tabelle macht jedoch sehr deutlich, warum es sich bei diesem Beweis um einen Diagonalisierungsbeweis handelt.

Satz 5.1 Es gibt eine Sprache, die nicht aufzählbar ist.

Beweis. Für den Beweis fixieren wir ein Alphabet Σ. Es gibt höchstens so viele aufzählbare (erkennbare) Sprachen über Σ, wie es Turingmaschinen gibt. Jede Turingmaschine können wir als Wort über $\Sigma' = \{0, 1\}$ codieren. Nach Lemma 5.4 ist $(\Sigma')^*$ abzählbar. Deshalb gibt es nur abzählbar viele Turingmaschinen und damit nur abzählbar viele erkennbare Sprachen. Da es aber nach Lemma 5.5 überabzählbar viele Sprachen über Σ gibt, können nicht alle diese Sprachen erkennbare Sprachen sein. ∎

Das Argument aus dem Beweis von Satz 5.1 ist eigentlich noch stärker. Man sieht sogar, dass es nicht nur eine nichtaufzählbare Sprache gibt, sondern unendlich viele. Man könnte mit etwas mehr Aufwand sogar zeigen, dass fast alle Sprachen nicht aufzählbar sind.

5.2   Konstruktion von nichtaufzählbaren Sprachen

Wir wissen nun, dass es Sprachen gibt, die nicht aufzählbar sind. Unser nächstes Ziel ist es, eine solche Sprache auch konstruktiv zu bestimmen. Wir werden dies über einen kleinen Umweg machen, indem wir zuerst eine unentscheidbare Sprache vorstellen.

Satz 5.2 Die Sprache $A_{TM} := \{\langle M, w \rangle \mid M$ ist Turingmaschine, die w akzeptiert$\}$ ist nicht entscheidbar.

Beweis. Wir führen diesen Beweis als Widerspruchsbeweis. Dazu nehmen wir an, dass A_{TM} entscheidbar ist. Das heißt, es existiert eine Turingmaschine, die A_{TM} erkennt und auf jeder Eingabe hält. Wir nennen diese Turingmaschine H. Es gilt also:

$$H(\langle M, w \rangle) = \begin{cases} \text{akzeptiert} & M \text{ akzeptiert } w \\ \text{verwirft} & M \text{ akzeptiert } w \text{ nicht.} \end{cases}$$

Wir geben nun eine Turingmaschine $D(\langle M \rangle)$ an, welche wie folgt arbeitet.

1. D simuliert $H(\langle M, \langle M \rangle \rangle)$.
2. D gibt das entgegengesetzte Ergebnis der Simulation zurück.

Wir sehen, dass die Eingabe von D als Codierung einer Turingmaschine aufgefasst wird. Im ersten Schritt wird die Maschine H als Unterprogramm mit der geforderten Eingabe aufgerufen. Offensichtlich existiert die Turingmaschine D, wenn die Turingmaschine H existiert. In diesem Fall ist D sogar ein Entscheider, hält also auf allen Eingaben.

Wir zeigen nun, dass D nicht existieren kann. Die Turingmaschine D liefert folgendes Ergebnis:

$$D(\langle M \rangle) = \begin{cases} \text{akzeptiert} & \text{wenn } M(\langle M \rangle) \text{ nicht akzeptiert,} \\ \text{verwirft} & \text{wenn } M(\langle M \rangle) \text{ akzeptiert.} \end{cases}$$

Das heißt aber insbesondere, dass

$$D(\langle D \rangle) = \begin{cases} \text{akzeptiert} & \text{wenn } D(\langle D \rangle) \text{ nicht akzeptiert,} \\ \text{verwirft} & \text{wenn } D(\langle D \rangle) \text{ akzeptiert.} \end{cases}$$

	$\langle M_1 \rangle$	$\langle M_2 \rangle$	$\langle M_3 \rangle$	$\langle M_4 \rangle$
M_1	akzeptiert	akzeptiert	akzeptiert	akzeptiert
M_2	verwirft	akzeptiert	verwirft	verwirft
M_3	verwirft	verwirft	verwirft	verwirft
M_4	verwirft	akzeptiert	akzeptiert	verwirft
⋮			⋮	
D	verwirft	verwirft	akzeptiert	akzeptiert

Abb. 5.5 Das dem Beweis von Satz 5.2 zugrunde liegende Diagonalisierungsargument. In der Tabelle sind die Ergebnisse von H und D dargestellt. Da nach Annahme D und H Entscheider sind, gibt es keine Einträge für „zykeln"

Dies ist offensichtlich ein Widerspruch. Somit kann D nicht existieren, und deshalb kann H nicht existieren. Unsere Annahme war daher falsch, und demnach gibt es keinen Entscheider für A_{TM}. ∎

Der letzte Beweis beruhte schon wieder auf einem Diagonalisierungsargument, auch wenn dieses etwas im Verborgenen bleibt. Die Turingmaschine H definiert uns eine Tabelle. Die Zeilen dieser Tabelle sind mit den Turingmaschinen M_i beschriftet, wobei es für jede mögliche Turingmaschine eine Zeile gibt. Die Spalten sind mit den Wörtern über Σ beschriftet, und zwar so, dass die i-te Spalte mit $\langle M_i \rangle$ beschriftet ist. Der Eintrag in Zelle $(M_i, \langle M_j \rangle)$ entspricht dem Ergebnis von $H(\langle M_i, \langle M_j \rangle \rangle)$. Siehe hierzu auch Abb. 5.5. Die Maschine D übernimmt nun das Diagonalisieren. Dazu kehrt sie die Antworten auf der Diagonale um. Der Punkt ist, dass die zu D zugeordnete Sprache $L(D)$ entscheidbar ist, wenn H entscheidbar ist. Wir haben aber $L(D)$ von allen $L(M_i)$ unterschiedlich gemacht. Deshalb kann $L(D)$ nicht entscheidbar sein. Dadurch erreichen wir den Widerspruch zur Annahme, dass H existiert.

Der folgende Satz ist eine direkte Konsequenz aus Satz 5.2.

Satz 5.3 Das Komplement der Sprache A_{TM} ist nicht aufzählbar.

Beweis. Wir wissen nach Satz 5.2, dass $A_{\text{TM}} \notin \mathbb{E}$. Im Satz 4.7 haben wir zudem gezeigt, dass A_{TM} von der universellen Turingmaschine erkannt wird, also ist $A_{\text{TM}} \in \mathbb{A}$. Satz 4.5 besagt, dass, wenn $X \in \mathbb{A}$ und $X \in \text{CO-}\mathbb{A}$, dann auch $X \in \mathbb{E}$. Angenommen, $A_{\text{TM}} \in \text{CO-}\mathbb{A}$, dann würde nach diesem Satz gelten, dass $A_{\text{TM}} \in \mathbb{E}$, was jedoch nicht gilt. Somit ist also $A_{\text{TM}} \notin \text{CO-}\mathbb{A}$ oder anders gesagt, das Komplement von A_{TM} ist nicht aufzählbar. ∎

An dieser Stelle wollen wir die Konsequenzen aus den Sätzen 5.2 und 5.3 diskutieren. Die Sprache A_{TM} ist nicht irgendeine künstlich konstruierte Sprache. Das dieser Sprache zugrunde liegende Entscheidungsproblem hat eine hohe praktische Relevanz. Im Entscheidungsproblem fragen wir, ob eine Turingmaschine M eine Eingabe w akzeptiert. Etwas allgemeiner gefasst könnte man sagen, wir wollen wissen, ob ein gegebener Algorithmus A bei Eingabe x die Ausgabe y produziert. Dieses Problem beschreibt die Verifikation eines Algorithmus/Programms. Die Aussage aus den beiden letzten Sätzen kann man so interpretieren, dass es keinen universellen Algorithmus gibt, mit dessen Hilfe wir andere Algorithmen verifizieren können. Zwar können wir positive Ergebnisse verifizieren, da $A_{TM} \in \mathbb{A}$, wir werden aber nicht in allen Fällen die negativen Ergebnisse feststellen können, da $A_{TM} \notin$ co-$\mathbb{A}$. Es ist natürlich möglich, für ausgewählte Algorithmen einen Nachweis zu erbringen, dass sie korrekt arbeiten. Was wir gezeigt haben, ist, dass es kein allgemeines Verfahren für die Verifikation geben kann.

Ein zu A_{TM} eng verwandtes Problem ist das **Halteproblem**

$$\text{HALT} := \{\langle M, w \rangle \mid \text{die TM } M \text{ hält bei Eingabe } w\}.$$

Mit den Ideen aus Satz 5.2 kann man zeigen, dass auch HALT $\notin \mathbb{E}$.

Satz 5.4 Die Sprache HALT ist nicht entscheidbar und nicht co-aufzählbar.

Beweis. Der Beweis des Satzes ist völlig analog zum Beweis der Sätze 5.2 und 5.3. Wir nehmen an, dass HALT durch eine Maschine H entschieden wird und konstruieren daraufhin eine Turingmaschine D, welche bei Eingabe $\langle M \rangle$ zuerst $H(\langle M, \langle M \rangle \rangle)$ simuliert. Verwirft H die Eingabe, stoppt D akzeptierend. Akzeptiert H die Eingabe, gehen wir in eine Endlosschleife. Nun gilt

$$D(\langle D \rangle) \text{ zykelt} \iff H(\langle D, \langle D \rangle \rangle) \text{ akzeptiert} \iff D(\langle D \rangle) \text{ stoppt.}$$

Somit kann eine solche Turingmaschine H nicht existieren.

Als Nächstes zeigen wir, dass HALT erkennbar ist. Die Turingmaschine U', die HALT erkennt, arbeitet wie die universelle Turingmaschine mit dem einzigen Unterschied, dass alle Übergänge in den verwerfenden Zustand nun in den akzeptierenden Zustand führen. Die Modifikation bewirkt, dass die Eingabe $\langle M, w \rangle$ von U' immer akzeptiert wird, wenn $M(w)$ stoppt (egal wie). Falls $M(w)$ nicht stoppt, wird $\langle M, w \rangle$ nicht akzeptiert, da U' auf dieser Eingabe zykeln wird. Da somit HALT erkennbar/aufzählbar, aber nicht entscheidbar ist, muss folgen, dass HALT nicht co-aufzählbar ist (siehe Beweis zu Satz 5.3). ∎

5.3 Entscheidbarkeit des universellen Wortproblems

Mit dem Wortproblem bezeichneten wir das Problem, zu entscheiden, ob ein Eingabewort w aus einer gegebenen Sprache ist oder nicht. Alle Entscheidungsprobleme werden bei uns als Wortprobleme modelliert. Für die (algorithmische) Lösung des Wortproblems ist es natürlich wichtig, in welcher Form die Sprache gegeben ist. Wir haben bislang verschiedene Möglichkeiten kennengelernt, wie man eine nichtendliche Sprache durch ein endliches Wort beschreiben kann. Dazu wählt man ein Modell aus und gibt dann eine Codierung einer konkreten Instanziierung (ein Programm, Beschreibung) an.

Es ist wünschenswert, alle Wortprobleme einer Sprachklasse *universell* lösen zu können. Damit ist gemeint, dass es einen Algorithmus gibt, der für jede Modellinstanz mit Eingabewort das Wortproblem löst. Ein solcher Algorithmus ist in diesem Sinne universell für das entsprechende Berechnungsmodell. Wir haben bereits gesehen, dass für das Berechnungsmodell Turingmaschine kein solcher Algorithmus existieren kann, da $A_{\text{TM}} \notin \mathbb{E}$. Für die Modelle endlicher Automat und kontextfreie Grammatik existiert aber ein universeller Algorithmus für das Wortproblem. Dies wurde am Ende des vorigen Kapitels (Satz 4.8) gezeigt. Demnach gilt also, dass

$$A_{\text{CFG}} = \{\langle G, w \rangle \mid G \text{ ist CFG und } w \in L(G)\} \in \mathbb{E}, \text{ und}$$

$$A_{\text{DEA}} = \{\langle M, w \rangle \mid M \text{ ist DEA und } w \in L(M)\} \in \mathbb{E}.$$

Wir sehen hier, dass die Mächtigkeit des Modells der Turingmaschine ihren Preis hat. Sehr wichtige Probleme (wie das universelle Wortproblem) lassen sich für die Turingmaschinen nicht mehr entscheiden. Auf der anderen Seite stehen hier die Sprachklassen *REG* und *CFL*. Diese sind deutlich restriktiver in ihrer Ausdrucksfähigkeit, dafür kann man aber zum Beispiel das universelle Wortproblem für ihre Modelle entscheiden.

Wir wollen nun noch etwas genauer untersuchen, wie es sich mit dem Übergang des universellen Wortproblems vom Entscheidbaren zum Unentscheidbaren verhält. Dazu sehen wir uns eine Sprachklasse an, die „zwischen" *CFL* und $\mathbb{A}$ liegt.

Definition 5.3   Die Menge der Sprachen, die durch einen linear beschränkten Automaten (LBA) erkannt werden, nennen wir $\mathsf{DSPACE}(n)$.

Wir wissen, dass $REG \subsetneq CFL$. Da wir das Wortproblem für kontextfreie Sprachen mit dem CYK-Algorithmus lösen können, gilt $CFL \subseteq \mathbb{E}$. Des Weiteren wissen wir, dass $L_{abc} = \{\mathsf{a}^n \mathsf{b}^n \mathsf{c}^n \mid n \geq 0\}$ nicht kontextfrei ist, aber natürlich entscheidbar. Also gilt

$$REG \subsetneq CFL \subsetneq \mathbb{E} \subsetneq \mathbb{A}.$$

Die Frage ist nun, wie sich die Klasse $\mathsf{DSPACE}(n)$ in diese Hierarchie einordnet. Jeder LBA ist eine Spezialform einer Turingmaschine, weshalb natürlich $\mathsf{DSPACE}(n) \subseteq \mathbb{A}$. (Es gilt sogar $\mathsf{DSPACE}(n) \subsetneq \mathbb{A}$, was wir aber erst ein wenig später als Selbsttestaufgabe beweisen werden.) Die linear beschränkten Automaten können auf der anderen Seite jede kontextfreie Sprache erkennen. Der Grund dafür ist, dass man den CYK-Algorithmus auf einem LBA laufen lassen kann. Somit können wir für jede kontextfreie Grammatik ein LBA-Programm schreiben, welches das Wortproblem dieser Sprache löst. Auf den ersten Blick scheint der CYK-Algorithmus in seiner ursprünglichen Form quadratisch viel Speicher zu erfordern – zu viel für einen LBA. Man kann diesen Speicherbedarf aber auf Kosten der Laufzeit reduzieren, indem man die berechneten Teillösungen nicht in einer Tabelle abspeichert, sondern immer komplett neu (rekursiv) berechnet. Da die Rekursionstiefe nur linear ist, reicht linear viel Speicher bei der Ausführung des CYK-Algorithmus in dieser Form aus. Die Speicherreduktion geht natürlich auf Kosten der Laufzeit, was in unserem Fall aber unwichtig ist. Da man auch L_{abc} leicht durch einen LBA erkennen kann, gilt somit

$$REG \subsetneq CFL \subsetneq \mathsf{DSPACE}(n) \subsetneq \mathbb{A}.$$

Diese Hierarchie ist auch unter dem Namen Chomsky-Hierarchie bekannt.

Wir wollen uns nun der Frage zuwenden, ob die Sprache

$$A_{\mathrm{LBA}} = \{\langle M, w \rangle \mid M \text{ ist LBA mit } w \in L(M)\}$$

entscheidbar ist. Als Vorüberlegung beweisen wir zuerst ein Lemma.

Lemma 5.6   Sei M ein LBA. Dann existiert ein LBA M', welcher die gleiche Sprache wie M erkennt und der auf jeder Eingabe hält. Es gibt zudem eine berechenbare Funktion, welche $\langle M' \rangle$ aus $\langle M \rangle$ berechnet.

Beweis. Der Schlüssel zum Beweis liegt darin, dass wir die Anzahl der möglichen Konfigurationen des LBAs M beschränken können. Wir nehmen an, dass die Länge der Eingabe n ist. Das heißt, dass wir n Zellen auf dem Band verwenden dürfen. Es gibt somit $|\Gamma|^n$ viele Möglichkeiten, wie das Band beschrieben sein kann (für das Arbeitsalphabet Γ). Eine Konfiguration setzt sich aus Bandinhalt, Kopfposition und aktuellem Zustand zusammen. Es gibt n mögliche Kopfpositionen, und bei Zustandsmenge Q gibt es $|Q|$ mögliche Zustände. Der LBA M besitzt somit $n|Q||\Gamma|^n$ Konfigurationen. Die Werte $|Q|$ und $|\Gamma|$ hängen nur von M ab, nicht aber von der Eingabe. Somit können wir die Anzahl der Konfigurationen durch c^n von oben beschränken, wobei c eine Konstante ist (zum Beispiel $c = 2|\Gamma||Q|$), die nur von M abhängt.

Ein LBA kann nur dann nicht halten, wenn in seinem Berechnungspfad mindestens eine Konfiguration mehrfach auftritt. Wenn in der Berechnung mehr als c^n Schritte gemacht wurden, muss eine Konfiguration doppelt aufgetreten sein. In diesem Fall können wir also sicher sein, dass der LBA nicht halten wird, und die Eingabe kann verworfen werden.

Wir können nun einen LBA M' beschreiben, der wie M arbeitet, aber gleichzeitig die Schritte der Simulation mitzählt. Nach jedem Simulationsschritt wird dann geprüft, ob nicht schon mehr als c^n Schritte simuliert wurden. In diesem Fall verwirft M' die Eingabe. Wir müssen dem LBA M' natürlich genug Platz geben, sodass die Schrittzahl abgespeichert werden kann. Dazu benutzen wir den üblichen Trick und erhöhen unser Bandalphabet. Wir realisieren dadurch eine zusätzliche Spur zum Zählen der Schritte. Wir zählen hierbei in einer Darstellung zur Basis c. Dafür benötigen wir dann $\log_c c^n = n$ zusätzliche Speicherzellen, die wir auf der Extraspur anlegen. Für das korrekte Arbeiten der beiden Spuren greifen wir auf die bekannten Ideen aus der Mehrspurtechnik zurück.

Die Schritte, die wir bei der Konstruktion von M' ausgeführt haben, können auch durch eine Turingmaschine ausgeführt werden. Diese Turingmaschine ermittelt zuerst die Zahl c aus M und erweitert dann das Programm von M zu $\langle M' \rangle$. Somit ist die Funktion, welche $\langle M' \rangle$ aus $\langle M \rangle$ bestimmt, berechenbar. ∎

Mit Hilfe des Lemmas 5.6 ist es nicht mehr schwer, folgenden Satz zu beweisen.

Satz 5.5 $A_{\text{LBA}} \in \mathbb{E}$.

Beweis. Zuerst zeigen wir, dass $A_{\text{LBA}} \in \mathbb{A}$. Um eine Turingmaschine zu konstruieren, welche A_{LBA} erkennt, bauen wir auf der universellen Turingmaschine M_u auf. Wir wandeln M_u leicht ab, sodass aus der Simulation einer Turingmaschine die Simulation eines LBAs wird. Um dies zu realisieren, benötigen wir nur kleine Änderungen. Die Eingabe w des LBAs wird wie üblich am Anfang auf das Simulationsband von M_u kopiert. Wir markieren die ersten Blanksymbole vor und hinter der Eingabe durch ein Sonderzeichen. Die Simulation läuft nun wie bei der universellen Turingmaschine ab. Erkennen wir jedoch, dass wir den Kopf der Eingabe über den erlaubten Bandbereich hinausbewegen würden, werden wir den Kopf wieder zurücksetzen. Dies kann man zum Beispiel durch ein Zusatzmodul bei der Simulation realisieren, welches nach jedem Simulationsschritt gestartet wird.

Einen Entscheider für A_{LBA} kann man nun wie folgt konstruieren. Sei $\langle M, w \rangle$ die Eingabe. Wir konstruieren zuerst einen zu M äquivalenten LBA M', der auf allen Eingaben hält. Eine solche Konstruktion können wir nach Lemma 5.6 ausführen. Nun nutzen wir die modifizierte universelle Turingmaschine und simulieren $M'(w)$. Da M' auf allen Eingaben hält, wird auch die Simulation von M' (mit dem richtigen Ergebnis) halten. ∎

Test 5.4 Zeigen Sie, dass $\text{DSPACE}(n) \subsetneq \mathbb{A}$.

5.4 Das Konzept der Reduktion

Wenn wir uns die Diagonalisierungsbeweise der Unentscheidbarkeit von A_{TM} und HALT ansehen, erkennen wir, dass beide Beweise sehr ähnlich sind. Das ist wenig überraschend, da die Sprachen A_{TM} und HALT ja auch eng verwandte Probleme beschreiben. Es wäre natürlich vorteilhaft, wenn wir nicht jedes Mal einen Diagonalisierungsbeweis für den Nachweis der Unentscheidbarkeit erbringen müssen, insbesondere wenn wir schon wissen, dass ein verwandtes Problem nicht entscheidbar ist.

Um die Idee hinter den Reduktionen zu erklären, sehen wir uns ein etwas anderes Szenario an. Wir wollen nachweisen, dass eine Sprache A entscheidbar ist und kennen ein verwandtes Problem B, von dem wir bereits wissen, dass es entscheidbar ist. Bei einer Reduktion versuchen wir das Problem A in das Problem B zu „übersetzen". Unser Ziel ist es, einen Algorithmus (Entscheider) für A anzugeben. Da wir einen Algorithmus für B schon kennen, wollen wir diesen auch gern nutzen. Das können wir auch machen, wenn wir jede A-Instanz in eine B-Instanz kontrolliert umwandeln können. Kontrolliert bezieht sich darauf, dass diese Umformung nicht willkürlich geschieht, sondern dass die *Enthaltenseinbeziehung* bezüglich der Sprachen bestehen bleibt. Anders formuliert: Es sollen die Ja-Instanzen von A in Ja-Instanzen von B umgewandelt werden, und Nein-Instanzen von A sollen in Nein-Instanzen von B umgewandelt werden. Der Algorithmus für A nimmt dann einfach die Übersetzung vor, nutzt den Algorithmus von B als Unterprogramm und gibt dessen Ergebnis zurück.

Wir sehen uns nun ein konkretes Beispiel für dieses Übersetzen an. Wir wollen zeigen, dass die folgende Sprache entscheidbar ist:

$$A_{KA} := \{\langle K, w \rangle \mid K \text{ ist Kellerautomat mit } w \in L(K)\}.$$

Diese Sprache formalisiert das universelle Wortproblem für Kellerautomaten. Wir wissen aus Kap. 3 aber Folgendes: (1) Es gibt einen Algorithmus, der aus einem Kellerautomaten K eine kontextfreie Grammatik G konstruiert mit $L(K) = L(G)$, und (2) das universelle Wortproblem für kontextfreie Grammatiken A_{CFG} ist entscheidbar. Wir können nun einen Algorithmus für A_{KA} leicht angeben. Bei Eingabe $\langle K, w \rangle$ wird zuerst die zu K äquivalente kontextfreie Grammatik G konstruiert. Dann wird der Algorithmus zu A_{CFG} mit der Eingabe $\langle G, w \rangle$ gestartet und dessen Ergebnis übernommen. Der erste Schritt wäre in diesem Beispiel die „Übersetzung", das heißt, die Reduktion auf ein bekanntes Problem.

Wir wollen nun das besprochene Verfahren verallgemeinern und formalisieren. Dazu definieren wir zuerst den Begriff der Reduktion.

Definition 5.4 (Reduktion)   Eine *Reduktion* der Sprache $A \subseteq \Sigma_1^*$ auf die Sprache $B \subseteq \Sigma_2^*$ ist eine berechenbare totale Funktion $f \colon \Sigma_1^* \to \Sigma_2^*$, für die gilt

$$\forall w \in \Sigma_1^* \colon \quad w \in A \iff f(w) \in B.$$

Existiert eine Reduktion von A auf B, nennen wir A auf B *reduzierbar* und schreiben kurz $A \leq_m B$.

Beachten Sie, dass Reduktionen *berechenbare* Funktionen sind. Das heißt, es gibt eine Turingmaschine, welche die beschriebene Funktion realisiert. Des Weiteren folgt aus der Definition, dass nicht nur alle $w \in A$ auf Wörter aus B abgebildet werden, sondern alle Wörter $w \notin A$ müssen auch auf Wörter abgebildet werden, die nicht in B sind. Siehe hierzu Abb. 5.6. Die Definition sagt hingegen *nicht*, dass die Reduktion injektiv oder surjektiv sein muss. Es ist völlig legitim, viele Wörter aus A auf das gleiche Wort aus B abzubilden. Aus diesem Grund nennt man diese Art der Reduktion auch *many-one*-Reduktion (dafür steht

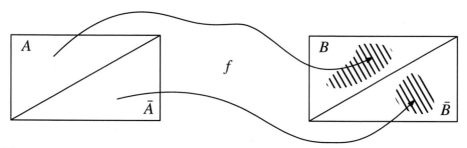

Abb. 5.6 Schema für das Prinzip der Reduktion. Werte, die als Funktionswerte von f auftreten, wurden schraffiert

das m am $\leq_m$-Zeichen). Es existieren durchaus noch weitere Arten von Reduktionen, von denen wir in diesem Buch jedoch nur eine später kennenlernen werden.

Test 5.5 Zeigen Sie, dass falls $A \leq_m B$, dann auch $\bar{A} \leq_m \bar{B}$.

An dieser Stelle werden wir zwei einfache Beispiele für Reduktionen diskutieren.

Beispiel 5.1 Seien $A = \{a^n b^n \mid n \geq 0\}$ und $B = \{uu \mid u \in \{a, b\}^*\}$ Sprachen über dem Alphabet $\Sigma = \{a, b\}$. Es gilt $A \leq_m B$, da wir hierfür eine Reduktion f angeben können. Eine solche Funktion könnte zum Beispiel so aussehen:

$$f(w) := \begin{cases} \text{aa} & \text{falls } w \in A \\ \text{ab} & \text{sonst.} \end{cases}$$

Offensichtlich ist $w \in A \Leftrightarrow f(w) \in B$. Wir müssen also nur noch prüfen, ob f berechenbar ist. Eine Turingmaschine, die f berechnet, kann man wie folgt konstruieren. Zuerst prüfen wir, ob die Eingabe die Form $a^n b^n$ hat. Falls dem so ist, geben wir aa aus, ansonsten ab.

Beispiel 5.2 Wir zeigen $A_{\text{TM}} \leq_m \text{HALT}$, indem wir eine entsprechende Reduktion f angeben. Die Turingmaschine M_f, welche f berechnet, arbeitet hierbei wie folgt. Die Eingabe von M_f ist $\langle M, w \rangle$. Als Erstes nehmen wir uns das Turingmaschinenprogramm M und programmieren es um. Immer dann, wenn M in den verwerfenden Zustand gehen würde, gehen wir nun in eine Endlosschleife. Für diese Modifikationen sind nur wenig Änderungen in M nötig, die durch eine Turingmaschine vorgenommen werden können. Sei das modifizierte Turingmaschinenprogramm M'. Die Turingmaschine M_f gibt dann $\langle M', w \rangle$ als Funktionswert zurück. Wir sehen nun, dass, wenn $\langle M, w \rangle \in A_{\text{TM}}$, dann wird auch $M'(w)$ akzeptieren, was heißt, dass $f(\langle M, w \rangle) = \langle M', w \rangle$ hält und somit $f(\langle M, w \rangle) \in \text{HALT}$. Ist auf der anderen Seite $\langle M, w \rangle$ nicht aus A_{TM}, dann zykelt $M(w)$

oder $M(w)$ verwirft. In beiden Fällen wird $M'(w)$ nach Konstruktion zykeln. Somit ist
also $f(\langle M, w\rangle) \notin \mathrm{HALT}$.

Das Beispiel 5.2 ist typisch für folgende Reduktionen. Wir werden häufig Reduktionen verwenden, die Turingmaschinenprogramme modifizieren. Das klingt vielleicht auf den ersten
Blick merkwürdig, ist aber etwas ganz Natürliches. Algorithmen, die den Programmcode
von Algorithmen verändern, treten häufig in der Informatik auf (beispielsweise als Prä-
Compiler).

Kommen wir noch einmal auf die im Beispiel 5.2 beschriebene Reduktion zurück. Wir
wollen erörtern, warum die benutzte Funktion berechenbar ist. Wir gehen davon aus, dass
die Turingmaschinencodierung wie in Kap. 4 gewählt wurde. Das heißt insbesondere, dass
alle Befehle $\delta(q_i, a_x) = (q_j, a_y, X)$ als 5-Tupel einzeln codiert und dann sequenziell
verknüpft wurden. Jeden einzelnen Befehl haben wir als $1^i 01^x 01^j 01^y 01$ bei $X = L$ und
als $1^i 01^x 01^j 01^y 011$ für $X = R$ codiert. Für den verwerfenden Zustand hatten wir die
Nummer 3 reserviert. Die Reduktion können wir nun durch folgende Turingmaschine in
Modulschreibweise realisieren.

1. Prüfe, ob das Eingabewort syntaktisch eine Turingmaschine beschreibt, falls dem nicht
   so ist, gib eine Maschine aus, die auf allen Eingaben zykelt. Die Codierung dieser
   Maschine wurde als Konstante gespeichert.
2. Bestimme den größten Zahlenwert eines Zustands z und speichere 1^{z+1} auf einem
   Arbeitsband. Bestimme außerdem die Größe des Arbeitsalphabets γ und speichere 1^γ
   auf ein anderes Arbeitsband.
3. Kopiere das Eingabewort auf das Ausgabeband, dabei verarbeite Befehl für Befehl wie
   folgt:
   (a) Prüfe zuerst, ob ein Folgezustand die Codierung 111 hat.
   (b) Wenn ja: Kopiere den Befehl, ersetze den Folgezustand aber durch 1^{z+1}.
       Wenn nein: Kopiere den Befehl so, wie er ist.
4. Füge dem Wort auf dem Ausgabeband die Wörter $1^{z+1} 01^x 01^{z+1} 01^x 011$ für alle $1 \le$
   $x \le \gamma$ hinzu. Ein solches Wort entspricht dem Befehl $\delta(q_{z+1}, a_x) = (q_{z+1}, a_x, R)$.

Der Schritt 1 war notwendig, da wir alle syntaktisch nicht korrekten Codierungen mit der
Turingmaschine assoziiert haben, die alle Eingaben verwirft. Ansonsten besteht das Programm im Wesentlichen aus einem Suchen-und-Ersetzen-Teil während des Umkopierens
und aus einem Teil, der ein einfaches Unterprogramm erstellt (Schritt 4), welches für das
Zykeln verantwortlich ist. In Zukunft gehen wir nicht im Detail darauf ein, wie solche
Reduktionen ausgeführt werden. Wie in Beispiel 5.2 geschehen, reicht es aus, dass wir
uns überzeugen, dass die Umformungen durch eine Turingmaschine ausgeführt werden
können.

Wir wollen an dieser Stelle auf eine technische Besonderheit bei Reduktionen hinweisen. Es ist im Allgemeinen nicht möglich, eine Menge A auf $\emptyset$ oder Σ^* zu reduzieren. Der

Grund dafür ist, dass ein mögliches Bild $f(x)$ für die Elemente $x \in A$ bei $A \leq_m \emptyset$ fehlt. Analog dazu fehlt bei $A \leq_m \Sigma^*$ ein potenzielles Bild $f(x)$ für $x \notin A$.

Test 5.6 Zeigen Sie HALT $\leq_m A_{\text{TM}}$.

Mit Hilfe von Reduktionen können wir nun folgenden Satz beweisen, dessen Beweisidee schon in der vorherigen Diskussion informell erläutert wurde.

Satz 5.6 Seien A und B Sprachen mit $A \leq_m B$. Dann gilt

(a) wenn $B \in \mathbb{E}$, dann auch $A \in \mathbb{E}$,
(b) wenn $B \in \mathbb{A}$, dann auch $A \in \mathbb{A}$,
(c) wenn $B \in$ co-$\mathbb{A}$, dann auch $A \in$ co-$\mathbb{A}$.

Beweis. Wir zeigen zuerst Aussage (a). Da $A \leq_m B$, existiert eine Reduktion f, welche von der Turingmaschine M_f berechnet wird. Des Weiteren ist B entscheidbar, also existiert eine Turingmaschine M_B, welche B entscheidet. Wir konstruieren nun einen Entscheider M_A für A (siehe Abb. 5.7). Dieser Entscheider berechnet zuerst bei Eingabe x die Funktion $f(x)$. Dafür benutzt er das Turingmaschinenprogramm von M_f als Unterprogramm. Anschließend prüft er, ob $f(x) \in B$, indem er $M_B(f(x))$ aufruft. Akzeptiert $M_B(f(x))$, ist $f(x) \in B$, und damit ist $x \in A$. In diesem Fall wird die Eingabe x von M_A akzeptiert. Verwirft $M_B(f(x))$, dann ist $f(x) \notin B$ und damit $x \notin A$. In diesem Fall wird also x von M_A verworfen. Die so konstruierte Turingmaschine M_A entscheidet A.

Um Aussage (b) zu zeigen, gehen wir vollkommen analog vor. Die Turingmaschine, die B erkennt, ist nun eventuell kein Entscheider. Wenn sie zykelt, heißt das, dass $f(w) \notin B$. Dann darf auch die Turingmaschine $M_A(w)$ nicht akzeptieren, da ja $w \notin A$ folgt. Genau das macht aber M_A in diesem Fall, da auch M_A zykeln würde.

Für den Beweis von (c) nutzen wir die Aussage aus der Selbsttestaufgabe 5.5 und Aussage (b). Aufgrund $\bar{A} \leq_m \bar{B}$ gilt

$$B \in \text{co-}\mathbb{A} \Leftrightarrow \bar{B} \in \mathbb{A} \Rightarrow \bar{A} \in \mathbb{A} \Leftrightarrow A \in \text{co-}\mathbb{A}. \qquad \blacksquare$$

Aus dem Satz 5.6 ergibt sich folgendes sehr hilfreiche Korollar.

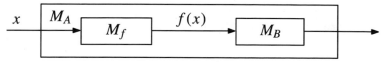

Abb. 5.7 Aufbau der Turingmaschine M_A im Beweis von Satz 5.6

Korollar 5.2 Seien A und B Sprachen mit $A \leq_m B$. Dann gilt

(a) wenn $A \notin \mathbb{E}$, dann auch $B \notin \mathbb{E}$,
(b) wenn $A \notin \mathbb{A}$, dann auch $B \notin \mathbb{A}$,
(c) wenn $A \notin \text{co-}\mathbb{A}$, dann auch $B \notin \text{co-}\mathbb{A}$.

Aus Korollar 5.2 und den Überlegungen aus Beispiel 5.2 ergibt sich direkt ein alternativer Beweis zu HALT $\notin \mathbb{E}$ (Satz 5.4). Wir können aber nun auch neue Resultate beweisen.

Satz 5.7 Die folgende Sprache ist nicht entscheidbar.

$$E_{\text{TM}} := \{\langle M \rangle \mid M \text{ ist Turingmaschine mit } L(M) = \emptyset\}$$

Beweis. Um zu zeigen, dass E_{TM} nicht entscheidbar ist, geben wir eine Reduktion vom Komplement des Halteproblems auf E_{TM} an. Da ja HALT $\notin \mathbb{E}$, ist auch $\overline{\text{HALT}} \notin \mathbb{E}$, und deshalb folgt nach Korollar 5.2 aus $\overline{\text{HALT}} \leq_m E_{\text{TM}}$, dass $E_{\text{TM}} \notin \mathbb{E}$.

Die Reduktion f für $\overline{\text{HALT}} \leq_m E_{\text{TM}}$ arbeitet wie folgt. Bei Eingabe $\langle M, w \rangle$ berechnet f den Wert $\langle M' \rangle$. Die Maschine M' hängt also von M und w ab. Wir bezeichnen die Eingabe der Turingmaschine M' mit z. (Das Wort z benötigen wir nur, um die Arbeitsweise von M' zu beschreiben.) Die Turingmaschine M' arbeitet wie folgt. Im ersten Schritt wird die Maschine $M(w)$ simuliert. Beachten Sie, dass das Wort w nicht die Eingabe der Maschine M' ist (diese ist z), sondern das w aus der Eingabe der Reduktion. Für die Maschine M' ist w also eine Konstante. Der erste Teil ist damit unabhängig von der Eingabe z und läuft immer gleich ab. Im zweiten Teil wird geprüft, ob z das Wort a ist. Bei einem positiven Test akzeptieren wir, ansonsten verwerfen wir. Wir erhalten also für M':

Turingmaschine $M'(z)$:

1. Simuliere $M(w)$.
2. Akzeptiere, falls $z = $ a; ansonsten verwerfe.

Sehen wir uns nun an, welches Verhalten $f(\langle M, w \rangle)$ zeigt.

$$\langle M, w \rangle \in \overline{\text{HALT}} \implies M(w) \text{ zykelt} \implies M' \text{ zykelt auf allen Eingaben}$$
$$\implies L(M') = \emptyset \implies f(\langle M, w \rangle) \in E_{\text{TM}}.$$

Auf der anderen Seite gilt

$$\langle M, w \rangle \notin \overline{\text{HALT}} \implies M(w) \text{ stoppt} \implies M' \text{ akzeptiert nur a}$$
$$\implies L(M') = \{a\} \neq \emptyset \implies f(\langle M, w \rangle) \notin E_{\text{TM}}.$$

Um $\langle M' \rangle$ zu konstruieren, muss man im Wesentlichen drei Schritte ausführen. Als Erstes fügt man das Programm von M als Unterprogramm hinzu. Als Zweites codiert man w als Konstante im Programm von M'. Als Drittes fügt man ein Unterprogramm hinzu, mit welchem man auf $z = a$ testen kann. Dann müssen diese Teile noch zum Programm von M' zusammengesetzt werden. Das Erstellen der Programmblöcke und deren Kombination kann durch eine Turingmaschine ausgeführt werden. Somit ist die Funktion f berechenbar, und damit ist f die gesuchte Reduktion.   ∎

Korollar 5.3 Die Sprache E_{TM} ist nicht aufzählbar.

Beweis. Im Beweis zu Satz 5.7 wurde gezeigt, dass $\overline{\text{HALT}} \leq_m E_{\text{TM}}$. Da $\overline{\text{HALT}}$ nach Satz 5.4 nicht aufzählbar ist, folgt nach Korollar 5.2 das $E_{\text{TM}} \notin A$.   ∎

Die im Beweis zum Satz 5.7 genutzte Reduktion war schon recht trickreich. Hier wurde aus einem Turingmaschinenprogramm $\langle M \rangle$ mit Eingabewort w ein neues Turingmaschinenprogramm $\langle M' \rangle$ erstellt. Überraschend ist, dass $\langle M' \rangle$ zuerst mit einem Modul beginnt, das gar nicht von der zu verarbeitenden Eingabe abhängt. Das heißt insbesondere, dass M' in diesem Modul für alle Eingaben das Gleiche macht. Was hier passiert, hängt von $M(w)$ ab. Falls $M(w)$ zykelt, wird M' auf allen Eingaben zykeln. Falls $M(w)$ stoppt, arbeitet M' so wie im zweiten Modul. Im Beweis war das zweite Modul einfach ein Entscheider für $\{a\}$. Somit war entweder $L(M') = \emptyset$ (falls $\langle M, w \rangle \in \overline{\text{HALT}}$) oder $L(M') = \{a\}$ (falls $\langle M, w \rangle \in \text{HALT}$).

Die Idee der letzten Reduktion kann man wiederverwenden. Wenn man als zweites Modul einen Entscheider für $\{a^n b^n \mid n \geq 0\}$ einsetzt, erhält man eine Reduktion f', welche $\langle M, w \rangle$ auf folgendes Turingmaschinenprogramm M' abbildet:

Turingmaschine $M'(z)$:

1. Simuliere $M(w)$.
2. Akzeptiere, falls z die Form $a^k b^k$ hat, ansonsten verwerfe.

Mit der leicht modifizierten Reduktion erhalten wir nun, dass $L(M') = \emptyset$, falls $\langle M, w \rangle \in \overline{\text{HALT}}$, und dass $L(M') = \{a^n b^n \mid n \geq 0\}$, falls $\langle M, w \rangle \in \text{HALT}$. Nun können wir relativ leicht folgende Aussage beweisen.

Satz 5.8 Die folgenden Sprachen sind nicht entscheidbar:

$$REG_{TM} := \{\langle M \rangle \mid M \text{ ist Turingmaschine mit } L(M) \in REG\}.$$

$$F_{TM} := \{\langle M \rangle \mid M \text{ ist Turingmaschine mit } |L(M)| < \infty\}.$$

Beweis. Die in der Diskussion unmittelbar vor dem Satz vorgestellte Reduktion bezeugt sowohl $\overline{HALT} \leq_m REG_{TM}$ als auch $\overline{HALT} \leq_m F_{TM}$. Damit sind beide Sprachen nach Korollar 5.2 nicht entscheidbar.   ■

Test 5.7 Zeigen Sie, dass die Sprache

$$L = \{\langle M \rangle \mid M \text{ ist Turingmaschine mit } L(M) \in \mathsf{DSPACE}(n)\}$$

nicht entscheidbar ist. Nutzen Sie die Ideen aus den Beweisen von Satz 5.7 und 5.8.

5.5   Der Satz von Rice

Satz 5.8 sagt aus, dass wir nicht entscheiden können, ob eine Turingmaschine eine reguläre Sprache erkennt oder eine endliche Sprache erkennt. Damit haben wir weitere negative Aussagen über die „universelle Analysierbarkeit" von Algorithmen nachgewiesen. Wir werden nun versuchen, die Aussagen der letzten Sätze in ihrer allgemeinsten Form zu formulieren und zu beweisen. Die Aussage, die wir erhalten, ist als Satz von Rice bekannt.

Um den Satz von Rice zu formulieren, müssen wir den Begriff der *Eigenschaft* einer erkennbaren Sprache definieren. Typische Eigenschaften, die wir bislang betrachtet haben, waren: „Ist die Sprache endlich?", „Ist die Sprache regulär?" oder „Ist die Sprache die leere Sprache?". Ganz allgemein ist eine Eigenschaft etwas, was eine Sprache haben kann oder auch nicht haben kann. Insofern können wir eine Eigenschaft angeben, indem wir alle Sprachen benennen, die diese Eigenschaft haben. Wir verstehen demnach unter einer **Eigenschaft** einer erkennbaren Sprache eine Teilmenge $U \subseteq \mathbb{A}$. Für E_{TM} bedeutet dies beispielsweise, dass wir nach allen Turingmaschinenprogrammen fragen, deren Sprache die Eigenschaft $\{\emptyset\}$ hat. Bei REG_{TM} beziehen wir uns hingegen auf die Eigenschaft REG. Wir nennen eine Eigenschaft U **trivial**, falls $U = \mathbb{A}$ oder $U = \emptyset$. Nun können wir den Satz von Rice formulieren.

Satz 5.9 (Satz von Rice)   Für jede nicht triviale Eigenschaft U ist die Sprache

$$L_U := \{\langle M \rangle \mid L(M) \in U\}$$

nicht entscheidbar.

Im Satz von Rice wird vorausgesetzt, dass es sich bei U um eine nicht triviale Eigenschaft handelt. Falls U trivial ist, ist L_U entscheidbar. In der Tat kann man die Sprache $L_\mathbb{A} = \{\langle M \rangle \mid L(M) \in \mathbb{A}\}$ durch eine Turingmaschine entscheiden, die stets akzeptiert. Genauso kann man $L_\emptyset$ durch eine Turingmaschine entscheiden, die alle Eingaben verwirft.

Test 5.8 Zeigen Sie, dass $E_{\text{TM}} \neq L_\emptyset$, wobei $L_\emptyset$ definiert wie im Satz von Rice.

Wir werden nun den Satz von Rice beweisen. Der Beweis orientiert sich an den Ideen, die wir bereits im Satz 5.7 und 5.8 benutzt haben.

Beweis. (Satz von Rice) Wir unterscheiden für den Beweis zwei Fälle, je nachdem, ob $\emptyset \in U$ oder $\emptyset \notin U$.

1. **Fall:** ($\emptyset \in U$)

   Wir beweisen diesen Fall, indem wir $\overline{\text{HALT}} \leq_m L_U$ zeigen. Bei der Reduktion handelt es sich um eine berechenbare Funktion, welche die Eingabe $\langle M, w \rangle$ in die Codierung einer Turingmaschine M' umwandelt. Da U nicht trivial ist, gibt es zumindest eine erkennbare Sprache (sagen wir H), die *nicht* aus der Menge U ist. Sei M_H eine Maschine, die H erkennt. Die Maschine M' soll nun wie folgt arbeiten:

Turingmaschine $M'(z)$:

1. Simuliere $M(w)$.
2. Simuliere $M_H(z)$ und übernimm das Ergebnis.

Die Umformung von $\langle M, w \rangle$ zu $\langle M' \rangle$ kann leicht durch eine Turingmaschine ausgeführt werden. Des Weiteren gilt

$$\langle M, w \rangle \in \overline{\text{HALT}} \implies M' \text{ zykelt auf jeder Eingabe}$$

$$\implies M' \text{ erkennt } \emptyset$$

$$\implies L(M') \in U$$

$$\implies \langle M' \rangle \in L_U.$$

Auf der anderen Seite gilt

$$\langle M, w \rangle \notin \overline{\text{HALT}} \implies M' \text{ arbeitet wie } M_H$$

$$\implies M' \text{ erkennt } H$$

$$\implies L(M') \notin U$$

$$\implies \langle M' \rangle \notin L_U.$$

Die beschriebene Umformung ist damit die gesuchte Reduktion.

2. **Fall:** ($\emptyset \notin U$)

Wir betrachten zuerst das Komplement von L_U. Es gilt

$$\overline{L_U} = \{\langle M \rangle \mid M \text{ erkennt Sprache nicht aus } U\}$$

$$= \{\langle M \rangle \mid M \text{ erkennt Sprache aus } \bar{U}\}$$

$$= L_{\bar{U}}.$$

Wir wissen, dass nach Annahme $\emptyset \in \bar{U}$, und demnach ist nach der Argumentation des 1. Falls $L_{\bar{U}} = \overline{L_U}$ nicht entscheidbar. Dies hat (nach den Abschlusseigenschaften der entscheidbaren Sprachen) zur Folge, dass L_U nicht entscheidbar ist. Damit ist der Beweis des Satzes von Rice abgeschlossen. ∎

Der Satz von Rice sagt aus, dass wir überhaupt keine interessante Eigenschaft von Sprachen von Turingmaschinen entscheiden können. Beispiele, wo wir den Satz von Rice anwenden können, sind folgende Sprachen:

$$L_1 = \{\langle M \rangle \mid |L(M)| = 12345\}$$

$$L_2 = \{\langle M \rangle \mid L(M) = \{\mathsf{a}^n \mathsf{b}^n \mid n \geq 0\}\}$$

$$L_3 = \{\langle M \rangle \mid L(M) \in \mathsf{DSPACE}(n) \setminus \mathit{CFL}\}.$$

Die Sprachen L_1, L_2 und L_3 sind nach dem Satz von Rice alle nicht entscheidbar. Natürlich gibt es aber auch Fälle, wo der Satz von Rice keine Anwendung findet. So kann man beispielsweise für die Sprachen

$$L_4 = \{\langle M \rangle \mid M \text{ macht auf jeder Eingabe mindestens 3 Schritte}\},$$

$$L_5 = \{\langle M \rangle \mid M \text{ hat 3 Zustände}\}$$

mit Hilfe des Satzes von Rice keine Aussage treffen, da wir nach keiner Eigenschaft einer Sprache fragen, sondern nach Eigenschaften der Turingmaschinen. Natürlich können diese Sprachen trotzdem nicht entscheidbar sein, wir können nur mit dem Satz von Rice keine Aussage darüber treffen.

Test 5.9 Für welche der folgenden Sprachen kann man den Satz von Rice anwenden, um zu zeigen, dass sie nicht entscheidbar sind?

$$L_6 = \{\langle M \rangle \mid \overline{L(M)} \in \mathsf{co\text{-}A}\}$$

$$L_7 = \{\langle M \rangle \mid L(M) \in \mathbb{E}\}$$

$$L_8 = \{\langle M \rangle \mid M \text{ geht bei allen Eingaben nur nach rechts}\}$$

5.6 Das Äquivalenzproblem für Turingmaschinen

Bislang waren alle Sprachen, die wir betrachtet haben, entweder aufzählbar oder co-aufzählbar. Es stellt sich die Frage, ob es eventuell auch Sprachen geben kann, die weder aufzählbar noch co-aufzählbar sind. Diese Frage können wir positiv mit dem folgenden Satz beantworten.

Satz 5.10 Die Sprache

$$EQ_{\text{TM}} := \{\langle M_1, M_2\rangle \mid M_1, M_2 \text{ sind Turingmaschinen mit } L(M_1) = L(M_2)\}$$

ist weder aufzählbar noch co-aufzählbar.

Beweis. Wir müssen für den Satz zwei Aussagen beweisen. Zuerst zeigen wir, dass EQ_{TM} nicht aufzählbar ist, und als Zweites zeigen wir, dass EQ_{TM} nicht co-aufzählbar ist.

1. $EQ_{\text{TM}} \notin \mathbb{A}$: Um zu zeigen, dass $EQ_{\text{TM}} \notin \mathbb{A}$, geben wir eine Reduktion $\overline{A_{\text{TM}}} \leq_m EQ_{\text{TM}}$ an. Da $\overline{A_{\text{TM}}}$ nicht aufzählbar ist, ist dann nach Korollar 5.2 auch EQ_{TM} nicht aufzählbar.

   Wir beschreiben nun die gesuchte Reduktion f_1. Als Eingabe erhält f_1 das Paar $\langle M, w\rangle$ und konstruiert daraus $\langle M_1, M_2\rangle$, wobei M_1 und M_2 Turingmaschinen sind, die wie folgt arbeiten. Die Maschine M_1 ist stets die immer verwerfende Turingmaschine. Die Maschine M_2 simuliert $M(w)$ und übernimmt das Ergebnis der Simulation. M_2 arbeitet also unabhängig von der Eingabe und zykelt entweder immer oder stoppt immer. Die durch f_1 beschriebene Umformung kann durch eine Turingmaschine ausgeführt werden und somit ist f_1 berechenbar.

   Es gilt nun

   $$\langle M, w\rangle \in \overline{A_{\text{TM}}} \implies M_2 \text{ akzeptiert nie} \implies L(M_1) = L(M_2) \implies \langle M_1, M_2\rangle \in EQ_{\text{TM}}$$

   sowie

   $$\langle M, w\rangle \notin \overline{A_{\text{TM}}} \implies M_2 \text{ akzeptiert immer} \implies L(M_1) \neq L(M_2) \implies \langle M_1, M_2\rangle \notin EQ_{\text{TM}}.$$

   Somit ist f_1 die gesuchte Reduktion.

2. $EQ_{\text{TM}} \notin \text{co-}\mathbb{A}$: Um zu zeigen, dass $EQ_{\text{TM}} \notin \text{co-}\mathbb{A}$, geben wir eine Reduktion für $A_{\text{TM}} \leq_m EQ_{\text{TM}}$ an. Da A_{TM} nicht co-aufzählbar ist, würde dann nach Korollar 5.2 folgen, dass auch EQ_{TM} nicht co-aufzählbar ist.

   Auch hier überführt die Reduktion f_2 das Paar $\langle M, w\rangle$ in das Paar $\langle M_1, M_2\rangle$. Die Maschine M_2 arbeitet genau wie im ersten Fall. Das heißt, sie ignoriert die Eingabe, simuliert $M(w)$ und gibt das Ergebnis der Simulation weiter. Die Turingmaschine M_1

ist jedoch anders definiert. Sie akzeptiert nun alle Eingaben. Wir können also schluss-folgern, dass

$$\langle M, w \rangle \in A_{\mathrm{TM}} \Longrightarrow M_2 \text{ akzeptiert immer} \Longrightarrow L(M_1) = L(M_2) \Longrightarrow \langle M_1, M_2 \rangle \in EQ_{\mathrm{TM}}$$

und

$$\langle M, w \rangle \notin A_{\mathrm{TM}} \Longrightarrow M_2 \text{ akzeptiert nie} \Longrightarrow L(M_1) \neq L(M_2) \Longrightarrow \langle M_1, M_2 \rangle \notin EQ_{\mathrm{TM}}.$$

Da zudem f_2 berechenbar ist, ist f_2 die gesuchte Reduktion.   ∎

Mit Hilfe der Reduktion haben wir zeigen können, dass viele weitere Probleme nicht entscheidbar, aufzählbar oder co-aufzählbar sind. Damit haben sich Reduktionen als wertvolles Werkzeug für den Nachweis der Unentscheidbarkeit von Problemen erwiesen. Im weiteren Verlauf werden wir immer wieder Reduktionen einsetzen, um unsere Erkennt-nisse auf noch weitere Resultate auszudehnen.

5.7   Reduktionen über Berechnungspfade

Wir werden uns nun eine etwas andere Idee für Reduktionen ansehen. Dies geschieht nicht zuletzt als Vorbereitung für den Nachweis der Unentscheidbarkeit des postschen Korrespondenzproblems, welches im nächsten Abschnitt ausführlich diskutiert wird.

Der aktuelle Zustand einer Berechnung ist durch die *Konfiguration* einer Turingmaschi-ne erfasst. Konfigurationen können natürlich als Wörter codiert werden. Bislang haben wir zum Beispiel die Konvention $w_\ell / p / w_r$ benutzt, wobei w_ℓ das besuchte Band links von der Kopfposition war, p der aktuelle Zustand und w_r das beschriebene Band rechts ab der Kopfposition. Die Trennsymbole / wurden nur aufgrund der Lesbarkeit eingeführt. Wollen wir eine Konfiguration als ein Wort codieren, das von einer Turingmaschine verarbeitet wird, sind die Trennsymbole nicht notwendig, wenn wir voraussetzen, dass Arbeitsalphabet und Zustandsmenge disjunkt sind. Wir werden also in diesem Fall eine Konfiguration einfach durch das Wort $w_\ell p w_r$ codieren.

Wir können eine Berechnung einer (haltenden) Turingmaschine protokollieren, indem wir jede Konfiguration der Berechnung aufschreiben. Die Sequenz, die wir auf diese Weise erhalten, haben wir **Berechnungspfad** genannt. Einen Berechnungspfad können wir natürlich auch als Wort codieren. Dazu schreiben wir die Sequenz seiner Konfigura-tionen hintereinander, wobei wir die verschiedenen Konfigurationen durch ein Zeichen # trennen, welches nicht für die Codierung der Konfigurationen benutzt wurde. Für die Turingmaschine M_1 aus Abb. 5.8 mit Eingabewort $w = \mathtt{baabb}$ ergibt sich beispielsweise als Codierung des Berechnungspfades für $M_1(w)$ das Wort

$$q_0\mathtt{baabb}\#\mathtt{a}q_0\mathtt{aabb}\#\mathtt{aa}q_1\mathtt{abb}\#\mathtt{aaa}q_2\mathtt{bb}\#\mathtt{aaab}q_A\mathtt{b}.$$

Abb. 5.8 Turingmaschine M_1 als Beispiel für die Codierung von Berechnungspfaden

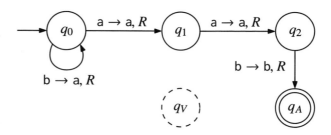

Nicht alle Wörter sind Codierungen von Berechnungspfaden. Selbst wenn das Wort eine Sequenz von Konfigurationen codiert, muss dies kein Berechnungspfad für $M(w)$ implizieren. Es muss zusätzlich gelten:

1.) Die erste Konfiguration entspricht der Startkonfiguration von $M(w)$.
2.) Jede andere Konfiguration ist die Nachfolgekonfiguration der zuvor notierten Konfiguration.
3.) Die letzte Konfiguration ist akzeptierend oder verwerfend.

Wollen wir prüfen, ob der Berechnungspfad akzeptierend ist, müssen wir bei 3.) zusätzlich abgleichen, ob die letzte Konfiguration akzeptierend ist.

Das folgende Lemma sagt etwas darüber aus, wie aufwendig die Prüfung ist, ob ein Wort eine Codierung eines akzeptierenden Berechnungspfades ist.

Lemma 5.7 Sei M eine feste Turingmaschine und w ein festes Eingabewort. Die Sprache

$$\{\langle \beta \rangle \mid \beta \text{ ist akzeptierender Berechnungspfad von } M(w)\}$$

kann durch einen LBA erkannt werden.

Beweis. Der gesuchte LBA arbeitet wie folgt. Als Erstes wird getestet, ob das Wort eine Sequenz von codierten Konfigurationen, welche durch # getrennt sind, darstellt. Ein solcher Test ist einfach und könnte sogar durch einen DEA übernommen werden.

Nun wird geprüft, ob die erste Konfiguration gleich der Startkonfiguration ist. Die Startkonfiguration haben wir als Konstante im LBA-Programm gespeichert. Danach prüfen wir, ob die letzte Konfiguration akzeptierend ist. Auch dies ist einfach, da wir hier nur nachsehen müssen, ob als Zustand q_A gespeichert wurde.

Der aufwendigste Test ist die Prüfung, ob jede Konfiguration die Folgekonfiguration ihres Vorgängers in der Codierung ist. Dies prüfen wir für jede Konfiguration einzeln. Den Anfang der aktuell zu prüfenden Konfiguration markieren wir uns auf dem Band. Für Markierungen benötigen wir keinen zusätzlichen Speicher, da wir dies durch die Erweiterung des Arbeitsalphabetes des LBAs realisieren können. Eine Konfiguration und deren Folgekonfiguration stimmt in den meisten Zeichen überein. Es kann sich ja nur der Zustand, das Zeichen an der Kopfposition und die Kopfposition ± 1 ändern. Damit können sich Konfiguration und Folgekonfiguration um maximal drei Zeichen unterscheiden (Zeichen für den Zustand und jeweils das Zeichen davor und dahinter). Wir suchen also zuerst den Zustand in der Vorgängerkonfiguration und lesen dann das Zeichen davor und dahinter. Dieses Tripel merken wir uns im Zustand des LBAs. Nun laufen wir zum Zeichen des Zustandes der nächsten Konfiguration. Wir prüfen nun, ob das Tripel von Zeichen um den Zustand herum mit dem gemerkten Tripel „zusammenpasst". Welche Kombinationen hierbei erlaubt sind, hängt von den Befehlen der Turingmaschine M ab und kann deshalb im LBA-Programm hinterlegt werden. Nun prüfen wir noch, ob der Rest der Konfigurationen zusammenpasst. Dazu testen wir Zeichen für Zeichen und laufen dabei zwischen den Konfigurationen hin und her. Bereits geprüfte Zeichen werden hierbei wieder markiert, sodass wir auch immer wieder zur richtigen Position zurückfinden. Erlaubt ist, dass die zweite Konfiguration am Anfang oder am Ende ein Blanksymbol extra besitzt. Damit fangen wir die Fälle ab, in welchen das besuchte Band erweitert wurde. Finden wir einen Unterschied, prüfen wir, ob dies das Zeichen des Zustands oder eines davor oder dahinter ist. In diesem Fall darf es eine Abweichung geben, in allen anderen Fällen führt jede Abweichung aber sofort zum Verwerfen der Eingabe. ■

Im Beweis von Lemma 5.7 steckt eine wichtige Idee. Die Codierung einer Konfiguration und einer Folgekonfiguration unterscheiden sich nur lokal in der unmittelbaren Umgebung der Kopfposition. In unserer Notation sind es maximal drei Zeichen, die sich unterscheiden können. Welche Unterschiede erlaubt sind, hängt von den Befehlen der Turingmaschine ab. Gibt es zum Beispiel bei $\Gamma = \{a, b\}$ den Befehl $\delta(q, a) = (p, b, R)$, dann sind folgende lokale „Modifikationen" erlaubt:

$$a q a \to a b p, \quad b q a \to b b p, \quad \square q a \to \square b p, \quad \# q a \to \# b p.$$

Bei einem Befehl $\delta(q, a) = (p, b, L)$ wären hingegen die folgenden Modifikationen erlaubt:

$$a q a \to p a b, \quad b q a \to p b b, \quad \square q a \to p \square b.$$

Mit unseren bisherigen Überlegungen können wir nun zeigen, dass eine weitere Sprache unentscheidbar ist.

Satz 5.11 Die Sprache

$$E_{\text{LBA}} := \{\langle M \rangle \mid M \text{ ist LBA mit } L(M) = \emptyset\}$$

ist nicht entscheidbar.

Beweis. Wir werden $A_{\mathrm{TM}} \leq_m \overline{E_{\mathrm{LBA}}}$ nachweisen. Nach Korollar 5.2 folgt dann $\overline{E_{\mathrm{LBA}}} \notin \mathbb{E}$, und da die entscheidbaren Sprachen unter Komplement abgeschlossen sind, gilt dann auch $E_{\mathrm{LBA}} \notin \mathbb{E}$.

Für den Nachweis von $A_{\mathrm{TM}} \leq_m \overline{E_{\mathrm{LBA}}}$ benötigen wir eine Reduktion f. Die Funktion f wandelt eine Codierung einer Turingmaschine M mit Eingabe w in die Codierung eines LBAs M' um. Der LBA M' arbeitet hierbei analog zu dem im Beweis von Lemma 5.7 vorgestellten LBA. Das heißt, er soll prüfen, ob die Eingabe eine Codierung eines akzeptierenden Berechnungspfades für $M(w)$ ist. Lemma 5.7 beschreibt die Konstruktion eines solchen LBAs für ein festes $M(w)$. Es ist aber nicht schwierig zu sehen, dass man die Erstellung von M' aus $M(w)$ auch durch einen Algorithmus beschreiben kann. Somit ist f berechenbar. Es gilt nun

$$\langle M, w \rangle \in A_{\mathrm{TM}} \iff M(w) \text{ akzeptiert}$$

$$\iff \text{ es gibt für } M(w) \text{ einen akzeptierenden Berechnungspfad } \beta$$

$$\iff \exists \langle \beta \rangle : \langle \beta \rangle \in L(M')$$

$$\iff L(M') \neq \emptyset$$

$$\iff \langle M' \rangle \in \overline{E_{\mathrm{LBA}}}.$$

Somit ist f die gesuchte Reduktion. ∎

5.8 Das postsche Korrespondenzproblem

5.8.1 Problembeschreibung

Wir kommen nun zu einem Problem, welches vordergründig nichts mit Turingmaschinen oder anderen Berechnungsmodellen zu tun hat. Dieses Problem ist als das *postsche Korrespondenzproblem* (kurz PKP) bekannt.

Die Eingabe einer PKP-Probleminstanz besteht aus einer Folge von Paaren von Wörtern. Für unsere Erklärung nutzen wir der Einfachheit halber Wörter über dem Alphabet $\{a, b\}$. Die Paare von Wörtern bezeichnen wir als **Dominotypen**, und eine Sequenz von Dominotypen nennen wir ein **Dominoset**. Grafisch notieren wir einen Dominotypen (u, v) als ein horizontal geteiltes Rechteck, in welchem u in die obere und v in die untere Hälfte eingetragen wird (wie ein Dominostein). Ein Beispiel eines Dominosets ist in Abb. 5.9 dargestellt.

Beim PKP-Problem fragen wir, ob wir aus den Dominotypen eine Reihe bilden können, sodass in der oberen und in der unteren Zeile das gleiche Wort zu lesen ist. Die Wörter ergeben sich aus der Konkatenation der jeweiligen Teilwörter. Es ist nicht vorgeschrieben, dass wir alle Dominotypen verwenden müssen. Zudem ist es erlaubt, dass wir in unserer Anordnung Dominotypen mehrfach auslegen. (Aus diesem Grund sprechen wir auch

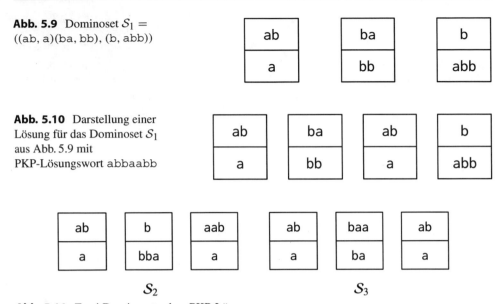

Abb. 5.9 Dominoset $\mathcal{S}_1 =$ ((ab, a)(ba, bb), (b, abb))

Abb. 5.10 Darstellung einer Lösung für das Dominoset $\mathcal{S}_1$ aus Abb. 5.9 mit PKP-Lösungswort abbaabb

$\mathcal{S}_2$ $\mathcal{S}_3$

Abb. 5.11 Zwei Dominosets ohne PKP-Lösung

von Dominotypen und nicht von Dominos.) Eine Reihung der Dominotypen, die unsere Forderung erfüllt, nennen wir **PKP-Lösung**. Das Wort, welches wir mit einer Lösung gebildet haben, nennen wir **PKP-Lösungswort**. Eine mögliche PKP-Lösung für das Dominoset aus Abb. 5.9 ist in Abb. 5.10 dargestellt. Natürlich gibt es auch PKP-Instanzen, die keine Lösung haben. Solche Instanzen sind in Abb. 5.11 zu sehen.

Test 5.10 Finden Sie eine PKP-Folge für das Dominoset ((aab, a), (a, ba), (b, a)).

Test 5.11 Geben Sie ein kurzes Argument an, warum die Instanzen $\mathcal{S}_2$ und $\mathcal{S}_3$ aus Abb. 5.11 keine PKP-Lösung besitzen.

Die bisherigen Festlegungen fassen wir in folgender formaler Definition noch einmal zusammen.

Definition 5.5 Sei Σ ein Alphabet mit $|\Sigma| > 1$. Wir nennen ein Element aus $\Sigma^+ \times \Sigma^+$ einen *Dominotypen*. Ein *Dominoset* ist eine nichtleere endliche Folge $((u_1, v_1), (u_2, v_2), \ldots, (u_k, v_k))$ von Dominotypen. Wir sagen, ein Dominoset hat eine *PKP-Lösung*, falls es eine Folge $(i_1, i_2, \ldots, i_\ell)$ gibt mit

$$u_{i_1} u_{i_2} \cdots u_{i_\ell} = v_{i_1} v_{i_2} \cdots v_{i_\ell}.$$

Die Folge $(i_1, i_2, \ldots, i_\ell)$ nennen wir eine *PKP-Folge*, und das Wort $u_{i_1} u_{i_2} \cdots u_{i_\ell}$ nennen wir das zugehörige *PKP-Lösungswort*.

Wie üblich assoziieren wir ein Entscheidungsproblem mit einer Sprache. In diesem Falle definieren wir

$$PKP := \{\langle \mathcal{S}\rangle \mid \text{es gibt eine PKP-Folge für das Dominoset } \mathcal{S}\}.$$

Im weiteren Verlauf des Kapitels werden wir nachweisen, dass *PKP* nicht entscheidbar ist. Beachten Sie, dass der Charakter von *PKP* sich deutlich von den bisherigen unentscheidbaren Problemen unterscheidet. Für die Definition des postschen Korrespondenzproblems benötigt man keine Kenntnis über Turingmaschinen oder andere Berechnungsmodelle. Das Problem ist so elementar, dass man es in einer nichtmathematischen Sprache erklären kann.

5.8.2 Nachweis der Unentscheidbarkeit

Für den Nachweis der Unentscheidbarkeit gehen wir ähnlich vor wie im Beweis von Satz 5.11. Aus technischen Gründen werden wir jedoch einen kleinen Umweg einschlagen. Dazu sehen wir uns das *modifizierte PKP* an, welches wie folgt definiert ist.

$$MPKP := \{\langle \mathcal{S}\rangle \mid \text{es gibt eine PKP-Folge mit } i_1 = 1 \text{für das Dominoset } \mathcal{S}\}.$$

Der Unterschied zwischen *MPKP* und *PKP* liegt also einzig und allein darin, dass wir bei *MPKP* voraussetzen, dass die Reihung der Dominotypen mit dem ersten Typ beginnen muss. In diesem Sinne ist also $MPKP \subset PKP$.

Mit Hilfe von *PKP* kann man auch *MPKP* lösen. Dies werden wir zeigen, indem wir $MPKP \leq_m PKP$ beweisen. Falls *MPKP* unentscheidbar wäre, würde als Konsequenz folgen, dass auch *PKP* unentscheidbar wäre.

Bevor wir $MPKP \leq_m PKP$ zeigen, werden wir uns die Grundidee für den Beweis anschauen. Aus einem Dominoset $\mathcal{S}$ müssen wir ein neues Dominoset $\mathcal{S}'$ erzeugen. Eine mögliche Reduktion $f(\langle \mathcal{S}\rangle) = \langle \mathcal{S}'\rangle$ wird an dieser Stelle aber nicht funktionieren. In diesem Fall würden wir Dominosets, die nicht aus *MPKP* sind, aber für die man eine PKP-Folge mit $i_1 \neq 1$ findet, auf ein Dominoset aus *PKP* abbilden. Wir brauchen eine Konstruktion, mit welcher wir PKP-Folgen mit $i_1 \neq 1$ ungültig machen, aber PKP-Folgen mit $i_1 = 1$ sollen weiterhin gültig sein.

Eine PKP-Folge kann nur dann mit einem Dominotypen (u_i, v_i) starten, wenn u_i und v_i mit dem gleichen Zeichen beginnen. Das heißt, wenn nur u_1 und v_1 mit dem gleichen Zeichen beginnen und alle anderen Dominotypen dies nicht tun, dann muss jede PKP-Folge mit $i_1 = 1$ beginnen. Die Frage ist nun, wie man diese Idee umsetzen kann, ohne das Dominoset komplett durcheinanderzubringen. Wir werden hierfür folgenden Plan benutzen: Wenn das PKP-Lösungswort für $\mathcal{S}$ das Wort $w = a_1 a_2 \cdots a_z$ war ($a_i \in \Sigma$), dann wollen wir das Dominoset $\mathcal{S}$ so verändern, dass wir als Lösungswort $w' = \#a_1\#a_2\# \cdots \#a_z\#$ erhalten. Hierbei ist # ein Zeichen, welches nicht aus Σ ist. Unser

Ziel können wir leicht realisieren, indem wir jeden Dominotyp (u_i, v_i) durch einen Typ (u_i', v_i') wie folgt austauschen. Wir setzen

$$u_i = x_1 x_2 \cdots x_r \quad \Rightarrow u_i' = x_1 \# x_2 \cdots \# x_r \#$$

$$v_i = y_1 y_2 \cdots y_s \quad \Rightarrow v_i' = y_1 \# y_2 \cdots \# y_s \#.$$

Zusätzlich führen wir noch mit $(\#, \#)$ einen neuen Typen für den Anfang von w' hinzu. Das neue Dominoset sei $\mathcal{S}'$. Es ist nicht schwer zu sehen, dass w genau dann ein Lösungswort für $\mathcal{S}$ ist, wenn w' ein Lösungswort für $\mathcal{S}'$ ist. Es gibt allerdings noch eine zweite Möglichkeit, das Dominoset $\mathcal{S}$ nach unseren Wünschen zu verändern. Dazu setzen wir

$$u_i = x_1 x_2 \cdots x_r \quad \Rightarrow \quad u_i' = \# x_1 \# x_2 \cdots \# x_r$$

$$v_i = y_1 y_2 \cdots y_s \quad \Rightarrow \quad v_i' = \# y_1 \# y_2 \cdots \# y_s$$

und nehmen wie vorher $(\#, \#)$ hinzu. Auch diese Variante würde funktionieren. Wir kommen nun zur eigentlichen Idee. Jedes u_i ersetzen wir so, wie in der ersten Version diskutiert, jedes v_i so wie in der zweiten Version. Statt des zusätzlichen Typs $(\#, \#)$ fügen wir nun die Dominotypen $(\#\#, \#)$ und $(\#, \#\#)$ hinzu. Die zusätzlichen Typen benötigen wir für den Anfang und das Ende der Lösung. Wir erhalten nun $\# w' \#$ genau dann als Lösungswort für $\mathcal{S}'$, wenn w ein Lösungswort für $\mathcal{S}$ ist. Wir haben mit unserer Modifikation erreicht, dass bei allen Dominotypen (u_i', v_i') die Wörter mit unterschiedlichen Zeichen beginnen. Diese Wörter können also nicht den Anfangsteil eines PKP-Lösungswortes bilden (dazu muss man $(\#\#, \#)$ nutzen). Natürlich birgt dieser Ansatz noch einige Probleme. Wir können zum Beispiel immer eine Lösung mit den neuen Dominotypen $(\#\#, \#)$ und $(\#, \#\#)$ finden. Außerdem kann nun auch keine Lösung mit dem alten ersten Dominotypen beginnen. Trotzdem wird diese Strategie das Grundgerüst der gesuchten Reduktion bilden, welche wir in dem folgenden Lemma vorstellen werden.

Lemma 5.8 $MPKP \leq_m PKP$

Beweis. Wir beweisen $MPKP \leq_m PKP$, indem wir die zugehörige Reduktion $f(\langle \mathcal{S} \rangle) = \langle \mathcal{S}' \rangle$ angeben. Die Dominotypen für $\mathcal{S}$ seien (u_i, v_i) mit $1 \leq i \leq k$. Das neue Dominoset $\mathcal{S}'$ erhalten wir durch die Ausführung folgender Umformungsschritte:

1. Modifiziere für $1 \leq i \leq k$ jedes Paar (u_i, v_i) zu einem Paar (u_i', v_i'), sodass

$$u_i = x_1 x_2 \cdots x_r \quad \Rightarrow \quad u_i' = x_1 \# x_2 \cdots \# x_r \#$$

$$v_i = y_1 y_2 \cdots y_s \quad \Rightarrow \quad v_i' = \# y_1 \# y_2 \cdots \# y_s.$$

Hierbei ist $\#$ ein neues Zeichen.

2. Füge als Dominotyp (u'_{k+1}, v'_{k+1}) hinzu mit

$$u_1 = x_1 x_2 \cdots x_r \quad \Rightarrow \quad u'_{k+1} = \#x_1\#x_2 \cdots \#x_r\#$$

$$v_1 = y_1 y_2 \cdots y_s \quad \Rightarrow \quad v'_{k+1} = \#y_1\#y_2 \cdots \#y_s.$$

3. Füge als Dominotyp $(u'_{k+2}, v'_{k+2}) = (\$, \#\$)$ hinzu. Hierbei ist $\$ \notin \Sigma$.

Das Dominoset $\mathcal{S}'$ ergibt sich nun aus (u'_i, v'_i) für $1 \leq i \leq k + 2$. Wir nutzen als Alphabet $\Sigma \cup \{\#, \$\}$. Ein Beispiel der beschriebenen Reduktion ist in Abb. 5.12 und Abb. 5.13 zu sehen.

Wir müssen nun noch nachweisen, dass die vorgeschlagene Reduktion auch korrekt arbeitet. Man kann sich leicht davon überzeugen, dass f berechenbar ist.

Nehmen wir an, dass $\langle \mathcal{S} \rangle \in MPKP$. Das heißt, es gibt eine PKP-Folge $(i_1 = 1, i_2, \ldots, i_\ell)$. Nach unserer Konstruktion ist dann aber auch $(k + 1, i_2, i_3, \ldots, i_\ell, k + 2)$ eine PKP-Folge für $\mathcal{S}'$, wobei das Lösungswort nun mit #-Zeichen durchsetzt ist und mit einem \$ endet. Somit ist also $\langle \mathcal{S}' \rangle \in PKP$.

Für die Rückrichtung nehmen wir an, dass $\langle \mathcal{S}' \rangle \in PKP$. Sei $(j_1, j_2, \ldots, j_m)$ eine entsprechende kürzeste PKP-Folge. Wir fassen folgende strukturellen Eigenschaften dieser Folge zusammen:

- Wir wissen, dass $j_1 = k + 1$, denn nur dieser Dominotyp hat ein Paar mit gleichen Anfangszeichen.
- Des Weiteren muss $j_m = k + 2$ gelten, denn nur dieser Dominotyp hat ein Paar mit gleichen Endzeichen.
- Ferner kann der $(k + 2)$-te Dominotyp nicht mehrfach auftreten, denn dann hätte man schon an einer früheren Stelle ein \$ im PKP-Lösungswort haben müssen. Da das \$-Zeichen aber nur als letztes Zeichen von u'_{k+2} und v'_{k+2} auftaucht, muss an dieser Stelle schon ein PKP-Lösungswort vorliegen. Da wir jedoch ein kürzestes PKP-Lösungswort gewählt haben, kann dies nicht der Fall sein.

a#b#	b#a#	b#	#a#b#	\$
#a	#b#b	#a#b#b	#a	#\$

Abb. 5.12 Dominoset $\mathcal{S}'_1$ basierend auf der im Beweis von Lemma 5.8 vorgestellten Reduktion für das Dominoset $\mathcal{S}_1$ aus Abb. 5.9

Abb. 5.13 PKP-Lösung für das Dominoset $\mathcal{S}'_1$ aus Abb. 5.12

#a#b#	b#a#	a#b#	b#	\$
#a	#b#b	#a	#a#b#b	#\$

- Würde der $(k + 1)$-te Dominotyp mehrmals in der PKP-Folge vorkommen, dann würde das Lösungswort unter den bisherigen Erkenntnissen ## als Teilwort enthalten. Ein solches Teilwort kann jedoch mit den v_i'-Wörtern nicht gebildet werden. Somit tritt der Typ $k + 1$ nur am Anfang der PKP-Folge auf.

Alle benutzten Dominotypen im PKP-Lösungswort (bis auf das letzte) haben ein „Original" in $\mathcal{S}$, welches entsteht, wenn man die Rauten entfernt. Nach der Konstruktionsvorschrift für $\mathcal{S}'$ ergibt sich somit, dass $(1, j_2, j_3, \ldots, j_{m-1})$ eine PKP-Folge für $\mathcal{S}$ ist. Somit ist also $\langle \mathcal{S} \rangle \in MPKP$, und der Beweis ist abgeschlossen. ■

Nun können wir mit Hilfe von Lemma 5.8 die Unentscheidbarkeit von PKP beweisen.

Satz 5.12 Das postsche Korrespondenzproblem (PKP) ist nicht entscheidbar.

Beweis. Wir werden die Aussage des Satzes beweisen, indem wir $A_{\mathrm{TM}} \leq_m MPKP$ zeigen. Daraus folgt, dass $MPKP \notin \mathbb{E}$, und daraus folgt wiederum nach Lemma 5.8, dass $PKP \notin \mathbb{E}$.

Die Idee bei der Reduktion orientiert sich an der Strategie des Beweises von Lemma 5.7. Bei der Reduktion geht es darum, eine Instanz aus A_{TM} (also Turingmaschine mit Eingabe) in ein Dominoset umzuformen. Wir bezeichnen die A_{TM}-Instanz mit $\langle M, w \rangle$ und nennen das daraus erstellte Dominoset $\mathcal{S}$. Wenn $M(w)$ akzeptiert, gibt es dafür einen akzeptierenden Berechnungspfad β, den wir wie üblich als Wort codieren können. Das Dominoset wird so konstruiert sein, dass das Lösungswort dem Berechnungspfad $\langle \beta \rangle$ von $M(w)$ entspricht (wenn er denn existiert). Falls es keinen akzeptierenden Berechnungspfad für $M(w)$ gibt, wird es auch kein Lösungswort für $\mathcal{S}$ geben.

Für diesen Beweis werden wir den Begriff Berechnungspfad etwas allgemeiner als bislang fassen. Wir erlauben, dass sich eine Konfiguration direkt wiederholen kann. Das heißt, wenn im Berechnungspfad die Konfiguration K' auf K folgt, dann ist entweder K' die Folgekonfiguration von K, oder $K = K'$, oder K und K' unterscheiden sich nur um ein Blank am Ende des besuchten Bandes. Diese Verallgemeinerung hat hauptsächlich technische Ursachen für den folgenden Beweis.

Sei $K_0 = q_0 w$ die Startkonfiguration von $M(w)$. Wir wollen als Erstes einige Dominotypen vorstellen, mit denen man das Wort $\#K_0\#K_0\#K_0\# \cdots$ nachbilden kann. Den ersten von uns definierte Dominotypen nennen wir das *Startdomino*. Es erhält den Index 1, muss also auch als Erstes benutzt werden. Das Startdomino ist wie folgt gewählt:

Als Zweites führen wir eine Menge von Dominotypen ein, welche wir *Kopierdominos* nennen. Für jedes $u \in Q \cup \Gamma \cup \{\#, \square\}$ fügen wir den Dominotyp (u, u) hinzu. Also etwa in folgender Art:

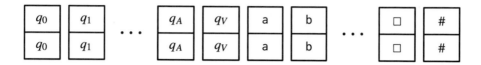

Überlegen wir an dieser Stelle, welche Möglichkeiten wir haben, eine Lösung für das MPKP-Problem mit den bisherigen Dominotypen zu konstruieren. Wir müssen mit dem Startdomino beginnen. Das heißt, das Wort auf der oberen Zeile hat einen gewissen „Vorsprung". (Das wird übrigens stets für alle weiteren Lösungsansätze gelten.) Das erste Zeichen der oberen Zeile hat schon seinen passenden Partner auf der unteren Zeile bekommen. Um das zweite Zeichen oben abzugleichen, müssen wir den Dominotyp (q_0, q_0) benutzen. Die obere Zeile erzwingt somit immer den nächsten Dominotyp, verlängert aber auch das obere Wort um das entsprechende Zeichen. Damit muss jede Lösung mit dem Wort $\#K_0\#K_0\#K_0 \cdots$ beginnen. Das Prinzip ist in Abb. 5.14 dargestellt. Bislang können wir natürlich noch überhaupt keine Lösung erzeugen, da wir in der oberen Zeile immer einen „Vorlauf" haben.

Als Nächstes wollen wir unser Dominoset so erweitern, dass beim Kopieren eine Konfiguration in ihre Folgekonfiguration umgewandelt werden kann. Wie bereits mehrfach erwähnt, unterscheiden sich Konfiguration und Folgekonfiguration nur lokal. In unserer Codierung betrifft dies nur die Zeichen um den Zustand herum. Welche Modifikationen hier erlaubt sind, hängt von den Befehlen der Turingmaschine M ab. Um die Übergänge auszuführen, führen wir folgende Dominotypen (genannt *Übergangsdominos*) ein:

$$\frac{b \quad p}{q \quad a} \quad \text{für alle } \delta(q, a) = (p, b, R) \qquad \frac{p \quad c \quad b}{c \quad q \quad a} \quad \begin{array}{l} \text{für alle } \delta(q, a) = (p, b, L) \\ \text{und alle } c \in \Gamma \cup \{\square\} \end{array}$$

Da wir nun die Übergangsdominos haben, bräuchten wir eigentlich die Kopierdominos mit den Zuständen nicht mehr. Da sie aber auch nicht stören, lassen wir sie der Einfachheit halber im Dominoset. Ein Übergang kann uns an den Rand des besuchten Bandes führen.

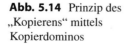

Abb. 5.14 Prinzip des „Kopierens" mittels Kopierdominos

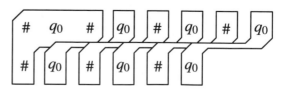

Für nachfolgende Übergänge müssen wir die Möglichkeit haben, das besuchte Band während des Kopierens um ein Blanksymbol zu erweitern. Dies realisieren wir, indem wir unser Dominoset um folgende *Randdominos* erweitern:

für alle $q \in Q$

Wenn wir das besuchte Band erweitern, behalten wir unsere Konfiguration bei. Der Übergang zur Folgekonfiguration erfolgt dann erst beim nächsten Kopiervorgang.

Bislang können wir mit unserem Dominoset den Berechnungspfad nachbilden. Wir können aber unter keinen Umständen eine PKP-Folge angeben, da wir in der oberen Zeile immer „vorlaufen". Eine PKP-Lösung soll ja auch nur genau dann existieren, wenn der Berechnungspfad zu $M(w)$ akzeptierend ist. Das ist aber wiederum genau dann der Fall, wenn wir eine Konfiguration erzeugt haben, welche q_A enthält. Das Zeichen q_A (und nur dieses) soll es uns erlauben, die obere Zeile mit der unteren Zeile komplett abzugleichen. Dieser Vorgang wird mehrere Kopiervorgänge benötigen. Die akzeptierende Konfiguration werden wir bei jedem Kopiervorgang um ein Zeichen verkürzen. Dies machen wir so lange, bis nur noch q_A# als Vorlauf übrig bleibt. Jetzt können wir leicht einen geeigneten Dominotypen für den Abschluss definieren. Für das Löschen der Zeichen aus einer akzeptierenden Konfiguration nutzen wir folgende Dominotypen, welche wir *Löschdominos* nennen.

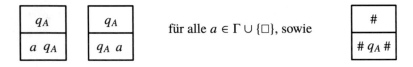

Beachten Sie, dass in der Phase des Löschens kein normaler Übergang mehr ausgeführt werden kann, da die aktuelle Konfiguration ja schon im Zustand q_A ist. Somit ist die Phase der Konfigurationsübergänge unabhängig von der Löschphase.

Das Erstellen des Dominosets aus M und w ist unkompliziert und kann durch eine Turingmaschine ausgeführt werden. Somit ist f berechenbar. Wir müssen nun noch überprüfen, ob f auch die gesuchte Reduktion ist. Nehmen wir dafür zunächst an, dass $\langle M, w \rangle \in A_{\text{TM}}$. In diesem Fall gibt es also einen akzeptierenden Berechnungspfad β für $M(w)$. Wir haben aber nun die Dominotypen so gewählt, dass wir ein Lösungswort konstruieren können. Das Lösungswort besteht im ersten Teil aus einer Nachbildung von β. Im zweiten Teil wird die Endkonfiguration wiederholt, wobei jedes Mal ein Zeichen entfernt wird, bis nur noch q_A verbleibt. Es folgt, dass $\langle S \rangle \in MPKP$.

Nehmen wir nun an, dass $\langle M, w \rangle \notin A_{\text{TM}}$. Das Dominoset ist so konstruiert, dass jedes potenzielle Lösungswort mit der Startkonfiguration beginnen muss. Nun hat man

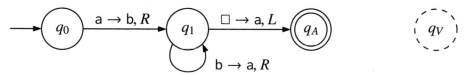

Abb. 5.15 Turingmaschine für die Reduktion aus Beispiel 5.3

folgende Optionen: (1) man kann die aktuelle Konfiguration wiederholen, (2) man geht zur Folgekonfiguration über, oder (3) man fügt eventuell ein Blanksymbol am Ende der Konfiguration hinzu. In keinem dieser Fälle schafft man es, dass das Zeichen q_A in einem Präfix eines möglichen Lösungswortes erscheint, da der Lauf von $M(w)$ nicht zu einer akzeptierenden Konfiguration führt. Es sind jedoch nur die Löschdominos, die in der oberen Zeile weniger Zeichen als unten haben. Da wir mit dem Startdomino beginnen müssen (welches in der oberen Zeile ein längeres Wort hat als unten), können wir diesen Vorlauf ohne Löschdominos nie „aufholen". Da es kein Zeichen q_A gibt, können wir auch keine Löschdominos benutzen. Somit ist auch $\langle S \rangle \notin MPKP$. ■

Beispiel 5.3 Für die im Beweis von Satz 5.12 vorgestellte Reduktion geben wir an dieser Stelle ein Beispiel an. Dazu betrachten wir die in Abb. 5.15 dargestellte Turingmaschine und das Eingabewort $w =$ a. Die ersten Dominotypen, die wir benötigen, sind das Startdomino, die Kopierdominos und die Übergangsdominos. Wir erhalten folgende Dominotypen:

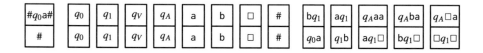

Nun brauchen wir noch die Randdominos und die Löschdominos, welche wie folgt aussehen:

Die angegebene Turingmaschine akzeptiert die Eingabe a. Die Codierung des dazugehörigen Berechnungspfads ist dann

$$q_0 \text{a\#b} q_1 \square \text{\#} q_A \text{ba}.$$

Diesen Berechnungspfad können wir mit dem konstruierten Dominoset nachbilden. Dies beinhaltet auch das Löschen der Zeichen der akzeptierenden Konfiguration sowie das Erweitern des besuchten Bandes. Wir erhalten als Lösung:

$\#q_0\text{a}\#$	$\text{b}q_1$	$\#$	b	$q_1\square\#$	$q_A\text{ba}$	$\#$	q_A	a	$\#$	q_A	$\#$
$\#$	$q_0\text{a}$	$\#$	b	$q_1\#$	$\text{b}q_1\square$	$\#$	$q_A\text{b}$	a	$\#$	$q_A\text{a}$	$\#q_A\#$

Das zugehörige Lösungswort ist $\#q_0\text{a}\#\text{b}q_1\#\text{b}q_1\square\#q_A\text{ba}\#q_A\text{a}\#q_A\#$.

5.8.3 Anwendungen

Je mehr unentscheidbare Probleme wir kennen, desto einfacher ist es für uns, über Reduktionen neue unentscheidbare Probleme zu finden. Da wir nun wissen, dass $PKP \notin \mathbb{E}$, können wir den folgenden Satz ohne großen Aufwand beweisen.

Satz 5.13 Die Sprache

$$I_{\text{CFG}} := \{\langle G_1, G_2 \rangle \mid G_1, G_2 \text{ kfGs und } L(G_1) \cap L(G_2) \neq \emptyset\}$$

ist nicht entscheidbar.

Beweis. Wir führen den Beweis, indem wir $PKP \leq_m I_{\text{CFG}}$ zeigen. Dazu geben wir die notwendige Reduktion an. Sei $S = ((u_1, v_1), (u_2, v_2), \dots, (u_k, v_k))$ das Dominoset, welches wir in $\langle G_1, G_2 \rangle$ überführen wollen. Ferner sei Σ das Alphabet für das PKP-Problem. Wir erweitern für die Grammatiken das Alphabet um die Zeichen $\{t_1, t_2, \dots, t_k\}$. Bei den Zeichen t_i handelt es sich um neue Zeichen. Ein Zeichen t_i wird als Referenz für die Verwendung des i-ten Dominotyps benutzt werden.

Wir definieren jetzt folgende zwei Sprachen:

$$L_1 = \{x_1 x_2 \mid x_1 = u_{i_1} u_{i_2} \cdots u_{i_\ell} \text{ und } x_2 = t_{i_\ell} \cdots t_{i_2} t_{i_1}\}.$$

$$L_2 = \{y_1 y_2 \mid y_1 = v_{i_1} v_{i_2} \cdots v_{i_\ell} \text{ und } y_2 = t_{i_\ell} \cdots t_{i_2} t_{i_1}\}.$$

Die Sprache L_1 besteht aus allen Wörtern, die man aus der oberen Zeile der Dominotypen konstruieren kann (Mehrfachbenutzung möglich), wobei wir die entsprechenden Typen, gekennzeichnet durch die t_i-Variablen, in gespiegelter Reihenfolge dem Wort anhängen. Die Sprache L_2 ist analog definiert, jedoch für die unteren Zeilen der Dominotypen.

Wir sehen uns nun die Sprache $L_1 \cap L_2$ an. Wenn diese Sprache nicht leer ist, muss es ein Wort $w \in L_1 \cap L_2$ geben. Dieses Wort können wir als $w = w_1 w_2$ schreiben, wobei w_2 der Teil ist, der durch die t_i-Zeichen gebildet wird. Sei nun $(i_\ell, i_{\ell-1}, \dots, i_1)$ die Folge der

Indizes der benutzten Zeichen t_i. Dann muss w_1 als $u_{i_1} u_{i_2} \cdots u_{i_\ell}$ aber auch als $v_{i_1} v_{i_2} \cdots v_{i_\ell}$ darstellbar sein. Das heißt wiederum, dass $\langle S \rangle \in PKP$. Ist auf der anderen Seite $L_1 \cap L_2 = \emptyset$, dann gibt es aufgrund der vorigen Argumentation auch keine Möglichkeit, eine PKP-Folge für S zu finden.

Es verbleibt nun noch zu zeigen, dass es kontextfreie Grammatiken für L_1 und L_2 gibt. Für beide Grammatiken nutzen wir als Variablenmenge $\{S\}$, wobei S auch das Startsymbol ist. Die Terminalsymbole sind $\Sigma \cup \{t_1, \ldots, t_\ell\}$. Eine Grammatik für L_1 ergibt sich nun aus den folgenden Regeln:

$$S \to u_1 S t_1 \mid u_2 S t_2 \mid \cdots \mid u_n S t_n$$

$$S \to u_1 t_1 \mid u_2 t_2 \mid \cdots \mid u_n t_n$$

Die Grammatik zu L_2 benutzt diese Regeln:

$$S \to v_1 S t_1 \mid v_2 S t_2 \mid \cdots \mid v_n S t_n$$

$$S \to v_1 t_1 \mid v_2 t_2 \mid \cdots \mid v_n t_n$$

Die Konstruktion von $\langle G_1, G_2 \rangle$ aus $\langle S \rangle$ kann problemlos durch eine Turingmaschine erfolgen. ∎

5.9 Der Rekursionssatz

5.9.1 Quines

Bevor wir uns mit dem Rekursionssatz befassen, wollen wir uns als Vorbereitung dazu mit einem verwandten Problem beschäftigen. Wir wollen die Frage diskutieren, ob es ein Programm gibt, welches seinen eigenen Quellcode ausgibt. Solche Programme nennt man **Quines**. Ein Beispiel eines Quines in der Programmiersprache Python 2 ist:

```
a="a=%c%s%c;print(a%%(34,a,34))";print(a%(34,a,34))
```

Ein anderes Beispiel (diesmal für Python 3) lautet:

```
variable = 'print("variable = "+ repr(variable) +" \\neval(variable)")'
eval(variable)
```

An dieser Stelle müssen Sie nicht verstehen, wie diese Programme funktionieren. Sie sollen lediglich als motivierende Beispiele dienen, dass Quines existieren.

Auch für viele andere Programmiersprachen sind Quines bekannt. Wir wollen nun die Frage untersuchen, welche Eigenschaften eine Programmiersprache haben muss, damit man in ihr ein Quine verfassen kann. Mit dem Turingmaschinenmodell kennen wir eine

Programmiersprache, die sehr einfach gehalten ist. Wir werden zeigen, dass man selbst hier ein Programm angeben kann, welches seinen eigenen Programmcode (die Codierung) ausgibt. Als Konsequenz daraus folgt, dass sich in jeder Programmiersprache, die so mächtig ist wie das Turingmaschinenmodell, Quines formulieren lassen.

Wir erklären nun, wie man eine Turingmaschine Q konstruieren kann, welche (egal, bei welcher Eingabe) $\langle Q \rangle$ ausgibt. Die Idee funktioniert nicht nur für unsere konkrete Wahl der Codierung, sondern für jede sinnvolle Codierung von Turingmaschinen. Bevor wir den Aufbau von Q erklären, führen wir noch zwei Hilfsfunktionen ein.

Die erste Funktion, die wir benötigen, heißt $print(w)$. Das Resultat dieser Funktion ist ein Turingmaschinenprogramm, welches seine Eingabe löscht, dann w aufs Eingabeband schreibt und anschließend den Kopf auf das Anfangszeichen von w bewegt. Die zweite Funktion, die wir benötigen, heißt $seq(\langle M_1, M_2 \rangle)$. Auch hier ist der Funktionswert wieder ein Turingmaschinenprogramm, sagen wir $\langle M_3 \rangle$. Die Eingabe interpretieren wir als die Codierung eines Paares von Turingmaschinen. Wir werden an dieser Stelle $\langle M_1, M_2 \rangle$ als $\langle M_1 \rangle \$ \langle M_2 \rangle$ codieren, wobei $\$$ ein bislang ungenutztes Zeichen für die Codierung von Turingmaschinen ist. Die Turingmaschine $M_3(z)$ führt zuerst $M_1(z)$ aus. Nachdem $M_1(z)$ anhält, wird die Maschine M_2 gestartet. Dabei wird das Band inklusive Kopfposition so übernommen, wie es nach der Berechnung von $M_1(z)$ vorgelegen hat.

Lemma 5.9 Die Funktionen $print(w)$ und $seq(\langle M_1, M_2 \rangle)$ sind berechenbar.

Beweis. Eine Turingmaschine, die unabhängig von der Eingabe eine Konstante w aufs Band schreibt, ist von einer sehr einfachen Struktur. Wir benötigen für jedes Zeichen von w einen Zustand, und diese Zustände werden nacheinander abgearbeitet. Der i-te Zustand schreibt dabei das i-te Zeichen von w aufs Band, rückt den Kopf nach rechts und geht in den Zustand $i + 1$. Eine Codierung (Programm) für eine solche Maschine und ein gegebenes w zu konstruieren, ist unkompliziert und kann durch eine Turingmaschine M_w vorgenommen werden. Die Turingmaschine für *print* basiert im Wesentlichen auf der Maschine M_w. Für das Löschen der Eingabe und das Bewegen des Kopfes auf den Anfang sind Unterroutinen erforderlich, die allerdings nicht von w abhängen. Die Turingmaschine für *print* kombiniert diese Unterroutinen mit $\langle M_w \rangle$ und gibt das Resultat zurück.

Für die Funktion $seq(\langle M_1, M_2 \rangle)$ kann man ebenfalls eine Turingmaschine angeben. Man verändert zuerst $\langle M_2 \rangle$ so, dass M_2 keine Zustände benutzt, die in M_1 vorkommen. Anschließend konstruiert man ein Turingmaschinenprogramm M_3, welches die Unterroutinen M_1' und M_2 hintereinander aufruft. Die Routine M_1' arbeitet wie M_1, nur dass statt eines haltenden Zustands in das Hauptprogramm zurückgesprungen wird. Um $\langle M_3 \rangle$ zu konstruieren, genügen leichte Modifikationen an $\langle M_1 \rangle$ und $\langle M_2 \rangle$ und eine anschließende Kombination der beiden Programmteile. Diese Transformation kann durch eine Turingmaschine vorgenommen werden, und damit ist *seq* berechenbar. ∎

Basierend auf den berechenbaren Funktionen *print* und *seq* werden wir nun die Quine-Turingmaschine Q angeben. Diese Turingmaschine wird eine Funktion berechnen, das heißt, sie besitzt ein Extraband für die Ausgabe. Die Turingmaschine Q besteht aus zwei Programmteilen, welche wir A und B nennen. Diese Teile werden hintereinander ausgeführt; zuerst A, dann B. Sowohl A als auch B sind also Turingmaschinen-Teilprogramme, die wir genauso codieren werden, wie wir das bei den Turingmaschinen gemacht haben. Das Programm der Turingmaschine Q definieren wir dann als $\langle Q \rangle = seq(\langle A, B \rangle)$.

Der A-Teil des Programms wird zwar zuerst ausgeführt, wir werden aber als Erstes das Programm für B erstellen. Wir stellen die Programmteile in der Reihenfolge ihrer Ausführung und nicht ihrer Programmierung vor. Das heißt insbesondere, wenn wir gleich A festlegen, kennen wir bereits $\langle B \rangle$. Im Teil A machen wir nun Folgendes:

Teil A:

1. **Lösche die Eingabe.**
2. **Schreibe $\langle B \rangle$ aufs Band.**
3. **Bewege den Kopf auf den Anfang von $\langle B \rangle$.**

Der Teil A hat einen direkten Bezug zur Funktion *print*. Aus diesem Grund können (und werden) wir für die Codierung von A auch $\langle A \rangle = print(\langle B \rangle)$ wählen.

Nun widmen wir uns dem B-Teil. Für den Teil B können wir nun natürlich nicht beim Erstellen auf den Teil A zurückgreifen, da wir Programmteil B als Erstes erstellen. Zum Zeitpunkt der Ausführung von B kennen wir allerdings $\langle B \rangle$, denn das steht zum Zeitpunkt des Starts von B auf dem Band (von Teil A geschrieben). Wenn wir jedoch $\langle B \rangle$ kennen, dann können wir auch $\langle A \rangle$ berechnen, denn $\langle A \rangle = print(\langle B \rangle)$. Da nun $\langle A \rangle$ und $\langle B \rangle$ bekannt sind, können wir auch die Codierung von Q zurückgeben, indem wir $\langle Q \rangle = seq(\langle A, B \rangle)$ berechnen. Noch einmal zusammengefasst ergibt sich somit für den B-Teil:

Teil B:

1. **Speichere Eingabe als $\langle X \rangle$.**
2. **Berechne $\langle Y \rangle = print(\langle X \rangle)$.**
3. **Berechne $\langle Z \rangle = seq(\langle Y, X \rangle)$ und gib $\langle Z \rangle$ aus.**

Wenn Teil B direkt nach Teil A aufgerufen wird, gilt $\langle X \rangle = \langle B \rangle$ und damit $\langle Y \rangle = \langle A \rangle$. Somit gibt Q das Wort $seq(\langle A, B \rangle)$ aus, welches genau $\langle Q \rangle$ entspricht. Wir fassen unsere Überlegungen in folgendem Lemma zusammen.

Lemma 5.10 Die oben definierte Turingmaschine Q berechnet unabhängig von der Eingabe $\langle Q \rangle$ und ist somit eine Quine-Turingmaschine.

Die Konstruktionsidee für die Quine-Turingmaschine Q kann man mit jeder Programmier-sprache umsetzen, die so mächtig ist wie eine Turingmaschine. In der Regel kann man bei Programmiersprachen aus der Praxis jedoch häufig noch weitere Tricks einsetzen, um kürzere Quines zu bestimmen.

5.9.2 Rekursionssatz

Wir wollen uns nun dem Rekursionssatz widmen. Wir haben ja mit den Quines Programme kennengelernt, die ihren eigenen Quellcode ausgeben können. Die Idee beim Rekursions-satz ist, dass man statt der „Ausgabe" des Quellcodes den Quellcode auch in anderer Form verarbeiten kann. Sehen wir uns zuerst jedoch die Formulierung des Satzes an.

Satz 5.14 (Rekursionssatz) Sei T eine Turingmaschine, welche $t \colon \Sigma^* \times \Sigma^* \to \Sigma^*$ berechnet. Dann existiert eine durch die Turingmaschine R beschriebene berechenbare Funktion $r \colon \Sigma^* \to \Sigma^*$, sodass für alle Eingaben $w \in \Sigma^*$ gilt

$$r(w) = t(\langle R \rangle, w).$$

Beim Rekursionssatz betrachten wir eine zweistellige berechenbare Funktion t. Bislang haben wir nur einstellige Funktionen von Σ^* nach Σ^* als berechenbare Funktionen zugelassen. Es ist allerdings kein Problem, diese Definition auf mehrstellige Funktionen auszuweiten, da wir jedes Paar aus $\Sigma^* \times \Sigma^*$ eineindeutig auf ein Wort aus Σ^* abbilden können. Am einfachsten ist es, ein Paar (u, v) als $u\$v$ zu codieren. In Zukunft nutzen wir deshalb die Konvention, die Komponenten eines Tupels durch ein \$ zu trennen.

Der Rekursionssatz klingt in seiner Formulierung zunächst etwas „sperrig". Deshalb soll an dieser Stelle noch etwas über seine Aussage nachgedacht werden. Ein Programm (wie zum Beispiel ein Turingmaschinenprogramm) kann nicht direkt auf seinen Quellcode zugreifen. Es gibt aber durchaus Szenarien, wo dies gewünscht ist (negatives Beispiel: Computerviren). Man könnte natürlich ein Programm schreiben, das seinen Programm-code als Teil der Eingabe erwartet. Wir nennen diesen Eingabeparameter *self-Parameter*. Wenn das Programm fertig geschrieben ist, kann man dann den Programmcode als *self-Parameter* übergeben. Dies ist die Idee hinter der im Rekursionssatz benutzten Funktion t: Neben der eigentlichen Eingabe erwarten wir den zusätzlichen *self-Parameter*, den wir wie den eigenen Programmcode *interpretieren*. Der Rekursionssatz sagt nun aus, dass man diesen *Trick* gar nicht benötigt. Denn es gibt eine berechenbare Funktion r, die wie t rechnet, wenn man t den Quellcode $\langle R \rangle$ von r als zusätzlichen *self-Parameter* mitübergibt. Beachten Sie, dass $r(w)$ nicht wie $t(\langle T \rangle, w)$ rechnen soll, da wir ja bei der Konstruktion von R den Quellcode von T verändern.

Als Konsequenz aus dem Rekursionssatz können wir annehmen, dass jede Turing-maschine auf ihre eigene Codierung zugreifen kann. Wir werden also in Zukunft davon ausgehen, dass wir jede Turingmaschine so umbauen können, dass sie eine Unterroutine getYourOwnCode hat, die, wenn man sie aufruft, die Codierung der Turingmaschine zurückgibt.

Wir werden nun den Rekursionssatz beweisen. Beim Beweis können wir viele Ideen aus Lemma 5.10 wiederbenutzen und greifen auf die dort eingeführten Begriffe zurück.

Beweis. (*Rekursionssatz*) Sei T die Turingmaschine wie im Rekursionssatz definiert, wobei wir davon ausgehen, dass die beiden Eingabeparameter durch ein $\$$ getrennt werden. Wir konstruieren die Turingmaschine R aus drei Programmfragmenten. Für die Konstruktion nutzen wir zwei Hilfsfunktionen. Die erste dieser Funktionen ist $print(w)$, die schon bei der Quine-Turingmaschine Verwendung fand. Die zweite Funktion heißt $seq3(\langle M_1, M_2, M_3 \rangle)$. Die Funktion $seq3$ kombiniert die drei Turingmaschinen M_1, M_2, und M_3 sequenziell. Wir können zum Beispiel

$$seq3(\langle M_1, M_2, M_3 \rangle) := seq(\langle M_1, seq(\langle M_2, M_3 \rangle) \rangle)$$

setzen. Beide Hilfsfunktionen sind berechenbar. Die ersten zwei Teile von R nennen wir A und B. Der dritte Teil ist durch die Turingmaschine T gegeben. Die Codierung der Maschine R ergibt sich über $\langle R \rangle = seq3(\langle A, B, T \rangle)$. Es folgt nun die Beschreibung von R. Der Teil A besteht hierbei aus Befehl 1, und der Teil B geht von Befehl 2 bis zu Befehl 5.

$R(w)$:
1. Ersetze w durch $w\$\langle B \rangle\$\langle T \rangle$. $\}\ A$
2. Speichere w, $\langle B \rangle$ und $\langle T \rangle$ ab.
3. Berechne $\langle X \rangle = print(w\$\langle B \rangle\$\langle T \rangle)$. $\Big\}\ B$
4. Berechne $\langle Y \rangle = seq3(\langle X, B, T \rangle)$.
5. Ersetze Bandinhalt durch $\langle Y \rangle\$w$.
6. Starte T. $\}\ T$

Den Teil A realisieren wir über $\langle A \rangle = print(w\$\langle B \rangle\$\langle T \rangle)$. Daraus folgt, dass $\langle X \rangle = \langle A \rangle$. Des Weiteren ist auch $\langle Y \rangle = \langle R \rangle$. Das heißt für alle w, dass $R(w)$ wie $T(\langle R \rangle, w)$ rechnet, wie im Rekursionssatz gefordert. ∎

Im Beweis kann man sehr gut erkennen, dass die Quine-Turingmaschine ein Spezialfall des Rekursionssatzes ist. Nutzen wir im Rekursionssatz als $T(\langle R \rangle, w)$ die Turingmaschine, welche $\langle R \rangle$ zurückgibt, erhalten wir eine Quine-Turingmaschine. Im Rekursionssatz geben wir uns also nicht damit zufrieden, den Quellcode zu konstruieren, wir rufen zudem noch eine Funktion mit diesem Quellcode als Eingabeparameter auf.

5.9.3　Anwendungen des Rekursionssatzes

Im Folgenden wollen wir den Rekursionssatz anwenden, um die Unentscheidbarkeit einiger Probleme nachzuweisen.

Eine erste Idee aus dem Rekursionssatz ist ein alternativer Beweis für $A_{TM} \notin \mathbb{E}$. Angenommen, A_{TM} wird durch einen Entscheider H erkannt. Dann können wir folgende Turingmaschine D angeben:

$D(w)$:

1. Ermittle $\langle D \rangle$ über getYourOwnCode.
2. Berechne $H(\langle D, w \rangle)$ und gib das umgekehrte Ergebnis aus.

Da H ein Entscheider ist, ist auch D ein Entscheider. Wir erhalten einen Widerspruch, da H nicht korrekt für D antwortet.

Mit Hilfe des Rekursionssatzes können wir auch folgenden Satz beweisen.

Satz 5.15 Eine Turingmaschine M heißt **minimal**, falls es keine äquivalente Turingmaschine M' gibt mit $|\langle M' \rangle| < |\langle M \rangle|$. Die Sprache

$$MIN_{TM} := \{\langle M \rangle \mid M \text{ ist minimal}\}$$

ist nicht erkennbar.

Beweis. Wir nehmen an, dass MIN_{TM} erkennbar ist. In diesem Fall gibt es einen Aufzähler A für MIN_{TM}. Wir konstruieren nun die Turingmaschine M als folgendes Programm:

$M(w)$:

1. Ermittle $\langle M \rangle$ über getYourOwnCode.
2. Simuliere A so lange, bis eine Turingmaschine D ausgegeben wird mit einer längeren Codierung als M.
3. Simuliere $D(w)$ und gib das Ergebnis aus.

Beachten Sie, dass es in MIN_{TM} beliebig lange Wörter gibt, da es unendlich viele erkennbare Sprachen gibt. Somit liefert 2. auch definitiv eine Maschine D. Wir sehen aber, dass D und M die gleiche Sprache erkennen. Da $|\langle M \rangle| < |\langle D \rangle|$, ist D aber nicht minimal. Wir erhalten somit einen Widerspruch zur Annahme, dass MIN_{TM} erkennbar ist. ∎

Als letzte Anwendung des Rekursionssatzes stellen wir einen Fixpunktsatz vor. Ein **Fixpunkt** einer Funktion f ist ein Wert x, für den $f(x) = x$ gilt. Eine Variante eines Fixpunktsatzes lässt sich auch aus dem Rekursionssatz erzeugen. Wir werden hier die Gleichheit $f(x) = x$ so interpretieren, dass x und $f(x)$ Codierungen von äquivalenten Turingmaschinen sind.

Satz 5.16 Sei $f: \Sigma^* \rightarrow \Sigma^*$ eine berechenbare totale Funktion. Es existiert eine Turingmaschine X, sodass $f(\langle X \rangle)$ die Codierung einer zu X äquivalenten Turingmaschine angibt.

Beweis. Wir definieren als X die folgende Turingmaschine:

$X(w)$:

1. Ermittle $\langle X \rangle$ über getYourOwnCode.
2. Berechne $\langle Y \rangle = f(\langle X \rangle)$.
3. Simuliere $Y(w)$ über die universelle Turingmaschine.

Nach Konstruktion rechnet X genauso wie Y. Ferner ist $\langle Y \rangle = f(\langle X \rangle)$, und die Aussage des Satzes folgt. ∎

5.10 Entscheidbarkeit logischer Theorien

Wie kann man die mathematische Sprache, die wir zum Beweisen von Aussagen benutzen, formalisieren? Diese Frage ist gar nicht so einfach zu beantworten. Teilweise hängt es schließlich vom *Kontext* ab, ob eine Aussage wahr oder falsch ist. Sagen wir zum Beispiel: „Zu jeder Zahl gibt es eine Zahl, die halb so groß ist.", dann ist die Aussage wahr, wenn wir unter einer Zahl eine rationale Zahl verstehen, jedoch falsch, wenn wir unter einer Zahl eine natürliche Zahl verstehen. Deshalb müssen wir an dieser Stelle etwas genauer darauf eingehen, wie wir das mathematisch-logische System, in welchen wir arbeiten wollen, beschreiben können.

Eine Aussage, beziehungsweise ein Satz, ist für uns in erster Linie eine Zeichenkette. Ein Beispiel hierfür wäre das folgende Wort:

$$\forall q \exists p \forall x, y \, [p > q \land ((x > 1 \land y > 1) \Rightarrow x \cdot y \neq p)].$$

Es ist nicht offensichtlich, was diese Aussage eigentlich „besagt", obwohl wir alle Symbole interpretieren können. Nehmen wir an, dass alle Variablen natürliche Zahlen bezeichnen. Dann sagt der hintere Teil der Aussage uns, dass p eine Primzahl sein muss, denn wir können sie nicht als Produkt zweier Zahlen größer als eins schreiben. Es wird also behauptet, dass es für jede Zahl q eine Primzahl gibt, die größer als q ist, oder anders formuliert, es gibt beliebig große Primzahlen. Ein anderes Beispiel ist die Formulierung

$$\forall p \exists x \exists y \exists z \left[z > p \wedge (x, y, z > 0 \Rightarrow x^2 + y^2 = z^2) \right],$$

welche besagt, dass es unendlich viele pythagoreische Tripel gibt.

Von den letzten beiden Aussagen wissen wir, dass sie wahr sind. Wir können aber auch Aussagen formulieren, die falsch sind oder von denen wir bislang noch nicht wissen, ob sie wahr sind. Ein offenes Problem ist zum Beispiel, ob es beliebig große Primzahlzwillinge gibt (dies sind Primzahlen, die sich um 2 unterscheiden, etwa 11 und 13). Diese Aussage können wir so formulieren:

$$\forall q \exists p \forall x, y \left[p > q \wedge ((x > 1 \wedge y > 1) \Rightarrow (x \cdot y \neq p \wedge x \cdot y \neq p + 2)) \right].$$

Nach diesen Beispielen wollen wir nun etwas genauer beschreiben, wie man mathematische Aussagen formulieren und interpretieren kann. Zuerst definieren wir uns das Alphabet, welches wir zur Bildung der Aussagen zulassen. Als Zeichen erlauben wir

- [,], (,), genannt Klammern,
- $\wedge, \vee, \neg$, genannt boolesche Operatoren,
- $\exists, \forall$, genannt Quantoren,
- x, als Bezeichner für Variablen,
- $R_1, R_2, R_3, \ldots R_k$, genannt Relationen.

Als Erstes fällt auf, dass wir für Variablen nur das Zeichen x erlauben. Dies ist allerdings kein großes Problem. Wir werden in Zukunft nur die Variablen $x_1, x_2, x_3, \ldots$ verwenden, wobei wir x_i als eine Folge von i Zeichen x codieren (etwa $x_3 \leftrightarrow xxx$). Als Zweites erkennen wir, dass wir eine Menge von Symbolen R_i für die Beschreibung von Relationen zulassen. Relationen benutzen wir, um Operationen wie Addition, Multiplikation, Potenzierung etc. zu modellieren. Wir nutzen allgemeine Relationen anstatt der etablierten Symbole wie $+$, weil sie uns eine größere Flexibilität bei der formalen Definition von Aussagen geben werden.

Wir werden nun den Begriff der **Formel** (manchmal auch *Term*) definieren. Grob gesagt, ist eine Formel ein syntaktisch korrektes Wort, welches die oben beschriebenen Zeichen benutzt. Die Syntax definieren wir hierbei induktiv. Eine **atomare Formel** hat die Form $R_i(x_{i_1}, x_{i_2}, \ldots, x_{i_k})$. Den Wert k bezeichnen wir als die Stelligkeit von R_i. Für jedes der R_i werden wir eine Stelligkeit vorab festsetzen. Beispiele für atomare Formeln sind $R_1(x_2)$ oder $R_5(x_3, x_1)$. An dieser Stelle haben wir natürlich noch nicht die Bedeutung der Relationen festgelegt.

Formeln, die nicht atomar sind, kann man rekursiv zusammensetzen. Dabei gelten die folgenden Regeln:

1. Jede atomare Formel ist eine Formel.
2. Wenn ϕ_1 und ϕ_2 Formeln sind, dann auch $\phi_1 \wedge \phi_2$, $\phi_1 \vee \phi_2$ und $\neg\phi_1$.
3. Wenn ϕ_1 eine Formel ist, dann auch $\exists x_i\,[\phi_1]$ und $\forall x_i\,[\phi_1]$ für alle Variablen x_i.

Ein Beispiel für eine Formel ist etwa

$$\forall x_2[R_1(x_2)] \vee \exists x_3[R_1(x_3) \vee R_2(x_1, x_2, x_3)]. \tag{5.1}$$

Nach der obigen Definition können Quantoren im Inneren einer Formel auftreten. Man kann jede Formel aber immer so umformen, dass die Quantoren vorne stehen. Wir verzichten an dieser Stelle auf den Beweis. Eine solche Form nennt man **Pränex-Form**. In Zukunft werden wir alle Formeln in Pränex-Form angeben beziehungsweise voraussetzen, dass alle Formeln in Pränex-Form angegeben sind. In der Pränex-Form verzichten wir auch zugunsten der Übersichtlichkeit auf die eckigen Klammern. Gibt es in einer Formel eine Variable, die nicht quantifiziert ist, dann nennen wir diese Variable eine **freie Variable**. Eine Formel ohne freie Variablen nennen wir **Aussage**. Die Formel (5.1) ist keine Aussage, da sie die freie Variable x_1 enthält.

Nachdem wir die Syntax von Formeln festgelegt haben, wollen wir nun deren Bedeutung definieren. Formeln sind entweder `wahr` oder `falsch`. Wir werden gleich sehen, wie wir den Wahrheitsgehalt von atomaren Formeln bestimmen. Die Weiterverarbeitung dieser Wahrheitswerte durch die booleschen Operatoren geschieht dann wie üblich. Gleiches gilt auch für die Verwendung von Quantoren. Da die Bedeutung von booleschen Operatoren und Quantoren intuitiv klar ist, verzichten wir auf eine formale Definition. Für alle atomare Formeln wird der Wahrheitswert über die Relationen festgelegt. Wir assoziieren hierzu die Relation k-stellige R_i mit einer Menge von k-Tupeln P_i. Ist ein k-Tupel aus dieser Menge, setzen wir R_i auf `wahr`, ansonsten auf `falsch`. Ein Beispiel einer 3-stelligen Relation wäre

$$R_1(x_1, x_2, x_3) = \texttt{wahr} \iff (x_1, x_2, x_3) \in P_1 := \{(x_1, x_2, x_3) \mid x_1 + x_2 = x_3\}. \tag{5.2}$$

Mit Hilfe der Relation R_1 können wir nun die Addition von zwei Zahlen und den Test auf Gleichheit modellieren. Nach dem gleichen Schema können wir auch andere Funktionen sowie Konstanten beschreiben. Um den Wert einer Formel zu ermitteln, benötigen wir noch eine zusätzliche Information. Dabei handelt es sich um den Wertebereich der Variablen. Die Menge der Werte, die eine Variable annehmen kann, nennen wir **Universum** $\mathcal{U}$. Wir gehen insbesondere davon aus, dass alle Variablen aus dem gleichen Universum stammen.

Wir sehen, dass die Bedeutung einer Formel davon abhängt, welche Interpretation wir den Relationen R_i geben und wie wir das Universum wählen. Die Bedeutung der Relationen und die Festlegung des Universums geben sozusagen den Kontext für unsere Formel an. Wir bezeichnen die Zuweisung der Bedeutung der Relationen und des Universums als ein **Modell**. Wir geben ein Modell als Folge $(\mathcal{U}, P_1, P_2, \ldots)$ an.

Beispiel 5.4 Wir sehen uns folgende Aussage an:

$$\forall x_1 \exists x_2 \, R_1(x_2, x_2, x_1).$$

Wenn wir als Modell $(\mathbb{N}, P_1)$ nutzen, wobei P_1 wie in (5.2) definiert ist, dann ist diese Aussage falsch, denn für ungerade Zahlen x_1 gibt es keine natürliche Zahl x_2 mit $x_2 + x_2 = x_1$. Betrachten wir hingegen das Modell $(\mathbb{R}, P_1)$ mit P_1 wiederum wie in (5.2) definiert, dann ist die Aussage wahr, denn für jedes x_1 gibt es mit $x_2 = x_1/2$ eine reelle Zahl mit $x_2 + x_2 = x_1$.

Test 5.12 Geben Sie zu folgender Aussage ein Modell an, welches diese Aussage wahr macht, und ein Modell, welches diese Aussage falsch macht:

$$\exists x_1 \forall x_2 \, R_1(x_2, x_1) \lor R_2(x_1, x_2).$$

In Zukunft nutzen wir in der Regel Standardrelationen. Um die Lesbarkeit von Formeln zu erhöhen, weichen wir leicht von unserer bisherigen Konvention ab. Konkret heißt dies, dass wir für Addition, Multiplikation und Kleiner-Gleich die Relationen R_+, R_* und $R_\leq$ verwenden. Die Bedeutung dieser Relationen ist wie folgt definiert:

$$P_+ := \{(x_1, x_2, x_3) \mid x_1 + x_2 = x_3\}$$

$$P_* := \{(x_1, x_2, x_3) \mid x_1 \cdot x_2 = x_3\}$$

$$P_\leq := \{(x_1, x_2) \mid x_1 \leq x_2\}$$

Nachdem wir nun wissen, was Aussagen und Modelle sind, können wir den Begriff der Theorie eines Modells definieren.

Definition 5.6 (Theorie) Mit der *Theorie* eines Modells $\mathcal{M}$ bezeichnen wir die Menge der wahren Aussagen in $\mathcal{M}$. Die Theorie ist also eine Sprache, welche wir als $\mathrm{Th}(\mathcal{M})$ notieren.

5.10.1 Eine entscheidbare Theorie

Ob eine Theorie entscheidbar oder unentscheidbar ist, hängt von dem verwendeten Modell ab. Wir stellen zuerst eine entscheidbare Theorie vor. Als Modell betrachten wir $\mathcal{M}_+ :=$ $(\mathbb{N} \cup \{0\}, P_+)$. Das heißt, die Theorie dieses Modells enthält alle wahren Aussagen über die natürlichen Zahlen inklusive der Null bezüglich der Addition. Um einen Algorithmus für $\mathrm{Th}(\mathcal{M}_+)$ zu bestimmen, nutzen wir unsere Kenntnisse über die endlichen Automaten.

Wir stellen zuerst die Idee des Algorithmus vor und werden anschließend die Konstruktion detailliert beschreiben. Sei ϕ die Aussage, für die wir prüfen wollen, ob sie in $\mathrm{Th}(\mathcal{M}_+)$ enthalten ist. Die Aussage hat dabei folgende Form

$$\phi = Q_1 x_1 \, Q_2 x_2 \, Q_3 x_3 \ldots Q_k x_k \, \psi.$$

Die Variable $Q_i \in \{\exists, \forall\}$ steht für den i-ten Quantor und ψ ist eine Formel ohne Quantoren. Wir werden aus ϕ durch Abspalten von Quantoren neue Formeln bilden. Wir setzen hierbei

$$\phi_i = Q_{i+1} x_{i+1} \ldots Q_k x_k \, \psi.$$

Somit ist also $\phi_0 = \phi$ und $\phi_k = \psi$.

Für jedes ϕ_i geben wir einen DEA A_i an. Dieser soll als Sprache genau die Wörter akzeptieren, die eine Belegung der freien Variablen von ϕ_i codieren, welche ϕ_i wahr machen. Für jede Formel ϕ_i müssen wir also eine geeignete Codierung ihrer freien Variablen $x_1, \ldots, x_i$ finden. Jedes x_i steht für eine natürliche Zahl. Natürliche Zahlen werden wir in Binärdarstellung speichern. Wir werden aber eine Darstellung wählen, in welcher das niederwertigste Bit ganz links steht und die restlichen Bits von links nach rechts folgen. Die Zahl 13 würde also die Codierung `1011` erhalten. Nun müssen wir nicht nur *eine* Variable codieren, sondern alle i freien Variablen. Eine Möglichkeit wäre es, die Variablen sequenziell durch ein Sonderzeichen getrennt anzugeben. Diese Strategie ist aber nicht sehr hilfreich, da wir die Variablen mit einem DEA prüfen. Bei einem DEA können wir nur endlich viel Information über das bereits gelesene Wort „abspeichern". Dies würde bei einer sequenziellen Codierung zu Problemen führen. Aus diesem Grund codieren wir alle Variablen „parallel". Wir nutzen dazu als Alphabet $\Sigma_i = \{0, 1\}^i$. Für eine bessere Lesbarkeit schreiben wir die Zeichen aus Σ_i ausnahmsweise vertikal. Das heißt zum Beispiel

$$\Sigma_3 = \left\{ \begin{smallmatrix} 0 \\ 0 \\ 0 \end{smallmatrix}, \begin{smallmatrix} 0 \\ 0 \\ 1 \end{smallmatrix}, \begin{smallmatrix} 0 \\ 1 \\ 0 \end{smallmatrix}, \begin{smallmatrix} 0 \\ 1 \\ 1 \end{smallmatrix}, \begin{smallmatrix} 1 \\ 0 \\ 0 \end{smallmatrix}, \begin{smallmatrix} 1 \\ 0 \\ 1 \end{smallmatrix}, \begin{smallmatrix} 1 \\ 1 \\ 0 \end{smallmatrix}, \begin{smallmatrix} 1 \\ 1 \\ 1 \end{smallmatrix} \right\}.$$

Für ein Wort $w \in \Sigma_i^*$ codieren die ersten Komponenten der Zeichen die Variable x_1, die zweiten Komponenten x_2 und so weiter. Streng genommen würden wir statt eines Zeichens $w \in \{0, 1\}^i$ ein Zeichen a_w nutzen, da keine Wörter als Zeichen von Alphabeten erlaubt sind. Aus Gründen der Übersichtlichkeit, und da keine Gefahr der Verwechslung besteht, arbeiten wir jedoch direkt mit der Menge $\{0, 1\}^i$ als Alphabet.

Beispiel 5.5 Wir wollen mit der oben beschriebenen Codierung die Variablen $x_1 = 5$, $x_2 = 11$ und $x_3 = 4$ speichern. Nach unserer Konvention wird x_1 als 101, x_2 als 1101 und x_3 als 001 codiert. Somit erhalten wir als Codierung für die Variablenbelegung

$$\langle x_1 = 5, x_2 = 11, x_3 = 4 \rangle = \begin{smallmatrix} 1 & 0 & 1 & 0 \\ 1 & 1 & 0 & 1 \\ 0 & 0 & 1 & 0 \end{smallmatrix}.$$

Beachten Sie, dass wir die Codierung von x_1 und x_3 durch „führende" Nullen ergänzt haben.

Test 5.13 Zeigen Sie, dass die Sprache

$$\{\text{bin}(a)\#\text{bin}(b)\#\text{bin}(a+b) \mid a, b \geq 0\}$$

nicht von einem endlichen Automaten erkannt werden kann.

Nachdem wir nun eine Codierung festgelegt haben, müssen wir nun eine Möglichkeit finden, die Automaten A_i zu definieren. Wir werden dabei zuerst den DEA A_k angeben, dann den DEA A_{k-1} und so weiter, bis wir einen DEA für A_1 erhalten. Fangen wir jedoch zuerst mit dem DEA A_k an. Als Grundbaustein müssen wir uns Automaten für die atomaren Formeln überlegen. Wir wollen dafür als Erstes einen NEA N_+ für die Formel $R_+(x_1, x_2, x_3)$ konstruieren. Dieser NEA soll genau die Wörter akzeptieren, für die $x_1 + x_2 = x_3$. Da wir die Variablenwerte parallel codiert haben, können wir an dieser Stelle die schriftliche Addition von $x_1 + x_2$ ausführen und dabei das Ergebnis bitweise mit x_3 vergleichen. Bei der schriftlichen Addition muss man sich nur merken, ob ein Übertrag vorliegt oder nicht. Deshalb benötigen wir nur zwei Zustände: Der Zustand q_0 steht für keinen Übertrag, und der Zustand q_1 steht für einen Übertrag. Als Ergebnis erhalten wir den NEA N_+, wie in Abb. 5.16 zu sehen. Wir erkennen, dass alle „fehlerhaften" Bittupel nicht akzeptiert werden, weil sie keinen Folgezustand festlegen.

Unsere Annahmen bei der Konstruktion von N_+ waren etwas vereinfachend. Es kann zum Beispiel mehr als die drei freien Variablen geben. In diesem Fall muss man jeden Übergang von N_+ ermöglichen, egal, wie die unbeteiligten Variablen belegt sind. Ein Beispiel hierfür ist in Abb. 5.17 zu sehen. Für die Addition von anderen Variablen muss man die Einträge in den Übergängen entsprechend umtauschen. Auch hierfür liefert Abb. 5.17 ein Beispiel.

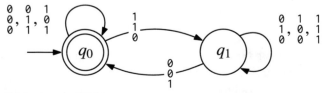

Abb. 5.16 Der NEA N_+ zum Prüfen von $x_1 + x_2 = x_3$

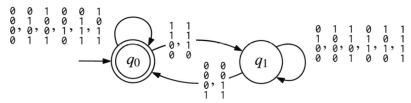

Abb. 5.17 NEA für $x_1 + x_2 = x_4$. Man erkennt, dass die Belegung von x_3 keinen Einfluss auf die Übergänge hat

Abb. 5.18 Umwandlung von A_{i+1} (links) zu B_i (rechts) durch Streichen der Bits für x_{i+1}

Der DEA für A_k besteht nicht notwendigerweise nur aus einer atomaren Formel. Er kann viele atomare Formeln mit booleschen Operatoren verknüpfen. Angenommen, es sei $\psi = R_+(x_1, x_2, x_3) \wedge R_+(x_4, x_4, x_3)$. Dann können wir für die atomaren Formeln jeweils einen NEA erstellen. Sagen wir N_1 für $R_+(x_1, x_2, x_3)$ und N_2 für $R_+(x_4, x_4, x_3)$. Wir wollen nun aber nur die Variablenbelegungen akzeptieren, die beide atomare Formeln erfüllen. Das heißt, wir suchen einen Automaten, welcher $L(N_1) \cap L(N_2)$ akzeptiert. Wie man einen solchen NEA findet, haben wir in Kap. 2 bereits ausführlich erläutert, als wir die Abschlusseigenschaften von regulären Sprachen diskutiert hatten. Der konstruktive Abschluss der regulären Sprachen unter Schnitt wurde im Test 2.3 nachgewiesen. Für das logische Oder und das logische Nicht kann man den Abschluss unter Vereinigung beziehungsweise Komplement nutzen (siehe Satz 2.3 und Test 2.3). Auf diese Weise können wir nach und nach einen NEA für ψ konstruieren, indem wir uns an der induktiven Definition der Formel ψ orientieren. Im letzten Schritt wandeln wir diesen NEA in einen DEA um. Diesen DEA benutzen wir als A_k.

Als Nächstes werden wir erklären, wie man A_i anhand von A_{i+1} bestimmt.

1. Fall: Wir nehmen an, dass A_i mit einem Existenzquantor beginnt. Das heißt, $\phi_i = \exists x_{i+1} \phi_{i+1}$. Die Automaten A_i und A_{i+1} arbeiten über unterschiedliche Alphabete. Für A_{i+1} nutzen wir Σ_{i+1}. In diesem Alphabet wird die Belegung der Variablen x_{i+1} mitcodiert. Diese Variable fehlt jedoch in Σ_i, da sie keine freie Variable mehr für ϕ_i ist. Bevor wir A_i erzeugen, konstruieren wir einen NEA B_i. Die Grundlage von B_i bildet A_{i+1}. Wir übernehmen Zustände, Startzustand, akzeptierende Zustände und Übergänge. Bei den Übergängen streichen wir jedoch den Eintrag von x_{i+1} für alle Zeichen (siehe dazu Abb. 5.18). Beachten Sie, dass der resultierende Automat ein NEA werden kann. Wir behaupten:

$$\text{Variablenbelegung } X = (x_1, \ldots, x_i) \text{ macht } \phi_i \text{ wahr} \iff \langle X \rangle \in L(B_i).$$

Wir beweisen nun diese Aussage. Angenommen, wir haben eine Variablenbelegung $X = (x_1, \ldots, x_i)$, die ϕ_i wahr macht. Dann gibt es auch eine Belegung $X' = (x_1, \ldots, x_i, x_{i+1})$, welche ϕ_{i+1} wahr macht. Das heißt, es gibt für $\langle X' \rangle$ einen akzeptierenden Lauf in A_{i+1}. Dies impliziert jedoch auch einen akzeptierenden Lauf in B_i für $\langle X \rangle$ (gleiche Zustandsfolge), und somit ist $\langle X \rangle \in L(B_i)$. Für die Rückrichtung der Behauptung nehmen wir an, dass $\langle X \rangle \in L(B_i)$. Nach Konstruktion korrespondiert der akzeptierende Lauf von $\langle X \rangle$ in B_i mit einem akzeptierenden Lauf in A_{i+1} (gleiche Zustandsfolge). Die abgeleitete Belegung stimmt auf $X = (x_1, \ldots, x_i)$ überein. Der Lauf in A_{i+1} liefert zusätzlich noch die Variablenbelegung für x_{i+1}. Damit gibt es also eine Variable x_{i+1}, welche die Belegung X in ϕ_{i+1} wahr macht, und damit ist X eine Belegung, die ϕ_i wahr macht.

Wir schließen die Konstruktion ab, indem wir A_i als Potenzautomaten von B_i erzeugen.

2. Fall: Wir nehmen an, dass A_i mit einem Allquantor beginnt. Das heißt, $\phi_i = \forall x_{i+1} \phi_{i+1}$. Diesen Fall können wir auf den ersten Fall reduzieren. Dazu ermitteln wir zuerst einen DEA A_i', welcher die wahr machenden Belegungen von $\neg \phi_i = \exists x_{i+1} \neg \phi_{i+1}$ akzeptiert. Wir nutzen an dieser Stelle den Automaten, der das Komplement zu $L(A_{i+1})$ akzeptiert. Dieser akzeptiert alle Belegungen, die $\neg \phi_{i+1}$ wahr machen. Nach dem Verfahren aus Fall 1 können wir nun den DEA A_i' für $\neg \phi_i = \exists x_{i+1} \neg \phi_{i+1}$ erzeugen. Der DEA A_i ergibt sich nun wieder aus dem komplementären Automaten zu A_i'.

Mit der vorgestellten Methode konstruieren wir nach und nach alle Automaten A_i, bis wir den Automaten zu A_1 erhalten. Von hier aus können wir nun direkt argumentieren. Ein wenig Sorgfalt müssen wir bezüglich des leeren Wortes üben, weil dieses keine korrekte Variablenbelegung codiert. Wenn der Quantor Q_1 ein Existenzquantor ist, prüfen wir, ob $L(A_1)$ mindestens ein Wort ungleich ε enthält. Das ist genau dann der Fall, wenn es einen mit mindestens einem Übergang erreichbaren akzeptierenden Zustand im Zustandsdiagramm gibt. Das kann leicht durch eine Suche im Zustandsdiagramm geprüft werden. Bei erfolgreicher Suche akzeptieren wir ϕ, ansonsten verwerfen wir. Handelt es sich bei Q_1 um einen Allquantor, müssen wir prüfen, ob $L(A_1) = \Sigma_1^+$ oder $L(A_1) = \Sigma_1^*$. Auch dies kann man wiederum leicht mit einer Suche prüfen. Diesmal müssen wir testen, ob alle Zustände, die man mit mindestens einem Übergang erreichen kann, akzeptierend sind. Wenn wir dies nachweisen können, akzeptieren wir ϕ, ansonsten verwerfen wir.

Wir haben einen Algorithmus gefunden, der überprüfen kann, ob eine Aussage in $\mathcal{M}_+$ wahr ist. Beachten Sie, dass der Algorithmus nicht von einem endlichen Automaten ausgeführt wird. Er benutzt vielmehr endliche Automaten als Datenstrukturen, die ihm helfen, eine unendliche Menge durch eine endliche Struktur zu beschreiben. Wir fassen die bisherigen Erkenntnisse im folgenden Satz zusammen.

Satz 5.17 Die Theorie der natürlichen Zahlen (inkl. Null) mit der Addition ist entscheidbar.

Mit Satz 5.17 haben wir gezeigt, dass es einen Algorithmus gibt, der jegliche Aussage der Zahlentheorie auf Wahrheit überprüfen kann, solange keine Multiplikation benutzt wird.

Beispiel 5.6 Zum besseren Verständnis sehen wir uns den Algorithmus zu Theorem 5.17 am Beispiel an. Wir wollen prüfen, ob die Aussage

$$\phi = \forall x_1 \exists x_2 \neg R_+(x_2, x_2, x_1)$$

in $\mathcal{M}_+$ wahr ist. Dazu erzeugen wir zuerst den DEA A_2 für $\psi = \neg R_+(x_2, x_2, x_1)$. Wir beginnen mit dem DEA für $R_+(x_2, x_2, x_1)$. Dieser Automat folgt demselben Prinzip wie der NEA N_+ in Abb. 5.16, hier jedoch als DEA modelliert.

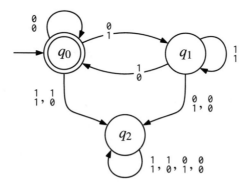

Von diesem Automaten tauschen wir die akzeptierenden und verwerfenden Zustände. Das Ergebnis ist der DEA A_2 für ψ. Als Nächstes müssen wir den DEA A_1 für $\phi_1 = \exists x_2 \psi$ erzeugen. Da $Q_2 = \exists$, sind wir im 1. Fall der Konstruktion. Wir streichen also lediglich die Einträge von x_2 und erhalten als NEA B'_1:

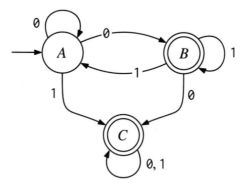

Nun bilden wir den Potenzautomaten zu B_1 und erhalten den folgenden DEA A_1:

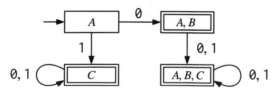

Wir sehen, dass der erste Quantor ein Allquantor ist. Das heißt, wir müssen prüfen, ob alle Pfade der Länge größer null in einem akzeptierenden Zustand enden. Man kann leicht erkennen, dass dem so ist. Folglich ist ϕ eine wahre Aussage in $\mathcal{M}_+$.

5.10.2 Eine unentscheidbare Theorie

Wir werden nun diskutieren, dass die Theorie zum Modell $\mathcal{M}_{+*} = (\mathbb{N} \cup \{0\}, P_+, P_*)$ nicht entscheidbar ist. Diese Aussage werden wir nicht vollständig beweisen, da wir auf einige technische Details verzichten. Trotzdem ist es möglich, die wesentlichen Punkte der Beweisidee verständlich darzustellen.

Wir haben bereits gesehen, wie man Berechnungspfade von Turingmaschinen als Wörter codieren kann. Wie in Lemma 5.7 gezeigt wurde, kann man sogar mit einem LBA testen, ob ein Wort eine Codierung eines akzeptierenden Berechnungspfades ist. Statt durch ein Wort kann man einen Berechnungspfad auch durch eine natürliche Zahl codieren. Eine Darstellung einer Zahl ist ja nichts anderes als ein Wort. Wir gehen an dieser Stelle nicht darauf ein, wie diese Codierung genau aussieht.[2] Sei M eine feste Turingmaschine. Wir behaupten nun, dass wir eine Formel im Modell $\mathcal{M}_{+*}$ aufstellen können, welche eine einzige freie Variable $x \in \mathbb{N}$ hat und die genau dann wahr ist, wenn x ein akzeptierender Berechnungspfad von $M(w)$ ist. Diese Formel bezeichnen wir mit $\phi_{M,w}$. Wir können eine Turingmaschine konstruieren, die bei Eingabe $\langle M, w \rangle$ die Formel $\phi_{M,w}$ erstellt. Dies ist der Teil der Konstruktion, den wir nicht beweisen werden, der aber (hoffentlich) dennoch plausibel erscheint.

Satz 5.18 Die Theorie der natürlichen Zahlen (inkl. Null) mit der Addition und Multiplikation ist nicht entscheidbar.

Beweis. Wir beweisen die Aussage, indem wir $A_{\mathrm{TM}} \leq_m \mathrm{Th}(\mathcal{M}_{+*})$ zeigen. Bei Eingabe $\langle M, w \rangle$ gibt die Reduktion die Codierung der Formel $\exists x\, \phi_{M,w}$. Nach unseren Annahmen ist diese Abbildung berechenbar. Es gilt nun

$$\langle M, w \rangle \in A_{\mathrm{TM}} \iff M \text{ akzeptiert } w$$

$$\iff \exists x \in \mathbb{N}\colon x \text{ codiert akzeptierenden Berechnungspfad für } M(w)$$

$$\iff \exists x\, \phi_{M,w} \text{ ist wahre Aussage}$$

$$\iff \langle \exists x\, \phi_{M,w} \rangle \in \mathrm{Th}(\mathcal{M}_{+*}). \qquad \blacksquare$$

---

[2] Wer dennoch an einer sehr geschickten und effizienten Codierung Interesse hat, kann diese im Buch von Kozen [1, S. 290] nachlesen.

5.11 Gödels Unvollständigkeitssätze

Wir wollen uns nun den gödelschen Unvollständigkeitssätzen widmen. Wie schon im vorigen Abschnitt werden wir uns mit einer Skizze begnügen. Beim Unvollständigkeitssatz interessieren wir uns für formalisierte Beweise von Aussagen. Wir wissen ja bereits, dass $\mathcal{M}_{+*}$ nicht entscheidbar ist. Trotzdem könnten wir ja darauf hoffen, dass es für jede wahre Aussage einen Beweis gibt, sodass wir wenigstens verifizieren können, ob eine Aussage wahr ist.

Als Erstes wollen wir diskutieren, was man unter einem Beweis eigentlich versteht und wie man diesen formal strukturieren kann. Es gibt hierbei verschiedene formale Systeme, einen Beweis logisch zu beschreiben. Diese Systeme bestehen aus einer Menge von Axiomen (festgelegten wahren Aussagen) und einer Menge von Schlussregeln. Man nennt solche Systeme *Axiomensysteme*. Ein Beweis π für eine Aussage ϕ besteht aus einer Sequenz von Aussagen $S_0, S_1, S_2, \ldots S_k = \phi$, wobei S_0 eine Kombination von axiomatisch wahren Aussagen ist und S_i durch eine Schlussregel aus S_{i-1} hervorgeht. Beweise können natürlich als Wörter codiert werden. Eine Aussage, für die es einen Beweis gibt, nennen wir **beweisbar**.

Wir gehen nicht weiter auf die Struktur solcher Systeme ein. Stattdessen nehmen wir an, dass ein Axiomensystem festgelegt wurde, sodass folgende Bedingungen erfüllt sind.

1. Es ist entscheidbar, ob ein Beweis für eine Aussage korrekt ist. Das heißt, die Sprache $\{\langle \phi, \pi \rangle \mid \pi \text{ ist Beweis für } \phi\}$ ist entscheidbar.
2. Es ist nicht möglich, eine falsche Aussage zu beweisen.

Diese Bedingungen wirken sehr natürlich, und zweifelsohne sollte jedes nützliche Axiomensystem sie erfüllen. Erfüllt ein Axiomensystem die zweite Aussage, nennen wir es **korrekt**. Die Korrektheit gilt natürlich immer relativ zu einem konkreten Modell. Bei uns wird dies stets $\mathcal{M}_{+*}$ sein. Wir können nun schon unseren ersten Satz beweisen.

Satz 5.19 Die Menge der beweisbaren Aussagen in einem Axiomensystem, das unseren Anforderungen genügt, ist aufzählbar.

Beweis. Wir geben eine Turingmaschine B an, welche alle Wörter $\langle \phi \rangle$ akzeptiert, für die es einen Beweis gibt. Wir nehmen an, dass wir Beweise über Wörter aus $\{0, 1\}$ codieren. Die Turingmaschine B zählt in einem Unterprogramm alle Wörter aus $\{0, 1\}^*$ auf. Für jedes Wort wird zuerst geprüft, ob es syntaktisch einen Beweis codiert und falls ja, ob dies ein Beweis für ϕ ist. Wir können dies aufgrund der Eigenschaft 1. unseres Axiomensystems prüfen. Bei Erfolg akzeptieren wir.

Wenn ϕ beweisbar ist, dann wird ein Beweis auch irgendwann gefunden und wir akzeptieren. Falls ϕ nicht beweisbar ist, wird das Programm nicht stoppen. Damit erkennt die Turingmaschine die beweisbaren Aussagen. ∎

Als Konsequenz aus dem letzten Satz können wir eine Version des ersten Unvollständig-keitssatzes beweisen.

Satz 5.20 Es gibt in jedem korrekten Axiomensystem bezüglich $\mathcal{M}_{+*}$ wahre Aussagen, die nicht in diesem System beweisbar sind.

Beweis. Wir führen einen Widerspruchsbeweis. Dazu nehmen wir an, dass wir mit dem Axiomensystem jede wahre Aussage aus $\mathcal{M}_{+*}$ beweisen können. Wir konstruieren nun eine Turingmaschine, welche als Unterprogramm die Turingmaschine B aus dem Beweis von Satz 5.19 nutzt. Bei Eingabe $\langle \phi \rangle$ simulieren wir $B(\langle \phi \rangle)$ und $B(\langle \neg \phi \rangle)$ jeweils abwechselnd schrittweise. Eine dieser Maschinen muss stoppen, da entweder ϕ oder $\neg \phi$ wahr und damit nach Annahme beweisbar ist. Stoppt $B(\langle \phi \rangle)$, akzeptieren wir, stoppt $B(\langle \neg \phi \rangle)$, verwerfen wir. Die so erzeugte Turingmaschine entscheidet somit $\mathrm{Th}(\mathcal{M}_{+*})$. Da diese Sprache aber nach Satz 5.18 unentscheidbar ist, kann es eine solche Turingmaschine nicht geben, und somit ist unsere Annahme falsch. ∎

Der letzte Satz hat weitreichende Konsequenzen für die Mathematik. Er besagt, dass es für alle korrekten Axiomensysteme, die mächtig genug sind, um die natürlichen Zahlen mit Addition und Multiplikation zu formalisieren, wahre Aussagen ϕ gibt, die sich nicht in diesem System beweisen lassen. Es gibt demnach Formeln ϕ, sodass weder ϕ noch $\neg \phi$ beweisbar ist. Man sagt in diesem Fall, dass das Axiomensystem **unvollständig** ist. Anfang des 20. Jahrhunderts hat man große Anstrengungen unternommen, der Mathematik ein formales Gerüst von Regeln und Axiomen zu geben, aus denen sich alle mathematischen Sätze ableiten lassen. Mit dem Nachweis der Unvollständigkeit eines jeden solchen Systems hat Kurt Gödel gezeigt, dass ein solcher Ansatz nicht funktionieren kann.

Wir wollen nun sogar einen Schritt weitergehen und uns eine Aussage konstruieren, für die es keinen Beweis gibt. Dazu betrachten wir die folgende Turingmaschine S:

$S(w)$:

1. Bestimme $\langle S \rangle$ mittels getYourOwnCode.
2. Konstruiere die Formel $\psi = \neg \exists x \; \phi_{S,\varepsilon}$.
3. Führe den Algorithmus B aus dem Beweis des Satzes 5.19 mit dem Argument ψ aus.
4. Akzeptiere, wenn B akzeptiert, ansonsten verwerfe.

Anweisung 1. von S können wir nach dem Rekursionssatz ausführen. Die Formel $\phi_{S,\varepsilon}$ bezieht sich auf die im Abschn. 5.10.2 definierte Formel.

Satz 5.21 Die in dem Programm der Turingmaschine S definierte Formel ψ ist mit einem Axiomensystem, welches unseren Anforderungen genügt, nicht beweisbar, aber dennoch eine wahre Aussage.

Beweis. Die Idee hinter der Konstruktion ist im Wesentlichen, dass wir eine Aussage „Diese Aussage ist nicht beweisbar." beweisen wollen. Nach der Definition der Formel $\phi_{S,\varepsilon}$ gilt

$$\psi = \neg\exists x \, \phi_{S,\varepsilon} \text{ ist wahre Aussage} \iff S(\varepsilon) \text{ akzeptiert nicht.} \tag{5.3}$$

Nehmen wir an, dass B einen Beweis zu ψ findet. In diesem Fall wird jede Eingabe von S akzeptiert. Also wird auch ε akzeptiert, was einen Widerspruch ergibt. Somit ist ψ nicht beweisbar.

Wir wissen also, dass B keinen Beweis finden wird. Demnach wird S keine Eingabe akzeptieren, und somit wird auch ε von S nicht akzeptiert. Nach (5.3) ist damit ψ eine wahre Aussage. ∎

Der letzte Satz mag auf den ersten Blick widersprüchlich sein. Wir behaupten dort, dass eine konkrete wahre Aussage nicht beweisbar ist. Wir erbringen jedoch im Anschluss den Nachweis, dass diese Aussage wahr ist. Haben wir damit nicht doch einen Beweis für ψ gefunden?

Dieser scheinbare Widerspruch lässt sich zum Glück aufklären. Wir arbeiten mit zwei unterschiedlichen Axiomensystemen. Das erste Axiomensystem $\mathcal{A}_1$ ist das Objekt, über welches wir etwas im Satz 5.21 beweisen wollen. Es stellt also eine axiomatisierte Version von $\mathcal{M}_{+*}$ dar. Den Beweis des Satzes selbst führen wir allerdings nicht im gleichen Axiomensystem, sondern in einem System $\mathcal{A}_2$, welches wir implizit schon im ganzen Buch zum Beweisen benutzen. Zur besseren Unterscheidung nennen wir das System $\mathcal{A}_2$ das *Metasystem* und $\mathcal{A}_1$ das *Ausgangssystem*. Das Metasystem, welches quasi als Standard zum Beweisen von mathematischen Sätzen herangezogen wird, ist die axiomatische Mengenlehre nach Zermelo–Fraenkel mit dem Auswahlaxiom (ZFC). Die überwiegende Mehrheit aller bekannten mathematischen Sätze lässt sich in ZFC beweisen. Genaue Kenntnisse über ZFC benötigen wir an dieser Stelle nicht. Wir können also ψ sehr wohl im Metasystem $\mathcal{A}_2$ beweisen, obwohl ψ in $\mathcal{A}_1$ nicht beweisbar ist.

Gödel hat noch einen weiteren Unvollständigkeitssatz bewiesen (den zweiten). Dieser setzt bei der Problematik des Satzes 5.21 an. Wir nennen ein Axiomensystem *konsistent*, wenn es keine Aussage ϕ gibt, für die sowohl ϕ als auch $\neg\phi$ beweisbar wären. Der zweite Unvollständigkeitssatz besagt nun Folgendes.

Satz 5.22 Sei $\mathcal{A}$ ein konsistentes Axiomensystem, mit welchem man die Addition und die Multiplikation der natürlichen Zahlen formalisieren kann und welches mächtig genug ist, dass man den Beweis von Satz 5.21 in diesem System ausführen kann, dann kann man die Konsistenz von $\mathcal{A}$ nicht in $\mathcal{A}$ beweisen.

Auf den Beweis werden wir aber nicht eingehen.

5.12   Bibliografische Anmerkungen

Das Prinzip der Abzählbarkeit von Mengen wurde von Cantor eingefügt. In diesem Zusammenhang zeigte er bereits, dass die Menge der reellen Zahlen überabzählbar ist [2]; allerdings ohne das Prinzip der Diagonalisierung. Cantor bewies außerdem darauf aufbauend, dass die rationalen Zahlen abzählbar sind und führte die Methode der Diagonalisierung ein [3, 4]. Die Nichtentscheidbarkeit von A_{TM} wurde von Turing bewiesen [5]. Myhill definierte den LBA [6]. Die Chomsky-Hierarchie geht auf den Linguist Noam Chomsky zurück [7]. (Many-one-)Reduktionen wurden in der Arbeit von Post [8] vorgestellt. Der Satz von Rice stammt von H. G. Rice [9, 10].

Ideen zur Validierung von Berechnungen finden sich bei Kleene [11, 12]. Das postsche Korrepondenzproblem wurde von Emil Post eingeführt; inklusive dem Beweis seiner Unentscheidbarkeit [13]. Der Rekurssionssatz geht ebenfalls wieder auf Kleene zurück [14]. Der Name „Quine" wurde von Douglas Hofstadter in seinem populärwissenschaftlichen Buch „Gödel, Escher, Bach" eingeführt [15] und bezieht sich auf den Philosophen Willard Van Orman Quine. Die Theorie der natürlichen Zahlen mit der Null und der Addition ist auch unter dem Namen Presburger-Arithmetik bekannt. Die Entscheidbarkeit dieser Theorie wurde von Presburger gezeigt [16]. Die Nichtentscheidbarkeit der Theorie der natürlichen Zahlen mit Addition und Multiplikation wurde von Church erkannt [17]. Die gödelschen Sätze stammen aus einer Arbeit von Kurt Gödel aus dem Jahr 1931 [18].

5.13   Lösungsvorschläge der Selbsttestaufgaben zum Kapitel 5

Lösungsvorschlag zum Selbsttest 5.1

Wir erbringen den geforderten Nachweis durch die Angabe einer Bijektion f_3 von Z_1 nach Z_2. Hierbei sei

$$f_3(i) := i\text{-te Primzahl}.$$

Da es unendlich viele Primzahlen gibt, ist die Funktion f_3 auf allen Werten definiert. Offensichtlich ist f_3 injektiv, da für $i \neq j$ die i-te und die j-te Primzahl verschieden sind. Auch die Surjektivität von f_3 liegt auf der Hand, da es natürlich für jede Primzahl p einen Wert i_p gibt mit $f_3(i_p) = p$. In diesem Fall ist i_p einfach die Nummer in der geordneten Folge der Primzahlen von p. Es folgt, dass f_3 eine Bijektion ist.

Lösungsvorschlag zur Aufgabe 5.2

Alle endlichen Teilmengen $Y \subseteq X$ sind nach Definition abzählbar. Wir müssen also nur noch zeigen, dass auch alle unendlichen Teilmengen $Y \subseteq X$ abzählbar sind. Wenn X abzählbar ist, gibt es eine Nummerierung der Menge X. Wir nennen die durch diese Nummerierung beschriebene Folge F. Aus F entfernen wir nun alle Einträge aus $X \setminus Y$.

Die so konstruierte Folge nennen wir F'. Jetzt definieren wir:

$$g(i) := \text{Position von } i \text{ in } F'.$$

Offensichtlich ist g eine Bijektion zwischen Y und $\mathbb{N}$.

Lösungsvorschlag zur Aufgabe 5.3

Wir betrachten das Tupel (i, j) und überlegen uns, welche Nummer es in der Paarungs-funktion zugeordnet bekommt. Dieses Tupel liegt auf der $(i + j)$-ten Gegendiagonalen. Das bedeutet, dass alle Einträge von der zweiten bis $(i + j - 1)$-ten Gegendiagonale eine kleinere Nummer haben. Genauer gesagt, die ersten $\sum_{l=2}^{i+j-1}(l - 1)$ Nummern wurden bereits vergeben (die k-te Gegendiagonale enthält ja $k - 1$ Einträge). Diesen Ausdruck können wir wie folgt vereinfachen:

$$\sum_{l=2}^{i+j-1}(l - 1) = \sum_{l=1}^{i+j-2} l = \frac{(i + j - 1)(i + j - 2)}{2}.$$

Da das Tupel (i, j) der i-te Eintrag in der $(i + j)$-ten Gegendiagonalen ist, erhalten wir für die Paarungsfunktion $p: \mathbb{N} \times \mathbb{N} \to \mathbb{N}$ als geschlossene Darstellung

$$p(i, j) := \frac{(i + j - 2)(i + j - 1)}{2} + i.$$

Lösungsvorschlag zum Selbsttest 5.4

Wir zeigen zuerst, dass $\mathsf{DSPACE}(n) \subseteq \mathbb{E}$. Sei M ein LBA. Einen Entscheider für $L(M)$ können wir wie folgt konstruieren. Wir nutzen den Entscheider zu A_{LBA} als Unter-programm und speichern $\langle M \rangle$ als Konstante ab. Bei Eingabe w fragen wir nun über das Unterprogramm, ob $\langle M, w \rangle \in A_{\mathsf{LBA}}$. Die Antwort des Unterprogramms wird vom Entscheider übernommen. Offensichtlich wird w genau dann akzeptiert, wenn $w \in L(M)$.

Jede Sprache aus $\mathsf{DSPACE}(n)$ ist also entscheidbar. Wir wissen aber auch, dass es aufzählbare Sprachen gibt, die nicht entscheidbar sind (zum Beispiel A_{TM}). Somit gilt also

$$\mathsf{DSPACE}(n) \subseteq \mathbb{E} \subsetneq \mathsf{A},$$

und die gesuchte Aussage folgt.

Lösungsvorschlag zum Selbsttest 5.5

Sei f die berechenbare Funktion, welche $A \leq_m B$ bezeugt. Diese Funktion bezeugt auch $\bar{A} \leq_m \bar{B}$, da gilt

$$x \in \bar{A} \iff x \notin A \iff f(x) \notin B \iff f(x) \in \bar{B}.$$

Die zweite Äquivalenz folgt aus der Definition der Reduktion.

Lösungsvorschlag zum Selbsttest 5.6

Wir müssen eine Reduktion f finden, die HALT $\leq_m A_{\text{TM}}$ bezeugt. Die Reduktion arbeitet wie folgt. Die Eingabe sei $\langle M, w \rangle$ als Instanz aus HALT. Aus M können wir eine neue Turingmaschine M' konstruieren, welche hauptsächlich wie M arbeitet, jedoch werden alle Übergänge in den verwerfenden Zustand so umgeändert, dass sie nun in den akzeptierenden Zustand überführen. Die modifizierte Turingmaschine nennen wir M'. Es ist problemlos möglich, $\langle M' \rangle$ aus $\langle M \rangle$ zu berechnen. Wir definieren nun

$$f(\langle M, w \rangle) = \langle M', w \rangle.$$

Die Funktion f ist berechenbar, wir müssen aber noch prüfen, ob $x \in \text{HALT} \iff f(x) \in A_{\text{TM}}$. Angenommen, $\langle M, w \rangle \in \text{HALT}$. Das heißt, dass $M(w)$ halten wird, und demnach wird $M'(w)$ akzeptieren. Somit ist also $f(\langle M, w \rangle) = \langle M', w \rangle \in A_{\text{TM}}$. Für den anderen Fall ($\langle M, w \rangle \notin \text{HALT}$) gilt hingegen, dass $M(w)$ zykeln wird. Somit zykelt auch $M'(w)$, und damit ist $w \notin L(M')$. Wir erhalten, dass $f(\langle M, w \rangle) \notin A_{\text{TM}}$.

Lösungsvorschlag zum Selbsttest 5.7

Um die Idee aus den Beweisen von Satz 5.7 und 5.8 aufzugreifen, müssen wir eine Sprache kennen, welche nicht aus DSPACE(n) ist. Eine solche Sprache ist A_{TM}, was wir in der Selbsttestaufgabe 5.4 diskutiert haben. Wir können nun eine Reduktion $\overline{\text{HALT}} \leq_m L$ definieren. Bei Eingabe $\langle M, w \rangle$ bildet die Reduktion f auf das Turingmaschinenprogramm einer Maschine M' ab, welches bei Eingabe $\langle \tilde{M}, \tilde{w} \rangle$ wie folgt arbeitet:

Turingmaschine $M'(\langle \tilde{M}, \tilde{w} \rangle)$:

1. Simuliere $M(w)$.
2. Simuliere $\tilde{M}(\tilde{w})$ und übernimm das Ergebnis.

Nun gilt einerseits

$$\langle M, w \rangle \in \overline{\text{HALT}} \implies M(w) \text{ zykelt} \implies M' \text{ zykelt auf allen Eingaben}$$
$$\implies L(M') = \emptyset \implies f(\langle M, w \rangle) \in L$$

und andererseits

$$\langle M, w \rangle \notin \overline{\text{HALT}} \implies M(w) \text{ stoppt} \implies M'(\langle \tilde{M}, \tilde{w} \rangle) \text{ arbeitet wie } \tilde{M}(\tilde{w})$$

$$\implies L(M') = A_{\text{TM}} \implies f(\langle M, w \rangle) \notin L.$$

Damit haben wir $\overline{\text{HALT}} \leq_m L$ gezeigt, und nach Korollar 5.2 folgt nun, dass $L \notin \mathbb{E}$.

Lösungsvorschlag zum Selbsttest 5.8

Die Sprache $L_{\emptyset}$ enthält die Menge aller Turingmaschinenprogramme $\langle M \rangle$, sodass $L(M) \in \emptyset$. Für kein M ist $L(M) \in \emptyset$, und somit ist $L_{\emptyset} = \emptyset$. Auf der anderen Seite ist aber E_{TM} die Menge aller Turingmaschinenprogramme $\langle M \rangle$ mit $L(M) = \emptyset$. Es gibt ganz viele Turingmaschinen, welche kein einziges Wort akzeptieren. Die sofort alles-verwerfende Turingmaschine wäre hierfür ein Beispiel. Somit ist also $E_{\text{TM}} \neq \emptyset$, und damit gilt dann auch $E_{\text{TM}} \neq L_{\emptyset}$.

Lösungsvorschlag zum Selbsttest 5.9

Die Sprache L_6 fragt nach der trivialen Eigenschaft, da ja $L(M) \in \mathbb{A} \iff \overline{L(M)} \in$ co-$\mathbb{A}$. Demnach ist diese Sprache durch die immer akzeptierende Turingmaschine entscheidbar.

Die Sprache L_7 ist hingegen nach dem Satz von Rice nicht entscheidbar. Die gefragte Eigenschaft der Sprache ist nicht trivial, da $\emptyset \subsetneq \mathbb{E} \subsetneq \mathbb{A}$. Zusätzlich fragen wir nach einer Eigenschaft einer Sprache einer Turingmaschine. Damit sind alle Voraussetzungen für den Satz von Rice erfüllt.

Bei der Sprache L_8 können wir keine Aussage treffen, da wir nach einer Eigenschaft von Turingmaschinen fragen.

Lösungsvorschlag zur Aufgabe 5.10

Eine PKP-Folge ist $(1, 1, 2, 3, 2, 2, 3, 2)$. Das zugehörige PKP-Lösungswort ist `aabaababaaba`.

Lösungsvorschlag zum Selbsttest 5.11

Alle Dominotypen von $\mathcal{S}_2$ sind durch Wörterpaare (u, v) gegeben, für die sich u und v im letzten Zeichen unterscheiden. Folglich werden sich bei allen Anordnungen der Dominotypen das obere und das untere Wort im letzten Zeichen unterscheiden.

Bei der Instanz $\mathcal{S}_3$ sind die oberen Wörter der Dominotypen stets länger als die unteren. Aus diesem Grund wird das obere Wort einer jeden Anordnung auch länger sein als das untere.

Lösungsvorschlag zum Selbsttest 5.12

Sei $P_1 := \{(x_1, x_2) \mid x_1 > x_2\}$ und $P_2 := \{(x_1, x_2) \mid x_1 \leq x_2\}$. Dann ist die Aussage wahr in $(\mathbb{N}, P_1, P_2)$ und falsch in $(\mathbb{R}, P_1, P_2)$.

Lösungsvorschlag zum Selbsttest 5.13

Wir zeigen, dass die Sprache $L = \{\text{bin}(a)\#\text{bin}(b)\#\text{bin}(a+b) \mid a, b \geq 0\}$ nicht regulär ist, folglich kann sie auch nicht von einem endlichen Automaten erkannt werden. Zum Beweis der Nichtregularität benutzen wir das Pumpinglemma.

Sei k die Pumplänge. Wir wählen das Wort $w = 1^k\#0\#1^k$. Offenbar gilt, dass $w \in L$ und $|w| \geq k$. Für alle Zerteilungen $w = xyz$ mit $|xy| \leq k$ und $|y| > 0$ gilt, dass y nur aus 1en besteht, die alle vor dem ersten $\#$ liegen. Damit gilt dann aber, dass $xy^2z = 1^{k+|y|}\#0\#1^k \notin L$, da $1^{k+|y|} + 0 \neq 1^k$ (als Binärzahlen interpretiert).

5.14   Übungsaufgaben zum Kapitel 5

Aufgabe 5.1
Finden Sie eine Sprache, die nicht aufzählbar, aber abzählbar ist. Gibt es auch eine Sprache, die aufzählbar, aber nicht abzählbar ist?

Aufgabe 5.2
Zeigen Sie, dass für jedes k die Menge $\mathbb{N}^k$ abzählbar ist.
Tipp: Nutzen Sie für Ihren Beweis die vollständige Induktion über k, und beginnen Sie mit dem Basisfall $k = 1$.

Aufgabe 5.3
Sei A eine endliche Teilmenge von Σ^*. Zeigen Sie mit Hilfe der Diagonalisierung, dass es eine nichterkennbare Sprache X gibt, welche die Wörter aus A als Teilmenge enthält.

Aufgabe 5.4
Nutzen Sie Lemma 5.6, um per Diagonalisierung zu zeigen, dass $\mathsf{DSPACE}(n) \subsetneq \mathbb{E}$.

Aufgabe 5.5
Zeigen Sie, dass, wenn A entscheidbar und B eine Sprache ungleich $\emptyset$ und ungleich Σ^*, dann gilt $A \leq_m B$.

Aufgabe 5.6
Welche dieser Sprachen sind entscheidbar?

(a) $L_1 := \{\langle M \rangle \mid M \text{ ist Turingmaschine mit } L(M) \in CFL\}$.
(b) $L_2 := \{\langle M \rangle \mid M \text{ ist Turingmaschine mit } \mathtt{aab} \in L(M)\}$.

(c) $L_3 := \{\langle M \rangle \mid \text{die Turingmaschine } M(\varepsilon) \text{ läuft höchstens 3 Schritte}\}$.

(d) $L_4 := \{\langle M \rangle \mid M \text{ ist Turingmaschine, und } M \text{ akzeptiert } w \text{ gdw. } M \text{ akzeptiert } \bar{w}\}$.

(e) $L_5 = \{\langle M \rangle \mid M \text{ ist TM, die auf jeder Eingabe mindestens} |\langle M \rangle| \text{ Schritte läuft}\}$.

Aufgabe 5.7

Betrachten Sie erneut die Sprachen aus Aufgabe 5.6. Welche dieser Sprachen sind erkennbar?

Aufgabe 5.8

Sei Σ ein Alphabet, $u, v \in \Sigma^*$ Wörter mit $u \neq v$. Betrachten Sie die Sprache

$$G_{u,v} = \{\langle M \rangle \mid M \text{ ist Turingmaschine, } u \in L(M) \Longleftrightarrow v \in L(M)\}.$$

Zeigen Sie, dass für alle u, v mit $u \neq v$ gilt

(a) $G_{u,v}$ ist nicht entscheidbar,

(b) $G_{u,v}$ ist nicht aufzählbar,

*(c) $G_{u,v}$ ist nicht co-aufzählbar.

Aufgabe 5.9

1. Sei M eine nichtdeterministische Turingmaschine, sodass für jedes Wort w Folgendes gilt: Falls M das Wort w nicht akzeptiert, dann ist der Berechnungsbaum von $M(w)$ endlich.

   Zeigen Sie, dass die von M erkannte Sprache entscheidbar ist.

2. Sei M eine beliebige deterministische Turingmaschine. Wir konstruieren daraus die folgende nichtdeterministische Zweiband-TM M':
   1. Schreibe nichtdeterministisch eine beliebige Anzahl x auf das zweite Band.
   2. Simuliere M, wobei in jedem Schritt ein x auf dem zweiten Band gelöscht wird. Wenn alle x aufgebraucht sind, dann verwerfe. Wenn M anhält, bevor alle x aufgebraucht sind, dann halte an und akzeptiere, falls M akzeptiert und verwerfe, falls M verwirft.

   Wo ist der Fehler in der folgenden Argumentation? (Welche Teilargumente sind noch richtig?)

   (a) M' erkennt die gleiche Sprache wie M.

   (b) Da auf dem zweiten Band nur endlich viele x sind, hält M' bei jeder Eingabe an. Also ist die Sprache, die M' erkennt, entscheidbar.

   (c) Da M beliebig war, folgt: Jede erkennbare Sprache ist auch entscheidbar.

Aufgabe 5.10

Gibt es für die folgenden Dominosets eine *PKP*-Folge? Begründen Sie Ihre Antwort.

(a) $((ab, aba), (baa, aa), (aba, baa))$

(b) $((a, aaa), (aaaa, aaaaaa), (aaa, aaaaaa),(aa, a))$

(c) $((b, ca), (a, ab), (ca, a), (abc, c))$

Aufgabe 5.11

Beim PKP haben wir in Definition 5.5 vorausgesetzt, dass das Alphabet Σ mindestens zwei Elemente enthält. Zeigen Sie, dass im Fall $|\Sigma| = 1$ *PKP* entscheidbar sein würde.

Aufgabe 5.12

Zeigen Sie, dass $PKP \leq_m MPKP$.

Aufgabe 5.13

Ein Wort $w \neq \varepsilon$ ist ein **Palindrom**, wenn $w = \tilde{w}$. Sei

$$L_P := \{\langle G \rangle \mid G \text{ ist kontextfreie Grammatik und } L(G) \text{ enthält ein Palindrom}\}.$$

Zeigen Sie, dass L_P nicht entscheidbar ist.
   Hinweis: Reduzieren Sie PKP auf L_P.

Aufgabe 5.14[*]

Ein Wort $w \in \{0, 1, \#\}^*$ ist eine **Doublette**, wenn es ein Wort $u \in \{0, 1\}^*$ gibt mit $u \neq \varepsilon$ und $w = u\#u$. Sei

$$L_D := \{\langle G \rangle \mid G \text{ ist kontextfreie Grammatik und } L(G) \text{ enthält eine Doublette.}\}$$

Zeigen Sie, dass L_D nicht entscheidbar ist. Hinweis: Reduzieren Sie PKP auf L_D.

Aufgabe 5.15

Geben Sie zwei unterschiedliche(!) Turingmaschinen M und N an, für die gilt:

- Die Turingmaschine M gibt bei jeder Eingabe $\langle N \rangle$ aus.
- Die Turingmaschine N gibt bei jeder Eingabe $\langle M \rangle$ aus.

Aufgabe 5.16

Zeigen Sie, dass die Theorie $\text{Th}(\mathbb{N} \cup \{0\}, P_\leq)$, also die natürlichen Zahlen mit der Kleiner-gleich-Relation, entscheidbar ist.

Aufgabe 5.17

Zeigen Sie explizit mit dem in diesem Kapitel beschriebenen Verfahren, ob die Aussage

$$\phi = \exists x_1 \forall x_2 \neg R_+(x_1, x_2, x_1)$$

in $\text{Th}(\mathbb{N} \cup \{0\}, P_+)$ enthalten ist.

Aufgabe 5.18

Sei

$$EQ_{\text{DEA}} = \{\langle A, B \rangle \mid A, B \text{ sind DEAs, die die gleiche Sprache akzeptieren}\}.$$

Zeigen Sie: EQ_{DEA} ist entscheidbar.

5.15 Lösungsvorschläge für die Übungsaufgaben zum Kapitel 5

Lösungsvorschlag zur Aufgabe 5.1

Da nach Lemma 5.4 die Menge Σ^* abzählbar ist, ist nach Selbsttestaufgabe 5.2 jede Teilmenge von Σ^* auch abzählbar. Somit ist das Komplement von A_{TM} nicht aufzählbar (Satz 5.3), aber abzählbar. Da, wie schon gesagt, jede Sprache abzählbar ist, gibt es keine Sprache, die nicht abzählbar ist. Die zweite Frage ist also negativ zu beantworten.

Lösungsvorschlag zur Aufgabe 5.2

Wir führen den Beweis durch vollständige Induktion über den Parameter k. Der Basisfall $k = 1$ folgt direkt aus der Definition.

Für den Induktionsschritt nehmen wir nun an, dass die Menge $\mathbb{N}^k$ abzählbar ist. Wir definieren eine Tabelle mit abzählbar vielen Spalten und Zeilen. Die Spalten sind mit den Elementen aus $\mathbb{N}^k$ entsprechend ihrer Nummerierung beschriftet, die Zeilen mit den Elementen aus $\mathbb{N}$ in aufsteigender Reihenfolge. In der Zelle in Zeile i und in Spalte $(a_1, a_2, \ldots, a_k)$ fügen wir das Tupel $(a_1, a_2, \ldots, a_k, i)$ ein. Somit stehen alle Elemente aus $\mathbb{N}^{k+1}$ in dieser Tabelle. Eine Nummerierung für $\mathbb{N}^k$ erhalten wir nun als Cantornummerierung für die beschriebene Tabelle. Somit ist also auch $\mathbb{N}^{k+1}$ abzählbar.

Lösungsvorschlag zur Aufgabe 5.3

Wir verändern die Standardnummerierung von Σ^* in der Art, dass wir alle Elemente aus A nach vorne nehmen. Ansonsten behalten wir die relative Ordnung unter den Elementen bei. Ferner sei $|A| = m$. Wir werden nun zeigen, dass die Menge $\mathcal{L}_A = \{X \subseteq \Sigma^* \mid A \subseteq X\}$ überabzählbar ist. Dabei orientieren wir uns am Beweis von Lemma 5.5. Nehmen wir an,

	← A →			w_{m+1}	w_{m+2}	w_{m+3}	w_{m+4}
L_1	1		1	0	1	0	0
L_2	1	...	1	0	0	1	1
L_3	1		1	0	0	0	1
L_4	1		1	1	1	0	1
$\vdots$		$\vdots$		↓	↓	↓	↓
L_A	1		1	1	1	1	0

Abb. 5.19 Diagonalisierung mit verschobener Diagonalen

dass $\mathcal{L}_A$ abzählbar ist. Sei $(L_1, L_2, \ldots)$ die Nummerierung von $\mathcal{L}_A$ und $(w_1, w_2, \ldots)$ die modifizierte Standardnummerierung von Σ^*. Nun definieren wir

$$L_A = \{w_i \in \Sigma^* \mid i > m \text{ und } w_{i+m} \notin L_i\} \cup A.$$

Es gilt, dass L_A in der Nummerierung der L_i fehlt, da sich L_i und L_A bezüglich des Elementes w_{i+m} unterscheiden. Somit ist $\mathcal{L}_A$ überabzählbar. Da es nur abzählbar viele erkennbare Sprachen gibt, muss es also eine Sprache aus $\mathcal{L}_A$ geben, die nicht erkennbar ist.

An dieser Stelle wollen wir noch einmal das Diagonalisierungsargument hervorheben. Wir nutzen eine Tabelle, deren Zeilen mit $L_1, L_2, \ldots$ und deren Spalten mit $w_1, w_2, \ldots$ beschriftet sind. Wenn $w_j \in L_i$, tragen wir in der Zelle in Spalte j und Zeile i eine 1 ein, ansonsten eine 0. Im Beweis haben wir die Diagonale (die wir genutzt haben, um L_A von allen L_i unterschiedlich zu machen) um m Spalten verrückt. Die Elemente der verschobenen Diagonale haben wir invertiert. Diese Folge haben wir dann als charakteristische Funktion von L_A verstanden, und außerdem haben wir alle Elemente aus A der Menge L_A hinzugefügt. Siehe hierzu auch Abb. 5.19.

Lösungsvorschlag zur Aufgabe 5.4

Wie bei den Turingmaschinen können wir jedem Wort $w \in \Sigma^*$ einen LBA zuweisen (Programmcode). Wörter, die syntaktisch keinen LBA beschreiben, assoziieren wir mit dem alles verwerfenden LBA. Wir bezeichnen mit $w_i = \langle M_i \rangle$ das i-te Wort in der Standardnummerierung von Σ^*.

Wir definieren nun folgende Sprache B als

$$B := \{w_i \mid w_i \notin L(M_i)\}.$$

Klar ist, dass B von allen $L(M_i)$ verschieden ist (Diagonalisierungsargument). Die Sprache B kann aber entschieden werden. Die Turingmaschine, die das realisiert, arbeitet wie folgt: Bei Eingabe w interpretiert sie $w = \langle M \rangle$ als Codierung eines LBAs und berechnet dann $\langle M' \rangle$, wie in Lemma 5.6 definiert. Nun können wir $M'(w)$ simulieren. Wie im Beweis von Satz 5.5 skizziert. Da M' definitiv stoppt, erhalten wir auch definitiv ein Ergebnis der Simulation. Dieses Ergebnis kehren wir um (akzeptieren $\leftrightarrow$ verwerfen). Damit akzeptieren wir w genau dann, wenn $w \in B$.

Lösungsvorschlag zur Aufgabe 5.5

Da B eine Sprache ungleich $\emptyset$ und Σ^* ist, gibt es Wörter w_1, w_2 mit $w_1 \in B$ und $w_2 \notin B$. Eine berechenbare Funktion f, die $A \leq_m B$ bezeugt, sieht nun folgendermaßen aus:

$$f(w) := \begin{cases} w_1 & \text{falls } w \in A \\ w_2 & \text{falls } w \notin A \end{cases}$$

Eine Turingmaschine für die Funktion f startet zum Beispiel zuerst den Entscheider für A als Unterprogramm. Falls die Eingabe aus A ist, wird w_1 zurückgegeben, ansonsten w_2. Die Wörter w_1 und w_2 sind als Konstanten gespeichert. Somit ist f also berechenbar, und offensichtlich gilt $w \in A \iff f(w) \in B$.

Lösungsvorschlag zur Aufgabe 5.6

(a) L_1 ist nicht entscheidbar. Die Eigenschaft, ob eine Sprache kontextfrei ist, ist nicht trivial. Folglich kann man den Satz von Rice anwenden.

(b) L_2 ist nicht entscheidbar. Die Eigenschaft, ob eine Sprache ein bestimmtes Wort w enthält, ist nicht trivial, folglich kann man den Satz von Rice anwenden.

(c) L_3 ist entscheidbar. Man kann einfach überprüfen, ob eine Turingmaschine M bei Eingabe ε nach höchstens 3 Schritten hält. Für die Simulation von $M(\varepsilon)$ nutzen wir ein Unterprogramm analog zur universellen Turingmaschine. Falls $M(\varepsilon)$ nach ≤ 3 Schritten stoppt, akzeptiere $\langle M \rangle$, ansonsten verwerfe.

(d) L_4 ist nicht entscheidbar. Die Eigenschaft, die von M gefordert wird, ist nicht trivial. Es gibt zum Beispiel Sprachen (wie $\emptyset$), die diese Eigenschaft haben, und Sprachen wie $\{a\}$, die diese Eigenschaft nicht haben. Folglich kann man den Satz von Rice anwenden.

(e) L_5 ist entscheidbar. Da ja nur $|\langle M \rangle|$ Schritte relevant sind, müssen auch nur Eingaben bis zu dieser Länge geprüft werden! Eine längere Eingabe kann gar nicht komplett „gelesen" werden. Natürlich kann auch schon vorher akzeptiert/verworfen werden, aber dann wurde dies auch schon für ein geeignetes Präfix festgestellt. Der Entscheider für L_5 arbeitet also wie folgt:

Turingmaschine $E(\langle M \rangle)$:

1. Prüfe für jedes $w \in \{0, 1\}^{|\langle M \rangle|}$, ob die $M(w)$ wenigstens $|\langle M \rangle|$ Schritte läuft (UTM).
2. Ist dies der Fall: akzeptiere, läuft ein w weniger Schritte: verwerfe.

Lösungsvorschlag zur Aufgabe 5.7

(a) L_1 ist nicht erkennbar.

Wir zeigen dies, indem wir eine Reduktion vom Komplement des Halteproblems auf L_1 angeben.

Die Reduktion f für $\overline{\text{HALT}} \leq_m L_1$ arbeitet wie folgt. Bei Eingabe $\langle M, w \rangle$ berechnet f den Wert $\langle M' \rangle$. Die Maschine M' hängt also von M und w ab. Wir bezeichnen die Eingabe der Turingmaschine M' mit z. Die Turingmaschine M' arbeitet wie folgt. Im ersten Schritt wird die Maschine $M(w)$ simuliert. Im zweiten Teil wird geprüft, ob $z = \text{a}^n\text{b}^n\text{c}^n$ für ein beliebiges $n \in \mathbb{N}$ gilt. Bei einem positiven Test akzeptieren wir, ansonsten verwerfen wir. Wir erhalten also für M':

Turingmaschine $M'(z)$:

1. Simuliere $M(w)$.
2. Akzeptiere, falls z die Form $\text{a}^n\text{b}^n\text{c}^n$ hat, ansonsten verwerfe.

Sehen wir uns nun an, welches Verhalten $f(\langle M, w \rangle)$ zeigt.

$$\langle M, w \rangle \in \overline{\text{HALT}} \implies M(w) \text{ zykelt} \implies M' \text{ zykelt auf allen Eingaben}$$
$$\implies L(M') = \emptyset \implies f(\langle M, w \rangle) \in L_1.$$

Auf der anderen Seite gilt

$$\langle M, w \rangle \notin \overline{\text{HALT}} \implies M(w) \text{ stoppt} \implies M' \text{ akzeptiert nur } \text{a}^n\text{b}^n\text{c}^n$$
$$\implies L(M') = \{\text{a}^n\text{b}^n\text{c}^n \mid n \in \mathbb{N}\} \notin CFL$$
$$\implies f(\langle M, w \rangle) \notin L_1.$$

Um $\langle M' \rangle$ zu konstruieren, muss man im Wesentlichen drei Schritte ausführen. Als Erstes fügt man das Programm von M als Unterprogramm hinzu. Als Zweites codiert man w als Konstante im Programm von M'. Als Drittes fügt man ein Unterprogramm hinzu, mit welchem man auf $z = \text{a}^n\text{b}^n\text{c}^n$ testen kann. Dann müssen diese Teile noch zum Programm von M' zusammengesetzt werden. Das Erstellen der Programmblöcke und deren Kombination kann durch eine Turingmaschine ausgeführt werden. Somit ist die Funktion f berechenbar und damit ist f die gesuchte Reduktion.

(b) L_2 ist erkennbar. Dies zeigen wir, indem wir eine Turingmaschine M' angeben, die L_2 erkennt. Diese Turingmaschine bekommt also eine Eingabe $\langle M \rangle$. Wir müssen nun testen, ob M die Eingabe aab akzeptiert. Für die Simulation von $M(\text{aab})$ nutzen wir ein Unterprogramm analog zur universellen Turingmaschine und übernehmen das Ergebnis.

(c) L_3 ist entscheidbar (siehe Aufgabe 5.6), also auch erkennbar.

(d) L_4 ist nicht erkennbar. Wir sind hier eigentlich in der gleichen Situation wie in (a), da $\emptyset$ die geforderte Eigenschaft besitzt. Wir können also in Analogie $\overline{\text{HALT}} \leq_m L_4$ zeigen. Die Reduktionsfunktion f bestimmt zu einer Eingabe $\langle M, w \rangle$ eine Codierung einer Turingmaschine M'. Die Maschine M' arbeitet hierbei wie folgt:

Turingmaschine $M'(z)$:

1. Simuliere $M(w)$.

2. Akzeptiere, falls $z = \text{ab}$, ansonsten verwerfe.

Es folgt, dass

$$\langle M, w \rangle \in \overline{\text{HALT}} \implies M(w) \text{ zykelt} \implies M' \text{ zykelt auf allen Eingaben}$$
$$\implies L(M') = \emptyset \implies f(\langle M, w \rangle) \in L_4.$$

Auf der anderen Seite gilt

$$\langle M, w \rangle \notin \overline{\text{HALT}} \implies M(w) \text{ stoppt} \implies M' \text{ akzeptiert nur ab}$$
$$\implies \text{ab} \in L(M') \text{ aber ba} \notin L(M')$$
$$\implies f(\langle M, w \rangle) \notin L_4.$$

(e) L_5 ist entscheidbar (siehe Aufgabe 5.6), also auch erkennbar.

Lösungsvorschlag zur Aufgabe 5.8

(a) Dies gilt nach dem Satz von Rice. Es ist keine triviale Eigenschaft, dass $u \in L(M) \iff v \in L(M)$.

(b) Wir beweisen die Aussage, indem wir $\overline{\text{HALT}} \leq_m G_{u,v}$ nachweisen. Da $\overline{\text{HALT}} \notin \mathbb{A}$, folgt daraus, dass $G_{u,v} \notin \mathbb{A}$. Bei der Reduktion handelt es sich um eine berechenbare Funktion, welche die Eingabe $\langle M, w \rangle$ in die Codierung einer Turingmaschine M'

umwandelt. Die Reduktion verläuft analog zum Beweis vom Satz von Rice. Zuerst überlegen wir uns, dass für jede Turingmaschine M_0 mit $L(M_0) = \emptyset$ gilt, dass $\langle M_0 \rangle \in G_{u,v}$. Des Weiteren gibt es eine erkennbare Sprache $H \in \mathbb{E}$, die nicht in $G_{u,v}$ liegt (z. B. $H = \{u\}$). Sei M_H eine Maschine, die H erkennt. Die Maschine M' arbeitet nun folgendermaßen. Zuerst simuliert sie $M(w)$, danach simuliert sie $M_H(z)$ und übernimmt das Ergebnis. Wir erhalten also:

Turingmaschine $M'(z)$:

1. Simuliere $M(w)$.
2. Simuliere $M_H(z)$ und übernehme das Ergebnis.

Die Umformung von $\langle M, w \rangle$ zu $\langle M' \rangle$ kann problemlos durch eine Turingmaschine ausgeführt werden. Man kann leicht überprüfen, dass gilt

$$\langle M, w \rangle \in \overline{\text{HALT}} \Longrightarrow L(M') = \emptyset \Longrightarrow \langle M' \rangle \in G_{u,v},$$

$$\langle M, w \rangle \notin \overline{\text{HALT}} \Longrightarrow L(M') = H \Longrightarrow \langle M' \rangle \notin G_{u,v}.$$

(c) Wir zeigen die gesuchte Aussage, indem wir HALT $\leq_m G_{u,v}$ beweisen. Da HALT $\notin$ co-A folgt daraus, dass auch $G_{u,v} \notin$ co-A. Bei der Reduktion handelt es sich um eine berechenbare Funktion, welche die Eingabe $\langle M, w \rangle$ in die Codierung einer Turingmaschine M' umwandelt. Die Reduktion läuft folgendermaßen ab. Zuerst testet M' bei Eingabe z, ob $z = u$. Falls ja, akzeptiert sie. Bei nein simuliert sie $M(w)$. Danach akzeptiert sie, falls $z = v$. Das heißt also, dass M' dann und nur dann u und v akzeptiert, wenn M bei Eingabe w hält. Die Wörter u und v wurden als Konstanten abgespeichert. Dies ergibt folgende Turingmaschine M':

Turingmaschine $M'(z)$:

1. Falls $z = u$ akzeptiere, ansonsten weiter mit Schritt 2.
2. Simuliere $M(w)$.
3. Akzeptiere, falls $z = v$, ansonsten verwerfe.

Es gilt nun

$$\langle M, w \rangle \in \text{HALT} \Longrightarrow M' \text{ akzeptiert } u \text{ und } v$$

$$\Longrightarrow \langle M' \rangle \in G_{u,v}.$$

Auf der anderen Seite gilt

$$\langle M, w \rangle \notin \text{HALT} \implies M' \text{ akzeptiert } u \text{ aber nicht } v$$
$$\implies \langle M' \rangle \notin G_{u,v}.$$

Lösungsvorschlag zur Aufgabe 5.9

1. Wir können hier die Konstruktion von Satz 4.3 aus dem Text anwenden. Das heißt, wir konstruieren eine deterministische Turingmaschine M' die eine Breitensuche im Berechnungsbaum nach einer akzeptierenden Konfiguration durchführt. Wenn $w \in L(M)$, dann stoppt die Breitensuche auf jeden Fall. Im Falle von $w \notin L(M)$ wird die Breitensuche aber auch stoppen, da der Berechnungsbaum endlich ist. Wir müssten uns bei der Suche lediglich merken, ob wir überhaupt noch erreichbare Konfigurationen für die aktuelle Suchtiefe gefunden haben. Falls nicht, verwerfen wir die Eingabe.

2. Der Teil (a) der Argumentation ist korrekt. Wir akzeptieren ein Wort mit einer NTM, wenn es im Berechnungsbaum eine akzeptierende Konfiguration gibt. Falls $w \in L(M)$, dann existiert eine Möglichkeit, mit M' zu einer akzeptierenden Konfiguration zu gelangen, und zwar dann, wenn genug x geraten wurden. Falls aber $w \notin L(M)$, dann wird (egal, wie viele x geraten wurden) stets $M'(w)$ verwerfen. Teil (b) der Argumentation ist nicht korrekt. Nach der Definition ist eine Sprache entscheidbar, wenn es einen Entscheider gibt. Warum sollte es einen Entscheider zu M' geben? Nach Satz 4.3 können wir zwar für jede NTM eine äquivalente deterministische Turingmaschine konstruieren, diese muss aber kein Entscheider sein. In der Tat, wenn man das Verfahren aus Satz 4.3 umsetzen würde (Breitensuche im Berechnungsbaum), würde die zu M' konstruierte deterministische Turingmaschine bei Wörtern, die nicht aus der Sprache sind, nicht terminieren, da der Berechnungsbaum nicht endlich ist (eine beliebig große Anzahl der x kann geraten werden). Nur wenn die Bedingung aus 1. gilt, können wir einen Entscheider konstruieren, und die ist hier nicht zwingend erfüllt. Der Teil (c) basiert auf einer falschen Prämisse. Er wäre korrekt, wenn Teil (b) korrekt wäre.

Lösungsvorschlag zur Aufgabe 5.10

(a) Dieses Dominoset enthält keine *PKP*-Folge. Eine solche Folge müsste mit dem ersten Stein beginnen, da alle anderen unterschiedliche Anfangsbuchstaben haben. Dann hat aber der untere Teil ein a mehr als der obere. Dieser Vorsprung lässt sich nicht mehr ausgleichen.

(b) Dieses Dominoset enthält eine *PKP*-Folge, und zwar ((a, aaa), (aa, a), (aa, a))

(c) Dieses Dominoset enthält eine *PKP*-Folge, und zwar ((a, ab), (b, ca), (ca, a), (a, ab), (abc, c)).

Lösungsvorschlag zur Aufgabe 5.11

Sei $\Sigma = \{a\}$. Wir haben für das unäre PKP eine endliche Folge $((u_1, v_1), (u_2, v_2), \ldots,$ $(u_k, v_k))$ von Dominotypen.

Wenn nun für jeden Dominotyp gilt, dass $|v_i| > |u_i|$, dann hat das Dominoset keine PKP-Lösung. Die oberen Wörter sind stets länger als die unteren. Dies gilt ebenso andersherum, falls für alle Dominotypen $|u_i| > |v_i|$ gilt.

Wenn es einen Dominotyp gibt mit $|v_i| = |u_i|$, dann gibt es eine Lösung mit PKP-Folge (i) und Lösungswort $u_i = v_i$.

Für alle anderen Fälle muss es mindestens zwei Dominotypen (u_i, v_i) und (u_j, v_j) geben mit $|u_i| > |v_i|$ und $|u_j| < |v_j|$. Das heißt, Dominotyp i hat $|u_i| - |v_i|$ mehr as im oberen Wort als im unteren und Dominotyp j hat $|v_j| - |u_j|$ weniger as im oberen Wort als im unteren. Dann können wir als PKP-Lösung folgende Folge wählen :

$$(\underbrace{j, \ldots, j}_{(|u_i|-|v_i|)-mal} , \underbrace{i, \ldots, i}_{(|v_j|-|u_j|)-mal})$$

Das obere Wort enthält also $((|u_i| - |v_i|)|u_j| + (|v_j| - |u_j|)|u_i|)$-viele as und das untere Wort $((|u_i| - |v_i|)|v_j| + (|v_j| - |u_j|)|v_i|)$ -viele as. Die beiden Wörter sind damit gleich. In diesem Fall gibt es also immer eine PKP-Lösung.

Welcher Fall vorliegt, kann leicht überprüft werden. Da es keine anderen Fälle gibt, haben wir somit einen Algorithmus für das PKP-Problem mit $\Sigma = \{a\}$ gefunden.

Lösungsvorschlag zur Aufgabe 5.12

Wir zeigen $PKP \leq_m MPKP$, indem wir die zugehörige Reduktion $f(\langle S \rangle) = \langle S' \rangle$ angeben. Die Dominotypen für S seien (u_i, v_i) mit $1 \leq i \leq k$. Das neue Dominoset S' erhalten wir durch die Ausführung folgender Umformungsschritte:

1. Füge als Dominotyp $(u'_1, v'_1) = (\#\#, \#)$ hinzu. Hierbei ist $\#$ ein neues Zeichen.
2. Modifiziere für $1 \leq i \leq k$ jedes Paar (u_i, v_i) zu einem Paar (u'_{i+1}, v'_{i+1}), sodass

$$u_i = x_1 x_2 \cdots x_r \quad \Rightarrow \quad u'_{i+1} = x_1 \# x_2 \cdots \# x_r \#$$

$$v_i = y_1 y_2 \cdots y_s \quad \Rightarrow \quad v'_{i+1} = \# y_1 \# y_2 \cdots \# y_s.$$

3. Modifiziere für $1 \leq i \leq k$ jedes Paar (u_i, v_i) zu einem Paar (u'_{k+i+1}, v'_{k+i+1}), sodass

$$u_i = x_1 x_2 \cdots x_r \quad \Rightarrow \quad u'_{k+i+1} = x_1 \# x_2 \cdots \# x_r \# \$$$

$$v_i = y_1 y_2 \cdots y_s \quad \Rightarrow \quad v'_{k+i+1} = \# y_1 \# y_2 \cdots \# y_s \# \$.$$

Hierbei ist $\$$ ein neues Zeichen.

Das Dominoset S' ergibt sich nun aus (u'_i, v'_i) für $1 \leq i \leq 2k + 1$. Das Alphabet ist $\Sigma \cup \{\#, \$\}$. Dass die Funktion f berechenbar ist, kann man leicht nachweisen. Wir müssen also nur noch zeigen, dass sie korrekt arbeitet.

Nehmen wir an, dass $\langle S \rangle \in PKP$. Das heißt, es gibt eine PKP-Folge $(i_1, i_2, \ldots, i_\ell)$ für S. Nach unserer Konstruktion gibt es dann aber auch eine PKP-Folge $(1, i_1 + 1, i_2 + 1, \ldots, i_{\ell-1} + 1, i_\ell + k + 1)$ für S'. Somit ist also $\langle S' \rangle \in MPKP$.

Sei nun $\langle S' \rangle \in MPKP$. Dann gibt es eine kürzeste PKP-Folge $(1, j_2, \ldots, j_m)$ für S'. Es muss gelten, dass j_m einer der Typen ist, die mit \$ enden, also $j_m \geq k + 2$. Dann gilt aber, dass $(j_2 - 1, j_3 - 1, \ldots, j_{m-1} - 1, j_m - k - 1)$ eine Lösung für S ist. Somit gilt also auch $\langle S \rangle \in PKP$ und damit arbeitet die Funktion f korrekt.

Lösungsvorschlag zur Aufgabe 5.13

Wir zeigen $PKP \leq_m L_P$, indem wir die zugehörige Reduktion angeben.
Sei $S = ((u_1, v_1), (u_2, v_2), \ldots, (u_k, v_k))$ das Dominoset, welches wir in die Grammatik $\langle G \rangle$ überführen wollen. Die Terminalsymbole für die Grammatik entsprechen dem Alphabet des PKP-Problems. Zusätzlich gibt es noch das neue Zeichen #. Die einzige Variable ist das Startsymbol S. Die Regeln sehen folgendermaßen aus:

$$S \to u_1 S \bar{v_1} \mid u_2 S \bar{v_2} \mid \cdots \mid u_n S \bar{v_n}$$

$$S \to u_1 \# \bar{v_1} \mid u_2 \# \bar{v_2} \mid \cdots \mid u_n \# \bar{v_n}$$

Die Sprache, die von dieser Grammatik gebildet wird, ist

$$L(G) = \{x \# y \mid x = u_{i_1} u_{i_2} \cdots u_{i_\ell} \text{ und } y = \bar{v_{i_\ell}} \cdots \bar{v_{i_2}} \bar{v_{i_1}}\}.$$

Diese Sprache enthält genau dann ein Palindrom, wenn es eine Folge $(i_1, i_2, \ldots, i_\ell)$ gibt mit $u_{i_1} u_{i_2} \cdots u_{i_\ell} = v_{i_1} v_{i_2} \cdots v_{i_\ell}$, und das ist genau dann der Fall, wenn es eine PKP-Lösung für S gibt.

Lösungsvorschlag zur Aufgabe 5.14

Wir führen den Beweis, indem wir $PKP \leq_m L_D$ zeigen. Dazu geben wir die notwendige Reduktion an. Sei $S = ((x_1, y_1), (x_2, y_2), \ldots, (x_k, y_k))$ das Dominoset, welches wir in $\langle G \rangle$ überführen wollen. Ferner sei Σ das Alphabet für das PKP-Problem. Wir erweitern für die Grammatiken das Alphabet um die Zeichen $\{\#, t_1, t_2, \ldots, t_k\}$. Bei den Zeichen t_i handelt es sich um neue Zeichen. Ein Zeichen t_i wird als Referenz für die Verwendung des i-ten Dominotyps benutzt werden. Wir erstellen nun die folgende Grammatik:

$$S \to A\#B$$

$$A \to x_i A t_i \mid x_i t_i \quad \forall 1 \leq i \leq k$$

$$B \to y_i B t_i \mid y_i t_i \quad \forall 1 \leq i \leq k$$

Wir sehen uns die Sprache an, die durch diese Grammatik erzeugt wird. Wenn diese Sprache eine Doublette enthält, also ein Wort $w = u\#u$ mit $u = x_{i_1} \ldots x_{i_l} t_{i_l} \ldots t_{l_1} = y_{i_1} \ldots y_{i_l} t_{i_l} \ldots t_{l_1}$, dann gilt aber, dass $(i_1, \ldots i_l)$ eine *PKP*-Folge für $\mathcal{S}$ ist und damit $\langle \mathcal{S} \rangle \in PKP$. Andersrum, wenn es eine *PKP*-Folge $(i_1, \ldots i_l)$ für das Dominoset gibt, dann kann man aus der Grammatik auch eine Doublette ablesen und zwar $x_{i_1} \ldots x_{i_l} t_{i_l} \ldots t_{l_1} \# y_{i_1} \ldots y_{i_l} t_{i_l} \ldots t_{l_1}$.

Die Konstruktion von $\langle G \rangle$ aus $\langle \mathcal{S} \rangle$ kann problemlos durch eine Turingmaschine erfolgen.

Ein Problem gibt es aber noch in der oben präsentierten Lösung. Wir haben gefordert, dass $u \in \{0, 1\}^*$ ist. Dies ist aber nicht der Fall, wenn wir das Alphabet um die Zeichen $\{t_1, t_2, .., t_n\}$ erweitern. Wir können dieses Problem aber einfach beheben, indem wir jedes Zeichen t_i (und 0, 1) durch einen Binärcode fester Länge ersetzen. Bei einem Dominoset mit 5 Typen würden wir dann beispielsweise folgendermaßen codieren: $0 \to 000$, $1 \to 001, t_1 \to 010, t_2 \to 011, t_3 \to 100, t_4 \to 101$ und $t_5 \to 111$.

Lösungsvorschlag zur Aufgabe 5.15

Wir gehen davon aus, dass wir N zuerst definieren werden, auch wenn wir M als Erstes vorstellen. Die Turingmaschine M können wir dann auf sehr einfache Weise konstruieren. Sei M die Turingmaschine, die ihre Eingabe löscht und die codierung von N ausgibt. Wir setzen also $\langle M \rangle = print(\langle N \rangle)$.

Die Turingmaschine N macht nun Folgendes. Zuerst greift sie auf ihre eigene Codierung zu. Danach berechnet sie $\langle M \rangle$ und gibt $\langle M \rangle$ aus. Die Turingmaschine N ergibt sich durch folgendes Programm:

$N(w)$:

1. Ermittle $\langle N \rangle$ über getYourOwnCode.
2. Berechne $\langle M \rangle = print(\langle N \rangle)$.
3. Gib $\langle M \rangle$ aus.

Damit gibt N bei jeder Eingabe $\langle M \rangle$ aus.

Lösungsvorschlag zur Aufgabe 5.16

Um zu zeigen, dass $\mathrm{Th}(\mathbb{N} \cup \{0\}, P_\leq)$ entscheidbar ist, verfahren wir analog zum Beweis von Satz 5.17. Den einzigen Teil, den wir austauschen müssen, ist der Automat für die atomaren Formeln. Wir suchen also einen Automaten $M_\leq$, welcher die Sprache $\{\langle x, y \rangle \mid x \leq y\}$ erkennt. Die Eingabe wird hierbei wie für den NEA N_+ codiert; jedoch gespiegelt (die niederwertigen Bits stehen also wieder rechts). Das erste unterschiedliche Bit-Paar (sofern es existiert), sagt nun aus, ob $x < y$ oder $y < x$. Der Automaten $M_\leq$ ist in Abb. 5.20 zu sehen.

Abb. 5.20 Der DEA $M_\le$ zum Prüfen von $x_1 \le x_2$

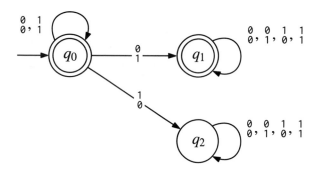

Von nun an kann man wie im Beweis von Satz 5.17 fortfahren.

Eine Alternative zum vorgestellten Beweis ist, eine Formel zum Modell $(\mathbb{N} \cup \{0\}, P_\le)$ durch eine äquivalente Formel im Modell $\mathcal{M}_+$ zu ersetzen. Es gilt

$$(x, y) \in P_\le \iff \exists z\, P_+(x, z, y).$$

Ein Entscheider für $\text{Th}(\mathbb{N} \cup \{0\}, P_\le)$ formt zuerst die Formel um, indem er alle $P_\le$ wie oben beschrieben ersetzt und nutzt dann den Algorithmus für $\text{Th}(\mathcal{M}_+)$.

Lösungsvorschlag zur Aufgabe 5.17

Wir überprüfen, ob $\phi = \exists x_1 \forall x_2 \neg R_+(x_1, x_2, x_1)$ in $\text{Th}(\mathbb{N} \cup \{0\}, P_+)$ enthalten ist. Dazu erzeugen wir zuerst den DEA A_2 für $\phi_2 = \neg R_+(x_1, x_2, x_1)$. Wir beginnen mit dem DEA für $R_+(x_1, x_2, x_1)$:

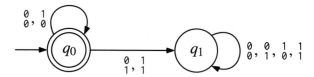

Vertauschen wir von diesem Automaten die akzeptierenden und die verwerfenden Zustände, erhalten wir den DEA A_2 für ϕ_2.

Als Nächstes müssen wir den DEA A_1 für $\phi_1 = \forall x_2 \neg R_+(x_1, x_2, x_1)$ erzeugen. Da $Q_2 = \forall$, sind wir im 2. Fall der Konstruktion. Wir ermitteln also den DEA A_1', welcher die erfüllenden Belegungen von $\neg \exists x_2 \neg \phi_2$ akzeptiert. Dazu betrachten wir den Automaten für das Komplement von $L(A_1)$. Dieser entspricht genau dem Automaten aus der obigen Abbildung. In diesem Automaten streichen wir alle Einträge von x_2 und erhalten den folgenden NEA B_1'.

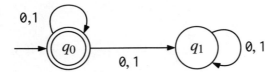

Wenn wir B'_1 in einen DEA umwandeln, erhalten wir A'_1. Der DEA A_1 ist dann der komplementäre Automat von A'_i, wie in der folgenden Abbildung zu sehen.

Dieser Automat hat keinen einzigen akzeptierenden Zustand. Folglich ist $\phi = \exists x_1 \forall x_2 \neg R_+(x_1, x_2, x_1)$ nicht in $\mathrm{Th}(\mathbb{N} \cup \{0\}, P_+)$ enthalten.

Lösungsvorschlag zur Aufgabe 5.18

Wir müssen einen Algorithmus angeben, der uns sagt, ob zwei DEAs die gleiche Sprache akzeptieren. Aus Kap. 2 wissen wir aber, dass jede Sprache einen eindeutigen (bis auf die Benennung der Zustände) minimalen DEA hat. Den minimalen DEA können wir aber für A und B mit dem Table-Filling-Algorithmus berechnen (inkl. einer Suche nach nicht erreichbaren Zuständen, die wir streichen). Jetzt muss nur noch getestet werden, ob die beiden Minimalautomaten isomorph sind. Aber auch das ist einfach. Wir kennen ja den Startzustand von beiden Minimalautomaten, von diesem ausgehend, kann eine Bijektion der Zustände ermittelt werden. So könnte man beispielsweise jeden Zustand mit seinem lexikografisch kleinsten Vertreter aus der zugehörigen Myhill-Nerode Klasse benennen. Dazu nutze man eine Breitensuche im Zustandsdiagramm der Minimalautomaten. Nun kann man für jeden Zustand und jedes Zeichen prüfen, ob der Folgezustand in beiden Minimalautomaten den gleichen Namen hat. Damit haben wir einen Algorithmus gefunden und nach der Church–Turing-These gibt es dann auch ein Turingmaschinenprogramm dazu. Da der Algorithmus immer terminiert, ist die zugehörige Turingmaschine ein Entscheider, und damit ist $EQ_{\mathrm{DEA}} \in \mathbb{E}$.

Literatur

1. D. Kozen. *Automata and computability*. Undergraduate texts in computer science. Springer, 1997.
2. G. Cantor. „Ueber eine Eigenschaft des Inbegriffs aller reellen algebraischen Zahlen". In: J. *Reine Angew. Math.* 77 (1874), S. 258–262.

3. G. Cantor. „Ueber unendliche, lineare Punktmannichfaltigkeiten". In: *Math. Ann.* 15.1 (1879), S. 1–7.

4. G. Cantor. „Ueber eine elementare Frage der Mannigfaltigkeitslehre". In: *Jahresbericht der Deutschen Mathematiker-Vereinigung.* Bd. 1. Deutsche Mathematiker-Vereinigung, 1892, S. 75–78.

5. A. M. Turing. „On Computable Numbers, with an Application to the Entscheidungs-problem". In: *Proc. London Math. Soc.* (2) 42.3 (1936), S. 230–265.

6. J. Myhill. *Linear bounded automata.* Techn. Ber. WADD TR-60-165. Wright Patterson AFB, Ohio, 1960.

7. N. Chomsky. „Three models for the description of language". In: *IRE Trans. Inf. Theory* 2.3 (1956), S. 113–124.

8. E. L. Post. „Recursively enumerable sets of positive integers and their decision problems". In: *Bull. Amer. Math. Soc.* 50 (1944), S. 284–316.

9. H. G. Rice. „Classes of recursively enumerable sets and their decision problems". In: *Trans. Amer. Math. Soc.* 74 (1953), S. 358–366.

10. H. G. Rice. „On completely recursively enumerable classes and their key arrays". In: *J. Symbolic Logic* 21 (1956), S. 304–308.

11. S. C. Kleene. „General recursive functions of natural numbers". In: *Math. Ann.* 112.1 (1936), S. 727–742.

12. S. C. Kleene. „Recursive predicates and quantifiers". In: *Trans. Amer. Math. Soc.* 53 (1943), S. 41–73.

13. E. L. Post. „A variant of a recursively unsolvable problem". In: *Bull. Amer. Math. Soc.* 52 (1946), S. 264–268.

14. S. C. Kleene. „Introduction to metamathematics". D. Van Nostrand Co., Inc., New York, N. Y., 1952, S. x+550.

15. D. R. Hofstadter. *Gödel, Escher, Bach: an eternal golden braid; 1st ed.* Penguin books. New York, NY: Basic Books, 1979.

16. M. Presburger. „Über die Vollständigkeit eines gewissen Systems der Arithmetik ganzer Zahlen, in welchem die Addition als einzige Operation hervortritt". In: *Comptes Rendus du I congrès de Mathématiciens des Pays Slaves.* 1929, S. 92–101.

17. A. Church. „An Unsolvable Problem of Elementary Number Theory". In: *Amer. J. Math.* 58.2 (1936), S. 345–363.

18. K. Gödel. „Über formal unentscheidbare Sätze der Principia Mathematica und verwandter Systeme I". In: *Monatsh. Math. Phys.* 38.1 (1931), S. 173–198.

Komplexitätstheorie

6

Bislang haben wir uns mit der Frage beschäftigt, ob ein Problem in einem bestimmten Modell berechenbar ist oder nicht. Dabei wurde ausgeblendet, wie aufwendig eine mögliche Berechnung ist. So kann es natürlich vorkommen, dass es einen Algorithmus für ein Problem gibt, dessen Laufzeit jedoch so hoch ist, dass wir ihn nicht einsetzen können. Schlimmer noch, es könnte sogar sein, dass alle Algorithmen für ein konkretes Problem eine lange Rechenzeit erfordern.

In der Komplexitätstheorie geht es unter anderem darum, Probleme entsprechend ihres Aufwandes zu klassifizieren. Dabei sind in erster Linie zwei Maße von Interesse: Rechenzeit und Speicherbedarf. In diesem Kapitel werden wir uns damit beschäftigen, wie man Probleme sinnvoll in Klassen entsprechend ihrer Komplexität zusammenfassen kann. Dabei konzentrieren wir uns zunächst auf die Zeitkomplexität, das heißt den Aufwand an Rechenzeit.

Probleme, die man in einer gewissen Anzahl von Rechenschritten lösen kann, fasst man zu einer Zeitkomplexitätsklasse zusammen. Wie schon bei der Frage nach der Berechenbarkeit wird die Turingmaschine unser Referenzmodell für die Einteilung der Klassen sein. Wir werden im weiteren Verlauf sehen, dass es durchaus sinnvoll ist, das Modell Turingmaschine hier als Referenz zu nutzen, obwohl es sich doch teilweise stark in der Effizienz von der Arbeitsweise moderner Computer unterscheidet.

Es gibt vor allen Dingen zwei Klassen, für die wir uns interessieren. Dies sind die Klassen P und NP. Ist ein Problem aus der Klasse P, werden wir es als effizient lösbar einordnen, ist es aus der Klasse NP, betrachten wir es hingegen als effizient verifizierbar. Ob die Klassen P und NP identisch sind, ist wohl die größte offene Fragestellung innerhalb der Informatik.

Für viele Probleme aus der Klasse NP ist uns kein effizienter Algorithmus bekannt. Wir werden eine Methode kennenlernen, wie man diese *schwierigen* Probleme identifizieren

© Der/die Autor(en), exklusiv lizenziert an Springer-Verlag GmbH, DE, ein Teil von Springer Nature 2022
A. Schulz, *Grundlagen der Theoretischen Informatik*,
https://doi.org/10.1007/978-3-662-65142-1_6

kann. Dazu werden wir das Konzept der polynomiellen Reduktion einführen. Diese Reduktion erlaubt es uns, Probleme aus NP mit Hilfe anderer Probleme zu lösen, wobei nur ein polynomieller Mehraufwand bei der Laufzeit auftritt. In diesem Sinne können wir fragen, was eigentlich die „schwersten" Probleme aus NP sind. Diese Klasse nennen wir die Klasse der NP-vollständigen Probleme.

Das erste NP-vollständige Problem, das wir vorstellen werden, ist das *Kachelungsproblem*. Darauf aufbauend werden wir die NP-Vollständigkeit vieler anderer Probleme mit Hilfe der polynomiellen Reduktion zeigen. Wir beginnen dabei mit dem *Erfüllbarkeitsproblem* (SAT) von booleschen Formeln. Wir werden auch untersuchen, unter welchen Einschränkungen das Erfüllbarkeitsproblem NP-vollständig bleibt und ob es für einige Varianten vielleicht sogar effizient lösbar ist.

Im Anschluss stellen wir Probleme auf dem Gebiet der Graphentheorie vor, die ebenfalls NP-vollständig sind. Wir werden danach verschiedene NP-vollständige arithmetische Probleme benennen und gehen kurz darauf ein, welche Rolle eine sinnvolle Codierung (von Zahlen) bei der Formulierung dieser Probleme spielt.

Abschließen werden wir dieses Kapitel mit einigen klassischen Ergebnissen zur Platzkomplexität. Interessant ist hier, dass wir für den Speicherplatz die Probleme beantworten können, deren Äquivalent (aus einer gewissen Sichtweise) auf der Seite der Rechenzeit noch offene Probleme sind.

6.1   Definition von Zeitkomplexitätsklassen

Bevor wir über Zeitkomplexitätsklassen reden können, müssen wir den Begriff der Laufzeit definieren. Laufzeit bezieht sich immer auf einen Algorithmus (Turingmaschinenprogramm) und nicht auf ein Problem. Wie lange eine Turingmaschine rechnet, hängt insbesondere von der zu verarbeitenden Eingabe ab. Wir definieren als Laufzeit

$$T_M(w \in \Sigma^*) = \text{Anzahl der Schritte, die TM } M \text{ bei Eingabe } w \text{ ausführt.}$$

Wie üblich, gehen wir davon aus, dass es sich bei der Turingmaschine M um eine deterministische 1-Band-Turingmaschine handelt. Die Angabe einer Laufzeit macht nur Sinn, wenn die Turingmaschine ein Entscheider ist. Deshalb beschränken wir uns für diesen Teil auf Turingmaschinen, die auf jeder Eingabe stoppen.

Im Normalfall ist es eher schwierig, mit der Funktion T_M zu arbeiten. So wäre es zum Beispiel fraglich, wie man zwei solche Funktionen sinnvoll vergleichen kann. Deshalb nutzt man zur Messung der Laufzeit die Funktion

$$t_M(n \in \mathbb{N}) := \max_{w \in \Sigma^*, |w|=n} T_M(w).$$

Die Idee hierbei ist die implizite Annahme, dass die Rechenzeit zunimmt, wenn die Eingaben länger werden. Das wird natürlich nicht immer stimmen, aber die Tendenz wird in den meisten Fällen richtig sein. Das Maximum verwendet man, da man zumeist bei der Analyse von Algorithmen am *worst-case* interessiert ist. Wenn es keinen Grund zur Verwechslung gibt, lassen wir den Index M der Funktionen t_M und T_M weg.

Wir sehen uns nun als Beispiel eine konkrete Turingmaschine an. Diese Turingmaschine M soll die Sprache $\{a^k b^\ell \mid k > \ell \geq 1\}$ erkennen. Wir geben M durch eine etwas ausführlichere Modulbeschreibung an.

1. Prüfe, ob die Eingabe w die Form $a^+ b^+$ hat, dazu gehe einmal über die Eingabe komplett nach rechts und dann wieder zurück vor das erste Zeichen der Eingabe. Falls etwas nicht stimmen sollte, verwerfe.
2. Gehe einen Schritt nach rechts.
3. Ersetze das aktuelle Zeichen durch x und laufe nach rechts bis zum ersten b. Falls kein b gefunden wurde, akzeptiere.
4. Ersetze das aktuelle Zeichen b durch x und laufe nach links bis zum ersten a. Wenn kein a gefunden wurde, verwerfe.
5. Laufe weiter nach links bis zum ersten x und fahre mit Schritt 2 fort.

Wir wollen nun die Funktion T_M für die Turingmaschine M bestimmen. Für alle Eingaben $w \neq a^* b^*$ wird die Turingmaschine nach spätestens $|w| = n$ Schritten stoppen. Es verbleibt nun noch, die Eingaben der Form $w = a^k b^\ell$ zu betrachten. In diesen Fällen besteht der Programmablauf aus zwei Phasen, welche in Abb. 6.1 skizziert sind. Die erste Phase besteht aus Schritt 1 der Modulbeschreibung. In unserem Fall werden dafür $2n + 1$ Schritte benötigt. In der zweiten Phase „streicht" man nun für jedes a ein b, indem man diese Zeichen durch ein x ersetzt. Wenn $k > \ell$, werden wir diese Phase ℓ-mal vollständig ausführen und einmal nur bis zu Schritt 3. Eine vollständige Phase benötigt $2k + 1$ Schritte, und beim letzten Mal benötigen wir nur $k + 1$ Schritte. Somit benötigen wir in diesem Fall $\ell(2k + 1) + k + 1 = 2k\ell + k + \ell + 1$ Schritte in der zweiten Phase. Ist hingegen $k \leq \ell$, dann führen wir die zweite Phase k mal aus. Im letzten Durchlauf von Schritt 4 laufen wir nun (mit k zusätzlichen Schritten) bis zum Anfang des Wortes zurück. In diesem Fall benötigen wir also $k(2k + 1) + k = 2k^2 + 2k$ Schritte in der zweiten Phase. Somit ergibt sich

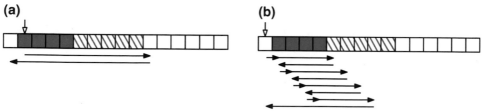

Abb. 6.1 Die zwei Phasen (**a**), (**b**) des Laufes der Turingmaschine M bei Eingabe $a^4 b^5$

$$T_M(\mathtt{a}^k\mathtt{b}^\ell) = \begin{cases} 2n + 1 + 2k\ell + k + \ell + 1 & \text{falls } k > \ell \\ 2n + 1 + 2k^2 + 2k & \text{sonst.} \end{cases}$$

Wir wollen nun die Funktion $t_M(n)$ bestimmen. Man sieht, dass alle Eingaben $w \neq$ $\mathtt{a}^*\mathtt{b}^*$ schnell bearbeitet werden. Aus diesem Grunde müssen wir nur die Eingaben der Form $w = \mathtt{a}^*\mathtt{b}^*$ betrachten. Im Fall $k > \ell$ ist leicht zu sehen, dass das Maximum erreicht wird, wenn ℓ möglichst groß ist, denn dies maximiert den Term $2k\ell$. Unter dieser Voraussetzung vereinfachen wir den Aufwand in diesem Fall zu

$$2n + 1 + 2k(k - 2) + k + (k - 2) + 1 = 2n + 1 + 2k^2 - 2k - 1 \qquad \text{bei } n \text{ gerade}$$

$$2n + 1 + 2k(k - 1) + k + (k - 1) + 1 = 2n + 1 + 2k^2 \qquad \text{bei } n \text{ ungerade.}$$

Wie wir sehen, haben wir somit im Fall $k \leq \ell$ eine höhere Laufzeit. Somit ergibt sich mit $k = \lfloor n/2 \rfloor$

$$t_M(n) = \begin{cases} 1/2(n^2 + 6n + 2) & \text{wenn } n \text{ gerade} \\ 1/2(n^2 + 4n + 1) & \text{wenn } n \text{ ungerade.} \end{cases}$$

Man sieht an diesem Beispiel, dass es mühselig ist, die Funktionen t_M oder T_M genau zu bestimmen. Der hierzu notwendige Detailgrad ist zudem übertrieben, da er stark von Implementierungsdetails abhängig ist. Uns interessiert vielmehr das generelle Verhalten der Funktion t_M bei wachsender Eingabelänge. Deshalb geben wir in der Regel für die Laufzeit eine asymptotische Abschätzung in der Groß-O-Notation an. In unserem Beispiel würde also folgen

$$t_M(n) = O(n^2).$$

Beachten Sie, dass die Groß-O-Notation eine obere Schranke angibt. Wir könnten im Beispiel sogar die scharfe Schranke $t_M(n) = \Theta(n^2)$ angeben.

Wir werden nun Zeitkomplexitätsklassen definieren. Wie bereits diskutiert, enthält eine Komplexitätsklasse eine Menge von Problemen. Wie im gesamten Buch betrachten wir ausschließlich Entscheidungsprobleme und identifizieren ein Entscheidungsproblem mit der Sprache der Codierungen seiner Ja-Instanzen.

Definition 6.1 (Zeitkomplexitätsklasse)   Sei $f(n) \colon \mathbb{N} \to \mathbb{R}_+$ eine monotone Funktion. Dann ist

$$\mathsf{TIME}(f(n)) := \{L \mid \exists \text{ Entscheider } M \text{ mit } L(M) = L \text{ und } t_M(n) = O(f(n))\}.$$

Wie wir bereits gesehen haben, gilt also $\{a^k b^\ell \mid k > \ell \geq 1\} \in \mathsf{TIME}(n^2)$. Das heißt aber nicht, dass diese Sprache nicht auch in einer kleineren Klasse enthalten sein kann. Die Analyse unseres Algorithmus war zwar scharf, aber es kann durchaus eine effizientere Turingmaschine geben, die diese Sprache entscheidet. In der Tat kann man zeigen, dass $\{a^k b^\ell \mid k > \ell \geq 1\} \in \mathsf{TIME}(n \log n)$. Eine Turingmaschine könnte zum Beispiel die unär codierten Zahlen m und n in Binärdarstellung umwandeln und dann vergleichen. Die Details für diese Idee interessieren uns an dieser Stelle aber nicht weiter.

Test 6.1 Zeigen Sie, dass die Sprache $\{a^{2^k} \mid k \geq 0\}$ über dem Alphabet $\{a\}$ in der Klasse $\mathsf{TIME}(n \log n)$ liegt.

Neben den Zeitkomplexitätsklassen gibt es noch viele andere Komplexitätsklassen. Einige davon lernen wir noch kennen. Viele dieser Klassen basieren auf anderen Berechnungsmodellen. In der Komplexitätstheorie versucht man, diese Klassen und deren Beziehung zueinander zu verstehen.

6.2   Die Klasse P

Die vielleicht prominenteste Komplexitätsklasse überhaupt ist die Klasse P. Sie ist wie folgt definiert.

Definition 6.2
$$P = \bigcup_{k=1}^{\infty} \mathsf{TIME}(n^k)$$

Das heißt also, in der Klasse P sind alle Probleme enthalten, für die es einen Algorithmus gibt, der in polynomieller Laufzeit arbeitet, wobei wir als Modell die deterministische Turingmaschine benutzen. Wir nennen solche Algorithmen in Zukunft kurz **polynomielle Algorithmen**. Die Probleme aus P stufen wir als **effizient lösbar** ein. Diese Annahme ist durchaus kritisch zu prüfen. Ein Algorithmus mit einer Laufzeit von n^{100} ist bestimmt alles andere als effizient. Zudem macht es bei einer großen Eingabegröße einen immensen Unterschied, ob wir n^2 oder $n \log n$ Berechnungsschritte benötigen. Nicht zuletzt beziehen sich die Klassen TIME auf die asymptotische Laufzeit. Das heißt, dass ein $O(n)$ Algorithmus in Wirklichkeit $10^{100}n$ Schritte benötigen kann, was offensichtlich nicht effizient ist. Trotz dieser Kritikpunkte gibt es viele gute Argumente, warum wir die Probleme aus P als effizient lösbar einstufen. Zum einen kennen wir nur sehr wenige Probleme aus P, für welche der bislang beste Algorithmus eine Laufzeit von $O(n^{10})$ oder schlechter hat. Zum anderen kann bei hohen Eingabegrößen natürlich jeder Algorithmus an seine Grenzen stoßen, bei einer superpolynomiellen Laufzeit passiert dies jedoch sehr schnell (siehe dazu Tab. 6.1). Nicht zuletzt beruht unsere Einstufung der Klasse P auch auf Erfahrungswerten. Die Probleme aus P haben sich häufig in der Praxis als effizient lösbar *erwiesen*.

Tab. 6.1 Gegenüberstellung von polynomiellen und exponentiellen Wachstum

n	$\lfloor n \log n \rfloor$	n^2	n^3	2^n
1	0	1	1	2
5	15	25	125	32
10	40	100	1000	1024
50	300	2500	125000	1125899906842624
100	700	10000	1000000	1267650600228229401496703205376

Polynome haben viele Eigenschaften, die bei der Analyse von polynomiellen Algorithmen von Vorteil sind. So ist zum Beispiel das Polynom eines Polynoms wiederum ein Polynom. Multipliziert man oder addiert man Polynome, so erhält man ebenfalls ein Polynom. Nehmen Sie als Beispiel die Polynome $p(n) = n^3 - n$ und $q(n) = 2n^2 - 3$. Dann ist

$$p(n) + q(n) = n^3 + 2n^2 - n - 3,$$

$$p(n) \cdot q(n) = 2n^5 - 5n^3 + 3n,$$

$$p(q(n)) = 8n^6 - 36n^4 + 52n^2 - 24.$$

Alle Ergebnisse sind wieder Polynome. Auch dies sind Gründe, warum man Probleme mit polynomiellen Algorithmen zu einer Klasse zusammenfasst.

Test 6.2 Beweisen Sie, dass, wenn $p(n)$ und $q(n)$ Polynome sind, dann auch $p(q(n))$.

Bei der Diskussion der Church–Turing-These haben wir angemerkt, dass es eine Vielzahl von Berechnungsmodellen gibt, welche äquivalent zur Turingmaschine sind. Einige dieser Modelle sind im Vergleich zur Turingmaschine deutlich enger an moderne Computer angelehnt. Ein Hauptunterschied liegt in der Organisation des Speicherzugriffs. Bei der Turingmaschine ist der Speicher sequenziell auf einem Band gespeichert, über welches man sich nur langsam bewegen kann. Am Computer geschieht der Speicherzugriff jedoch in der Regel direkt (*random access*). Unabhängig von der Position kann man hier in $O(1)$ Zeit auf jede Speicherzelle zugreifen. Ein anderer Unterschied ist, dass man arithmetische Operationen wie Multiplikation oder Addition im Prozessor eines Computers direkt ausführen kann, während eine Turingmaschine dafür ein Unterprogramm benötigt. Aus diesen Gründen arbeiten diese Modelle *schneller* als eine Turingmaschine. Man kann jedoch zeigen, dass der zeitliche Mehraufwand nur einen polynomiellen Faktor ausmacht. Das heißt, dass, wenn wir ein Computerprogramm haben, welches in polynomieller Laufzeit arbeitet, es dann auch eine Turingmaschine mit polynomieller Laufzeit gibt. Das Polynom der Turingmaschine wird hierbei meist einen höheren Grad haben. Kann man also ein Programm in einer klassischen Programmiersprache mit polynomieller Laufzeit angeben, belegt dies, dass dieses Problem in P ist. Weitere Details zu dieser Problematik folgen im Abschn. 6.4.

Wir wollen nun einige Beispiele für Probleme aus P vorstellen. Wie wir bereits gesehen haben, ist die Sprache $\{a^k b^\ell \mid k \geq \ell \geq 1\} \in \mathsf{TIME}(n^2)$ und somit in P enthalten. Insbesondere sind alle regulären und kontextfreien Sprachen in P enthalten, da wir polynomielle Algorithmen für das Wortproblem für DEAs und für kontextfreie Grammatiken kennen. Wir gehen darauf noch einmal kurz ein.

Zu jeder regulären Sprache L gibt es einen DEA M. Eine Turingmaschine, welche L akzeptiert, können wir direkt aus M bestimmen. Die Turingmaschine arbeitet in der endlichen Kontrolleinheit genau wie der DEA M, während sie die Eingabe von links nach rechts verarbeitet. Für die kontextfreien Sprachen nutzen wir den CYK-Algorithmus. Im Abschn. 3.4 haben wir diskutiert, dass dieser Algorithmus bei einer Eingabe der Länge n maximal $O(n^3 |P|)$ Schritte benötigt (nicht auf einer TM, aber für den angegebenen Pseudocode). Die Menge P bezeichnet hierbei die Menge der Regeln einer passenden Grammatik in CNF. Das heißt, für eine feste Sprache ist $|P|$ eine Konstante. Somit können wir für jede kontextfreie Sprache einen polynomiellen Algorithmus angeben.

Zum Abschluss stellen wir ein weiteres Problem aus P vor. Wir wollen entscheiden, ob es möglich ist, in einem gerichteten Graphen entlang eines Weges vom Knoten s zum Knoten t zu gelangen. Dies können wir wie folgt als Sprache formulieren:

$$\text{DPATH} := \{\langle G, s, t \rangle \mid G \text{ ist ein gerichteter Graph mit Weg zwischen } s \text{ und } t\}.$$

Es ist nicht schwer, einen polynomiellen Algorithmus für diese Sprache anzugeben. Dazu führen wir eine Tiefensuche im Graphen G vom Startpunkt s aus. Erreichen wir während dieser Suche den Knoten t, akzeptieren wir. Wird die Suche jedoch beendet, ohne dass wir t gefunden haben, verwerfen wir. Da eine Tiefensuche in polynomieller Zeit ausführbar ist, hat dieser Algorithmus auch polynomielle Laufzeit, und somit ist DPATH aus P.

Test 6.3 Zeigen Sie, dass folgendes Problem in P ist:

$$\text{PATTERN} := \{\langle T, P \rangle \mid T, P \in \{a, \dots, z\}^* \text{ und } P \text{ ist Teilwort von } T\}.$$

6.3 Die Klasse NP

Als Nächstes stellen wir die Komplexitätsklasse NP vor. In dieser Klasse fassen wir alle Probleme zusammen, für die es einen Algorithmus gibt, der „Lösungen" des Problems effizient *verifiziert*. Um zu verstehen, was damit gemeint ist, sehen wir uns zuerst das Modell des **Verifizierers** an.

Bei einem Verifizierer für eine Sprache L handelt es sich technisch gesehen um einen Entscheider V. Wir verstehen jede Eingabe eines Verifizierers immer als ein Paar, bestehend aus der eigentlichen Eingabe und einem zusätzlichen Wort. Das zusätzliche Wort nennen wir **Zeuge** oder **Zertifikat**. Einen Verifizierer V mit Eingabe x und Zeugen z notieren wir wie üblich als $V(\langle x, z \rangle)$. Der Unterschied zu einer herkömmlichen Turingmaschine liegt hauptsächlich darin, wie ihm eine Sprache zugeordnet wird.

Definition 6.3 (Verifizierer für eine Sprache) Wir nennen V einen *Verifizierer* für die Sprache $L \subseteq \Sigma^*$, falls gilt

$$L = \{w \in \Sigma^* \mid \exists z \in \Sigma^*\colon \langle w, z \rangle \in L(V)\}.$$

Ein Verifizierer überprüft also, ob ein Wort w aus der Sprache L ist. Für diese Prüfung kann er auf den Zeugen z zurückgreifen. Wenn $w \in L$, muss es einen Zeugen z geben, sodass $\langle w, z \rangle \in L(V)$. Es ist aber nicht die Aufgabe des Verifizierers, diesen Zeugen zu finden. Es ist sogar möglich, dass es Zeugen z' geben kann, sodass $\langle w, z' \rangle \notin L(V)$, obwohl $w \in L$. Klar ist auch, falls $w \notin L$, muss der Verifizierer $V(\langle w, z \rangle)$ für alle Zeugen z verwerfen. Das Lösen eines Problems und das Verifizieren einer Lösung des Problems sind zwei unterschiedliche Aufgabenstellungen!

Um das Konzept des Verifizierens zu verdeutlichen, wollen wir ein Beispiel betrachten. Ein **Hamiltonpfad** ist ein Weg in einem Graphen, der jeden Knoten genau einmal besucht. Ein Graph mit Hamiltonpfad ist in Abb. 6.2 zu sehen. Die gleiche Abbildung zeigt auch einen Graphen ohne Hamiltonpfad. Wir suchen einen Verifizierer für die folgende Sprache

HAMPATH := $\{\langle G \rangle \mid G$ ist ungerichteter Graph mit Hamiltonpfad$\}$.

Wenn man einen Verifizierer sucht, sollte man sich zuerst über die Rolle des Zeugen Gedanken machen. In unserem Fall soll uns der Zeuge beim Nachweis der Existenz eines Hamiltonpfades helfen. Die Existenz eines Hamiltonpfades kann man am einfachsten dadurch verifizieren, indem man diesen angibt. Wir interpretieren also den Zeugen z als eine Folge $\sigma = (v_1, \ldots, v_m)$ von Knoten, das heißt, $z = \langle \sigma \rangle$. Den Verifizierer $V(\langle G, z \rangle)$ geben wir nun in Modulschreibweise an.

(a)

(b)

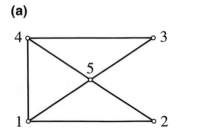
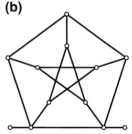

Abb. 6.2 (**a**) Ein Graph mit Hamiltonpfad (1,2,5,3,4). (**b**) Ein Graph ohne Hamiltonpfad. Um zu sehen, dass es keinen Hamiltonpfad gibt, kann man zum Beispiel alle möglichen Wege ausprobieren

1. Prüfe, ob z syntaktisch die Codierung eines Weges σ ist. Falls nein, stoppe verwerfend.
2. Prüfe, ob σ jeden Knoten des Graphen genau einmal enthält. Falls nein, stoppe verwerfend.
3. Prüfe für jedes Paar (v_i, v_{i+1}) von direkt aufeinanderfolgenden Knoten in σ, ob (v_i, v_{i+1}) eine Kante in G ist. Falls ja, akzeptiere, ansonsten verwerfe.

Sehen wir uns nun an, ob V auch wirklich ein Verifizierer für HAMPATH ist. Dazu nehmen wir als Erstes an, dass $\langle G \rangle \in$ HAMPATH. Das heißt, es gibt einen Hamiltonpfad σ' in G. Für diesen Weg stoppt dann $V(\langle G, \sigma' \rangle)$ akzeptierend. Falls jedoch $\langle G \rangle \notin$ HAMPATH, dann gibt es keinen Zeugen z, für welchen $V(\langle G, z \rangle)$ akzeptiert. Ansonsten würde ein solcher Zeuge einen Hamiltonpfad codieren, und dieser kann nicht existieren.

Test 6.4 Geben Sie einen Verifizierer für die Sprache DPATH aus Abschn. 6.2 an.

Es mag an dieser Stelle noch nicht ganz klar sein, worin der Vorteil der Verifikation liegt. Das Beispiel macht aber schon deutlich, dass eine Verifikation das Potenzial hat, „effizienter" zu sein. Den Unterschied zwischen dem Lösen eines Entscheidungsproblems und der Verifikation soll das folgende anschauliche Beispiel deutlich machen. Angenommen, wir wollen überprüfen, ob ein Sudokurätsel eine uneindeutige Lösung hat. Für dieses Problem kann man sich leicht einen Algorithmus ausdenken. Dazu überprüft man einfach alle Möglichkeiten, das Sudoku auszufüllen und zählt die richtigen Lösungen mit. Diese Methode benötigt jedoch viel Rechenzeit. Wenn uns aber jemand zwei Lösungen zeigt, können wir sehr einfach feststellen, dass es mehrere Lösungen gibt. Dazu überprüfen wir, ob die zwei vorgeschlagenen Lösungen korrekt sind, zu unserem Ausgangssudoku passen und verschieden sind. Eine solche Überprüfung kann sehr schnell und unkompliziert durchgeführt werden. Die beiden Lösungsvorschläge wären in diesem Beispiel das Zertifikat. Natürlich kann man uns auch zwei fehlerhafte Lösungen vorlegen. In diesem Fall erkennen wir zwar den Fehler, können aber nichts über die Eindeutigkeit des Sudokus aussagen. Wenn es jedoch zwei Lösungen des Sudokus gibt, dann *gibt es* die Möglichkeit, dass wir dies bei mindestens einem Zertifikat feststellen. Auf keinen Fall werden wir aber mit unserem Verifikationsalgorithmus zu einer falschen Antwort kommen. Gibt es keine zwei Lösungen, wird uns auch kein Zertifikat davon überzeugen. Das Verifizieren erscheint in diesem Beispiel *einfacher* als das Lösen des Problems.

Wir führen nun diesen Gedanken formal weiter und werden definieren, was wir unter einem polynomiellen Verifizierer verstehen. Die Laufzeit eines Verifizierers messen wir wie die Laufzeit einer Turingmaschine mit Eingabe $\langle w, z \rangle$.

Definition 6.4 Ein Verifizierer für eine Sprache L heißt *polynomiell*, falls gilt:

(i) Es gibt ein $k \in \mathbb{N}$ mit $L = \{w \in \Sigma^* \mid \exists z \in \Sigma^*: |z| \le |w|^k$ und $\langle w, z \rangle \in L(V)\}$, und
(ii) V hat polynomielle Laufzeit.

Existiert ein polynomieller Verifizierer für die Sprache L, nennen wir L *polynomiell*
verifizierbar.

Bei der polynomiellen Verifikation erlauben wir also nur kurze Zeugen, welche polynomiell in der Länge der eigentlichen Eingabe sind. Ohne diese Bedingung würde die
Forderung (ii) der Definition bedeutungslos werden, da wir die Laufzeit bezüglich $|\langle w, z \rangle|$
messen. Durch ein künstliches Verlängern des Zeugen würde man so die Laufzeit von V
reduzieren können, ohne etwas am Algorithmus zu verändern.

Beispiel 6.1 Wir suchen einen polynomiellen Verifizierer für die Sprache

$$\text{SUBSET-SUM} = \{\langle a_1, a_2, \dots, a_k, B \rangle \mid \exists S \subseteq \{1, \dots, k\}\colon \textstyle\sum_{i \in S} a_i = B\},$$

wobei es sich bei den a_is und dem B um natürliche Zahlen handelt, die in Binärdarstellung
angegeben wurden. Das zugeordnete Entscheidungsproblem fragt also danach, ob es in
einer Menge von natürlichen Zahlen eine Teilmenge gibt, sodass deren Summe genau
einen vorgegebenen Wert hat.

Um einen Verifizierer anzugeben, legen wir zuerst die Rolle des Zeugen fest. Wir
bezeichnen wie üblich die Eingabe mit w und den Zeugen mit z. Den Zeugen interpretieren
wir als eine Teilmenge aus $\{1, \dots k\}$. Eine solche Teilmenge können wir als Bitvektor
codieren. Das heißt, es genügt, sich Zeugen der Länge $k = O(|w|)$ anzusehen. Eine
Verifikation kann nun durch folgenden Algorithmus durchgeführt werden.

1. Bestimme $\sum_{i \in S_z} a_i$, wobei S_z die von z beschriebene Teilmenge aus $\{1, \dots, k\}$ ist.
2. Vergleiche den ermittelten Wert mit B. Akzeptiere, wenn beide Werte identisch sind,
   ansonsten verwerfe.

Ist $w \in \text{SUBSET-SUM}$, dann wird für den Zeugen z, der gerade die Teilmenge der
a_is benennt, die aufsummiert B ergeben, die Eingabe w auch durch den Algorithmus
akzeptiert. Ist hingegen $w \notin \text{SUBSET-SUM}$, dann wird w bei keinem Zeugen akzeptiert.
Der angegebene Algorithmus ist demnach ein Verifizierer für SUBSET-SUM.

Das Bestimmen der Summe erfordert maximal $k - 1 \le |w|$ Additionen von Zahlen,
die maximal $O(|w|)$ Bits benötigen. Das heißt, dass diese Berechnung in polynomieller
Laufzeit ausgeführt werden kann. Gleiches gilt natürlich für den Vergleich mit B. Damit
ist der angegebene Verifizierer ein polynomieller Verifizierer.

Test 6.5 Zeigen Sie, dass der vorgestellte Verifizierer für HAMPATH ein polynomieller
Verifizierer ist.

Die Klasse **NP** setzt sich nun aus den Sprachen zusammen, für die es einen polynomiellen
Verifizierer gibt. Wir definieren also.

Definition 6.5 $\quad$ NP $= \{L \mid L$ polynomiell verifizierbar$\}$.

Bei vielen Problemen fällt es nicht besonders schwer, einen polynomiellen Verifizierer anzugeben. Es gibt aber auch etliche Probleme, bei denen offen ist, ob ein solcher polynomieller Verifizierer existiert. Ein Beispiel hierfür ist das Komplement von HAMPATH. Wir suchen in diesem Fall nach einem polynomiellen Verifizierer dafür, dass ein Graph keinen Hamiltonpfad besitzt. Es scheint kein kurzes Zertifikat für dieses Problem zu geben. Man sieht am Beispiel des Graphen in Abb. 6.2, dass es sehr schwer ist, sich davon zu überzeugen, dass dieser Graph keinen Hamiltonpfad besitzt. Eine leicht zu überprüfende Fallunterscheidung hilft uns an dieser Stelle nicht weiter, da es zu viele Möglichkeiten gibt, den Hamiltonpfad durch die Knoten des Graphen zu legen. Ein Zeuge dieser Art wäre somit zu lang.

6.3.1 Nichtdeterministische Zeitkomplexitätsklassen

Für die Klasse NP gibt es eine alternative Beschreibung über nichtdeterministische Zeitkomplexitätsklassen. Historisch gesehen war dies die ursprüngliche Definition.

Um nichtdeterministische Komplexitätsklassen zu definieren, muss man als Erstes festlegen, wie man die Laufzeit einer nichtdeterministischen Turingmaschine misst. Im Fall der deterministischen Turingmaschine haben wir als Laufzeit die Anzahl der Schritte bei einer bestimmten Eingabe gezählt. Im nichtdeterministischen Modell macht dieser Ansatz keinen Sinn, da die Auswahl der Folgekonfiguration die Anzahl der Schritte der Berechnung beeinflusst. Für die Festlegung der Laufzeit sehen wir uns deshalb den kompletten Berechnungsbaum an. Dieser Baum setzt sich aus allen möglichen Berechnungspfaden der nichtdeterministischen Turingmaschine und deren Eingabe zusammen. Gibt es nichtendliche Pfade, dann ist die Laufzeit für diese Eingabe nicht definiert. Ist jeder Pfad endlich, dann wählen wir den längsten Pfad von der Wurzel zu einem Blatt aus. Dabei ist es unerheblich, ob das Blatt eine akzeptierende oder verwerfende Konfiguration repräsentiert. Die Länge dieses Pfades (Anzahl der Kanten) interpretieren wir als die Laufzeit (siehe auch Abb. 6.3). Für eine NTM N mit Eingabe w definieren wir demnach

$$T_N(w) := \text{Höhe des Berechnungsbaumes von } N(w).$$

Wie im deterministischen Fall messen wir die Laufzeit bezüglich ihrer Eingabelänge mit der Funktion

$$t_N(n \in \mathbb{N}) := \max_{w \in \Sigma^*, |w|=n} T_N(w).$$

Wir können nun die nichtdeterministischen Zeitkomplexitätsklassen definieren.

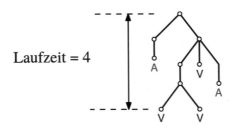

Abb. 6.3 Definition der Laufzeit einer nichtdeterministischen Turingmaschine. Die Abbildung zeigt einen Berechnungsbaum, in welchem akzeptierende Konfigurationen mit einem A und verwerfende Konfigurationen mit einem V markiert wurden

Definition 6.6 (Nichtdeterministische Zeitkomplexitätsklasse)   Sei $f(n)\colon \mathbb{N} \to \mathbb{R}_+$ eine monotone Funktion. Dann ist

$$\mathsf{NTIME}(f(n)) := \{L \mid \exists\, \mathsf{NTM}\ N \text{ mit } L(N) = L \text{ und } t_N(n) = O(f(n))\}.$$

Mit Hilfe der nichtdeterministischen Zeitkomplexitätsklassen kann man die Klasse NP wie folgt beschreiben.

Satz 6.1

$$\mathsf{NP} = \bigcup_{k=1}^{\infty} \mathsf{NTIME}(n^k)$$

Beweis. Wir gliedern den Beweis in zwei Teile.

Im ersten Teil zeigen wir $\mathsf{NP} \subseteq \bigcup_{k=1}^{\infty} \mathsf{NTIME}(n^k)$ und im zweiten Teil $\mathsf{NP} \supseteq \bigcup_{k=1}^{\infty} \mathsf{NTIME}(n^k)$. Die Aussage des Satzes folgt dann.

1. **Teil:** Für jede Sprache aus NP müssen wir eine NTM finden, die polynomielle Laufzeit hat. Sei $L \in \mathsf{NP}$ und V ein zugehöriger polynomieller Verifizierer. Wir geben nun eine NTM N an, welche die Sprache L erkennt.

   Die NTM N besteht aus zwei Modulen. Im ersten Modul wird ein potenzieller Zeuge z erzeugt. Ein potenzieller Zeuge ist in diesem Zusammenhang ein beliebiges Wort aus Σ^* mit Länge kleiner gleich $|w|^k$, wobei w die Eingabe von N ist. Das Wort z wird hierbei zeichenweise auf das Band geschrieben. Für das Erzeugen eines Zeichens von z nutzt N den Nichtdeterminismus. Das heißt, es gibt für jedes Zeichen von Σ eine legale Folgekonfiguration, die dieses Zeichen auswählt. Auch für die Wahl der Länge von z nutzt man den Nichtdeterminismus. Man spricht in diesem Zusammenhang auch davon, dass das Wort z *geraten* wird. Die Zahl k ist eventuell nicht bekannt (aber sie existiert). In diesem Sinne ist die Beschreibung von N nicht konstruktiv. Wir könnten für jedes k eine NTM festlegen, und damit existiert dann auch eine NTM, die das *richtige* k benutzt. Nachdem z erzeugt wurde, wird als zweites Modul $V(\langle w, z \rangle)$ aufgerufen und dessen Ergebnis übernommen.

Falls $w \in L$, dann gibt es einen Zeugen z mit $|z| \leq |w|^k$, sodass $V(\langle w, z \rangle)$ akzeptiert. Dann gibt es aber auch einen Pfad im Berechnungsbaum, der genau dieses z erzeugt und in diesem Fall akzeptiert auch $N(w)$. Ist $w \notin L$, dann wird $V(\langle w, z \rangle)$ für alle potenziellen Zeugen verworfen. Somit enthält der Berechnungsbaum zu $N(w)$ nur verwerfende Konfigurationen als Blätter und N verwirft w. Es verbleibt, die Laufzeit von N zu bestimmen. Im ersten Modul benötigen wir $|z| \leq |w|^k$ Schritte. Die Eingabe $\langle w, z \rangle$ hat maximal die Länge $|w| + |w|^k$, ist also beschränkt durch ein Polynom in $|w|$. Die Laufzeit der Turingmaschine V ist auch beschränkt durch ein Polynom in $|\langle w, z \rangle|$. Da ein Polynom eines Polynoms wiederum ein Polynom ist, hat N somit polynomielle Laufzeit. Somit ist $L \in \mathsf{NTIME}(n^{k'})$ für ein $k' \in \mathbb{N}$.

2. **Teil:** Wir nehmen nun an, dass es ein k gibt, sodass $L \in \mathsf{NTIME}(n^k)$ und wollen zeigen, dass dann $L \in \mathsf{NP}$. Sei N eine NTM, die L erkennt und Zeit $O(n^k)$ benötigt. Wir wollen nun mit der Turingmaschine V nachprüfen, ob es einen akzeptierenden Pfad im Berechnungsbaum von $N(w)$ gibt (w ist die Eingabe). Den ganzen Berechnungsbaum abzusuchen, wäre zu aufwendig. Deshalb nutzen wir an dieser Stelle den Zeugen z. Dieser soll uns den Pfad im Berechnungsbaum von der Wurzel bis zu einer akzeptierenden Konfiguration spezifizieren. Wir ordnen dazu für jede Konfiguration alle legalen Folgekonfigurationen lexikografisch. Jeder Pfad im Berechnungsbaum kann dann als Folge von natürlichen Zahlen notiert werden, wobei die i-te Zahl die Nummer der Folgekonfigurationen angibt, welche im Schritt i ausgewählt wurde. Ist diese Zahl größer als die Anzahl der legalen Folgekonfigurationen zu diesem Zeitpunkt, dann wählen wir einfach die letzte legale Folgekonfiguration aus. Als Zeugen z wählen wir demnach eine Codierung einer Folge von natürlichen Zahlen. Die Turingmaschine V arbeitet nun wie N, wählt aber immer die Alternative bei der Folgekonfiguration, die der Zeuge vorgibt. Somit ist V eine deterministische Turingmaschine, deren Laufzeit maximal einen konstanten Faktor größer ist als die Laufzeit von N. Da der Berechnungsbaum von N keinen Pfad länger als $O(|w|^k)$ hat, müssen wir nur Zeugen mit polynomieller Länge in Betracht ziehen.

Akzeptiert $N(w)$, dann gibt es eine akzeptierende Konfiguration im dazugehörigen Berechnungsbaum, und dann existiert also auch ein Zeuge z, der den Weg zu dieser Konfiguration beschreibt. In diesem Fall gibt es also ein z, sodass $V(\langle w, z \rangle)$ akzeptiert. Ist hingegen $w \notin L$, gibt es auch keinen Zeugen, der zu einer akzeptierenden Konfiguration führen kann. In diesem Fall gibt es also kein z, sodass $V(\langle w, z \rangle)$ akzeptiert. Damit ist V also ein Verifizierer für L. Da wir nur polynomielle Zeugen betrachten müssen und die Laufzeit von V auch polynomiell ist, ist V ein polynomieller Verifizierer, und somit ist $L \in \mathsf{NP}$. ∎

6.3.2 Das P vs. NP-Problem

Bislang weiß man nicht, ob $P = NP$ oder $P \neq NP$. Natürlich gilt $P \subseteq NP$, da wir jeden Algorithmus, der ein Problem löst, in einen Verifikationsalgorithmus umwandeln können. Dazu ignorieren wir das Zertifikat und benutzen ansonsten den Lösungsalgorithmus. Die P vs. NP-Fragestellung ist eines der prominentesten Probleme auf dem Gebiet der Informatik und Mathematik. Würde man zeigen können, dass $P = NP$, hätte dies wahrscheinlich weitreichende Folgen. So basieren zum Beispiel viele Methoden in der Kryptografie auf der Annahme, dass $P \neq NP$. Trotz vieler Bemühungen seit den 1970er-Jahren konnte man jedoch nur wenig Fortschritte in dieser Fragestellung erzielen.

Das P vs. NP-Problem fragt danach, ob das Lösen von Problemen und das Verifizieren von Lösungen in etwa gleich schwer sind. Dies macht deutlich, dass es durchaus überraschend wäre, wenn $P = NP$ gelten würde. Denken Sie zum Beispiel daran, dass es sehr viel schwieriger ist, ein Theorem selbstständig zu beweisen, als einen Beweis dafür zu überprüfen. Trotzdem haben wir außer Erfahrungswerte keine Argumente, die $P = NP$ ausschließen.

Auch wenn $P \neq NP$ ein offenes Problem ist, können wir zumindest zeigen, dass alle Probleme aus NP berechenbar sind. Um aus einem Verifikationsalgorithmus einen Algorithmus zur Lösung des Entscheidungsproblems zu erstellen, prüft man einfach alle möglichen Zeugen der Reihe nach durch.

Satz 6.2 Sei $L \in NP$, dann gibt es ein k, sodass $L \in \mathsf{TIME}(2^{n^k})$.

Beweis. Sei V ein Verifizierer für L und sei k' so gewählt, dass es bei Eingabelänge n genügt, Zeugen der Länge $n^{k'}$ zu berücksichtigen. Die Turingmaschine M, die wir aus V generieren, arbeitet wie folgt. In einem ersten Modul zählen wir alle die Wörter aus Σ^* in Standardaufzählung auf, die eine Länge von maximal $n^{k'}$ besitzen. Sobald wir ein Wort z erzeugt haben, rufen wir $V(\langle w, z \rangle)$ auf und akzeptieren, wenn die Verifikation erfolgreich war. Sind alle Verifikationen erfolglos, dann verwerfen wir. Offensichtlich gilt, dass $L(M) = L$.

Es gibt weniger als $|\Sigma|^{n^{k'+1}}$ Zeugen, die geprüft werden müssen. Dies können wir etwas vereinfachen, da

$$|\Sigma|^{n^{k'+1}} = 2^{\log |\Sigma|^{n^{k'+1}}} = 2^{n^{k'+1} \log |\Sigma|} \leq 2^{n^k}$$

für eine geeignete Konstante k. Die Konstruktion jedes Zeugen benötigt nur $O(n^{k'})$ Zeit, und die Verifikation benötigt ebenfalls nur polynomiell Zeit. Die Laufzeit pro Zeugen können wir demnach durch ein Polynom $p(n)$ beschränken. Das heißt, dass M höchstens $O(p(n)2^{n^k}) = O(2^{n^k})$ Schritte macht, und die Aussage des Satzes folgt. ∎

6.4 Analyse von Algorithmen

Bevor wir uns im nächsten Abschnitt weiter mit den Problemen aus NP beschäftigen, wollen wir an dieser Stelle noch einmal auf die Robustheit der Definitionen für P und NP eingehen. Unser Referenzmodell für die Definition dieser beiden Komplexitätsklassen ist die Turingmaschine. Wir hatten bereits angemerkt, dass die Schrittzahl einer Turingmaschine nicht unbedingt ein gutes Maß für die Laufzeit von Algorithmen auf einem modernen Computer ist. Deshalb stellen wir an dieser Stelle mit der *Registermaschine* (engl. *random access machine*) ein Modell vor, welches sich besser für die (Laufzeit) Analyse von Algorithmen eignet.

In der Literatur finden sich viele verschiedene Varianten des Modells der Registermaschine. Unterschiede gibt es im verwendeten Befehlssatz, der Größe der Speicherzellen und in der Art und Weise, wie Laufzeit und Speicherplatzbedarf gemessen wird. Alle Varianten des Registermaschinenmodells sind gleichmächtig zum Modell der Turingmaschine. Es kann aber leichte Unterschiede bei den Komplexitätsmaßen geben. Wir stellen mit der **Word-RAM** eine Version der Registermaschine vor, die sich nah an der Architektur von modernen Computern orientiert und sich deshalb auch gut für die Analyse von Algorithmen eignet.

Eine Registermaschine nutzt als Speicher eine Menge von Registern. In einem Register können wir eine natürliche Zahl eintragen, die maximal w Bits benutzt (Binärdarstellung). Man sagt in diesem Zusammenhang, dass das **Universum** des Modells die Menge $\{0, 1, \ldots, u = 2^w - 1\}$ ist, also alle Zahlen, die wir potenziell in einem Register speichern können. Die Zahl w, genannt **Wortgröße**, ist somit ein Parameter des Modells.

Die Register sind durchnummeriert. Wir bezeichnen sie mit $R0, R1, R2, R3, \ldots, Ru$. Das Register $R0$ ist ein spezielles Register, welches wir **Akkumulator** nennen. Zu Beginn der Berechnung steht die Eingabe in den Registern $R1, R2, \ldots, Rn$. Alle anderen Register enthalten die Zahl 0. Beachten Sie, dass die Eingabegröße n in diesem Fall leicht anders definiert ist, als wir das bislang verstanden haben. Wir werden voraussetzen, dass in etwa $u \geq n$ oder, genauer gesagt, dass $w = O(\log n)$. Das heißt, wir erlauben eine Maximalwortgröße relativ zur Eingabe. Diese Annahme mag zunächst etwas irritieren, da die Eingabe keinen Einfluss auf das Modell haben sollte. Es macht jedoch sehr viel Sinn, diese Schranke zu fordern, da wir ansonsten die einzelnen Teile der Eingabe nicht problemlos mit unserem Universum adressieren können.

Das eigentliche Berechnen funktioniert in der Word-RAM durch eine Ausführung von Befehlen, welche die Register modifizieren. Die Word-RAM verfügt über ein Programm, welches eine Sequenz dieser Befehle ist, und über einen Befehlszähler, welcher eine natürliche Zahl ist. Der Befehlszähler verweist auf den aktuellen Befehl. Nach jedem Befehl wird der Befehlszähler um eins erhöht. Das Programm kann nicht durch die Word-RAM verändert werden. Folgende Befehle kann eine Word-RAM ausführen:

- **Laden und Speichern:** Der Befehl LOAD x speichert den Wert von Rx in $R0$, der Befehl STORE x speichert den Wert von $R0$ in Rx.

- **Laden und Speichern mit indirekter Adressierung:** Der Befehl LOAD $[x]$ speichert den Wert von Ri in $R0$, wobei i der Wert ist, der in Rx steht. Analog dazu speichert der Befehl STORE $[x]$ den Wert von $R0$ in Ri (wiederum ist i der Wert von Rx).
- **Zuweisung von Konstanten:** Der Befehl $Ri = c$ speichert die Zahl c in Ri ab.
- **Arithmetische Operationen:** Der Befehl ADD x addiert zu der in $R0$ gespeicherten Zahl den Wert, der in Rx gespeichert ist. Analog dazu sind Befehle für andere elementare arithmetische Operationen wie Multiplikation, (ganzzahlige) Division und Modulo definiert.
- **Bitmanipulation:** Der Befehl AND x speichert in $R0$ das bitweise Und der Zahlen in $R0$ und Rx in Binärdarstellung. Andere Bitoperationen wie bitweises Oder, bitweises Negieren, Bitshifts etc. können ebenfalls mit entsprechenden Befehlen ausgeführt werden.
- **Steuerung des Programmflusses:** Der Befehl JZ i setzt den Befehlszähler auf den Wert i, falls $R0$ den Wert 0 enthält. Zusätzlich gibt es den Befehl HALT, welcher die Berechnung stoppt.

Das Ergebnis einer Berechnung hängt von der Anwendung ab. Bei Entscheidungsproblemen werden wir die Eingabe akzeptieren, falls am Ende der Berechnung in $R0$ eine Zahl ungleich 0 steht, ansonsten verwerfen wir sie.

Das Word-RAM-Modell eignet sich gut zur Analyse von Algorithmen. Beim Sortieren von natürlichen Zahlen würde man zum Beispiel im Turingmaschinen-Modell als Eingabelänge die Länge der kompletten Darstellung der Eingabe benutzen. Bei der Analyse interessiert uns hingegen eher die Anzahl der zu sortierenden Zahlen. Wir setzen aber hier voraus, dass die Zahlen von der Größe sind, dass wir sie ohne Umwege im Prozessor des Computers verarbeiten können. Diese Sichtweise gibt das Modell Word-RAM sehr gut wieder. Beachten Sie, dass man durch die Nutzung der Bitoperationen auch eine gewisse Parallelität realisieren kann. So kann man in nur einem Schritt zwei $w/2 - 1$ Bit große Zahlen addieren. Deshalb gelten vergleichsbasierte untere Schranken in diesem Modell nicht. In der Tat gibt es Algorithmen zum Sortieren von natürlichen Zahlen, die auf einer Word-RAM schneller als $\Theta(n \log n)$ arbeiten. Bei der Analyse von Algorithmen in diesem Modell kann (muss aber nicht) die Wortgröße w in der Laufzeit auftreten.

Satz 6.3 Die Modelle Turingmaschine und Word-RAM sind gleichmächtig.

Beweis.

1. **Teil: Simulation einer TM durch eine Word-RAM.** Die Simulation einer Turingmaschine durch eine Word-RAM ist bis auf ein paar technische Details relativ unkompliziert. Die Idee ist, dass wir eine Halbband-Turingmaschine simulieren und die Bandzellen in die Register abbilden. Der Inhalt einer Zelle wird dabei in einem Register abgespeichert. Einige Register (inkl. $R0$) reservieren wir uns. In diesen Registern speichern wir die aktuelle Kopfposition und den aktuellen Zustand der Turingmaschine.

Das Word-RAM-Programm besteht aus einer Schleife, in welcher getestet wird, welcher Befehl der Turingmaschine jetzt anzuwenden ist. Ist dieser Befehl gefunden, startet ein kurzes Unterprogramm, welches die Register für Kopfposition und Zustand abgleicht. Außerdem wird natürlich das Register, welches den Inhalt der Zelle an der Kopfposition repräsentiert, entsprechend verändert.

Ein kleines Problem bei dieser Simulation ist, dass wir nicht wissen, wie viel Platz die Turingmaschine benötigt. Der verfügbare Speicherplatz der Word-RAM wird über den Parameter w gesteuert. Würden wir in eine Speicherzelle schreiben wollen, die größer als 2^w ist, werden wir verwerfen. Für zu kleines w wird unser Programm deshalb fehlerhaft arbeiten. Es existiert aber immer ein w, welches groß genug ist, sodass die Simulation korrekt ausgeführt wird (auch wenn dieses nicht berechenbar ist). Bei den Turingmaschinen, die wir uns im Folgenden ansehen werden, handelt es sich zudem immer um Entscheider, für die eine obere Schranke für die Laufzeit sowieso angegeben wurde.

2. Teil: Simulation einer Word-RAM durch eine TM. Für die Simulation einer Word-RAM auf einer Turingmaschine nutzen wir 4 Bänder: das Simulationsband, das Befehlsband, das Arbeitsband und das Befehlszählerband. Auf dem Arbeitsband speichern wir Zwischenergebnisse, auf dem Befehlszählerband den Befehlszähler in Binärdarstellung. Das Simulationsband enthält den Inhalt der Register. Wir speichern dazu alle Register sequenziell in aufsteigender Reihenfolge ab. Dabei trennen wir die Register durch die Zeichenkette #u#, wobei # ein Sonderzeichen ist und u die Nummer des nächsten Registers in Binärdarstellung. Für jedes Register reservieren wir w Bits (siehe Abb. 6.4). Die Befehle des Word-RAM-Programms speichern wir auch sequenziell in einer sinnvollen Codierung ab. Hierfür nutzen wir das Befehlsband. Die einzelnen Befehle sind durch ihre Nummern getrennt, sodass wir den Befehlszähler bei Sprüngen geeignet umsetzen können. Der Inhalt des Befehlsbandes ist eine Konstante, die am Beginn der Simulation auf das Befehlsband geschrieben wird. Das Simulationsband wird hingegen immer nur so weit konstruiert, wie es auch benutzt wird.

Für die eigentliche Simulation ersetzen wir jeden Befehlstyp durch ein Unterprogramm der Turingmaschine. Um einen Befehl auszuführen, sehen wir auf dem Befehlsband nach, welches der nächste Befehl ist, und rufen das dazugehörige Unterprogramm der Turingmaschine auf. Die Turingmaschine sucht dann die im Befehl benutzten Register auf, kopiert sie auf das Arbeitsband und verarbeitet sie wie gewünscht. Danach

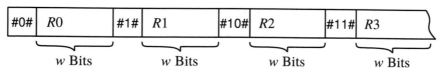

Abb. 6.4 Organisation der Register auf dem Speicherband bei der Simulation einer Word-RAM durch eine Turingmaschine

wird der Befehlszähler abgeglichen, und nicht mehr gebrauchte Zwischenergebnisse werden gelöscht. Wir gehen nicht auf das Ausführen der einzelnen Befehlstypen im Detail ein.

Ein Word-RAM-Programm kann prinzipiell sehr große Registernummern verwenden. Man kann jedoch mit einem geeigneten Hashverfahren die Nummern so umrechnen, dass man maximal auf ein Register mit Nummer $O(k)$ zugreift, wenn man insgesamt nur k Register braucht. Durch die dazwischengeschaltete Hashfunktion für die Registernummern vermeiden wir lange Wege auf dem Simulationsband. Dies hilft uns, unsere Simulation effizienter zu gestalten. ∎

Wir haben gesehen, dass sich Turingmaschinen und Word-RAMs gegenseitig simulieren lassen. Es bleibt noch offen, wie aufwendig die gegenseitige Simulation ist. Die Verwendung einer Halbband-Turingmaschine gegenüber einer Standard-Turingmaschine erfordert keine Extrakosten. Für jeden Befehl müssen wir eine Schleife durchlaufen, welche alle Befehle auf ihre Anwendbarkeit überprüft. Dies erfordert jedes Mal einen zusätzlichen Aufwand, der jedoch durch eine Konstante beschränkt werden kann. Das Abgleichen des Zustandes und der Kopfposition erfordert ebenfalls einen konstanten Mehraufwand. Wenn also bei Eingabe x die Laufzeit der Turingmaschine $T(x)$ beträgt, dann ist die Laufzeit der simulierenden Word-RAM $O(T(x))$.

Bei der Simulation einer Word-RAM mit Wortgröße w durch eine Turingmaschine entsteht ein Mehraufwand. Wir behandeln an dieser Stelle w wie eine Konstante, das heißt, wir können uns insbesondere den Zustand eines Registers über den Zustand der Turingmaschine merken. Für die Ausführung eines Befehls muss zur relevanten Stelle auf dem Simulationsband gelaufen werden. Wenn die Word-RAM $T_{RAM}(x)$ Schritte macht, werden maximal $T_{RAM}(x)$ verschiedene Register plus Akkumulator benutzt. Da wir für die Registernummern eine Hashfunktion eingesetzt haben, folgt daraus, dass die Registernummern maximal $O(T_{RAM}(x))$ groß sind. Für ein Register nutzen wir seine w Bits und die Registernummer, welche weniger als w Bits benötigt. Es folgt, dass auf dem Simulationsband höchstens $O(T_{RAM}(x))$ Zellen beschrieben werden. Um also von einer Stelle auf dem Simulationsband zu einer anderen zu gelangen, braucht man höchstens $O(T_{RAM}(x))$ viele Schritte. Das eigentliche Ausführen des simulierten Befehls kostet nur noch $O(w)$ Zeit. Zur Simulation eines Schrittes auf der Word-RAM benötigen wir also höchstens $O(T_{RAM}(x))$ Schritte auf der Turingmaschine. Somit ist die Laufzeit der simulierenden Turingmaschine $O(T_{RAM}(x)^2)$. Um die Anzahl der Bänder der konstruierten Turingmaschine von 4 Bändern auf ein Band zu reduzieren, nutzen wir die Mehrspurtechnik. Auch dies kann einen Mehraufwand verursachen, der aber nur quadratisch ist.

Wie wir gesehen haben, ist der Laufzeit-Mehraufwand bei der Simulation einer Word-RAM durch eine Turingmaschine nur polynomiell. Das bedeutet, dass sich jedes polynomielle Word-RAM-Programm in ein äquivalentes polynomielles Turingmaschinenprogramm übersetzen lässt. Um nun nachzuweisen, dass ein Problem in P ist, reicht es also aus, einen polynomiellen Word-RAM-Algorithmus anzugeben. Oft werden wir nicht einmal das tun, sondern uns mit einem Programm in (sinnvollem) Pseudocode begnügen. Dies ist durchaus legitim, da eine Übersetzung von Pseudocodes in ein Word-RAM-Programm mühsam, aber unkompliziert ist. Jeder einzelne Schritt im Pseudocode muss lediglich so elementar sein, dass er mit konstant vielen Befehlen auf der Word-RAM ausgeführt werden kann. Analog dazu reicht es aus, einen polynomiellen Verifizierer in Pseudocode anzugeben, um nachzuweisen, dass ein Problem in NP ist.

6.5 NP-Vollständigkeit

6.5.1 Polynomielle Reduktionen

Mit Hilfe von Reduktionen kann beispielsweise nachgewiesen werden, dass eine Sprache entscheidbar ist, indem man das ursprüngliche Problem in ein Problem „übersetzt", von welchem man schon weiß, dass es entscheidbar ist. Reduktionen können ebenfalls genutzt werden, um zu zeigen, dass eine Sprache nicht entscheidbar ist. Wir wollen nun dieses Konzept auch auf die Probleme aus NP ausweiten. Dazu werden wir jedoch den Begriff der Reduktion anpassen. Wir müssen an dieser Stelle nämlich ausschließen, dass die Übersetzung zu aufwendig ist.

Definition 6.7 (Polynomielle Reduktion) Eine *polynomielle Reduktion* der Sprache $A \subseteq \Sigma_1^*$ auf die Sprache $B \subseteq \Sigma_2^*$ ist eine polynomiell berechenbare Funktion $f : \Sigma_1^* \to \Sigma_2^*$, für die gilt

$$\forall w \in \Sigma_1^*: \quad w \in A \iff f(w) \in B. \tag{6.1}$$

Existiert eine polynomielle Reduktion von A auf B, nennen wir A *polynomiell reduzierbar* auf B und schreiben kurz $A \leq_p B$.

Für die Definition 6.7 haben wir gefordert, dass die Reduktionsfunktion f *polynomiell* berechenbar ist. Damit ist gemeint, dass diese Funktion durch eine Turingmaschine berechnet werden kann, deren Laufzeit polynomiell zur Eingabelänge ist. Daraus folgt, dass f total sein muss, das heißt, die Turingmaschine, die f berechnet, muss auf jeder Eingabe halten. Aus der Definition 6.7 folgt außerdem, dass jede polynomielle Reduktion eine Reduktion ist.

Sehen wir uns nun einige einfache Beispiele für polynomielle Reduktionen an. Wir betrachten als Erstes zwei Sprachen A und B über dem Alphabet $\{a, b\}$ mit $A = \{a, b\}$ und $B = \{ab, ba\}$. Wir möchten zeigen, dass $A \leq_p B$. Als Reduktion wählen wir

$$f(w) = \begin{cases} ab & \text{wenn } w = a \text{ oder } w = b, \\ aa & \text{sonst.} \end{cases}$$

Wir müssen nun prüfen, ob f die Eigenschaft (6.1) erfüllt und ob f polynomiell berechenbar ist. Wenn $w \in A$ ist, dann ist $f(w) = $ ab und somit in B. Wenn $w \notin A$, dann ist $f(w) = $ aa und somit nicht aus B. Eigenschaft (6.1) ist also erfüllt. Eine mögliche Turingmaschine für f arbeitet wie folgt. Zuerst wird geprüft, ob die Eingabe a oder b ist. Bei positivem Ergebnis wird ab ausgegeben, bei negativem Ergebnis aa. Die Turingmaschine benötigt nur konstant viele Schritte unabhängig von der Eingabe, da maximal zwei Zeichen der Eingabe gelesen werden. Auch die Ausgabe benötigt nur konstant viele Schritte. Somit handelt es sich bei f um eine polynomiell berechenbare Funktion, und damit ist $A \leq_p B$ nachgewiesen.

Test 6.6 Weisen Sie nach, dass $B \leq_p A$ mit $A = \{$a, b$\}$ und $B = \{$ab, ba$\}$.

Im vorigen einfachen Beispiel haben wir die Reduktion explizit durch die Funktion f angegeben. Häufig werden wir jedoch die Turingmaschine beschreiben, welche die Funktion f berechnet. Typisch ist hierfür das folgende Beispiel. Wir wollen zeigen, dass DPATH $\leq_p \overline{E_{\text{DEA}}}$, wobei wie bisher

$$\text{DPATH} = \{\langle G, s, t \rangle \mid G \text{ ist ein gerichteter Graph mit Weg zwischen } s \text{ und } t\},$$

$$E_{\text{DEA}} = \{\langle M \rangle \mid M \text{ ist DEA mit } L(M) = \emptyset\}.$$

Auf den ersten Blick haben beide Probleme wenig Bezug zueinander. Trotzdem können wir das Problem DPATH gut in das Problem $\overline{E_{\text{DEA}}}$ „übersetzen". Hierbei benutzen wir als Idee, dass jeder DEA ja auch einen gerichteten Graphen als Zustandsdiagramm impliziert. Gibt es in diesem Graphen einen Weg vom Startzustand zu einem akzeptierenden Zustand, dann wird zumindest ein Wort akzeptiert, das heißt, die Sprache des DEAs ist nicht die leere Menge. Diesen Ansatz nutzen wir, um die gewünschte Reduktion zu beschreiben. Sei $G = (V, E)$ ein gerichteter Graph mit ausgezeichneten Knoten s und t, den die Funktion f (als Wort codiert) als Eingabe bekommt. Wir definieren den DEA M in Abhängigkeit zu G, s und t wie folgt:

- Als Zustandsmenge wählen wir $Q = V$.
- Als Alphabet Σ wählen wir ein beliebiges Alphabet mit $|V|$ Zeichen.
- Die Funktion δ wird so gewählt, dass das Zustandsdiagramm des DEA genau G entspricht. Die Bezeichnung der Kanten kann beliebig geschehen. Die Größe des Alphabets stellt sicher, dass wir genug Übergänge anlegen können. Abschließend führen wir noch einen Zustand q_- ein, in den wir alle fehlenden Übergänge (inklusive der von q_-) eingehen lassen.
- Als Startzustand wählen wir s.
- Als Menge der akzeptierenden Zustände wählen wir $\{t\}$.

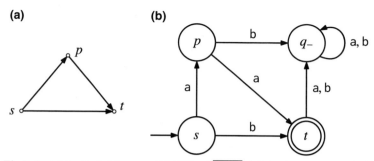

Abb. 6.5 Ein Beispiel der Reduktion von DPATH auf $\overline{E_{\text{DEA}}}$. (**a**) Der Ausgangsgraph G mit Knoten s und t. (**b**) Der aus G, s und t erstellte DEA

Ein Beispiel der Reduktion ist in Abb. 6.5 dargestellt. Wir werden nun zeigen, dass die von uns vorgeschlagene Umformung auch wirklich eine polynomielle Reduktion ist. Nehmen wir dazu zuerst an, dass $\langle G, s, t \rangle$ aus DPATH ist. In diesem Fall gibt es einen Weg in G von s nach t. Im DEA M gibt es dann aber auch eine Möglichkeit, vom Startzustand s in den akzeptierenden Zustand t zu gelangen. Somit akzeptiert der DEA zumindest ein Wort und $\langle M \rangle \in \overline{E_{\text{DEA}}}$. Ist nun $\langle G, s, t \rangle \notin$ DPATH, dann gibt es auch in M keinen Weg vom Startzustand zum (einzig) akzeptierenden Zustand. In diesem Fall ist also $\langle M \rangle \notin \overline{E_{\text{DEA}}}$. Damit ist f also eine Reduktion. Wir müssen nun noch nachweisen, dass f auch eine *polynomielle* Reduktion ist. Dies ist jedoch leicht zu sehen. Die Konstruktion bestimmt zuerst die Anzahl der Knoten in G und definiert dann die Bestandteile von M. Bei der Angabe der Übergangsfunktion arbeitet man G Knoten für Knoten ab. Für die Konstruktion von M sind keinerlei zusätzliche Berechnungen notwendig. Decodieren von $\langle G, s, t \rangle$, Umformen und Codieren von $\langle M \rangle$ benötigen also nur polynomiell viel Zeit. Somit ist f eine polynomielle Reduktion.

Wir wollen nun einige Eigenschaften der polynomiellen Reduktion nachweisen.

Lemma 6.1 Die durch die polynomielle Reduktion implizierte Relation $\leq_p$ ist transitiv, reflexiv, aber nicht symmetrisch.

Beweis. Die Reflexivität folgt mit der Reduktionsfunktion $f(w) = w$ trivialerweise. Für den Nachweis der Transitivität nehmen wir an, dass $A \leq_p B$ und $B \leq_p C$. Sei weiterhin f die Funktion der ersten Reduktion und g die Funktion der zweiten Reduktion. Die Funktion $h(w) := g(f(w))$ ist eine Reduktion für $A \leq_p C$, da

$$w \in A \iff f(w) \in B \iff g(f(w)) \in C \iff h(w) \in C.$$

Um eine Turingmaschine für h zu konstruieren, schaltet man die Turingmaschinen M_f (für f) und M_g (für g) hintereinander. Man berechnet zuerst $f(w) = w'$ und anschließend $g(w')$. Für den ersten Schritt benötigt man nur polynomiell viel Rechenzeit, da f polynomiell berechenbar ist. Des Weiteren gilt, dass $|w'|$ maximal so groß ist wie die Anzahl der Schritte von $M_f(w)$. Das heißt, auch $|w'|$ ist polynomiell in $|w|$. Somit ist die Laufzeit von $M_g(w)$ ein Polynom eines Polynoms in $|w|$ und damit selbst wieder ein Polynom (siehe Test 6.2). Die Funktion h kann also in polynomieller Laufzeit berechnet werden.

Um die Symmetrie von $\leq_p$ zu widerlegen, betrachten wir die Probleme $X = \{\mathsf{a}\} \subseteq \{\mathsf{a}, \mathsf{b}\}^*$ und das Problem A_{TM}. Offensichtlich ist X entscheidbar. Würde $A_{\text{TM}} \leq_p X$ gelten, dann wäre nach Satz 5.6 auch A_{TM} entscheidbar, aber nach Satz 5.2 ist A_{TM} nicht entscheidbar. Somit gilt $A_{\text{TM}} \leq_p X$ nicht. Auf der anderen Seite können wir eine Funktion f, die $X \leq_p A_{\text{TM}}$ bezeugt, angeben. Sei dazu M_+ die Turingmaschine, welche jede Eingabe sofort akzeptiert, und M_- die Turingmaschine, die jede Eingabe sofort verwirft. Wir wählen als Funktion f:

$$f(w) := \begin{cases} \langle M_+, \varepsilon \rangle & \text{falls } w = \mathsf{a}, \\ \langle M_-, \varepsilon \rangle & \text{sonst.} \end{cases}$$

Die Rückgabewerte der Funktion f sind als Konstanten gespeichert. Der Test auf $w = \mathsf{a}$ kann in konstanter Zeit durchgeführt werden. Somit ist f in konstanter (also auch in polynomieller) Zeit berechenbar, und $X \leq_p A_{\text{TM}}$ folgt. ∎

Lemma 6.2 Wenn $B \in \mathsf{P}$ und $A \leq_p B$, dann auch $A \in \mathsf{P}$.

Beweis. Sei M_f die Turingmaschine, welche die polynomielle Reduktion f von A auf B berechnet, und sei M_B der Entscheider (mit polynomieller Laufzeit) zu B. Wir konstruieren eine Maschine M_A, welche bei Eingabe w zuerst M_f ausführt (also $f(w)$ berechnet) und anschließend als Unterprogramm M_B mit Eingabe $f(w)$ aufruft. Abb. 6.6 zeigt den Aufbau von M_A als Schema.

Die neue Maschine akzeptiert genau dann, wenn $f(w) \in B$, also genau dann, wenn $w \in A$. Demnach ist M_A ein Entscheider für A. Die Laufzeit von M_A ist polynomiell in $|f(w)| + |w|$, wobei $|f(w)|$ wiederum polynomiell in w ist (siehe dazu Beweis von Lemma 6.1). Also hat der Entscheider M_A polynomielle Laufzeit, und somit ist $A \in \mathsf{P}$. ∎

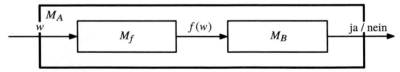

Abb. 6.6 Komposition zweier Turingmaschinen, wie in Lemma 6.2 beschrieben

6.5.2 Definition NP-Vollständigkeit

Wir widmen uns nun den NP-vollständigen Problemen. Wie bereits angesprochen, kann man die NP-vollständigen Probleme als die schwersten Probleme aus der Klasse NP verstehen, da man mit ihrer Hilfe (und einer geeigneten Umformung) alle Probleme aus NP lösen kann. Formal ist die NP-Vollständigkeit wie folgt definiert.

Definition 6.8 (NP-vollständig, NP-schwer) Eine Sprache L ist NP-*vollständig*, falls

1. $L \in$ NP,
2. für alle $L' \in$ NP gilt, dass $L' \leq_p L$.

Alle Sprachen, welche die 2. Forderung erfüllen, nennen wir NP-*schwer*.

Eine wichtige Konsequenz aus der Definition beschreibt das folgende Lemma.

Lemma 6.3 Falls es ein NP-vollständiges Problem B gibt, für welches es einen effizienten Algorithmus gibt (das heißt, $B \in$ P), dann ist P $=$ NP.

Beweis. Sei A ein beliebiges Problem aus NP. Da B NP-vollständig ist, gilt nach Definition 6.8, dass $A \leq_p B$. Da zudem $B \in$ P, gilt nun nach Lemma 6.2, dass $A \in$ P. Daraus folgt, dass P $=$ NP. ∎

Das letzte Lemma zeigt, wie wichtig NP-vollständige Probleme sind. Gilt P $=$ NP, dann liefert Lemma 6.3 einen Ansatz, dies zu beweisen. Hierfür müssen wir „lediglich" für irgendein NP-vollständiges Problem einen effizienten Algorithmus finden. Gilt auf der anderen Seite P $\neq$ NP, dann gibt es nachweislich für alle NP-vollständigen Probleme keinen effizienten Algorithmus. Aus diesem Grunde gilt der Nachweis der NP-Vollständigkeit eines Problems auch als ein stichhaltiges Indiz dafür, dass für dieses Problem kein Polynomialzeitalgorithmus existiert. Es gibt natürlich trotzdem Strategien, wie man mit NP-vollständigen Problemen umgeht, denn viele Probleme aus der Praxis sind nun einmal NP-vollständig. Man kann beispielsweise Näherungsverfahren einsetzen. Der praktische Umgang mit NP-vollständigen Problemen ist jedoch nicht Gegenstand dieses Buches.

Wir haben bereits gesehen, dass es von Nutzen ist, wenn wir nachweisen können, dass ein Problem NP-vollständig ist. Das Problem hierbei ist, dass wir noch gar nicht wissen, wie man einen solchen Nachweis erbringen kann. Die Forderung 2 aus der Definition 6.8 erscheint ziemlich schwer beweisbar zu sein, da hier eine Aussage über alle Probleme aus NP zu prüfen ist. Schwierig ist es insbesondere, ein erstes NP-vollständiges Problem zu finden. Kennt man bereits NP-vollständige Probleme, dann kann man dies ausnutzen, um auch die NP-Vollständigkeit von anderen Problemen zu zeigen. Das folgende Lemma zeigt, wie man hierbei vorgeht.

Lemma 6.4 Wenn A ein NP-schweres Problem ist und $B \in$ NP, dann folgt aus $A \leq_p B$, dass B NP-vollständig ist.

Beweis. Da A NP-schwer ist, gilt für alle $L' \in$ NP, dass $L' \leq_p A$. Da $\leq_p$ transitiv ist (siehe Lemma 6.1), können wir schlussfolgern, dass

$$L' \leq_p A \text{ und } A \leq_p B \quad \Rightarrow \quad L' \leq_p B.$$

Somit ist also B NP-schwer. Da B zusätzlich aus NP ist, ist B auch NP-vollständig.   ∎

6.5.3   Das Erfüllbarkeitsproblem

Der Satz von Cook-Levin, den wir in diesem Abschnitt beweisen werden, wird uns ein wichtiges NP-vollständiges Problem geben. Dieses Problem wird das Erfüllbarkeitsproblem (engl. *satisfiability*) von booleschen Formeln sein. Wir werden zuerst dieses Problem definieren.

Erfüllbarkeitsproblem (SAT)

Eingabe: Boolesche Formel ϕ mit den Variablen $x_1, x_2, \dots, x_k$
Frage: Gibt es eine Zuweisung für $x_1, x_2, \dots, x_k$, sodass ϕ wahr ist?

Wenn es eine Variablenbelegung gibt, die eine boolesche Formel wahr macht, nennen wir diese Formel **erfüllbar** und die entsprechende Variablenbelegung **erfüllend**. In Zukunft werden wir alle Entscheidungsprobleme in der Form wie im Kasten angeben. Die zugeordnete Sprache leitet sich dann wie üblich aus der Codierung der Ja-Instanzen ab. In unserem Fall:

$$\text{SAT} := \{\langle \phi \rangle \mid \phi \text{ ist erfüllbare boolesche Formel}\}.$$

Da es in der Regel unproblematisch ist, vom Problem auf die zugeordnete Sprache zu kommen, werden wir uns meist mit der Angabe des Entscheidungsproblems begnügen.

Zunächst möchten wir einige Beispiele für SAT erläutern. Sei

$$\phi_1 = (x_1 \wedge x_2) \vee (x_3 \vee \neg x_2) \vee \neg x_3.$$

Diese Formel ist erfüllbar; zum Beispiel mit der Belegung $x_1 = x_2 = x_3 = 1$ (wir nutzen 1 für *wahr* und 0 für *falsch*). Es gibt noch viele andere Belegungen, die diese Formel erfüllen. So reicht es zum Beispiel aus, $x_3 = 0$ zu setzen. Für die Formel

$$\phi_2 = x_1 \wedge (x_2 \vee \neg x_1) \wedge (\neg x_2 \vee \neg x_1)$$

gibt es hingegen keine erfüllende Variablenbelegung. Um dies zu sehen, kann man zum Beispiel alle möglichen Zuweisungen ausprobieren und die Formel jedes Mal auswerten. Es folgt, dass ϕ_2 nicht erfüllbar ist.

Test 6.7 Geben Sie für die folgende Formel eine erfüllende Belegung an.

$$\phi_3 = ((x_1 \vee \neg x_2) \wedge (x_3 \vee x_4)) \wedge (x_2 \vee x_3) \wedge \neg x_1 \wedge (x_1 \vee x_2 \vee (x_3 \wedge \neg x_4)) \wedge (x_2 \vee \neg x_3 \vee \neg x_4)$$

Wir werden die NP-Vollständigkeit von SAT über einen Umweg beweisen. Dazu sehen wir uns ein anderes Problem an, welches wir das Kachelungsproblem (BOUNDARY-TILING) nennen. Bei diesem Problem geht es grob gesagt um die Frage, ob wir ein Gitter so mit bestimmten quadratischen Kacheln auslegen können, dass die einzelnen Kacheln und der Rand des Gitters „zusammenpassen". Wir beschreiben nun dieses Problem im Detail. Eine Kachel besteht bis aus vier Randregionen (oben, unten, links, rechts), die mit einer Farbe eingefärbt sind. Wir verwenden für die Farben eine endliche Menge F, die wir vorab festlegen. Den Typ einer Kachel spezifizieren wir durch ein 4-Tupel $(o, u, l, r) \in F^4$, wobei o, u, l, r für oben, unten, links, rechts stehen. Eine einzelne Kachel $(\alpha, \beta.\gamma, \delta)$ geben wir grafisch wie folgt an:

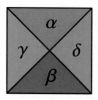

Es wird uns nicht erlaubt sein, die Kacheln zu drehen. Die auszulegende Fläche, die aus $t + 2$ Zeilen und $t + 2$ Spalten besteht, nennen wir das **Gitter** der Größe t. Das Gitter besteht aus Zellen (i, j) die jeweils Platz für eine Kachel bieten. Hierbei bezeichnet i die Zeile des Gitters und j die Spalte. Zeilen und Spalten sind von 0 bis $t+1$ durchnummeriert. Hierbei ist die Zelle $(0, 0)$ oben links. Der **Rand** des Gitters besteht aus den Zellen mit Spalten- oder Zeilennummer 0 oder $t+1$. Für jede Zelle des Randes legen wir eine einzelne Farbe fest, diese Zuordnung nennen wir **Randfärbung**. Eine **Kachelung** eines Gitters mit Kacheln K und Randfärbung R besteht aus einer Auswahl einer Kachel aus K für jede Zelle des Gitters, die nicht im Rand liegt, sodass jede Seite einer Kachel die gleiche Farbe hat wie die angrenzende Kachelseite der Nachbarkachel. Kachelseiten, die zum Rand benachbart sind, müssen mit der Farbe der Zelle auf dem Rand übereinstimmen. Beachten Sie, dass man Kacheln eines Typs beliebig oft auslegen darf. Ob es eine Kachelung gibt, hängt natürlich von K und R ab. Wir definieren nun das folgende Entscheidungsproblem.

Kachelungsproblem (BOUNDARY-TILING)

Eingabe: Eine Menge von Kacheln K, eine Zahl t und eine Randfärbung R
Frage: Gibt es eine Kachelung des Gitters der Größe t mit Kacheln aus K und
               Randfärbung R?

Eine Beispielinstanz für das Kachelungsproblem ist in Abb. 6.7 zu sehen. In diesem Fall handelt es sich um eine Ja-Instanz, da eine Kachelung existiert, welche in Abb. 6.8 zu sehen ist.

Satz 6.4 Das Kachelungsproblem BOUNDARY-TILING ist NP-vollständig.

Beweis. Wir beginnen mit dem einfachen Teil des Beweises. Dies ist der Nachweis, dass BOUNDARY-TILING aus NP ist. Der Verifikationsalgorithmus benutzt als Zeugen die Zuweisung der Kacheln zu den Gitterzellen, sodass diese einer Kachelung entspricht. Man könnte zum Beispiel jeder Kachel einen Index geben und dann alle Kacheln der Kachelung

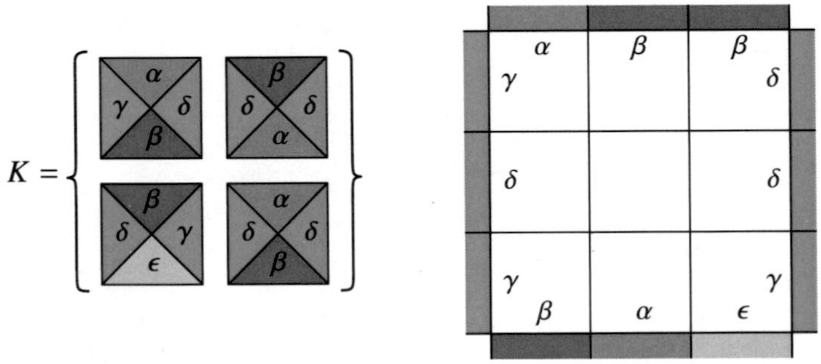

Abb. 6.7 Eingabe einer Instanz für BOUNDARY-TILING mit der links angegebenen Menge K an Kacheln, der rechts angegebenen Randfärbung R (die Farben der Ecken sind irrelevant), $t = 3$ und $F = \{\alpha, \beta, \gamma, \delta, \epsilon\}$

Abb. 6.8 Lösung der Instanz von BOUNDARY-TILING aus Abb. 6.7

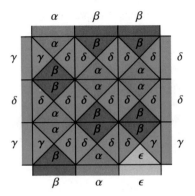

von oben nach unten und von links nach rechts angeben. Solch ein Zeuge hat eine Länge $O(t^2 \log|K|)$ und ist deshalb durch ein Polynom zur Größe der Eingabe beschränkt, die ja mindestens (aufgrund der Randbeschreibung) die Größe $t \log|K|$ hat. Nun ist es nicht schwer zu überprüfen, ob der Zeuge auch wirklich eine Kachelung beschreibt. Dazu muss der Verifikationsalgorithmus für jede Gitterzelle prüfen, ob die dort platzierte Kachel auch farblich mit den Kacheln der Nachbarzellen (oder der Randfärbung) zusammenpasst. Für eine einzelne Kachel ist dies ohne Probleme in Linearzeit möglich, und da wir t^2 Kacheln haben, benötigt die gesamte Verifikation nur polynomiell viel Zeit.

Jetzt kommen wir zum schwierigen Teil. Wir müssen nachweisen, dass BOUNDARY-TILING NP-schwer ist. Wir beginnen mit einer Beweisskizze.

Was wir zeigen müssen, ist, dass wir jedes Problem aus NP auf BOUNDARY-TILING reduzieren können. Sei also L ein beliebiges Problem aus NP. Die folgende Konstruktion wird für jede Wahl von L funktionieren, aber sie ist natürlich von L abhängig. Da $L \in$ NP, muss es auch eine nichtdeterministische Turingmaschine N_L geben, die L in polynomieller Zeit erkennt. Wir können sogar annehmen, dass diese Turingmaschine eine Halbbandmaschine ist (analog zum Satz 4.2). Beachten Sie, dass bei der Konstruktion aus dem Beweis von Satz 4.2 die Laufzeit maximal um einen konstanten Faktor wächst. Wir müssen nun eine polynomiell berechenbare Funktion f (also einen polynomiellen Algorithmus) finden, welche als Eingabe ein Wort $w \in \Sigma^*$ bekommt und daraus eine Instanz des Kachelungsproblems erzeugt. Dabei soll gelten, dass

$$w \in L \iff f(w) \in \text{BOUNDARY-TILING}.$$

Dies entspricht der Definition für $L \leq_p$ BOUNDARY-TILING, und genau das müssen wir für den Nachweis der NP-Schwerheit zeigen.

Wir wissen, dass w genau dann aus L ist, wenn N_L einen akzeptierenden Pfad im Berechnungsbaum hat. Einen solchen Pfad können wir als Sequenz von Folgekonfigurationen aufschreiben, was wir bereits auch einige Male für deterministische Turingmaschinen gemacht haben (siehe Abschn. 5.7). Dieses Mal geben wir jedoch den Pfad in einer Tabelle an. Jede Zeile der Tabelle wird dabei eine Konfiguration enthalten. Da wir eine Halbbandmaschine benutzen, können wir die Konfigurationen jeweils links in der Tabelle beginnen lassen. Der Vorteil dieser Art von Schreibweise ist, dass sich benachbarte Zeilen nur lokal (in der Nähe des Kopfes) unterscheiden können und ansonsten übereinstimmen. Wenn wir die Größe der Tabelle vorgegeben haben, können wir unbenutzte Felder in einer Zeile durch Blanksymbole auffüllen. Falls Zeilen fehlen sollten, wiederholen wir einfach die letzte Konfiguration in allen noch folgenden Zeilen. Beachten Sie, dass die Turingmaschine N_L polynomielle Laufzeit hat, sagen wir n^k, bei Eingabelänge $|w| = n$. Somit besteht der Lauf aus höchstens n^k Schritten, und jede Konfiguration hat nie mehr als n^k beschriebene Bandzellen. Einen solchen Lauf können wir also mit Sicherheit in einer $n^k \times n^k$-Tabelle unterbringen. Ein Beispiel dieser tabellarischen Schreibweise zeigt Abb. 6.9.

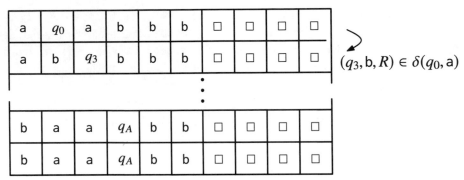

Abb. 6.9 Tabellarische Schreibweise eines akzeptierenden Berechnungspfades

Der entscheidende Kniff in unserem Beweis ist es, die tabellarische Schreibweise eines akzeptierenden Berechnungspfades mit der Kachelung eines Gitters in Übereinstimmung zu bringen. Wir werden dabei so vorgehen, dass in jeder Zeile des Gitters die oberen Farben der Kacheln einer Konfiguration (also einer Zeile) in der Berechnungstabelle entsprechen. Durch eine geschickte Auswahl der Kacheln werden wir sicherstellen, dass in jeder Zeile des Gitters eine Folgekonfiguration der darüberliegenden Zeile notiert ist.

Wir fahren nun mit der detaillierten Beschreibung der Reduktion fort. Wir können zunächst vereinfachend annehmen, dass es in N_L eine gemeinsame erreichbare akzeptierende Konfiguration für alle Eingaben $w \in L$ gibt. Dazu fügen wir einfach ein Modul ein, das wir aufrufen, wenn wir eigentlich nach q_A wechseln würden. In diesem Modul überschreiben wir das gesamte Band mit Blanksymbolen und positionieren den Kopf am linken Rand, bevor wir dann nach q_A wechseln. Dabei können wir den Nichtdeterminismus einsetzen. Wir werden einzelne Konfigurationen im Folgenden leicht anders notieren, als wir das bisher getan haben. Wir schreiben nach wie vor den Bandinhalt von links nach rechts als Wort aus Γ^* auf, wobei Γ das Arbeitsalphabet von N_L ist. Die Kopfposition notieren wir aber nun als Paar aus $Q \times \Gamma$, wobei Q die Zustandsmenge von N_L ist. Zudem schreiben wir alle n^k Zellen des Bandes, also auch die Blanksymbole, auf. Eine Konfiguration, die wir bisher als $\mathrm{ab}/q_2/\mathrm{ab}$ angegeben haben, werden wir nun als $\mathrm{ab}(q_2, \mathrm{a}), \mathrm{b}\square \cdots \square$ notieren.

Jede Zeile im Gitter soll einer Zeile in der Berechnungstabelle und damit einer Konfiguration entsprechen. Wie bereits erwähnt, nutzen wir alle oberen Farben der Kacheln einer Zeile, um eine Konfiguration anzugeben. Da die Kacheln farblich zusammenpassen müssen, gilt bereits, dass die Zeile der unteren Farben in Zeile i der Zeile der oberen Farben in Zeile $i + 1$ entsprechen muss. Wir können deshalb durch die Vorgabe der Randfärbung leicht erzwingen, dass wir mit der Startkonfiguration beginnen und mit der gemeinsamen akzeptierenden Konfiguration enden. Der schwierigere Teil ist es, die Konfigurationsübergänge genau entsprechend der Übergangsfunktion zu ermöglichen. Aus obiger Überlegung folgt, dass ein Übergang immer innerhalb einer Zeile des Gitters dargestellt wird, und zwar von den oberen Farben der Kacheln zu den unteren Farben. Die meisten Kacheln einer Zeile werden oben und unten die gleiche Farbe haben, denn hier verändert sich bei einem Übergang nichts. Für die Fortschreibung der Konfigurationen an diesen Stellen nutzen wir die Kacheln $(x, x, *, *)$ für jedes $x \in \Gamma \cup (Q \times \Gamma)$, wobei $*$ eine neue Farbe ist (vergleiche Abb. 6.10a). Mit diesen Kacheln ist es auch möglich, eine vollständige Konfiguration zu wiederholen, was wir am Ende der Berechnung eventuell brauchen. Wenn wir Konfigurationen nicht wiederholen, sondern einen Übergang beschreiben, dann werden sich für die zwei benachbarten Kacheln, welche die (alte/neue) Kopfposition abspeichern, die oberen und unteren Farben unterscheiden. Aus der Übergangsfunktion δ von N_L ist aber klar, welche benachbarten Kacheln dafür erlaubt werden müssen. Um zu erzwingen, dass diese Kacheln auch immer benachbart eingesetzt werden, nutzen wir die linken und rechten Farbseiten. Konkret werden wir den neuen Zustand dort als Farbe einsetzen, zusammen mit der Information, ob wir den Kopf nach links oder rechts bewegen. Wechseln wir in den Zustand p und der Kopf läuft dabei nach links, nutzen wir als Farbe $\bar{p}$. Wechseln wir hingegen nach p und der Kopf bewegt sich nach rechts, verwenden wir die Farbe $\vec{p}$. Wir machen diese Idee am Beispiel des Befehls $\delta(q, a) = (p, b, R)$ noch einmal deutlich. Für diesen Befehl benötigen wir eine Kachel $((q, a), b, *, \vec{p})$ sowie für jedes $x \in \Gamma$ als Partner die Kachel $(x, (p, x), \vec{p}, *)$. Diese Kacheln sind in Abb. 6.10b dargestellt. Bei Befehlen, die den Kopf nach links bewegen, können wir analog vorgehen. Wir müssen aber darauf achten, dass der Kopf am linken Bandende stehen bleibt, wenn man ihn darüber hinaus nach links bewegen würde. In diesem Fall müssen wir bei der Ausführung des Übergangs den Kopf an dieser Stelle belassen. Um dies zu erlauben, füllen wir den linken Rand des Gitters komplett mit einer neuen Farbe # und nehmen für jeden Befehl $\delta(q, a) = (p, b, L)$ die Kachel $((q, a), (q, b), \#, *)$ auf. Ansonsten nutzen wir die Kacheln analog zu den Befehlen, die den Kopf nach rechts bewegen. Ein Beispiel ist in Abb. 6.11 dargestellt. Es sei noch angemerkt, dass es zu Problemen führen würde, wenn wir nur p anstatt $\vec{p}$ oder $\bar{p}$ auf die linken und rechten Seiten der Kacheln schreiben würden. Beispielsweise könnte dann der Kopf an mehreren Stellen stehen.

(a) **(b)**

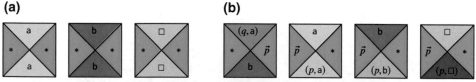

Abb. 6.10 (a) Kacheln zum Fortschreiben einer Konfiguration (Auswahl). (b) Kacheln für den Befehl $\delta(q, a) = (p, b, R)$ bei $\Gamma = \{a, b, \square\}$

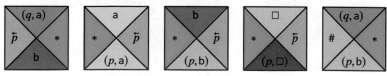

Abb. 6.11 Kacheln für den Befehl $\delta(q, a) = (p, b, L)$ bei $\Gamma = \{a, b, \square\}$

Schließlich müssen wir noch ein paar Anpassungen durchführen, da wir die Farbe # eingefügt haben. Um das unveränderte Fortschreiben (ohne Modifikation) eines Zeichens der Konfiguration (also das Übernehmen einer Farbe von oben nach unten) am linken Bandende zu erlauben, brauchen wir die Kacheln $(x, x, \#, *)$ für jedes $x \in \Gamma \cup (Q \times \Gamma)$. Ebenso brauchen wir eine zusätzliche Kachel für jeden Befehl, der den Kopf nach rechts bewegt: Wenn der Befehl $\delta(q, \mathrm{a}) = (p, \mathrm{b}, R)$ ist, benötigen wir auch die Kachel $((q, \mathrm{a}), \mathrm{b}, \#, \vec{p})$, um den Übergang am linken Bandende zu ermöglichen.

Damit haben wir nun alle Ideen skizziert und fassen unsere Überlegungen zusammen. Wir geben eine Reduktion an, die ein Wort $a_1 a_2 \cdots a_n = w \in \Sigma^*$ in eine Instanz des Kachelungsproblems umwandelt. Wie genau diese Umformung aussieht, legt die Turingmaschine $N_L = (Q, \Sigma, \Gamma, \delta, q_0, q_A, q_V)$ fest. Als Farben wählen wir

$$F = \Gamma \cup (Q \times \Gamma) \cup \{\vec{q}, \bar{q} \mid q \in Q\} \cup \{*, \#\}.$$

Als t wählen wir n^k (wobei hier die Laufzeit inklusive des neuen Moduls für die gemeinsame akzeptierende Konfiguration gemessen wird). Die Randfärbung ist so gewählt, dass in der obersten Zeile die Werte $(\#, (q_0, a_1), a_2, \ldots, a_n, \square, \square, \ldots, \square, *)$ stehen und in der untersten Zeile die Werte $(\#, (q_A, \square), \square, \square, \cdots, \square, *)$. In der Spalte ganz links steht durchweg # und in der Spalte ganz rechts durchweg $*$. Die Kacheln definieren wir abhängig von der Übergangsfunktion δ, wie im Text oben angegeben. Ein Teil einer möglichen Kachelung mit diesen Kacheln ist vereinfacht dargestellt in Abb. 6.12 zu sehen.

Die Kacheln sind unabhängig von der Eingabe w definiert und hängen lediglich von N_L ab. Die Laufzeit zum Erstellen der Kacheln ist also konstant bezüglich n. Nur die Randfärbung (hier die oberste Zeile und der Wert t) muss für das jeweilige w angepasst werden. Das Wort w kann aber leicht in die entsprechende Stelle eingesetzt werden, und somit läuft die Umformung in $O(n^k)$ Zeit. Offensichtlich können wir jeden akzeptierenden Lauf von $N_L(w)$ tabellarisch aufschreiben und ihn als Kachelung entsprechend unserer

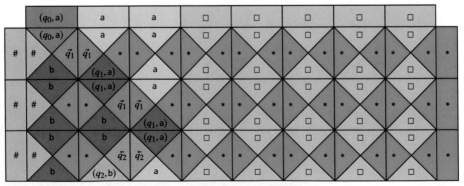

Abb. 6.12 Eine Kachelung, welche einen Berechnungspfad für $w = $ aaa codiert. Die dargestellte Konfigurationsfolge ist $/q_0/$aaa $\to$ b$/q_1/$aa $\to$ bb$/q_1/$a $\to$ b$/q_2/$ba $\to \cdots$

Konstruktion realisieren. Auf der anderen Seite ist es aber auch so, dass, wenn es eine Kachelung gibt, nach Konstruktion Folgendes gilt:

- Die erste Zeile codiert die Startkonfiguration von $N_L(w)$.
- Wenn Zeile i ($1 \leq i < t$) eine Konfiguration codiert, dann muss Zeile $i + 1$ identisch sein oder eine Folgekonfiguration davon codieren.
- Die letzte Zeile codiert eine Konfiguration, die akzeptierend ist.

Somit entspricht jede Kachelung einem akzeptierenden Lauf von $N_L(w)$. Es gilt also $w \in L$ genau dann, wenn die ermittelte Instanz des Kachelungsproblems eine Kachelung besitzt. Die beschriebene Umformung ist somit eine polynomielle Reduktion, die $L \leq_p$ BOUNDARY-TILING belegt. ∎

Wir beweisen nun den Satz von Cook-Levin. Im Beweis des Satzes werden wir zum ersten Mal das Lemma 6.4 anwenden. Insbesondere greifen wir darauf zurück, dass wir mit BOUNDARY-TILING schon ein NP-vollständiges Problem kennen. Zukünftige Nachweise von NP-Vollständigkeit werden sich immer an diesem Vorgehen orientieren.

Satz 6.5 (Satz von Cook-Levin) Das Erfüllbarkeitsproblem SAT ist NP-vollständig.

Beweis. Als Erstes zeigen wir, dass SAT $\in$ NP. Die motivierenden Beispiele zum Erfüllbarkeitsproblem haben bereits gezeigt, wie man verifizieren kann, dass eine Formel ϕ erfüllbar ist. Dazu kann man als Zeugen eine Variablenbelegung nutzen. Eine solche Belegung kann man sehr kompakt codieren, zum Beispiel durch 0/1-Vektor, der genau einen Eintrag für jede Variable hat. Der Verifikationsalgorithmus muss nun feststellen, ob die als Zeuge übergebene Variablenbelegung die Formel ϕ wahr macht. Dazu ersetzt er zunächst alle Variablen durch die in der Belegung festgelegten Wahrheitswerte. Das Resultat ist eine boolesche Formel ohne Variablen. Diese gilt es nun zu vereinfachen. Dazu wird die Formel durchsucht. Findet man $(0 \lor 0)$, ersetzen wir diesen Teil durch 0. Trifft man dagegen auf $(1 \lor 0)$, $(0 \lor 1)$ oder $(1 \lor 1)$, ersetzt man diese Teilausdrücke durch 1. Für die logischen Operationen $\land$ und $\neg$ geht man analog vor. Diesen Vorgang wiederholt man so lange, bis man entweder eine 0 oder eine 1 erhält. Bei einer 1 akzeptiert man, denn in diesem Fall hat der Zeuge die Formel erfüllt, und somit ist die Formel erfüllbar. Ansonsten verwirft der Verifizierer. In jedem Durchlauf eliminiert man mindestens einen Operanden, deshalb braucht man maximal $n = |\langle \phi \rangle|$ Durchläufe. Ein Durchlauf selbst benötigt $O(n)$ Schritte. Hinzu kommt, dass der Zeuge kleiner als n ist. Wir haben also einen polynomiellen Verifizierer für SAT gefunden.

Wir zeigen nun, dass SAT NP-schwer ist. Dazu nutzen wir Lemma 6.4. Es genügt somit, ein NP-schweres Problem auf SAT zu reduzieren. Da wir bislang nur ein NP-schweres Problem kennen, müssen wir also BOUNDARY-TILING $\leq_p$ SAT zeigen.

Die gesuchte Reduktion formt eine Eingabe von BOUNDARY-TILING, bestehend aus der Randfärbung R, der Kachelmenge K und der Gittergröße t, in eine boolesche Formel ϕ um. Somit ist die Reduktion eine Abbildung $f(\langle R, K, t \rangle) = \langle \phi \rangle$.

Die Grundidee der Reduktion ist es, die Regeln, welche für eine Kachelung einzuhalten sind, durch eine boolesche Formel zu beschreiben. Um dies auszuführen, müssen wir eine Menge von booleschen Variablen finden, welche die Auslegung des Gitters mit den Kacheln beschreibt. An dieser Stelle fordern wir noch nicht, dass die Kacheln farblich zusammenpassen (das „bauen" wir später ein).

Wir gehen davon aus, dass alle Kacheln von 1 bis m durchnummeriert sind, also $K = \{K_1, \ldots, K_m\}$, wobei wir K_i als die i-te Kachel bezeichnen. Wir bezeichnen mit $o_i / u_i / l_i / r_i$ die Farbe der oberen/unteren/linken/rechten Seite der i-ten Kachel; also $K_i = (o_i, u_i, l_i, r_i)$.

Für jede Kombination von Gitterzelle (i, j) (nicht am Rand) und Kachel $K_i \in K$ fügen wir eine boolesche Variable $x_{i,j,k}$ ein. Diese Variablen sollen die Platzierung der Kacheln im Gitter beschreiben. Konkret soll die Variable $x_{i,j,k}$ genau dann wahr sein, wenn in der Zelle (i, j) eine Kachel K_k liegt. Nicht alle Belegungen dieser Variablen erzeugen eine sinnvolle Auslegung des Gitters mit Kacheln. So könnte es sein, dass einer Zelle mehrere Kacheln zugeordnet sind oder eine Zelle ohne Kacheln verbleibt. Um dies auszuschließen, stellen wir eine boolesche Formel auf, die genau solche fehlerhaften Variablenbelegungen untersagt. Es ist einfach zu fordern, dass für eine Zelle (i, j) zumindest eine Kachel ausgewählt wurde, dazu verknüpfen wir alle $x_{i,j,\cdot}$ Variablen mit einem logischen Oder. Formal können wir dies für alle Zellen so ausdrücken:

$$\phi_1 = \bigwedge_{1 \leq i,j \leq t} \bigvee_{1 \leq k \leq m} x_{i,j,k}. \tag{6.2}$$

Auf ähnliche Art und Weise können wir erzwingen, dass keine zwei Kacheln für eine Zelle gewählt wurden. Dazu betrachten wir für jede Zelle (i, j) alle Paare von Kacheln $(K_k, K_{k'})$ mit $k \neq k'$ und fordern, dass $\neg(x_{i,j,k} \wedge x_{i,j,k'})$ oder anders ausgedrückt $\neg x_{i,j,k} \vee \neg x_{i,j,k'}$. Als Gesamtterm ergibt sich dann

$$\phi_2 = \bigwedge_{1 \leq i,j \leq t} \bigwedge_{\substack{1 \leq k,k' \leq m \\ k \neq k'}} (\neg x_{i,j,k} \vee \neg x_{i,j,k'}). \tag{6.3}$$

Die Formel $\phi_1 \wedge \phi_2$ ist also nur dann wahr, wenn die Belegung der Variablen ein Gitter beschreibt, welches in jeder Zelle genau eine Kachel enthält.

Im nächsten Schritt suchen wir nach Formeln, die eine korrekte Kachelung einfordern (das heißt, die Kacheln passen untereinander und mit dem Rand farblich zusammen). Dazu verbieten wir zunächst alle benachbarten Kachelpaare, die nicht zusammenpassen würden. Für horizontale Nachbarn fordern wir

$$\phi_3 = \bigwedge_{\substack{1 \leq i \leq t \\ 1 \leq j < t}} \bigwedge_{\substack{1 < k,k' \leq m \\ r_k \neq l_{k'}}} (\neg x_{i,j,k} \vee \neg x_{i,j+1,k'}), \tag{6.4}$$

und für vertikale Nachbarn fordern wir

$$\phi_4 = \bigwedge_{\substack{1 \leq i < t \\ 1 \leq j \leq t}} \bigwedge_{\substack{1 \leq k,k' \leq m \\ u_k \neq o_{k'}}} (\neg x_{i,j,k} \vee \neg x_{i+1,j,k'}) \tag{6.5}$$

auf. Als Letztes müssen wir dafür Sorge tragen, dass die Kacheln auch farblich zum Rand passen. Sei $b_{i,j}$ die Farbe des Randfeldes (i, j), wie durch R vorgegeben. Dann erzwingen wir für jede zum Rand benachbarte Zelle die richtige Farbseite, indem wir alle in diese Zelle passenden Kacheln mit einem logischen Oder verknüpfen. Wir erhalten:

$$\phi_5 = \bigwedge_{1 \leq j \leq t} \bigvee_{\substack{1 \leq k \leq m \\ o_k = b_{0,j}}} x_{1,j,k}, \qquad \text{oberer Rand} \tag{6.6}$$

$$\phi_6 = \bigwedge_{1 \leq j \leq t} \bigvee_{\substack{1 \leq k \leq m \\ u_k = b_{t+1,j}}} x_{t,j,k}, \qquad \text{unterer Rand}$$

$$\phi_7 = \bigwedge_{1 \leq i \leq t} \bigvee_{\substack{1 \leq k \leq m \\ l_k = b_{i,0}}} x_{i,1,k}, \qquad \text{linker Rand}$$

$$\phi_8 = \bigwedge_{1 \leq i \leq t} \bigvee_{\substack{1 \leq k \leq m \\ r_k = b_{i,t+1}}} x_{i,t,k}. \qquad \text{rechter Rand}$$

Nun haben wir alle notwendigen Bedingungen zusammen und können die Formel ϕ aus den Gleichungen (6.2), (6.3), (6.4), (6.5) und (6.6) zusammensetzen als

$$\phi = \phi_1 \wedge \phi_2 \wedge \phi_3 \wedge \phi_4 \wedge \phi_5 \wedge \phi_6 \wedge \phi_7 \wedge \phi_8.$$

Die Korrektheit der Reduktion folgt aus den Gründen, die wir bei der Konstruktion der einzelnen Teile von ϕ angeführt haben: ϕ ist genau dann erfüllbar, wenn es eine korrekte Kachelung gibt. Wir müssen nun noch prüfen, ob wir ϕ in polynomieller Zeit bestimmen können. Das Aufstellen der einzelnen Terme ist eine einfache Aufgabe. Hier muss nur der Laufindex i, j durchiteriert werden, und gegebenenfalls müssen die Farbinformationen abgefragt werden. Das ist problemlos in polynomieller Zeit möglich, wenn die Formel ϕ polynomielle Länge bezüglich der Eingabe aufweist. Wir können aber davon ausgehen, dass die Länge der Eingabe mindestens $t + m$ ist, da die Randfärbung und die Kacheln Teil der Eingabe sind. Die Formel ϕ_1 besteht aus $t^2 m$ vielen Variablen, die Formeln ϕ_2, ϕ_3, ϕ_4 jeweils aus maximal $t^2 m^2$ Variablen und die Formeln $\phi_5, \phi_6, \phi_7, \phi_8$ aus höchstens tm

Variablen. In der Summe ergibt sich daraus, dass die Länge von $\langle\phi\rangle$ polynomiell in $t + m$ ist, und damit ist die angegebene Reduktion eine polynomielle Reduktion. Da somit die Voraussetzungen von Lemma 6.4 gegeben sind, erhalten wir, dass SAT NP-vollständig ist. ∎

6.5.4 Variationen des Erfüllbarkeitsproblems

Häufig werden boolesche Formeln in Normalformen angegeben. Wir wollen untersuchen, ob (und wenn ja, unter welchen Umständen) das Erfüllbarkeitsproblems effizient lösbar wird, wenn die Formel in einer Normalform gegeben ist. Wir konzentrieren uns hierbei auf die *konjunktive Normalform (KNF)*. Nehmen wir an, dass unsere Variablen mit x_i bezeichnet sind. Eine Variable oder deren Negation nennen wir ein **Literal**. Literale sind also beispielsweise x_4, $\bar{x}_2$ oder $\bar{x}_4$. Verknüpft man mehrere Literale durch ein logisches Oder, erhält man eine **Klausel**. Ein Beispiel für eine Klausel ist $x_1 \vee \bar{x}_3 \vee \bar{x}_5 \vee x_9$. Eine Formel ist in **konjunktiver Normalform** (KNF), wenn sie eine Konjunktion (das heißt Verknüpfung mit logischem Und) von Klauseln ist. So ist zum Beispiel die Formel

$$\phi_{\text{knf}} = (x_1 \vee x_2) \wedge (\bar{x}_2 \vee x_4 \vee \bar{x}_5) \wedge (x_1 \vee x_3 \vee \bar{x}_5) \wedge (\bar{x}_1 \vee \bar{x}_3 \vee \bar{x}_4)$$

in KNF. Wenn eine Formel in KNF ist und zudem jede Klausel höchstens p Literale hat, dann sagen wir, dass die Formel in p-KNF ist. Die Formel ϕ_{knf} ist beispielsweise in 3-KNF aber nicht in 2-KNF.

Aus den oben diskutierten Formen für boolesche Formeln leiten wir die folgenden Entscheidungsprobleme ab.

Erfüllbarkeitsproblem für KNF (CNFSAT)

Eingabe: Boolesche Formel ϕ in KNF mit den Variablen $x_1, x_2, \ldots, x_k$
Frage: Gibt es eine Zuweisung für $x_1, x_2, \ldots, x_k$, sodass ϕ wahr ist?

Erfüllbarkeitsproblem für p-KNF (pSAT)

Eingabe: Boolesche Formel ϕ in p-KNF mit den Variablen $x_1, x_2, \ldots, x_k$
Frage: Gibt es eine Zuweisung für $x_1, x_2, \ldots, x_k$, sodass ϕ wahr ist?

Satz 6.6 Die Sprache CNFSAT ist NP-vollständig.

Beweis. Die NP-Vollständigkeit von SAT haben wir im Beweis von Satz 6.5 über eine Reduktion BAUNDARY-TILING $\leq_p$ SAT bewiesen. Wenn wir uns diese Reduktion noch einmal genauer anschauen, erkennen wir, dass alle erzeugten Formeln eine Konjunktion von Disjunktionen sind, die wir wiederum mit logischem Und verknüpfen. Wir bilden mit der Reduktionsfunktion also nur auf Instanzen ab, die in konjunktiver Normalform sind. Somit belegt die im Beweis des Satzes von Cook-Levin benutzte Reduktion also auch BAUNDARY-TILING $\leq_p$ CNFSAT. Zudem ist der angegebene Verifizier zu SAT auch ein polynomieller Verifizierer zu CNFSAT. Damit ist CNFSAT nach Lemma 6.4 NP-vollständig. ∎

Der nächste Satz sagt uns, dass das Erfüllbarkeitsproblem sogar dann NP-vollständig bleibt, wenn die Formel in 3-KNF vorliegt. Auch hier werden wir wiederum Lemma 6.4 anwenden und die nun bewiesene NP-Vollständigkeit von CNFSAT nutzen.

Satz 6.7 Die Sprache 3SAT ist NP-vollständig.

Beweis. Offensichtlich ist 3SAT in NP, da wir für dieses Problem den gleichen Verifizierer benutzen können, den wir schon für SAT benutzt haben. Wir beweisen nun den Satz, indem wir CNFSAT $\leq_p$ 3SAT zeigen.

Sei ϕ die Formel aus der CNFSAT-Instanz, die wir mit der gesuchten Reduktionsfunktion f auf eine Formel in 3-KNF abbilden müssen. Wir beschreiben nun, wie wir aus ϕ eine Formel ϕ' in 3-KNF erzeugen. Damit $f : \langle \phi \rangle \mapsto \langle \phi' \rangle$ eine Reduktion ist, soll dabei gelten, dass ϕ genau dann erfüllbar ist, wenn ϕ' erfüllbar ist. Wir nehmen an, dass $\phi = C_1 \wedge C_2 \wedge \cdots \wedge C_m$, wobei C_i die Klauseln sind. Wir werden für jede Klausel C_i einen Ersatz C_i' einführen. Bei C_i' handelt es sich um eine Formel in 3-KNF, und somit ist dann $\phi' = C_1' \wedge C_2' \wedge \cdots \wedge C_m'$ ebenfalls in 3-KNF. Wir stellen die Umformung für eine beliebige Klausel C_i vor. Die Klausel C_i bestehe aus den Literalen $l_1, l_2, \cdots l_k$, das heißt, $C_i = l_1 \vee l_2 \vee \cdots l_k$. Wir nehmen an, dass $k > 3$, weil wir sonst C_i nicht umformen müssen. Für die Formel C_i' werden wir die neuen Variablen $b_{i,1}, \ldots, b_{i,k-3}$ benutzen. Wir formen nun C_i' nach folgendem Schema:

$$(l_1 \vee l_2 \vee b_1) \wedge (\bar{b}_1 \vee l_3 \vee b_2) \wedge (\bar{b}_2 \vee l_4 \vee b_3) \wedge \cdots \wedge (\bar{b}_{k-4} \vee l_{k-2} \vee b_{k-3}) \wedge (\bar{b}_{k-3} \vee l_{k-1} \vee l_k).$$

Wir müssen nun begründen, dass die Umformung von C_i die Erfüllbarkeit nicht beeinflusst. Nehmen wir dazu an, dass ϕ erfüllbar ist. Insbesondere gibt es mindestens ein Literal in C_i (nennen wir es l_t), welches in einer erfüllenden Belegung von ϕ als wahr ausgewertet wird. Wir belassen die erfüllende Variablenbelegung für ϕ unverändert, ergänzen diese aber durch

$$b_{i,j} = 1 \quad \text{für alle } j < t - 1,$$

$$b_{i,j} = 0 \quad \text{für alle } j \geq t - 1.$$

Damit haben wir Folgendes erreicht. Eine Klausel in C_i' ist sowieso durch l_t erfüllt, die davor liegenden Klauseln werden durch die neuen Variablen $b_{i,j} = 1$ erfüllt und die dahinter liegenden Klauseln durch die Variablen $b_{i,j} = 0$. An dieser Stelle führen wir noch einmal ein Beispiel für $k = 7$ und $t = 4$ an, in welchem die wahren Literale fett gedruckt wurden (ursprünglich war nur l_4 wahr):

$$(l_1 \vee l_2 \vee \mathbf{b_1}) \wedge (\bar{b}_1 \vee l_3 \vee \mathbf{b_2}) \wedge (\bar{b}_2 \vee \mathbf{l_4} \vee b_3) \wedge (\bar{b}_3 \vee l_5 \vee b_4). \wedge (\bar{\mathbf{b_4}} \vee l_6 \vee l_7)$$

Wir müssen noch zeigen, dass, wenn es keine erfüllende Belegung für ϕ gab, es auch keine erfüllende Belegung gibt, wenn wir alle C_i durch C_i' ersetzen. Dafür nehmen wir an, dass es eine erfüllende Variablenbelegung für ϕ' gibt und zeigen, dass dann auch ϕ erfüllbar ist. Die erfüllende Belegung für ϕ' muss dann alle C_i's erfüllen. In jeder Formel C_i' haben wir genau eine Klausel mehr als neue Variable b_i. Jede neue Variable b_i kann zudem nur genau eine Klausel in C_i' erfüllen. Das heißt, eine der Klauseln in C_i wird durch ein „altes" Literal aus ϕ erfüllt. Dies bedeutet dann wiederum, dass die gleiche Variablenbelegung auch jede Klausel in ϕ erfüllt. Wenn ϕ nicht erfüllbar ist, dann ist ϕ' also auch nicht erfüllbar.

Wir können die Klauseln C_i der Reihe nach ersetzen, und das Umschreiben können wir in polynomieller Zeit erledigen. Die Funktion $f(\langle \phi \rangle) = \langle \phi' \rangle$ ist demnach eine polynomielle Reduktion, und die Korrektheit des Satzes folgt. ∎

Test 6.8 Wandeln Sie die Formel $\phi = (x_1 \vee \bar{x}_2 \vee x_3 \vee \bar{x}_4) \wedge (x_4 \vee \bar{x}_3 \vee x_2 \vee \bar{x}_1)$ in die Formel ϕ' um, wie im Beweis von Satz 6.7 beschrieben. Finden Sie eine erfüllende Belegung für ϕ, und leiten Sie daraus eine korrespondierende erfüllende Belegung für ϕ' ab.

Man könnte den Eindruck gewinnen, dass jede Form des Erfüllbarkeitsproblems NP-vollständig ist. Dem ist aber nicht so. Das Erfüllbarkeitsproblem für Formeln in 1-KNF ist trivialerweise in P. Aber auch für Formeln in 2-KNF können wir deren Erfüllbarkeit effizient prüfen. Der folgende Satz erklärt, wie man dies ausführen kann.

Satz 6.8 Die Sprache 2SAT ist in P.

Beweis. Sei ϕ eine Formel in 2-KNF. Besteht eine Klausel lediglich aus einem Literal, sagen wir x_i, dann ist bereits klar, dass jede erfüllende Belegung $x_i = 1$ enthalten muss. In diesem Falle entfernen wir diese Klausel und vereinfachen alle Klauseln, in denen x_i auftaucht. Das heißt, $x_i \vee l$ kann entfernt werden, und $\bar{x}_i \vee l$ wird zu l. Für eine Klausel $\bar{x}_i$ geht man analog vor. Das heißt, Klauseln $\bar{x}_i$ und $\bar{x}_i \vee l$ werden entfernt, und Klauseln $x_i \vee l$ werden zu l verkürzt. Mit dieser Methode fahren wir fort, bis es keine Klauseln der Länge eins mehr gibt.

Angenommen, eine Klausel lautet $l_1 \vee l_2$, wobei l_1 und l_2 Literale bezeichnen. In diesem Fall wissen wir, dass bei $l_1 = 0$ die Formel ϕ nur wahr werden kann, wenn $l_2 = 1$. Aus denselben Gründen würde $l_2 = 0$ auch $l_1 = 1$ erzwingen. Wir werden nun für die 2-

KNF-Formel ϕ einen gerichteten Graphen G_ϕ erstellen. Für jedes mögliche Literal (egal, ob es in der Formel auftaucht oder nicht) gibt es in G_ϕ einen Knoten. Eine gerichtete Kante von l_1 zu l_2 gibt es genau dann, wenn $l_1 = 1$ auch $l_2 = 1$ erzwingt. Gibt es zum Beispiel die Klausel $(x_1 \vee \bar{x}_2)$, dann enthält G_ϕ die Kanten $\bar{x}_1 \to \bar{x}_2$ und $x_2 \to x_1$. Jede Klausel definiert demnach zwei Kanten im Graphen. Ein Beispiel eines Graphen G_ϕ ist in Abb. 6.14 zu sehen.

Einen gerichteten Weg von x_i zu $\bar{x}_i$ oder von $\bar{x}_i$ zu x_i nennen wir einen *erzwungenen Pfad*. Ein erzwungener Pfad von x_i zu $\bar{x}_i$ impliziert, dass $x_i = 0$ sein muss. Läuft der erzwungene Pfad in die andere Richtung, ist $x_i = 1$ erzwungen. Gibt es einen erzwungenen Pfad von x_i nach $\bar{x}_i$ und einen erzwungenen Pfad von $\bar{x}_i$ nach x_i, dann nennen wir beide Pfade zusammen einen *Widerspruchskreis*. Gibt es einen Widerspruchskreis, dann kann die 2-KNF-Formel offensichtlich nicht erfüllt werden. Wenn keine Widerspruchskreise auftreten, können wir eine Variablenbelegung aus dem Graphen ablesen. Dazu benutzen wir folgende Strategie: Wir zerteilen den G_ϕ in starke Zusammenhangskomponenten. Eine starke Zusammenhangskomponente ist ein maximaler Teilgraph, in welchem alle Paare von Knoten gegenseitig erreichbar sind (in beiden Richtungen). Wir fassen nun jede starke Zusammenhangskomponente zu einem Knoten zusammen und behalten eine Kante (X, Y) bei, wenn es von einem der Knoten aus X eine Kante zu einem Knoten aus Y gab. Auf diese Weise erhält man einen azyklischen Graphen, da die Knoten auf einem Kreis alle in einer gleichen Zusammenhangskomponente liegen. Man kann die Knoten im azyklischen Graphen so nummerieren, dass immer nur Kanten von einer kleineren zu einer größeren Nummer verlaufen. Dieses Verfahren nennt man *topologische Sortierung* (siehe dazu Abb. 6.13 und Selbsttest 6.10). Wir bezeichnen mit $\sigma(l)$ die Nummer der starken Zusammenhangskomponenten von l in einer festen topologischen Sortierung. Beachten Sie, dass für eine Variable x_i gilt, dass $\sigma(x_i) \neq \sigma(\bar{x}_i)$, da es keine Widerspruchskreise gibt. Wir setzen nun eine Variable $x_i = 0$, wenn $\sigma(x_i) < \sigma(\bar{x}_i)$ und $x_i = 1$, wenn $\sigma(x_i) > \sigma(\bar{x}_i)$. Dies wiederholen wir für jede Variable und erhalten somit eine Variablenbelegung.

Behauptung: Die so bestimmte Variablenbelegung erfüllt ϕ.

Beweis der Behauptung. Das einzige Problem, das auftreten kann, ist eine Kante $l_1 \to l_2$, wobei $l_1 = 1$ und $l_2 = 0$ ist, denn es wäre ja hier $l_2 = 1$ erzwungen worden. Angenommen, es gibt so eine problematische Kante $l_1 \to l_2$. Dann muss es in ϕ die Klausel $\bar{l}_1 \vee l_2$ geben und deshalb auch die Kante $\bar{l}_2 \to \bar{l}_1$. Wir kennen für diese Kante auch

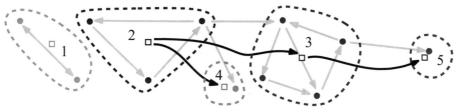

Abb. 6.13 Ein gerichteter Graph (grau) und die induzierte topologische Sortierung seiner starken Zusammenhangskomponenten

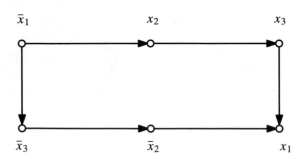

Abb. 6.14 Der Graph der erzwungenen Zuweisungen im Beweis von Satz 6.8 für die Formel $(x_1 \lor x_2) \land (\bar{x}_2 \lor x_3) \land (\bar{x}_3 \lor x_1)$. Es gibt einen erzwungenen Pfad von $\bar{x}_1$ zu x_1, aber keinen Widerspruchskreis. Somit ist die Formel erfüllbar. Eine mögliche erfüllende Belegung ist $x_1 = 1$, $x_2 = 0$ und $x_3 = 1$

schon die Belegung: $\bar{l}_2 = 1$ und $\bar{l}_1 = 0$. Nach der Art, wie wir unsere Belegung bestimmt haben, muss gelten, dass $\sigma(l_2) < \sigma(\bar{l}_2)$ und $\sigma(\bar{l}_1) < \sigma(l_1)$. Aufgrund der Existenz der beiden Kanten gilt außerdem $\sigma(l_1) \leq \sigma(l_2)$ und $\sigma(\bar{l}_2) \leq \sigma(\bar{l}_1)$. Das ergibt

$$\sigma(l_1) \leq \sigma(l_2) < \sigma(\bar{l}_2) \leq \sigma(\bar{l}_1) < \sigma(l_1),$$

und somit einen Widerspruch. Es gibt also keine problematischen Kanten und die ermittelte Belegung erfüllt ϕ.

Zusammengefasst besteht unser Algorithmus aus den folgenden Phasen:

(1) Entferne alle 1-Klauseln.
(2) Erstelle den gerichteten Graphen.
(3) Prüfe, ob es keine Widerspruchskreise gibt.

Die ersten zwei Phasen benötigen offensichtlich nur polynomielle Laufzeit. Für die dritte Phase prüfen wir alle Variablen des Graphen nacheinander. Bei k Variablen und m Klauseln hat der gerichtete Graph maximal $2k$ Knoten und maximal $2m$ Kanten. Sowohl m als auch k sind kleiner als die Länge der Formel. Für jede Variable x prüfen wir, ob es einen erzwungenen Pfad von x nach $\bar{x}$ und von $\bar{x}$ nach x gibt. Dazu führen wir 2 Tiefensuchen durch. Eine Tiefensuche benötigt nur polynomiell viel Zeit (bezüglich der Anzahl der Kanten und Knoten des Graphen), also benötigen auch die $2k$ Tiefensuchen nur polynomiell viel Zeit. Somit ist also 2SAT $\in$ **P**. Beachten Sie, dass es nur um das Entscheidungsproblem geht. Wir benötigen also keine erfüllende Belegung, sondern es genügt die Aussage, dass eine solche existiert. Es sei aber angemerkt, dass man auch die Belegung nach der Strategie im Beweis in polynomieller Zeit bestimmen kann. ∎

Test 6.9 Erstellen Sie für die Formel

$$\phi = (x_1 \vee \bar{x}_3) \wedge (\bar{x}_4 \vee \bar{x}_2) \wedge (\bar{x}_3 \vee x_4) \wedge (x_2 \vee x_3) \wedge (x_3 \vee x_4) \wedge (\bar{x}_4 \vee \bar{x}_1)$$

den Graphen G_ϕ, wie im Beweis von Satz 6.8 vorgestellt. Prüfen Sie mit dem Verfahren aus Satz 6.8, ob ϕ erfüllbar ist.

Test 6.10 Zeigen Sie, dass jeder azyklisch orientierte gerichtete Graph (keine Kreise) ein topologische Sortierung besitzt. Eine topologische Sortierung ist eine Nummerierung der Knoten, sodass Kanten nur von einer kleineren zu einer größeren Nummer führen.

6.5.5 NP-vollständige Graphenprobleme

Als Nächstes werden wir einige NP-vollständige Graphenprobleme vorstellen. Diese sind vor allen Dingen deshalb interessant, weil viele Probleme aus der Praxis, wie beispielsweise die Berechnung von kürzesten Wegen, häufig in der Form von Graphen modelliert werden. Für viele wichtige Graphenprobleme kennen wir effiziente Algorithmen, die auch in der Praxis Anwendung finden. Wie wir sehen werden, gibt es aber auch eine Vielzahl an NP-vollständigen Graphenproblemen.

Das erste Problem, welches wir uns ansehen werden, ist das Problem des Findens einer unabhängigen Menge. Sei $G = (V, E)$ ein ungerichteter Graph, dann ist eine Teilmenge der Knoten V' eine **unabhängige Menge** (engl. *independent set*), falls keine Kante aus E zwei Knoten aus V' enthält. Die Größe der unabhängigen Menge entspricht der Kardinalität von V'.

In Abb. 6.15 sehen wir einen Graphen, der eine unabhängige Menge der Größe 3 besitzt. Jede Kante ist höchstens zu einem Knoten aus der Menge $\{a, d, c\}$ inzident. Wir sehen, dass für die Kante (b, e) weder b noch e aus dieser Menge ist (das spielt aber für unsere Frage keine Rolle). Wie man auch leicht erkennen kann, gibt es für diesen Graphen keine unabhängige Menge der Größe 4. Von jedem Dreieck eines Graphen kann nur ein Knoten in einer unabhängigen Menge enthalten sein. Da der Graph zwei Dreiecke hat, die sich einen Knoten teilen, muss es also für jede unabhängige Menge mindestens 3 Knoten (hier: b, e, f) geben, die nicht in ihr enthalten sind.

Abb. 6.15 Graph mit
unabhängiger Menge $\{a, d, c\}$
der Größe 3

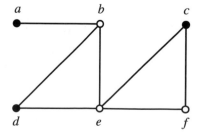

Wir werden nun folgendes Problem betrachten.

Unabhängige Menge (IS)

Eingabe: Ungerichteter Graph G und natürliche Zahl k
Frage: Gibt es eine unabhängige Menge der Größe k in G?

Beachten Sie, dass IS ein Entscheidungsproblem ist und nicht das dazu passende Optimierungsproblem. Wir fragen also nicht nach einer größten unabhängigen Menge, sondern danach, ob es eine unabhängige Menge der Größe k gibt. Natürlich ist es nicht schwierig, aus einem Algorithmus für das Entscheidungsproblem einen Algorithmus für das Optimierungsproblem abzuleiten. Wenn das Entscheidungsproblem aber schon *schwierig* zu lösen ist, dann muss dies für das Optimierungsproblem auch gelten. Denken Sie außerdem daran, dass in der Klasse NP nur Entscheidungsprobleme (als Sprachen codiert) enthalten sind. Der folgende Satz zeigt nun, dass IS NP-vollständig ist.

Satz 6.9 Das Problem unabhängige Menge (IS) ist NP-vollständig.

Beweis. Man sieht leicht, dass IS aus NP ist. Als Zeugen wählen wir eine Knotenmenge der Größe k. Ein Test, ob eine ausgewählte Knotenmenge eine unabhängige Menge ist, kann man leicht in polynomieller Zeit durchführen. Somit läuft auch der Verifikationsalgorithmus in polynomieller Zeit und IS $\in$ NP.

Um die NP-Schwerheit nachzuweisen, zeigen wir 3SAT $\leq_p$ IS (vergleiche Lemma 6.4). Wir beschreiben die Reduktion, indem wir die Umformung einer 3-KNF-Formel ϕ in ein Paar (G, k), bestehend aus Graphen und Zahl, angeben. Die Umformung muss sicherstellen, dass die Formel ϕ genau dann erfüllbar ist, wenn G eine unabhängige Menge der Größe k hat.

Sei m die Anzahl der Klauseln in ϕ. Wir können davon ausgehen, dass jede Klausel in ϕ genau drei Literale enthält. Ist das nicht der Fall, wiederholen wir ein Literal in einer Klausel. Der Graph G enthält für jedes in ϕ vorkommende Literal einen Knoten. Wenn ein Literal mehrmals auftritt, nutzen wir für jedes Auftreten einen eigenen Knoten. Wir nennen den Knoten für das j-te Literal der i-ten Klausel $v_{i,j}$. Die Knoten einer Klausel nennen wir eine *Klauselgruppe*. Alle Knoten einer Klauselgruppe verknüpfen wir nun paarweise mit einer Kante. Das heißt, für alle $1 \leq i \leq m$ enthält G die Kanten $(v_{i,1}, v_{i,2})$, $(v_{i,2}, v_{i,3})$ und $(v_{i,1}, v_{i,3})$. Zudem fügen wir für jedes Paar von „widersprüchlichen" Literalen eine Kante ein. Das heißt, wenn sich $v_{i,j}$ auf ein Literal x und $v_{i',j'}$ auf ein Literal $\bar{x}$ bezieht, dann fügen wir die Kante $(v_{i,j}, v_{i',j'})$ dem Graphen hinzu. Andere Kanten enthält G nicht. Zuletzt setzen wir noch $k = m$. Ein Beispiel für eine solche Umformung ist in Abb. 6.16 dargestellt.

Es gilt nun Folgendes. Wenn ϕ erfüllbar ist, dann gibt es eine Variablenbelegung, die jede Klausel in ϕ erfüllt. Wir halten diese Variablenbelegung fest und wählen für jede

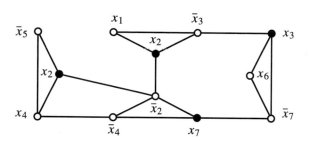

Abb. 6.16 Graph G für die Formel $(x_1 \lor x_2 \lor \bar{x}_3) \land (x_3 \lor x_6 \lor \bar{x}_7) \land (\bar{x}_2 \lor \bar{x}_4 \lor x_7) \land (x_2 \lor x_4 \lor \bar{x}_5)$ wie in der Reduktion für 3SAT$\leq_p$IS definiert. Eine unabhängige Menge der Größe 4 wurde hervorgehoben. Es folgt, dass jede Belegung mit $x_2 = x_3 = x_7 = 1$ die Formel erfüllt

Klausel ein erfüllendes Literal. Die dazugehörigen Knoten fassen wir zu einer Menge X zusammen. Die Menge X enthält demnach genau m Knoten. Da aus jeder Klausel nur ein Literal gewählt wurde, gibt es kein Knotenpaar in X aus einer gemeinsamen Klauselgruppe. Zudem kann es nicht sein, dass in der Menge X Knoten für Literale x_i und $\bar{x}_i$ enthalten sind, da wir ja von einer bestimmten (konsistenten) Belegung ausgegangen sind. Somit kann es also keine Kante zwischen verschiedenen Klauselgruppen geben, die zwei Knoten aus X verbindet. Damit ist X eine unabhängige Menge der Größe $m = k$.

Wir haben bislang eine Richtung für die Reduktion gezeigt. Für die andere Richtung argumentieren wir wie folgt. Angenommen, X sei eine unabhängige Menge der Größe $k = m$ in G. Dann können keine zwei Knoten aus einer Klauselgruppe in X enthalten sein, denn diese sind mit einer Kante verbunden. Demnach muss es für jede Klauselgruppe genau einen Knoten aus X geben. Kein Knotenpaar aus X ist mit einer Kante zwischen den Klauseln verbunden. Das heißt, haben wir einen Knoten für das Literal x_i gewählt, kann kein Knoten für das Literal $\bar{x}_i$ gewählt worden sein (und umgekehrt). Die Menge X impliziert also eine Belegung der Variablen von ϕ, welche die zugehörigen Literale erfüllt. Alle Variablen, die nun noch nicht bestimmt sind, setzen wir beliebig. Die ermittelte Belegung erfüllt alle Klauseln, und somit ist ϕ erfüllbar.

Als Letztes überlegen wir uns, warum die beschriebene Umformung eine *polynomielle* Reduktion ist. Dies ist aber offensichtlich, da der Graph G und die Zahl k direkt aus der Formel konstruiert werden können und dafür keine zusätzlichen Berechnungen notwendig sind. ∎

Test 6.11 Führen Sie die im Beweis von Satz 6.9 beschriebene Reduktion am Beispiel der Formel

$$\phi = (x_1 \lor \bar{x}_2 \lor \bar{x}_3) \land (\bar{x}_1 \lor x_2 \lor \bar{x}_4) \land (\bar{x}_4 \lor \bar{x}_5 \lor x_6) \land (x_2 \lor x_4 \lor \bar{x}_5)$$

durch. Finden Sie für das Bild der Reduktionsfunktion eine unabhängige Menge, und ermitteln Sie daraus eine erfüllende Belegung für ϕ.

Wir werden uns nun zwei weitere Graphenprobleme ansehen, die einen direkten Bezug zu IS haben. Das erste Problem fragt danach, ob es eine Menge von k Knoten in einem Graphen gibt, sodass jede Kante mindestens einen Knoten aus dieser Menge enthält. Eine solche Menge nennt man eine **Knotenüberdeckung** (engl. *vertex cover*) der Größe k. Ein Teilgraph eines Graphen mit k Knoten, in welchem alle Knoten paarweise durch eine Kante verbunden sind, heißt k-**Clique**. Beim Cliquenproblem fragt man danach, ob ein Graph eine k-Clique besitzt. Somit erhalten wir als Entscheidungsprobleme:

Knotenüberdeckung (VC)

Eingabe: Ungerichteter Graph G und natürliche Zahl k
Frage: Gibt es eine Knotenüberdeckung der Größe k in G?

Clique (CLIQUE)

Eingabe: Ungerichteter Graph G und natürliche Zahl k
Frage: Gibt es in G eine k-Clique?

Satz 6.10 Die Probleme Knotenüberdeckung (VC) und Clique (CLIQUE) sind NP-vollständig.

Beweis. Sowohl VC als auch CLIQUE sind in NP. Bei beiden Problemen wählen wir als Zeugen eine k-elementige Knotenmenge. Für eine gegebene Knotenmenge kann man leicht in polynomieller Zeit prüfen, ob sie eine Knotenüberdeckung oder eine Clique ist. Daraus ergeben sich die entsprechenden Verifikationsalgorithmen.

Nun zeigen wir IS $\leq_p$ VC und IS $\leq_p$ CLIQUE. Sei $G = (V, E)$ ein ungerichteter Graph mit n Knoten und k eine natürliche Zahl. Nehmen wir an, dass G eine unabhängige Menge X hat mit $|X| = k$. Wir definieren als Y die Menge $V \setminus X$. Da X eine unabhängige Menge ist, gibt es keine Kante mit zwei Knoten aus X oder, anders formuliert, jede Kante enthält mindestens einen Knoten aus Y. Damit ist Y eine Knotenüberdeckung. Andersherum, falls eine Menge $Y = V \setminus X$ eine Knotenüberdeckung ist, dann enthält jede Kante mindestens einen Knoten aus Y, und somit enthält keine Kante zwei Knoten aus X. Damit gilt also, dass

$$X \text{ ist unabhängige Menge der Größe } k \iff$$

$$V \setminus X \text{ ist Knotenüberdeckung der Größe } n - k.$$

Wir können also als Reduktion für IS $\leq_p$ VC die Funktion $f(\langle G, k \rangle) = \langle G, n - k \rangle$ benutzen.

Abb. 6.17 Ein Graph G mit
unabhängiger Menge X (○) und
Knotenüberdeckung $V \setminus X$ (●).
Die Menge X ist zudem eine
Clique in $\bar{G}$

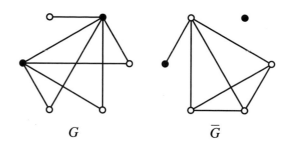

Für das Cliquenproblem gibt es auch eine einfache Umformung. Sei wiederum $G = (V, E)$. Wir definieren als **Komplementärgraphen** $\bar{G}$ den Graphen, der genau die Kanten enthält, die G nicht enthält. Für G ist eine Menge X genau dann eine unabhängige Menge, wenn es keine Kante in G mit zwei Endpunkten aus X gibt. Das ist aber äquivalent dazu, dass für jedes Paar von Knoten aus X eine Kante in $\bar{G}$ vorhanden ist. Wir sehen also, dass

$$X \text{ ist unabhängige Menge in } G \iff X \text{ ist Clique in } \bar{G}.$$

Wir können demnach als Reduktion für IS $\leq_p$ CLIQUE die Funktion $f(\langle G, k \rangle) = \langle \bar{G}, k \rangle$ benutzen. Die Ideen für beide Reduktionen sind in Abb. 6.17 an einem Beispiel veranschaulicht. Beide Reduktionen sind polynomiell. Es folgt, dass sowohl VC als auch CLIQUE NP-vollständig sind.   ∎

Test 6.12 Zeigen Sie, dass das Problem, ob ein Graph eine 10-Clique enthält, in P liegt. Erläutern Sie, warum dies kein Widerspruch zu CLIQUE $\in$ NP ist.

Für das nächste Problem werden wir eine aufwendigere Reduktion benötigen. Es geht hierbei darum, zu entscheiden, ob es in einem ungerichteten Graphen einen Kreis gibt, der alle Knoten genau einmal besucht. Einen solchen Kreis nennen wir **Hamiltonkreis** (engl. *Hamilton circuit*). Eine sehr ähnliche Fragestellung (nach der Existenz eines Hamilton*pfades*) haben wir bereits kurz angesprochen gehabt. Die Frage können wir auch für gerichtete Graphen stellen. Hier müssen aber alle Kanten des Kreises entlang ihrer Orientierung durchlaufen werden. Wir erhalten also folgende Entscheidungsprobleme:

Hamiltonkreis (HC)

Eingabe: Ungerichteter Graph G
Frage: Enthält G einen Hamiltonkreis?

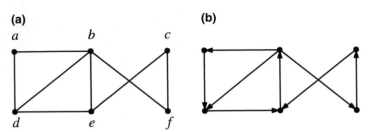

Abb. 6.18 (a) Graph mit Hamiltonkreis (a, b, f, c, e, d, a); (b) gerichteter Graph ohne Hamiltonkreis

---

Gerichteter Hamiltonkreis (DHC)

Eingabe: Gerichteter Graph G
Frage: Enthält G einen (gerichteten) Hamiltonkreis?

Abb. 6.18a zeigt einen Graphen mit Hamiltonkreis. Orientiert man die Kanten des Graphen wie in Abb. 6.18b zu sehen, erhält man einen Graphen, der keinen (gerichteten) Hamiltonkreis enthält.

Satz 6.11 Das Problem gerichteter Hamiltonkreis (DHC) ist NP-vollständig.

Beweis. Zunächst überlegen wir uns, warum DHC aus NP ist. Der Verifikationsalgorithmus interpretiert den übergebenen Zeugen als eine Folge von Knoten. Wir gehen davon aus, dass die Knoten von 1 bis n durchnummeriert wurden. Bei der Verifikation wird getestet, ob alle Knoten des Graphen genau einmal in dieser Folge vorhanden sind und ob je zwei aufeinanderfolgende Knoten in der Folge mit einer Kante verbunden sind (diesen Test führen wir auch vom letzten zum ersten Knoten der Folge durch). Die Verifikation kann leicht in polynomieller Zeit erfolgen. Da der Zeuge nicht größer als ein Polynom bezüglich der Eingabelänge der Probleminstanz ist, folgt, dass DHC aus NP ist.

Der aufwendigere Teil des Beweises ist, die NP-Schwerheit nachzuweisen. Wir werden dafür 3SAT $\leq_p$ DHC zeigen. Dazu geben wir eine Reduktion an, welche eine Formel ϕ in 3-KNF in einen gerichteten Graphen G umwandelt. Der Graph G wird genau dann einen Hamiltonkreis enthalten, wenn ϕ erfüllbar ist.

Wir werden nun erklären, wie G aufgebaut ist. Für jede der k Variablen in ϕ enthält G einen „Baustein" (Teilgraphen), welchen wir *Diamant* nennen. Für die Variable x_i bezeichnen wir den dazugehörigen Diamanten mit D_i. Ein Diamant D_i hat zwei ausgezeichnete Knoten s_i (Quelle) und t_i (Senke). Des Weiteren enthält D_i viele Paare von Knoten, welche mit einer Doppelkante (in unterschiedlichen Richtungen) verknüpft sind. Ein solches Paar nennen wir eine *Doublette*. In jedem Diamanten ist für jede Klausel aus ϕ eine Doublette vorhanden. Wir bezeichnen die Doublette für die Klausel C_j im Diamanten D_i mit Δ_j^i.

Wir hängen alle Doubletten eines Diamanten hintereinander, wobei aufeinanderfolgende Doubletten noch einmal durch einen Knoten getrennt sind. Wie genau der Aufbau eines Diamanten aussieht, kann Abb. 6.19 entnommen werden. Im Folgenden nutzen wir die Begriffe links/rechts bezüglich der Darstellung in Abb. 6.19.

Für jede Klausel C_j aus ϕ führen wir einen Knoten c_j ein. Wir verknüpfen einen Klauselknoten c_j mit den Diamanten, die für Variablen stehen, welche in C_j vorkommen. Genauer gesagt, falls die Variable x_i in C_j vorkommt, verbinden wir c_j mit der Doublette Δ_j^i. Kommt x_i in C_j nichtnegiert vor, dann fügen wir eine Kante vom linken Knoten der Doublette zu c_j und eine Kante von c_j zum rechten Knoten der Doublette ein. Tritt x_i in C_j hingegen negiert auf, dann fügen wir die gleichen Kanten in umgekehrter Orientierung ein; siehe dazu Abb. 6.20. Natürlich kann es viele Doubletten geben, die nicht verknüpft werden.

Wir schließen die Konstruktion von G ab, indem wir die Diamanten zyklisch verknüpfen. Dazu nutzen wir die Kanten (t_i, s_{i+1}) für $1 \le i < k$ sowie die Kante (t_k, s_1). Abb. 6.21 skizziert dieses Vorgehen.

Wir zeigen nun als Erstes, dass, wenn ϕ erfüllbar ist, dann gibt es einen Hamiltonkreis in G. Nehmen wir also an, es gibt eine erfüllende Belegung für ϕ. Wir wählen für jede Klausel eine Variable, deren Literal diese Klausel erfüllt. Der Hamiltonkreis durchläuft nun alle Diamanten entsprechend ihrer zyklischen Verknüpfung. Wenn in der erfüllenden Belegung $x_i = 1$ gilt, dann durchlaufen wir hierbei die Reihe der Doubletten in

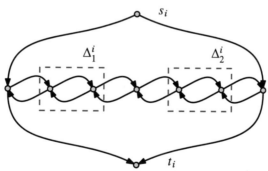

Abb. 6.19 Der Teilgraph (Diamant) D_i für die Variable x_i für eine Formel mit 2 Klauseln

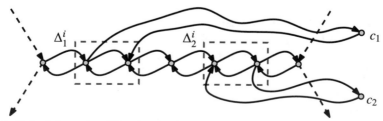

Abb. 6.20 Verknüpfung eines Diamanten mit den Klauselknoten. Im Beispiel tritt x_i in der ersten Klausel als Literal x_i und in der zweiten Klausel als Literal $\bar{x}_i$ auf

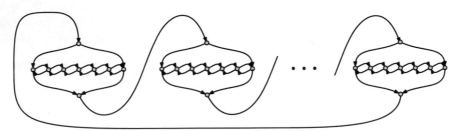

Abb. 6.21 Zyklische Verknüpfung der Diamanten ohne die Verbindungskanten zu den Klauselknoten

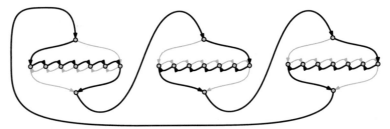

Abb. 6.22 Kreis durch die Diamanten für die Belegung $x_1 = 1, x_2 = 0, x_3 = 0$

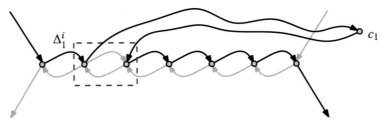

Abb. 6.23 „Einbau" des Knotens c_1 in den Hamiltonkreis. Im Beispiel würde die Klausel C_1 durch das Literal x_i erfüllt werden

aufsteigender Reihenfolge von links nach rechts. Ist hingegen $x_i = 0$, wird die Reihe der Doubletten von rechts nach links durchlaufen. Abb. 6.22 zeigt hierzu ein Beispiel.

Der Kreis, den wir so erhalten, ist kein Hamiltonkreis, weil die Klauselknoten noch nicht durchlaufen werden. Die Klauselknoten können aber durch einen kleinen Umweg problemlos in den Kreis aufgenommen werden. Wenn die für die Klausel C_j ausgewählte Variable x_i ist, dann nutzen wir Δ_j^i, um c_j in den Kreis einzufügen. Beachten Sie, dass wir die Klauselknoten gerade so mit den Doubletten verknüpft haben, dass dies möglich ist. Das heißt, wenn Klausel C_j durch das Literal x_i erfüllt wird, dann gibt es eine Kante vom linken Knoten von Δ_j^i zu c_j und von c_j zum rechten Knoten von Δ_j^i. Dies passt damit zusammen, dass wir im Falle von $x_i = 1$ den Diamanten D_i von links nach rechts durchlaufen. Der Fall, dass C_j durch $\bar{x}_i$ erfüllt wird, ist analog dazu. Abb. 6.23 zeigt die Einbindung eines Klauselknotens in den Hamiltonkreis.

Für die Korrektheit der Reduktion müssen wir noch (als Rückrichtung) beweisen, dass, wenn G einen Hamiltonkreis hat, ϕ erfüllbar sein muss. Im Wesentlichen werden wir argumentieren, dass jeder mögliche Hamiltonkreis in G von der Struktur her so aufgebaut sein muss, wie wir das im vorigen Teil des Beweises beschrieben haben. Dann können wir aus der Art, wie die Diamanten durchlaufen werden, eine erfüllende Belegung von ϕ ablesen.

Zunächst schließen wir aus, dass man über die Klauselknoten die Diamanten wechseln kann. Nehmen wir dazu an, dass im Hamiltonkreis H der Klauselknoten c_j besucht wird und dessen Vorgängerknoten v aus D_a stammt und dessen Nachfolgerknoten aus $D_b \neq D_a$. Das heißt, v stammt aus einer Doublette Δ_j^a. Sei u der zweite Knoten dieser Doublette. Im Hamiltonkreis muss auch u besucht werden. Es gibt drei eingehende Kanten in u: (v, u), (c_j, u) und (w, u), wobei w ein Knoten ist, der die Doubletten voneinander trennt. Der Vorgänger von u in H muss demnach w sein, da v und c_j schon von einem anderen Teil von H benutzt werden. Nun kann man aber von u aus den Hamiltonkreis nicht mehr fortsetzen, da alle potenziellen Nachfolger w, c_j und v bereits in H an anderer Stelle auftreten (siehe Abb. 6.24). Es folgt also, dass der Hamiltonkreis aus den Teilen $H_1, H_2, H_3, \ldots$ bestehen muss, wobei in H_i ausschließlich Knoten von D_i und eventuell Klauselknoten auftreten dürfen.

Wir betrachten nun einen Teilpfad H_i des Hamiltonkreises. Dieser durchläuft also D_i und kann währenddessen zu Klauselknoten springen. Nehmen wir an, dass er zu den Klauselknoten c_x und c_y springt, wobei in C_x das Literal x_i auftritt und in C_y das Literal $\bar{x}_i$. Wir können ohne Beschränkung der Allgemeinheit annehmen, dass kein Klauselknoten „zwischen" c_x und c_y in H_i besucht wird. Wie man nun sehen kann (Abb. 6.25), erzwingt der Besuch von c_x eine bestimmte Reihenfolge (Richtung), wie die Doublettenreihe

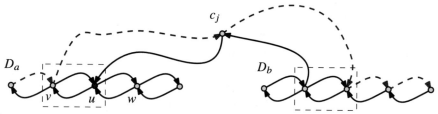

Abb. 6.24 Angenommen, der Hamiltonpfad (gestrichelt) wechselt die Diamanten über einen Knoten c_j. Dann kann der Knoten u nicht mehr besucht und verlassen werden

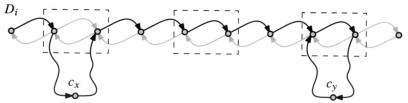

Abb. 6.25 Ein Teilpfad H_i kann nie Klauseln, die x_i und $\bar{x}_i$ enthalten, besuchen

von D_i durchlaufen werden muss, und diese ist nicht kompatibel mit einem Besuch von c_y. Somit können in H_i also entweder nur Klauselknoten, in deren Klauseln x_i auftritt, oder nur Klauselknoten, in deren Klauseln $\bar{x}_i$ auftritt, aufgesucht werden. Im ersten Fall leiten wir die Variablenbelegung $x_i = 1$ ab, im zweiten Fall $x_i = 0$. Auf diese Weise erhalten wir eine (konsistente) Variablenbelegung, die in jeder Klausel mindestens ein Literal erfüllt (jeder Klauselknoten muss im Hamiltonkreis auftreten). Somit ist ϕ erfüllbar.

Um G aus ϕ zu erzeugen, legen wir zuerst die Teilgraphen der Diamanten an, dann verknüpfen wir diese untereinander und fügen schließlich die Klauselknoten ein. All diese Schritte benötigen nur polynomiell viel Zeit. Die beschriebene Reduktion ist somit polynomiell, und 3SAT $\leq_p$ DHC folgt. ∎

Test 6.13 Erzeugen Sie G, wie im Beweis von Satz 6.11 beschrieben, für die Formel

$$\phi = (x_1 \vee x_2 \vee \bar{x}_3) \wedge (x_1 \vee \bar{x}_2 \vee x_3).$$

Finden Sie einen Hamiltonkreis in G, und leiten Sie daraus eine erfüllende Belegung ab.

Wir wenden uns nun der ungerichteten Version des Hamiltonkreis-Problems zu. Für den Nachweis der NP-Vollständigkeit von HC müssen wir nun weniger Aufwand betreiben, da wir dieses Problem auf DHC zurückführen können.

Satz 6.12 Das Problem Hamiltonkreis (HC) ist NP-vollständig.

Beweis. Ein Verifikationsalgorithmus für HC kann analog zum Verifikationsalgorithmus für DHC aufgestellt werden. Es folgt, dass HC $\in$ NP. Für den Nachweis der NP-Schwerheit werden wir DHC $\leq_p$ HC zeigen.

Sei G ein gerichteter Graph. Wir geben die gesuchte Reduktion an, indem wir beschreiben, wie man aus dem Graphen $G = (V, E)$ den ungerichteten Graphen $G' = (V', E')$ erzeugt. Die Konstruktion wird sicherstellen, dass G genau dann einen (gerichteten) Hamiltonkreis enthält, wenn G' einen Hamiltonkreis enthält.

Für jeden Knoten $v \in V$ führen wir in V' die Knoten v, v_{ein}, v_{aus} hinzu. Die Idee hierbei ist, dass wir alle in v eingehenden Kanten zu v_{ein} sowie alle von v ausgehenden Kanten zu v_{aus} verbinden und zusätzlich die Kanten (v, v_{ein}) und (v, v_{aus}) dazunehmen; siehe dazu Abb. 6.26. Damit erzwingen wir, dass der Knoten v in der richtigen Art und Weise durchlaufen werden muss. Formal ausgedrückt, erhalten wir als neue Kantenmenge

$$E' = \{(u_{\text{aus}}, v_{\text{ein}}) \mid (u, v) \in E\} \cup \{(v_{\text{ein}}, v), (v, v_{\text{aus}}) \mid v \in V\}.$$

Abb. 6.26 Lokale Transformation eines Knotens in der Reduktion für DHC$\leq_p$HC

Abb. 6.27 Reduktion aus dem Beweis von Satz 6.12 am Beispiel einer Kante, die in G in beiden Richtungen vorliegt. Ein Hamiltonteilpfad über v_{ein}, v, v_{aus}, u_{ein}, u, u_{aus} in G' korrespondiert zu einer Kante (v, u) im Graphen G

Wenn wir die Umformung wie beschrieben durchführen, erhalten wir einen Graphen ohne Doppelkanten (vergleiche Abb. 6.27). Wenn es in G einen Hamiltonkreis $(v_1, v_2, \ldots v_n)$ gibt, dann gibt es offensichtlich in G' den Hamiltonkreis $(v_{1\text{ein}}, v_1, v_{1\text{aus}}, v_{2\text{ein}}, v_2, v_{2\text{aus}}, \ldots)$. Auf der anderen Seite gilt Folgendes. Angenommen, G' enthält einen Hamiltonkreis H'. Jeder Knoten $v \in V$ muss in H' auftreten. Da diese Knoten Grad 2 haben, muss die Teilfolge in H' um einen solchen Knoten v entweder $(v_{\text{ein}}, v, v_{\text{aus}})$ oder $(v_{\text{aus}}, v, v_{\text{ein}})$ lauten. Wir nehmen an, dass $(v_{\text{ein}}, v, v_{\text{aus}})$ auftrat, ansonsten spiegeln wir H. Der Knoten, der in H' v_{aus} folgt, muss ein Knoten u_{ein} sein, da v bereits besucht wurde. Auf u_{ein} muss jetzt aber u folgen, da wir sonst u nicht mehr in den Hamiltonkreis einbauen könnten. Wir sehen also, dass H' aus Teilen der Form $(x_{\text{ein}}, x, x_{\text{aus}})$ besteht. Folgt nun aber $(y_{\text{ein}}, y, y_{\text{aus}})$ direkt auf $(x_{\text{ein}}, x, x_{\text{aus}})$, dann gibt es in G' die Kante $(x_{\text{aus}}, y_{\text{ein}})$, und somit gibt es auch in G die Kante (x, y). Ersetzen wir also jeden Teil $(x_{\text{ein}}, x, x_{\text{aus}})$ in H durch den entsprechenden Knoten x, haben wir eine Folge H erzeugt, die einen Hamiltonkreis in G beschreibt.

Die Umformung erfordert keinerlei Berechnungen und kann leicht in polynomieller Zeit durchgeführt werden. Es gilt somit DHC $\leq_p$ HC, und deshalb ist HC NP-vollständig. ∎

Wir sehen uns nun das prominente **Rundreiseproblem** an (engl. *traveling salesman/ salesperson problem*). Bei diesem Problem geht es darum, eine Rundreise zwischen einer Menge von Städten zu finden, sodass jede Stadt einmal besucht wird und man am Ende an den Ausgangspunkt zurückkehrt. Bei der Optimierungsversion dieses Problems fragt man nach der kürzesten Rundreise; bei der Entscheidungsvariante danach, ob es eine Rundreise gibt, die kürzer als eine vorgegebene Schranke ist. Die Entfernung/Kosten zwischen den Städten gibt man in einer Distanzmatrix an. Die Kosten für eine Rundreise ergeben sich aus den aufsummierten Kosten zwischen den Städten.

Rundreiseproblem (TSP)

Eingabe: $k \times k$ Distanzmatrix D (nichtnegative Einträge), natürliche Zahl B
Frage: Gibt es eine Rundreise mit Kosten kleiner gleich B?

Satz 6.13 Das Rundreiseproblem (TSP) ist NP-vollständig, sogar dann, wenn die Distanzmatrix nur die Kosten 1 und 2 benutzt.

Beweis. Für die Verifikation von TSP genügt es, als Zeugen die Abfolge der Städte zu benutzen. Erfüllt die Distanzmatrix die Dreiecksungleichung, können wir davon ausgehen, dass jede Stadt nur einmal besucht wird, denn jede direkte Verbindung ist kürzer als ein Umweg. Falls die Dreiecksungleichung nicht erfüllt ist, könnte es zwar längere Routen geben, es macht jedoch keinen Sinn, unnötige Schleifen zu durchlaufen. Aus diesem Grund gibt es immer eine kürzeste Rundreise mit höchstens (grob abgeschätzt) k^2 vielen Aufenthalten. Es genügt also ein Zeuge polynomieller Länge. Im Verifikationsalgorithmus ermitteln wir die Gesamtlänge der Rundreise und vergleichen, ob sie kleiner als B ist. Dies geht in polynomieller Zeit, und damit ist TSP $\in$ NP.

Für den Nachweis der NP-Schwerheit reduzieren wir HC polynomiell auf TSP. Sei $G = (V, E)$ ein ungerichteter Graph, den wir in eine TSP-Probleminstanz umwandeln wollen. Wir nehmen an, dass die Knoten in G von 1 bis k durchnummeriert sind. Die Distanzmatrix $D = (d_{ij})$ wird wie folgt festgelegt:

$$
d_{ij} = \begin{cases} 1 & \text{falls } (i, j) \in E, \\ 2 & \text{sonst.} \end{cases}
$$

Zusätzlich setzen wir $B = k$. Hat G nun einen Hamiltonkreis, entspricht diese Knotenfolge einer Rundreise mit Kosten gleich B. Gibt es andererseits eine Rundreise mit Kosten höchstens $B = k$, dann müssen alle Entfernungen zwischen aufeinanderfolgenden Städten genau 1 sein, da wir k-mal die Stadt wechseln und die Mindestentfernung 1 ist. Aus diesem Grund folgt, dass in der Rundreise keine Stadt doppelt besucht wird (bis auf Start/Ziel) und dass nur von einer Stadt i zur Stadt j gewechselt wird, falls $(i, j) \in E$. Die Rundreise korrespondiert also zu einem Hamiltonkreis in G. Die beschriebene Umformung ist demnach eine Reduktion von HC auf TSP. Die Reduktion ist polynomiell, da die Distanzmatrix direkt aus der Adjazenzmatrix (oder Adjazenzliste, je nachdem, wie der Graph codiert ist) bestimmt werden kann.   ∎

6.5.6 NP-vollständige arithmetische Probleme

Die nächsten Probleme, die wir uns ansehen, haben einen arithmetischen Hintergrund. Beim **Teilsummenproblem** (engl. *subset sum*) fragen wir, ob es möglich ist, aus einer Folge von Zahlen eine Teilfolge auszuwählen, sodass die Summe genau einer vorgegebenen Zahl entspricht.

Teilsummenproblem (SUBSETSUM)

Eingabe: Folge von k natürlichen Zahlen $A = (a_1, a_2, \ldots, a_k)$ und eine natürliche Zahl B

Frage: Gibt es eine Teilmenge $I \subseteq \{1, \ldots, k\}$ mit $\sum_{i \in I} a_i = B$?

Satz 6.14 Das Teilsummenproblem (SUBSETSUM) ist NP-vollständig.

Beweis. Ein Zeuge für die Verifikation ist offensichtlich die Menge I. Dieser Zeuge ist kleiner als die Eingabe, und es kann in polynomieller Zeit geprüft werden, ob $\sum_{i \in I} a_i = B$. Somit ist also SUBSETSUM $\in$ NP.

Für den Nachweis der NP-Schwerheit zeigen wir VC $\leq_p$ SUBSETSUM. Sei $G = (V, E)$ der Graph aus einer Instanz des Knotenüberdeckungsproblems. Die geforderte Größe der Knotenüberdeckung nennen wir k. Wir konstruieren nun in Abhängigkeit von k und G eine Instanz des Teilsummenproblems. Vorab nummerieren wir die Kanten in E von 1 bis m und bezeichnen die i-te Kante mit e_i. Ebenso nummerieren wir die Knoten und bezeichnen den j-ten Knoten mit v_j. Für jede Kante e_i setzen wir

$$a_i = 10^{i-1}.$$

In anderen Worten, die Zahl a_i hat in Dezimaldarstellung an der Stelle i eine 1 und ansonsten nur Nullen. Für jeden Knoten v_j nehmen wir nun eine weitere Zahl a_j' hinzu. Für den Knoten v_j ist a_j' die Zahl, die in Dezimaldarstellung an der Stelle i genau dann eine Ziffer 1 enthält, wenn die Kante e_i zum Knoten v_j inzident ist. Außerdem steht bei allen diesen Zahlen an der Stelle $m+1$ die Ziffer 1. An allen anderen Stellen stehen Nullen. Formal ausgedrückt ist also

$$a_j' = a_{m+j} = 10^m + \sum_{\substack{e_i \in E: \\ v_j \text{ inzident zu } e_i}} 10^{i-1}$$

die zu v_j gehörende Zahl.

Zuletzt definieren wir die Schranke B als

$$B = k \cdot 10^m + \sum_{i=0}^{m-1} 2 \cdot 10^i.$$

Anders ausgedrückt, besteht die Dezimaldarstellung von B aus der Zahl k an der Stelle $m + 1$, gefolgt von m-mal der Ziffer 2.

Schauen wir uns die Reduktion einmal am Beispiel an. Wir betrachten dazu den Graph in Abb. 6.28 und nehmen an, dass $k = 2$. Damit erhalten wir die folgenden Zahlen $a_1, \ldots, a_9$ und B.

Stelle	6	5	4	3	2	1
a_1	0	0	0	0	0	1
a_2	0	0	0	0	1	0
a_3	0	0	0	1	0	0
a_4	0	0	1	0	0	0
a_5	0	1	0	0	0	0
a_1'	1	0	0	0	1	1
a_2'	1	0	1	1	0	1
a_3'	1	1	0	1	1	0
a_4'	1	1	1	0	0	0
B	2	2	2	2	2	2

Aus Gründen der Übersichtlichkeit haben wir auch die führenden Nullen bei den Zahlen aufgeschrieben. Im Beispiel sehen wir, dass sich die grau hinterlegten Zahlen zu B aufsummieren. Es gilt also, dass $a_1 + a_2 + a_4 + a_5 + a_2' + a_3' = B$. Im Graphen gibt es zudem mit $\{v_2, v_3\}$ eine Knotenüberdeckung der Größe 2. Wir sehen also, dass eine Ja-Instanz von VC auf eine Ja-Instanz von SUBSETSUM abgebildet wurde. Dass dies kein Zufall war und die beschriebene Konstruktion in der Tat die gewünschte Reduktion ist, beweisen wir im Folgenden.

Zuerst nehmen wir an, dass G eine Knotenüberdeckung X der Größe k hat. Dann wählen wir alle Zahlen a_j' mit $j \in X$ aus. Für deren Summe gilt dann Folgendes: An der Stelle i steht eine 1, wenn ein Knoten von e_i in X ist und eine 2, wenn beide Knoten

Abb. 6.28 Beispielgraph für
die Reduktion
VC$\leq_p$SUBSETSUM

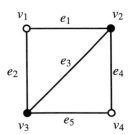

von e_i in X sind. Insbesondere gibt es keine Ziffer 0, da X eine Knotenüberdeckung ist. Links von den niederwertigsten m Stellen steht zudem in dieser Summe k, da wir hier k-mal eine 1 addiert haben. Beachten Sie, dass es nach Konstruktion auf den ersten m Stellen nie einen Übertrag in der Addition geben kann. Um nun die bisherige Summe auf B zu bringen, fügen wir X noch alle a_i hinzu, für die gilt, dass e_i nur einen Knoten aus X enthält. Somit können wir alle Ziffern 1 auf 2 „hochziehen" und haben eine Auswahl gefunden, die in der Summe B ergibt.

Nun zeigen wir die Rückrichtung. Wir nehmen also an, dass es eine Auswahl A der Zahlen aus der Teilsummeninstanz gibt, deren Summe B beträgt. In A können nur k Zahlen stehen, die aus den Knoten abgeleitet wurden (gestrichene a'). Andernfalls ist die Summe größer als B, weil alle diese Zahlen an der Stelle $m + 1$ eine 1 haben. Des Weiteren muss gelten, dass es für jede Stelle von 1 bis m ein a'_j gibt, das an dieser Position eine 1 enthält. Der Grund dafür ist, dass $a_1 + \cdots + a_m$ nur aus den Ziffern 1 besteht, aber in B an diesen Stellen Zweien stehen müssen. In anderen Worten: Man braucht für jede Kante e_i mindestens eine Zahl $a'_j \in A$, um die i-te Stelle auf 2 zu bringen, wobei v_j ein Knoten von e_i ist. Das heißt dann aber auch, dass alle v_j mit $a'_j \in A$ eine Knotenüberdeckung der Größe k bilden.

Zum Abschluss sei darauf hingewiesen, dass die beschriebene Reduktion eine einfache Umformung ist und klar in polynomieller Zeit ausgeführt werden kann. ∎

Das Rucksackproblem (engl. *knapsack*) ist eine verallgemeinerte Variante des Teilsummenproblems. Für dieses Problem hat man eine Menge von Objekten gegeben, und für jedes Objekt kennt man dessen Nutzen a_i und dessen Gewicht g_i. Des Weiteren ist eine Gewichtsobergrenze G angegeben. In der Optimierungsversion des Rucksackproblems fragt man nach einer Auswahl der Objekte, sodass die Gewichtsgrenze in der Summe nicht überschritten wird und dass der Gesamtnutzen maximiert wird. Das dazugehörige Entscheidungsproblem ist dann wie folgt definiert.

Rucksackproblem (KP)

Eingabe: Werte $(a_1, \ldots a_k)$ und $(g_1, \ldots, g_k)$ von positiven natürlichen Zahlen sowie $G, B \in \mathbb{N}$

Frage: Gibt es eine Auswahl von $I \subseteq \{1, \ldots, k\}$ mit $\sum_{i \in I} g_i \leq G$ und $\sum_{i \in I} a_i \geq B$?

Satz 6.15 Das Rucksackproblem (KP) ist NP-vollständig.

Beweis. Wie beim Teilsummenproblem kann man als Zeugen die Auswahl I benutzen. Eine Überprüfung ist in polynomieller Zeit leicht möglich, und somit gilt KP $\in$ NP.

Man kann ein Teilsummenproblem als Rucksackproblem formulieren. Sei die Eingabe für das Teilsummenproblem $(a_1, \ldots, a_k)$ und B. Wir erstellen dazu das Rucksackproblem mit $(a'_1, \ldots a'_k)$, $(g'_1, \ldots, g'_k)$, B' und G' mit

$$\forall 1 \leq i \leq k: \quad a'_i = g'_i = a_i,$$

$$B' = G' = B.$$

Offensichtlich hat nun das Teilsummenproblem genau dann eine Lösung, wenn das abgeleitete Rucksackproblem eine Lösung hat. Die angegebene Überführung ist also eine Reduktion, welche SUBSETSUM $\leq$ KP belegt. Da die Umformung in polynomieller Zeit durchführbar ist, ist die Reduktion polynomiell, und damit gilt, dass KP **NP**-vollständig ist. ∎

Interessanterweise können wir das Rucksackproblem effizient lösen, wenn wir annehmen, dass die Gewichte nicht zu groß sind. Eine Lösung kann in diesem Fall rekursiv mit dynamischem Programmieren berechnet werden. Wir bezeichnen dazu mit $N(t, g)$ den maximalen Nutzen, den wir bei einer Auswahl unter den ersten t Objekten erreichen können, wenn die Gewichtsgrenze g ist. Unser Ziel ist es, $N(k, G)$ zu berechnen. Wir berechnen dazu nach und nach alle der $k \cdot G$ Teilprobleme und speichern die Ergebnisse in einer Tabelle ab. Am Anfang wissen wir, dass $N(0, g) = N(t, \leq 0) = 0$ für alle Werte t, g. Wenn wir allgemein $N(t, g)$ bestimmen wollen, gibt es zwei Fälle: Entweder a_t ist in der Auswahl enthalten, oder a_t ist nicht enthalten. Unter der Annahme, dass a_t in der Auswahl enthalten ist, gilt $N(t, g) = N(t - 1, g - g_t) + a_t$. Das setzt voraus, dass $g \geq g_t$. Nehmen wir hingegen an, dass a_t nicht enthalten ist, gilt stattdessen $N(t, g) = N(t - 1, g)$. Wir erhalten somit für alle $g, t > 0$

$$N(t, g) = \begin{cases} \max\{N(t - 1, g - g_t) + a_t, N(t - 1, g)\} & \text{falls } g \geq g_t, \\ N(t - 1, g) & \text{sonst.} \end{cases}$$

Wir können nun der Reihe nach (mit aufsteigenden Werten t und g) alle Teilprobleme lösen. Das Lösen eines der Teilprobleme kostet nur konstant viel Zeit, und somit arbeitet der Algorithmus in Zeit $O(k \cdot G)$. Der Algorithmus löst nicht nur das Entscheidungsproblem KP, sondern auch das dazugehörige Optimierungsproblem.

Test 6.14 Erweitern Sie den oben vorgestellten Algorithmus für KP, sodass nicht nur der maximale Nutzen bei Gewichtsgrenze G berechnet wird, sondern auch eine dazugehörige bestmögliche Befüllung (Auswahl der Objekte) des Rucksacks ausgegeben wird. Der Algorithmus soll weiterhin $O(k \cdot G)$ Laufzeit besitzen.

Sei I eine Eingabeinstanz eines Entscheidungsproblems mit numerischen Werten. Die größte in I vorkommende natürliche Zahl bezeichnen wir mit z_I und die Länge der Codierung von I mit n_I. Wir nennen ein Problem **stark NP-vollständig**, wenn es numerische Werte enthält und es NP-vollständig ist, wenn wir es auf Instanzen I einschränken, deren numerische Werte durch ein Polynom in n_I beschränkt sind. Ein NP-vollständiges Problem heißt **schwach NP-vollständig**, wenn es durch einen Algorithmus lösbar ist, dessen Laufzeit sich durch ein Polynom in n_I und z_I beschränken lässt. Einen entsprechenden Algorithmus nennt man **pseudopolynomiell**.

Satz 6.16 Das Rucksackproblem ist schwach NP-vollständig, das Rundreiseproblem ist stark NP-vollständig.

Beweis. Der oben vorgestellte Algorithmus für das Rucksackproblem ist pseudopolynomiell, da $k \leq n$ und somit die Laufzeit $O(k \cdot G) \subseteq O(n_I \cdot z_I)$ beträgt. Damit ist das Rucksackproblem schwach NP-vollständig.

Laut Satz 6.13 ist das Rundreiseproblem auch für numerische Werte von 1 und 2 NP-vollständig. Damit ist es stark NP-vollständig. ∎

Wenn wir in einem schwach NP-vollständigen Problem eine Codierung wählen, indem wir alle numerischen Werte unär abspeichern (also die Zahl k zum Beispiel als 1^k), dann ist dieses Problem in P. In diesem Fall gilt für jeden Zahlenwert x der Eingabe, dass $x \leq n$. Somit sind alle Zahlenwerte durch ein Polynom in n beschränkt, und damit liefert der pseudopolynomielle Algorithmus einen polynomiellen Algorithmus.

6.6 Platzkomplexität

Bislang haben wir uns ausschließlich mit der Zeitkomplexität befasst und Probleme mit Algorithmen ähnlicher Laufzeit zu Zeitkomplexitätsklassen zusammengefasst. Es existieren aber auch andere Komplexitätsmaße. Das wichtigste Maß neben der Zeit ist der Platzbedarf. Unser Referenzmodell ist an dieser Stelle wiederum die Turingmaschine. Grob gesagt, bestimmen wir den Platzbedarf, indem wir alle Zellen der Turingmaschine zählen, die während der Berechnung benutzt wurden. Eine Zelle wird dabei bei einer Berechnung benutzt, wenn sie entweder die Eingabe enthält oder der Kopf zu einem Zeitpunkt auf der Zelle stand. Wir definieren in Analogie zur Laufzeit:

$$S_M(w \in \Sigma^*) := \text{Anzahl der Zellen, welche die TM } M \text{ bei Eingabe } w \text{ benutzt.}$$

Wir messen also zunächst relativ zur Eingabe w. In der Regel sind wir aber am aufwendigsten Verhalten aller Eingaben einer bestimmten Länge interessiert. Dazu definieren wir für eine (deterministische) Turingmaschine M:

$$s_M(n \in \mathbb{N}) := \max_{w \in \Sigma^*, |w|=n} S_M(w).$$

Wenn die Maschine M eindeutig ist, lassen wir auch den Index M bei $s_M(n)$ weg. Den Wert der Funktion $s(n)$ nennen wir auch den Platzbedarf von M (bei einer Eingabe der Länge n).

Wollen wir den Platzbedarf einer nichtdeterministischen Turingmaschine messen, sehen wir uns die maximale Anzahl der benutzten Zellen unter allen möglichen Berechnungspfaden im Berechnungsbaum an. Bis auf diesen Unterschied ist $s_M(n)$ analog definiert.

Wie bei der Zeitkomplexität unterscheiden wir deterministische und nichtdeterministische Platzkomplexitätsklassen. Wir definieren:[1]

Definition 6.9 (Platzkomplexitätsklassen) Sei $f(n)\colon \mathbb{N} \to \mathbb{N}$ eine monotone Funktion. Dann ist

$$\mathsf{SPACE}(f(n)) := \{L \mid \exists\,\text{Entscheider } M \text{ mit } L(M) = L \text{ und } s_M(n) \leq f(n)\}, \text{ und}$$

$$\mathsf{NSPACE}(f(n)) := \{L \mid \exists\,\text{NTM } M \text{ mit } t_M(n) < \infty,\, L(M) = L \text{ und } s_M(n) \leq f(n)\}.$$

Wir geben noch einige Anmerkungen zur obigen Definition. Im Gegensatz zu den Zeitkomplexitätsklassen haben wir bei der Definition auf die Groß-O-Notation verzichtet. Das haben wir deshalb gemacht, da wir den Platzbedarf sowieso immer um einen konstanten Faktor verbessern können. Insbesondere können wir für jede Konstante c immer c Zeichen des Arbeitsalphabetes Γ zu einem Zeichen zusammenfassen. Die neue Maschine mit dem Arbeitsalphabet Γ^c benutzt dann nur $1/c$-mal so viel Platz wie die ursprüngliche Maschine.

Als zweite Anmerkung wollen wir darauf hinweisen, dass wir schon eine Platzkomplexitätsklasse kennengelernt haben. Dies war die Klasse $\mathsf{DSPACE}(n)$. Diese Klasse stimmt mit $\mathsf{SPACE}(n)$ überein (das D weist aber noch einmal extra darauf hin, dass wir hier eine deterministische Komplexitätsklasse betrachten).

Als Drittes bemerken wir, dass mit unserer Definition nur Funktionen mit $f(n) \geq n$ sinnvoll sind, da ja zumindest die Zellen, auf denen die Eingabe steht, benutzt werden. Man kann jedoch mit einer etwas angepassten Definition auch sublinearen Platzbedarf definieren. Dazu muss man festlegen, dass die Eingabe auf einem Extra-Band steht, auf dem nur gelesen werden darf. Die Zellen dieses Bandes und die Länge der Eingabe werden dann nicht zum Platzbedarf dazugezählt. Dies ist in der Tat die gebräuchliche Form der Definition des Platzbedarfs bei Turingmaschinen. Wir haben uns für die grundlegenden Ausführungen in diesem Buch aber für eine etwas einfachere Definition entschieden.

---

[1] Wir weichen hier von der Standarddefinition ab, da für unsere Zwecke eine etwas einfachere Definition genügt. Wir weisen aber darauf hin, dass diese Klassen in der Regel etwas anders definiert sind. Details dazu finden sich im weiteren Text.

In Analogie zu den polynomiellen Zeitkomplexitätsklassen definieren wir des Weiteren:

$$\mathrm{PSPACE} := \bigcup_{k=1}^{\infty} \mathrm{SPACE}(n^k),$$

$$\mathrm{NPSPACE} := \bigcup_{k=1}^{\infty} \mathrm{NSPACE}(n^k).$$

Bevor wir einige wichtige Aussagen zur Platzkomplexität beweisen, benötigen wir noch eine letzte Definition.

Definition 6.10 (Platzkonstruierbare Funktion) Eine Funktion $f : \mathbb{N} \to \mathbb{N}$ mit $f(n) \geq n$ heißt *platzkonstruierbar*, falls es eine Turingmaschine M gibt, die bei Eingabe w genau $f(|w|)$ Zellen des Eingabebandes markiert und keine Zellen außer den markierten benutzt.

Die meisten uns bekannten Funktionen, wie zum Beispiel $f(n) = n^2$ oder $f(n) = \lfloor n \log n \rfloor$, sind platzkonstruierbar. Wir werden im weiteren Verlauf des Kapitels sehen, warum wir diese Funktionen benötigen.

Für die weiteren Überlegungen ist die im folgenden Lemma formulierte Aussage hilfreich.

Lemma 6.5 Sei M eine nichtdeterministische Turingmaschine mit endlicher Laufzeit und Platzbedarf $s(n)$. Die Laufzeit von M ist durch $2^{cs(n)}$ beschränkt, wobei c eine von M abhängige Konstante ist und n die Länge der Eingabe.

Beweis. Wir benutzen für den Beweis die gleiche Abschätzung wie im Beweis von Lemma 5.6. Wir wissen, dass M endliche Laufzeit hat, und damit kann im Berechnungsbaum von $M(w)$ niemals eine Konfiguration doppelt auftauchen. Angenommen, M hat q Zustände und γ Zeichen im Arbeitsalphabet, dann gibt es $\gamma^{s(n)}$ viele Möglichkeiten, das benutzte Band zu beschreiben. Zu einer Konfiguration gehört neben dem Bandinhalt auch noch die Kopfposition und der Zustand. Demnach gibt es maximal $s(n)q\gamma^{s(n)} = s(n)q2^{s(n)\log\gamma}$ viele verschiedene Konfigurationen. Für eine geeignete Konstante c gilt $s(n)q2^{s(n)\log\gamma} \leq 2^{cs(n)}$, und die Aussage des Lemmas folgt. ∎

6.6.1 Der Satz von Savitch

Der erste Satz, den wir beweisen wollen, ist der Satz von Savitch. Dieser Satz beschreibt eine Beziehung zwischen den deterministischen und nichtdeterministischen Platzkomplexitätsklassen.

Satz 6.17 (Satz von Savitch) Sei $f(n)$ eine platzkonstruierbare Funktion. Dann gilt

$$\mathsf{NSPACE}(f(n)) \subseteq \mathsf{SPACE}(f(n)^2).$$

Beweis. Um diesen Satz zu beweisen, müssen wir zeigen, wie man eine nichtdeterministische Turingmaschine M mit Platzbedarf $f(n)$ durch eine deterministische simulieren kann. Dabei darf der Platzbedarf nur $f(n)^2$ betragen. Es funktioniert nicht, den Berechnungsbaum der NTM komplett mit einer Breitensuche oder Tiefensuche zu traversieren, denn dann könnte es passieren, dass wir $2^{f(n)}$ viel Platz benötigen.

Um die Simulation etwas zu vereinfachen, bauen wir die Maschine M so um, dass es nur noch eine akzeptierende Konfiguration gibt. Wir führen dazu am Ende jeder akzeptierenden Berechnung ein Modul aus, welches $f(n)$ Zellen mit einem ansonsten ungenutzten Zeichen beschreibt, den Kopf nach links bewegt und erst dann in den akzeptierenden Zustand geht. Die akzeptierende Konfiguration nennen wir K_a, die Startkonfiguration K_0. Wir wollen nun folgendes Problem lösen: Kommt man von K_0 nach K_a mit höchstens $2^{cf(n)}$ Schritten, wobei c die Konstante ist, wie in Lemma 6.5 verwendet. Gibt es eine solche Überführung, dann (und nur dann) akzeptiert M, und wir akzeptieren die Simulation.

Das beschriebene Problem lösen wir rekursiv mit einem Teile-und-herrsche-Ansatz. Dazu definieren wir als Teilproblem für zwei Konfigurationen K_i und K_j:

$$E(K_i, K_j, t) = \begin{cases} 1 & \text{wenn } M \text{ in maximal } 2^t \text{ Schritten von } K_i \text{ nach } K_j \text{ gelangt,} \\ 0 & \text{sonst.} \end{cases}$$

Unser ursprüngliches Problem ist demnach, $E(K_0, K_a, cf(n))$ zu bestimmen. Um dieses Problem zu lösen, nutzen wir die folgende Rekursion:

$$E(K_i, K_j, t) = 1 \iff \exists K_z : E(K_i, K_z, t-1) = 1 \land E(K_z, K_j, t-1) = 1.$$

Verbal ausgedrückt bedeutet dies, dass $E(K_i, K_j, t) = 1$ genau dann gilt, wenn es eine Zwischenkonfiguration K_z gibt, zu der wir von K_0 mit höchstens 2^{t-1} Schritten, also der Hälfte der Laufzeitschranke 2^t, gelangen können und von der aus wir mit höchstens 2^{t-1} Schritten zu K_a gelangen.

Algorithmisch lösen wir dieses Problem, indem wir alle Konfigurationen als Zwischenkonfiguration K_z durchprobieren (von denen es maximal $2^{cf(n)}$ viele gibt; vergleiche Beweis zu Lemma 6.5). Die Teilprobleme $E(K_i, K_z, t-1)$ und $E(K_z, K_j, t-1)$ werden jeweils durch rekursive Aufrufe gelöst. Wenn wir K_z entsprechend der lexikografischen Ordnung wählen, können wir immer aus der aktuellen Zwischenkonfiguration die nächste ermitteln. Der Rekursionsanker ist $E(\cdot, \cdot, 0)$. Hierfür ist es einfach, ohne zusätzlichen Platz auf eine direkte Folgekonfiguration zu testen.

Wir haben somit einen Algorithmus gefunden, der uns das Ergebnis der Simulation berechnet. Offen ist noch, wie viel Platz die Ausführung auf einer Turingmaschine benötigt. Für die Abschätzung überlegen wir uns, wie groß die Rekursionstiefe (also der „Call-Stack") bei der Ausführung ist. Bei der Ausführung der Rekursion muss sich gemerkt werden, welche Konfigurationen aktuell als Zwischenkonfigurationen gewählt wurden. Das heißt, bei Berechnung von $E(\cdot, \cdot, t)$ wurde je eine Zwischenkonfiguration für $E(\cdot, \cdot, t+1)$, $E(\cdot, \cdot, t+2)$, ... $E(\cdot, \cdot, cf(n))$ gewählt, die abgespeichert werden muss. Mehr muss man aber nicht speichern. Deshalb reicht es aus, $cf(n)$ Zwischenkonfigurationen zu speichern, wobei jede Konfiguration in $cf(n)$ Platz darstellbar ist. Für den Rekursionsanker müssen wir zudem nur auf eine direkte Folgekonfiguration prüfen, was man ohne zusätzlichen Platzbedarf ausführen kann. Insgesamt benötigen wir damit $c^2 f(n)^2$ viel Platz und die Aussage des Satzes folgt.

Wir haben implizit benutzt, dass $f(n)$ platzkonstruierbar ist, denn wir müssen K_0, K_a und alle Zwischenkonfigurationen auch konstruieren können. ∎

Aus dem Satz von Savitch folgt folgende wichtige Erkenntnis.

Korollar 6.1 $\qquad\qquad$ PSPACE = NPSPACE

Damit sehen wir, dass das P $\overset{?}{=}$ NP-Problem, auf die Platzkomplexität übertragen, bereits gelöst ist. Ein weiteres großes offenes Problem bei der Zeitkomplexität ist die Frage, ob NP = co-NP. Wie wir im folgenden Abschnitt sehen werden, können wir auch diese Frage, wenn man sie auf die Platzkomplexität überträgt, beantworten.

6.6.2 Der Satz von Immerman und Szelepcsényi

Für die Komplementbildung bei nichtdeterministischen Platzkomplexitätsklassen können wir folgende Aussage beweisen.

Satz 6.18 (Satz von Immerman und Szelepcsényi) Sei $f(n)$ eine platzkonstruierbare Funktion. Dann gilt

$$\mathsf{NSPACE}(f(n)) = \mathsf{co\text{-}NSPACE}(f(n)).$$

Beweis. Sei M eine NTM mit Platzbedarf $f(n)$ für ein Problem $L \in \mathsf{NSPACE}(f(n))$. Wir werden eine nichtdeterministische Turingmaschine $\bar{M}$ angeben, die $\bar{L}$ mit $f(n)$ Platzbedarf löst. Es sei daran erinnert, dass wir bei einer NTM nicht einfach q_A und q_V vertauschen können! Unser (nichtdeterminsistischer) Algorithmus soll bei der Eingabe w prüfen, ob alle von $M(w)$ erreichbaren Konfigurationen, das sind die Konfigurationen im Berechnungsbaum zu $M(w)$, nicht akzeptierend sind. Wir setzen hierfür das Verfahren des Ratens und Verifizierens ein. Das heißt, wir raten (nichtdeterministisch) etwas und werden

---

Algorithmus 4: Hilfsmodul: Erreichbarkeitsverifikation von K in bis zu t Schritten

---

1 $K_{akt} = K_0$ /* aktuelle Konfiguration initial Startkonfiguration */
2 **for** $i = 0$ **to** t **do**
3 | **Rate** Folgekonfiguration K' von K_{akt}
4 | $K_{akt} = K'$
5 | **if** $K_{akt} = K$ **then return** „*erreichbar*"
6 **end**
7 **return** „*nicht erfolgreich*"

---

erst später sehen, ob wir richtig geraten haben. Jedes Mal, wenn wir falsch geraten haben, stoppen wir verwerfend (das ist nicht schlimm, denn es muss ja nur einen akzeptierenden Lauf geben). Es muss aber gelten: (1) Wir verifizieren alle geratenen Teile und erkennen immer, wenn wir falsch geraten haben, und (2) es gibt immer eine Möglichkeit, richtig zu raten.

Unser Algorithmus wird ein Hilfsmodul benutzen, das eine Erreichbarkeitsverifikation für Konfigurationen von $M(w)$ ausführt (siehe dazu Algorithmus 4). Wir übergeben eine Konfiguration K und eine Zahl t und wollen wissen, ob wir K von der Startkonfiguration K_0 mit höchstens t Schritten erreichen können. Um das Modul umzusetzen, erraten wir (von K_0 beginnend) eine Folge von aufeinanderfolgenden Konfigurationen. Wir stoppen, wenn wir K gefunden haben (mit positivem Ergebnis) oder wenn wir ansonsten t Konfigurationen angesehen haben (mit Abbruch). Ist K in höchstens t Schritten erreichbar, werden wir dies auf mindestens einem Berechnungspfad feststellen. Dieser Test eignet sich allerdings nicht zum Verifizieren, ob eine Konfiguration nicht erreichbar ist.

Wir treffen nun die Annahme, dass wir die Zahl $A(w)$ der von $M(w)$ erreichbaren Konfigurationen kennen. Wie wir $A(w)$ bestimmen, erklären wir später. Nun beschreiben wir, wie das Programm der NTM $\overline{M}$ abläuft. Wir werden alle Konfigurationen in lexikografischer Reihenfolge durchtesten. Sei K_i die aktuelle Konfiguration, die wir betrachten. Ist K_i akzeptierend, gehen wir zur nächsten Konfiguration. Ist K_i nicht akzeptierend, dann raten wir, ob K_i erreichbar ist. Wenn wir „ist nicht erreichbar" geraten haben, machen wir mit der nächsten Konfiguration weiter. Haben wir hingegen „ist erreichbar" geraten, starten wir unser Hilfsmodul und verifizieren dies. Nach Lemma 6.5 wissen wir, dass es genügt, das Hilfsmodul mit $t = 2^{cf(n)}$ aufzurufen, da der Berechnungsbaum nicht höher sein kann. Liefert das Hilfsmodul keine positive Antwort, war M_i nicht erreichbar, oder im Hilfsmodul haben wir falsch geraten. In beiden Fällen haben wir falsch geraten und brechen den gesamten Algorithmus ab, das heißt, wir stoppen verwerfend. Alle verifizierten erreichbaren Konfigurationen zählen wir mit. Sind wir mit dem Durchsuchen aller Konfigurationen fertig, dann prüfen wir, wie viele nichtakzeptierende Konfigurationen wir korrekterweise als „erreicht" geraten haben. Sind es weniger als $A(w)$, dann haben wir entweder einige erreichbare Konfigurationen verpasst (also falsch geraten), oder es gibt eine erreichbare akzeptierende Konfiguration. In diesem Fall stoppen und verwerfen

---

Algorithmus 5: Nichtdeterministischer Algorithmus für $\bar{L}$

1    $m = 0$ /* Zähler für erreichbare nichtakz. Konfigurationen */

2   **for** $t = 0$ **to** $c \cdot f(n)$ **do**

3   K_t ist Konfiguration Nummer t

4   **if** K_t *nicht akzeptierend* **then**

5   **Rate** ob K_t erreichbar

6   **if** K_t *erreichbar geraten* **then**

7   Prüfe mit Hilfsmodul, ob K_t in bis zu $2^{cf(n)}$ Schritten erreichbar

8   **if** *Hilfsmodul-Test nicht erfolgreich* **then** stoppe verwerfend

9   **else** $m = m + 1$ /* K_t erreichbar und nichtakz. */

10   **end**

11   **end**

12   **end**

13   **if** $m = A(w)$ **then** stoppe akzeptierend **else** stoppe verwerfend

---

wir. Sind es aber genau $A(w)$ (mehr können es ja nicht sein), dann wissen wir, dass alle $A(w)$ erreichbaren Konfigurationen nicht akzeptierend sind. In diesem Fall akzeptieren wir. Es gilt also: Ist $w \notin L$, dann sind alle erreichbaren Konfigurationen in $M(w)$ nicht akzeptierend, und in $\bar{M}(w)$ gibt es mindestens einen akzeptierenden Lauf, was $w \in L(\bar{M})$ bedeutet. Ist hingegen $w \in L$, dann gibt es eine erreichbare akzeptierende Konfiguration in $M(w)$, und in $\bar{M}(w)$ gibt es keinen akzeptierenden Lauf, woraus $w \notin L(\bar{M})$ folgt. Somit erkennt $\bar{M}$ das Komplement von L. Algorithmus 5 zeigt das beschriebene Verfahren in Pseudocode.

Bevor wir analysieren, wie viel Platzbedarf wir für die Turingmaschine $\bar{M}$ benötigen, sehen wir uns zunächst an, wie wir $A(w)$ bestimmen. Dazu unterteilen wir das Problem noch etwas weiter. Wir definieren:

$$A_i(w) := \text{Anzahl der mit } \leq i \text{ Schritten erreichbaren Konfiguration von } M(w).$$

Nach Lemma 6.5 ist $A_{2^{cf(n)}}(w) = A(w)$. Zudem gilt $A_0(w) = 1$, denn in null Schritten kann man nur die Startkonfiguration erreichen. Wir erklären nun, wie man $A_{i+1}(w)$ aus $A_i(w)$ ermitteln kann. Wir gehen wiederum alle Konfigurationen in lexikografischer Reihenfolge durch. Bei jeder(!) Konfiguration K_s prüfen wir, ob sie mit kleiner gleich $i + 1$ Schritten erreichbar ist oder nicht. Im Gegensatz zum Hilfsmodul wollen wir nicht nur den positiven Fall (erreichbar), sondern auch den negativen Fall (nicht erreichbar) erkennen. Dieser Test läuft wie folgt ab (siehe auch Algorithmus 6):

Algorithmus 6: Test, ob K_s in bis zu $i + 1$ Schritten erreichbar ist

1   $m = 0$ /* Zähler der geprüften Konfigurationen */

2   **for** $t = 0$ **to** $c \cdot f(n)$ **do**

3 | K_t ist Konfiguration Nummer t

4 | **Rate** ob K_t in $\leq i$ Schritten erreichbar

5 | **if** K_t *erreichbar geraten* **then**

6 | | Prüfe mit Hilfsmodul, ob K_t in $\leq i$ Schritten erreichbar

7 | | **if** *Hilfsmodul-Test nicht erfolgreich* **then** stoppe verwerfend

8 | | **if** K_s *ist Folgekonfiguration von* K_t **then return** „*erreichbar*"

9 | | $m = m + 1$

10 | **end**

11 **end**

12 **if** $m = A_i(w)$ **then return** „*nicht erreichbar*" **else** stoppe verwerfend

---

Test, ob K_s in bis zu $i + 1$ Schritten erreichbar ist. Wir gehen alle Konfigurationen lexikografisch durch. Sei K_t die aktuelle Konfigurationen. Wir raten, ob K_t eine in bis zu i Schritten erreichbare Konfiguration ist. Wenn wir geraten haben, dass K_t so erreichbar ist, überprüfen wir dies mit dem Hilfsmodul. War diese Überprüfung erfolglos, stoppen wir verwerfend, da falsch geraten wurde. Haben wir die Erreichbarkeit jedoch verifiziert, dann sehen wir nach, ob K_s eine Folgekonfiguration von K_t ist. Wenn dies so ist, dann können wir den Test mit dem Ergebnis „erreichbar" abschließen. Wir zählen alle Konfiguration K_t mit, die wir so ausgewählt haben. Waren dies am Ende genau $A_i(w)$ viele, ohne dass K_s von diesen erreicht wurde, dann haben wir genau die richtigen ausgewählt, und wir schließen den Test mit „nicht erreichbar" ab. Ansonsten stoppen wir verwerfend, da wir falsch geraten haben.

Während wir mit dem beschriebenen Test alle Konfigurationen prüfen, zählen wir diejenigen mit, die mit „erreichbar" bewertet wurden. Diese Zahl entspricht $A_{i+1}(w)$. Damit lassen sich alle Werte $A_i(w)$ bestimmen und somit auch $A(w)$.

Wir müssen nun noch auswerten, wie groß der Platzbedarf für die Turingmaschine $\bar{M}$ ist. Für den Test im grauen Kasten (Algorithmus 6) benötigen wir $cf(n)$ Zellen zum Aufschreiben der Konfiguration K_t und den Platz, um $A_i(w)$ mitzuzählen. Da es nur $2^{cf(n)}$ viele Konfigurationen gibt, können wir diesen Zähler mit Platzbedarf $O(f(n))$ realisieren. Für die Bestimmung von $A_{i+1}(w)$ müssen wir uns ebenfalls Konfiguration und Zähler abspeichern. Auch hier benötigen wir $O(f(n))$ Platz. Wenn wir $A_i(w)$ ermittelt haben, können wir den Platz aber für die Berechnung von $A_{i+1}(w)$ freigeben. Somit können wir $A(w)$ mit $O(f(n))$ Platz bestimmen,

Für den eigentlichen Algorithmus iterieren wir ebenfalls über die Konfigurationen und müssen dazu die aktuelle Konfiguration aufschreiben. Zudem brauchen wir einen Zähler für die ausgewählten Konfigurationen. Beides hat wiederum einen Platzbedarf in $O(f(n))$. Auch das Hilfsmodul (Algorithmus 4) kann man mit Platzbedarf in $O(f(n))$ realisieren. Somit liegt der Platzbedarf insgesamt in $O(f(n))$. Wie bereits erwähnt, ist ein konstanter Faktor beim Platzbedarf immer vernachlässigbar. Somit können wir $\bar{M}$ mit Platzbedarf $f(n)$ realisieren. ∎

6.7   Bibliografische Anmerkungen

Erste Ergebnisse zur Zeitkomplexität finden sich bei Hartmannis und Stearn [1]. Argumente zur Robustheit von Algorithmen mit polynomieller Laufzeit bezüglich verschiedener Modelle beschrieb bereits Cobham [2]. Stephen Cook führte die Klasse der NP-vollständigen Probleme ein und zeigte, dass das Erfüllbarkeitsproblem NP-vollständig ist [3]. Unabhängig davon bewies in der damaligen Sowjetunion Leonid Levin ein ähnliches Ergebnis etwa zur gleichen Zeit [4]. Die hier vorgestellte Beweisführung mit Umweg über das Kachelungsproblem basiert auf Ideen von Savelsbergh und van Emde Boas [5]. Richard Karp verfasste eine Arbeit, die eine Reihe wichtiger NP-Vollständigkeitsreduktionen beschreibt, die Definition von NP über Verifikation in polynomieller Zeit formuliert und das P vs. NP-Problem thematisiert [6]. Weitere frühe Reduktionsbeweise finden sich im einflussreichen Buch von Garey und Johnson [7]. Dort findet man auch die Unterscheidung zwischen schwachen und starken NP-vollständigen Problemen. Dass 2SAT in P liegt, wurde bereits 1964 von Krom gezeigt [8]. Das Word-RAM-Modell wird in einer Arbeit von Fredman und Willard verwendet [9], wobei Berechnungen in einem beschränkten Universum auch vorher schon betrachtet wurden.

Walter Savitch bewies das nach ihm benannte Theorem im Jahr 1970 [10]. Immermann [11] und Szelepcsényi [12] bewiesen den nach ihnen benannten Satz unabhängig von einander in kurzer Abfolge 1988.

6.8   Lösungsvorschläge der Selbsttestaufgaben zum Kapitel 6

Lösungsvorschlag zum Selbsttest 6.1

Wir haben bereits in Kap. 4 eine Turingmaschine M für die Sprache $\{a^{2^k} \mid k \geq 0\}$ angegeben (siehe Abb. 4.6). Wir müssen also nur noch zeigen, dass $t_M(n) = O(n \log n)$. Hierbei ist n die Länge der Eingabe, also hier $n = 2^k$. Die prinzipielle Idee der Berechnung war, dass wir eine Zweierpotenz so lange ohne Rest durch 2 teilen können, bis wir eine 1 erhalten. Bei jedem Streichvorgang läuft der Kopf der Turingmaschine einmal von links nach rechts über die Eingabe und ersetzt jedes zweite a durch ein x. Dann läuft er wieder bis zum linken Ende der Eingabe und wiederholt den Vorgang so lange, bis alle as gestrichen sind oder bis die Turingmaschine abbricht, weil beim aktuellen Teilen durch 2 ein Rest blieb. Jeder Streichvorgang benötigt also $\leq 2n + 1$ Schritte. Insgesamt gibt es höchstens i Streichvorgänge, wobei gilt $\lfloor n/2^i \rfloor = 1$. Das heißt, es gibt $\leq \log n$ Streichvorgänge. Damit ist die Laufzeit $O(n \log n)$, und somit liegt die angegebene Sprache in $\mathsf{TIME}(n \log n)$.

Lösungsvorschlag zum Selbsttest 6.2

Seien $p(n)$ und $q(n)$ zwei Polynome, wobei $p(n) = a_0 + a_1 n + \cdots + a_k n^k$ und $q(n) = b_0 + b_1 n + \cdots + b_l n^l$. Wir zeigen zuerst, dass die Multiplikation von zwei Polynomen auch ein Polynom ergibt. Also

$$
\begin{aligned}
p(n) \cdot q(n) &= (a_0 + a_1 n + \cdots + a_k n^k) \cdot (b_0 + b_1 n + \cdots + b_l n^l) \\
&= a_0 b_0 + (a_0 b_1 + a_1 b_0)n + (a_0 b_2 + a_1 b_1 + a_2 b_0)n^2 + \cdots + a_k b_l n^{k+l}.
\end{aligned}
$$

Man sieht sofort, dass $p(n) \cdot q(n)$ ein Polynom vom Grad $(k + l)$ ist. Nun können wir zeigen, dass auch die Verkettung von zwei Polynomen ein Polynom ergibt. Es gilt

$$
\begin{aligned}
p(q(n)) &= a_0 + a_1 q(n) + \cdots + a_k (q(n))^k \\
&= a_0 + a_1 (b_0 + b_1 n + \cdots + b_l n^l) + \cdots + a_k (b_0 + b_1 n + \cdots + b_l n^l)^k.
\end{aligned}
$$

Da die Multiplikation von zwei Polynomen wieder ein Polynom ergibt, ergibt natürlich auch $(q(n))^i$, für festes $i \in \mathbb{N}$, ein Polynom. Die Addition von zwei Polynomen ergibt natürlich auch ein Polynom, also ist auch $p(q(n))$ ein Polynom.

Lösungsvorschlag zum Selbsttest 6.3

Um zu zeigen, dass PATTERN in P liegt, müssen wir einen polynomiellen Algorithmus dafür angeben. Die Idee unseres Algorithmus ist einfach: Bei Eingabe $\langle T, P \rangle$ überprüfen wir zuerst, ob $|P| \leq |T|$. Im negativen Fall verwerfen wir. P kann in diesem Fall kein Teilwort von T sein. Nun müssen wir jedes Zeichen von T als mögliche Startstelle von P überprüfen und von dort aus testen, ob das Startzeichen und die nächsten $|P| - 1$ Zeichen von T mit P übereinstimmen. Um diesen Test durchzuführen, vergleichen wir Zeichen für Zeichen und markieren uns die Position, die wir aktuell prüfen. Falls für irgendeine Startstelle der Test ein positives Ergebnis liefert, dann ist P ein Teilwort von T und $\langle T, P \rangle \in$ PATTERN, anderenfalls verwerfen wir. Die Laufzeit entspricht $O(|T||P|)$ und somit $O(n^2)$ für Eingabelänge n.

Lösungsvorschlag zum Selbsttest 6.4

Zuerst müssen wir uns überlegen, wie der Zeuge interpretiert werden soll. Der Zeuge soll uns beim Nachweis helfen, ob es einen Weg von s zu t gibt. Die Existenz eines solchen Weges lässt sich am besten dadurch verifizieren, dass man einen solchen Weg angibt. Wir verstehen den Zeugen z also als eine Folge $\sigma = (s = v_1, \ldots, v_m = t)$ von Knoten, das heißt, $z = \langle \sigma \rangle$. Den Verifizierer $V(\langle G, s, t, z \rangle)$ geben wir nun in Modulschreibweise an.

1. Prüfe, ob z die syntaktische korrekte Codierung eines Weges σ ist.
2. Prüfe, ob der erste Knoten von σ s ist und der letzte t. Falls nein, stoppe verwerfend.
3. Prüfe für jedes Paar (v_i, v_{i+1}) von direkt aufeinanderfolgenden Knoten in σ, ob (v_i, v_{i+1}) eine Kante in G ist. Falls ja, akzeptiere, ansonsten verwerfe.

Falls es einen Weg von s nach t in G gibt, dann wird der Verifizierer für zumindest einen Zeugen akzeptieren. Existiert ein solcher Weg nicht, wird auch der Verifizierer für keinen Zeugen akzeptieren.

Lösungsvorschlag zum Selbsttest 6.5

Zuerst müssen wir zeigen, dass der Zeuge z kurz ist, also konkret, dass die Länge des Zeugen höchstens $|\langle G \rangle|^k$ ist. Dies ist aber relativ offensichtlich. Der Zeuge besteht aus einer Folge von Knoten von G, das heißt $|z| \leq |\langle G \rangle|$.

Nun müssen wir noch zeigen, dass V polynomielle Laufzeit hat. Wir schauen uns die 3 Module von V an. Im ersten Modul überprüfen wir, ob der Zeuge syntaktisch korrekt ist. Dies geht in Zeit $O(|z|)$, denn dafür könnte man einen endlichen Automaten benutzen.

Im nächsten Modul überprüfen wir, ob σ jeden Knoten des Graphen genau einmal enthält. Dafür können wir einfach die Liste der Knoten in σ durchlaufen und für jeden dort auftretenden Knoten den dazugehörigen Knoten in G markieren. Wenn am Ende alle Knoten markiert sind, enthält σ jeden Knoten genau einmal. Sei n die Anzahl der Knoten in G (das bedeutet $n \leq |\langle G \rangle|$), dann benötigen wir für diesen Schritt $O(n^2)$ Zeit.

Im letzten Modul prüfen wir, ob für jedes Paar (v_i, v_{i+1}) von direkt aufeinanderfolgenden Knoten in σ gilt, dass (v_i, v_{i+1}) eine Kante in G ist. Falls G als Adjazenzmatrix gegeben ist, dauert dies $O(1)$ pro Knotenpaar, ansonsten $O(n)$. Insgesamt benötigt dieser Teil also sicher nur $O(n^2)$ Zeit.

Da alle Schritte in polynomieller Zeit ausführbar sind, ist der vorgestellte Verifizierer für HAMPATH ein polynomieller Verifizierer.

Lösungsvorschlag zum Selbsttest 6.6

Wir möchten zeigen, dass $B \leq_p A$. Als Reduktion wählen wir

$$
f(w) = \begin{cases} \mathrm{a} & \text{wenn } w = \mathrm{ab} \text{ oder } w = \mathrm{ba}, \\ \mathrm{aa} & \text{sonst.} \end{cases}
$$

Wir müssen nun prüfen, dass f sowohl die Eigenschaft (6.1) erfüllt als auch polynomiell berechenbar ist. Wenn $w \in B$ ist, dann ist $f(w) = $ a und somit in A. Wenn $w \notin B$, dann ist $f(w) = $ aa und somit nicht aus A. Eigenschaft (6.1) ist also erfüllt. Eine mögliche Turingmaschine für f arbeitet wie folgt. Zuerst wird geprüft, ob die Eingabe ab oder ba ist. Bei positivem Ergebnis wird a ausgegeben, bei negativem Ergebnis aa. Die Turingmaschine benötigt nur konstant viele Schritte unabhängig von der Eingabe, da maximal drei Zeichen der Eingabe gelesen werden. Auch die Ausgabe benötigt nur konstant viele Schritte. Somit handelt es sich bei f um eine polynomiell berechenbare Funktion, und damit ist $B \leq_p A$ nachgewiesen.

Lösungsvorschlag zum Selbsttest 6.7

Die Formel ϕ_3 ist mit der Belegung $x_1 = 0, x_2 = 0, x_3 = 1$ und $x_4 = 0$ erfüllbar. Die erfüllende Belegung kann man zum Beispiel herausfinden, indem man eine Wahrheitstabelle anlegt.

Lösungsvorschlag zum Selbsttest 6.8

$$\phi' = (x_1 \lor \bar{x}_2 \lor x_5) \land (\bar{x}_5 \lor x_3 \lor \bar{x}_4) \land (x_4 \lor \bar{x}_3 \lor x_6) \land (\bar{x}_6 \lor x_2 \lor \bar{x}_1).$$

Eine erfüllende Belegung für ϕ ist $x_1 = 1, x_2 = 1, x_3 = 0$ und $x_4 = 1$. Um eine erfüllende Belegung für ϕ' zu erhalten, belassen wir die erfüllende Belegung von ϕ unverändert. Zusätzlich wählen wir $x_5 = 0$ und $x_6 = 0$, da in ϕ in beiden Klauseln jeweils das erste Literal wahr gewählt wurde.

Lösungsvorschlag zum Selbsttest 6.9

Der Graph G_ϕ ist in Abb. 6.29 angegeben. Es gibt einen erzwungenen Pfad von x_3 nach $\bar{x}_3$ (den Pfad $x_3 \to x_4 \to \bar{x}_1 \to \bar{x}_3$) und einen erzwungenen Pfad von $\bar{x}_3$ nach x_3 (den Pfad $\bar{x}_3 \to x_2 \to \bar{x}_4 \to x_3$). Somit enthält dieser Graph einen Widerspruchskreis, und die Formel ϕ ist deshalb nicht erfüllbar.

Lösungsvorschlag zum Selbsttest 6.10

Es existiert in jedem azyklisch orientierten Graphen ein Knoten ohne ausgehende Kante. Um diesen zu finden, läuft man von einem Knoten los und wählt immer eine ausgehende Kante, soweit es eine gibt. Da es keine Kreise gibt, wird man nie einen Knoten zweimal anlaufen. Also muss dieser „Lauf" irgendwann enden. An dieser Stelle hat man einen Knoten mit Ausgrad 0 gefunden. Wir können nun diesem Knoten gefahrlos die höchste Nummer geben. Danach löschen wir alle Kanten zu ihm. Nun wiederholen wir das Vorgehen und suchen wieder nach einem Knoten ohne ausgehende Kanten. Dieser Knoten

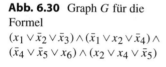

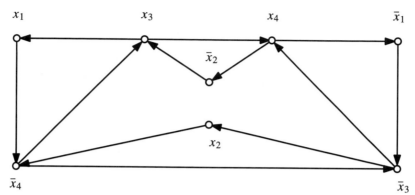

Abb. 6.29 Der Graph G_ϕ

Abb. 6.30 Graph G für die
Formel
$(x_1 \lor \bar{x}_2 \lor \bar{x}_3) \land (\bar{x}_1 \lor x_2 \lor \bar{x}_4) \land$
$(\bar{x}_4 \lor \bar{x}_5 \lor x_6) \land (x_2 \lor x_4 \lor \bar{x}_5)$

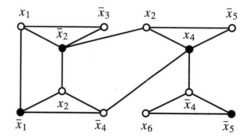

bekommt dann die zweithöchste Nummer. So fahren wir fort. Mit dieser Methode finden
wir für jeden Knoten eine entsprechende Nummer.

Lösungsvorschlag zum Selbsttest 6.11

Abb. 6.30 zeigt den Graphen G für die Formel ϕ, wie in der Reduktion für 3SAT $\leq_p$ IS
definiert. Eine unabhängige Menge der Größe 4 ist mit den schwarzen Knoten markiert.
Aus ihr ergibt sich eine erfüllende Variablenbelegung $x_1 = x_2 = x_5 = 0$ und $x_4 = 1$. Alle
noch nicht festgelegten Variablen können beliebig gesetzt werden. Zum Beispiel $x_3 = x_6 = 1$.

Lösungsvorschlag zum Selbsttest 6.12

Um zu überprüfen, ob ein Graph G eine 10-Clique hat, müssen wir für alle Teilgraphen
der Größe 10 jeweils überprüfen, ob sie eine Clique sind. Wenn G n Knoten hat, dann gibt
es $\binom{n}{10} = O(n^{10})$ viele Teilmengen von Knoten der Größe 10. Für jede dieser Teilmengen
können wir in $O(n)$ Zeit überprüfen, ob sie eine Clique ist. Dafür müssen wir nur in der
Adjazenzmatrix (oder Adjazenzliste – je nachdem, wie G gegeben ist) nachsehen, ob es
zwischen jedem Knotenpaar eine Kante gibt. Dies dauert pro Knotenpaar $O(n)$ Zeit, und
es gibt $\binom{10}{2} = O(1)$ viele Paare. Insgesamt können wir also in $O(n^{11})$ Zeit überprüfen,

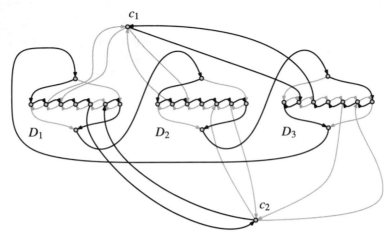

Abb. 6.31 Der Graph G für die Formel $(x_1 \vee x_2 \vee \bar{x}_3) \wedge (x_1 \vee \bar{x}_2 \vee x_3)$. Die schwarzen Kanten ergeben einen Hamiltonkreis

ob ein Graph eine 10-Clique enthält, und damit ist dieses Problem in P, denn in jeder sinnvollen Codierung ist $|\langle G \rangle|$ beschränkt durch ein Polynom in n.

Dies steht nicht im Widerspruch dazu, dass $\textsc{Clique}$ NP-vollständig ist. Wir können natürlich denselben Algorithmus für $\textsc{Clique}$ verwenden. Dann müssen wir für alle Teilgraphen der Größe k jeweils überprüfen, ob sie eine Clique sind. Es gibt $\binom{n}{k} = O(n^k)$ viele Teilmengen der Größe k. Für jede dieser Teilmengen können wir in $O(n)$ Zeit überprüfen, ob sie eine Clique ist. Dies führt also zu einem Algorithmus mit Laufzeit $O(n^{k+1})$. Dies ist aber eine superpolynomielle Laufzeit, da k Teil der Eingabe ist. Der Algorithmus ist für $\textsc{Clique}$ also nicht polynomiell.

Man sieht also, dass das Problem, ob ein Graph eine k-Clique enthält, wobei k eine fest gewählte Konstante (und nicht Teil der Eingabe) ist, in P liegt.

Lösungsvorschlag zum Selbsttest 6.13

Abb. 6.31 zeigt den Graphen G für die Formel $(x_1 \vee x_2 \vee \bar{x}_3) \wedge (x_1 \vee \bar{x}_2 \vee x_3)$. Ein Hamiltonkreis ist schwarz gekennzeichnet. Die dazugehörige erfüllende Belegung ist $x_1 = 1, x_2 = 1, x_3 = 0$.

Lösungsvorschlag zum Selbsttest 6.14

Für jedes Teilproblem zu $N(t, g)$ speichern wir zusätzlich ab, ob das Objekt mit Nutzen a_t bei einer optimalen Auswahl eingepackt wurde. Wir merken uns diese Information mit Hilfe einer booleschen Variable $E(t, g)$. Deren Wert ist genau dann gleich 1, wenn das t-te Objekt bei Grenze g ausgewählt wurde. Bereits ermittelte Werte für $E(t, g)$ speichern wir in einer Tabelle ab. Es gilt natürlich $E(0, g) = E(t, 0) = 0$ für alle Werte t, g. Wenn wir nun $E(t, g)$ bestimmen wollen, müssen wir nur überprüfen, ob $N(t, g) = N(t - 1, g -$

$g_t) + a_t$. Falls ja, ist $E(t, g) = 1$, ansonsten $E(t, g) = 0$. Wir erhalten somit für alle $g, t > 0$

$$E(t, g) = \begin{cases} 1 & \text{falls } g \geq g_t \text{ und } N(t - 1, g - g_t) + a_t > N(t - 1, g), \\ 0 & \text{sonst.} \end{cases}$$

Die Laufzeit ändert sich durch das Abspeichern des zusätzlichen Wertes nur um einen konstanten Faktor.

Aus den Einträgen $E(t, g)$ kann nun eine optimale Belegung des Rucksacks rekonstruiert werden. Dazu entscheiden wir für jedes Objekt, ob es in einer optimalen Belegung ausgewählt wurde oder nicht. Wir beginnen mit dem letzten Objekt. Ist $E(k, G) = 1$, dann ist es in einer optimalen Auswahl enthalten. In diesem Fall würden wir nun als Nächstes für das $(k - 1)$-te Objekt $E(k - 1, g - g_k)$ prüfen. Ist hingegen $E(k, G) = 0$, wählen wir das k-te Objekt nicht aus und nehmen für das $(k - 1)$-te Objekt $E(k - 1, g)$ zu Hilfe. In dieser Weise können wir für jedes Objekt entscheiden, ob wir es auswählen oder nicht. Da wir jeden Eintrag in der Tabelle nur höchstens einmal durchlaufen, gilt weiterhin eine Laufzeit von $O(k \cdot G)$.

6.9 Übungsaufgaben zum Kapitel 6

Aufgabe 6.1
Seien die folgenden beiden Sprachen gegeben.

$$L_1 := \{1^k \# \text{bin}(k) \mid k \geq 1\}$$

$$L_2 := \{u_1 \# u_2 \# \ldots \# u_k \mid k \geq 2, u_i \in \{a, b\}^*, \exists i, j \text{ und } i \neq j : u_i = u_j\}$$

Zeigen Sie:

(a) $L_1 \in \mathsf{TIME}(n \log n)$
(b) $L_2 \in \mathsf{TIME}(n^4)$
(c) $L_2 \in \mathsf{NTIME}(n^2)$

Hinweis: Es gilt sogar $L_2 \in \mathsf{TIME}(n^2)$. Wir empfehlen Ihnen, dass Sie zumindest darüber nachdenken, wie dieses stärkere Resultat gezeigt werden kann.

Aufgabe 6.2
Zeigen Sie, dass folgendes Problem in P ist:

VIERECK $:= \{\langle G \rangle \mid G$ ist ein ungerichteter Graph und enthält einen Kreis der Länge 4.$\}$

Aufgabe 6.3

Seien A und B zwei Sprachen aus P, wobei $B \notin \{\emptyset, \Sigma^*\}$. Zeigen Sie, dass gilt

$$A \leq_p B.$$

Aufgabe 6.4

Zeigen Sie folgende Abschlusseigenschaften für Funktionen $f(n) = \Omega(n)$:

(a) $\mathsf{TIME}(f(n))$ ist abgeschlossen unter Vereinigung
(b) $\mathsf{NTIME}(f(n))$ ist abgeschlossen unter Konkatenation

Aufgabe 6.5

Eine boolesche Formel ist in *disjunktiver Normalform (DNF)*, wenn sie aus einer Disjunktion von Konjunktionstermen besteht. Ein Konjunktionsterm entsteht, wenn man mehrere Literale durch ein logisches Und verknüpft. So ist zum Beispiel die Formel

$$\phi_{\mathrm{dnf}} = (x_1 \wedge x_3 \wedge \bar{x}_5) \vee (\bar{x}_2 \wedge x_3) \vee (\bar{x}_1 \wedge x_2 \wedge x_5) \vee (x_2 \wedge \bar{x}_3 \wedge \bar{x}_4)$$

in DNF. Wir betrachten nun das folgende Entscheidungsproblem

Erfüllbarkeitsproblem für DNF (DNFSAT)

Eingabe: Boolesche Formel ϕ mit den Variablen $x_1, x_2, \ldots, x_k$ in DNF
Frage: Gibt es eine Zuweisung für $x_1, x_2, \ldots, x_k$, sodass ϕ wahr ist?

Zeigen Sie, dass das Problem DNFSAT in P liegt.

Aufgabe 6.6

Sei ϕ eine Formel in KNF, in der jede Klausel eine beliebige Anzahl von Literalen enthält, aber pro Klausel höchstens ein Literal eine negierte Variable sein darf. Zeigen Sie, dass das Erfüllbarkeitsproblem für diese Art von Formeln in P liegt.

Aufgabe 6.7

Wir sagen, dass eine boolesche Formel ϕ *doppelt erfüllbar* ist, wenn sie in 3-KNF ist und wenn sie mindestens 2 erfüllende Belegungen besitzt. Zum Beispiel ist $(x_1 \vee \bar{x}_2 \vee \bar{x}_3) \wedge (\bar{x}_1 \vee x_2 \vee \bar{x}_3)$ doppelt erfüllbar. Eine erfüllende Belegung erhält man, indem man alle Variablen auf wahr setzt, für eine zweite setzt man zum Beispiel alle Variablen auf falsch. Das Entscheidungsproblem, ob eine Formel doppelt erfüllbar ist, nennen wir DOUBLE-SAT.

Zeigen Sie, 3SAT $\leq_p$ DOUBLE-SAT.

Abb. 6.32 Ein Kreis der Länge 2

Aufgabe 6.8*

Wir sagen, dass eine boolesche Formel ϕ **1aus3-erfüllbar** ist, wenn sie in 3-KNF ist und wenn es eine Variablenbelegung gibt, sodass in jeder Klausel genau eines der drei Literale wahr ist. Zum Beispiel ist $(x_1 \vee \bar{x}_2 \vee \bar{x}_3) \wedge (\bar{x}_1 \vee x_2 \vee \bar{x}_3)$ 1aus3-erfüllbar, indem man alle Variablen auf wahr setzt, die Formel $(x_1 \vee x_2 \vee x_3) \wedge (\bar{x}_1 \vee \bar{x}_2 \vee \bar{x}_3)$ ist jedoch nicht 1aus3-erfüllbar. Das Entscheidungsproblem, ob eine Formel 1aus3-erfüllbar ist, nennen wir 1AUS3SAT.

Zeigen Sie, dass 1AUS3SAT NP-vollständig ist.

Aufgabe 6.9

In der Übungsaufgabe 6.8 haben wir das Problem 1AUS3SAT vorgestellt. Geben Sie eine konkrete polynomielle Reduktion an, die zeigt

$$1AUS3SAT \leq_p 3SAT.$$

Aufgabe 6.10

Sei ϕ eine Formel in KNF, in der jede Variable in maximal drei Klauseln auftritt (negiert und/oder nichtnegiert). Zeigen Sie, dass das Erfüllbarkeitsproblem für diese Art von Formeln NP-vollständig ist.

Aufgabe 6.11

Ein gerichteter Graph $G = (V, E)$ hat genau dann keine Kreise der Länge 2, wenn es zwischen zwei Knoten maximal eine Kante gibt (siehe auch Abb. 6.32).

Wir betrachten folgendes Problem.

Hamiltonkreis auf speziellem Graph (DHC↔)

Eingabe: Gerichteter Graph $G = (V, E)$ ohne Kreise der Länge 2
Frage: Gibt es einen Hamiltonkreis in G?

Zeigen Sie, dass DHC↔ NP-schwer ist.

Aufgabe 6.12

Wir betrachten folgendes Problem, wobei wir die Menge $\{1, \ldots, n\}$ mit $[n]$ abkürzen.

Partition (PARTITION)

Eingabe: Folge von n natürlichen Zahlen $S = (x_1, x_2, \ldots, x_n)$, $x_i \in \mathbb{N}$
Frage: Existiert $I \subseteq [n]$ mit $\sum_{i \in I} x_i = \sum_{i \in [n] \setminus I} x_i$?

Zeigen Sie:

(a) PARTITION $\leq_p$ SUBSETSUM
(b) SUBSETSUM $\leq_p$ PARTITION

Aufgabe 6.13

Gegeben sei eine Familie $F = \{A_1, \ldots, A_m\}$ von Teilmengen von S (das heißt, $A_i \subseteq S$)
und eine natürliche Zahl k. Die Frage ist, ob es eine Teilmenge $F' \subseteq F$ gibt mit $|F'| \leq k$
und $\bigcup_{A \in F'} A = S$. Eine solche Menge nennt man *Mengenüberdeckung* der Größe k.
    Wir betrachten nun folgendes Entscheidungsproblem:

Mengenüberdeckung (SET-COVER)

Eingabe: Menge S, Familie $F = \{A_1, \ldots, A_m\}$ mit $A_i \subseteq S$ und Zahl k
Frage: Gibt es Mengenüberdeckung der Größe k?

Zeigen Sie, dass SET-COVER NP-vollständig ist.
    Hinweis: Reduzieren Sie von VC.

Aufgabe 6.14

Einen Pfad, der alle Knoten eines Graphen genau einmal besucht, nennen wir *Hamilton-pfad*. Ist der Graph gerichtet, müssen alle Kanten des Pfades entlang ihrer Orientierung durchlaufen werden. Wir betrachten nun folgendes Entscheidungsproblem:

Gerichteter Hamiltonpfad (DHP)

Eingabe: Gerichteter Graph G
Frage: Enthält G einen Hamiltonpfad?

Zeigen Sie, dass DHP NP-vollständig ist.

Aufgabe 6.15*

Zwei boolesche Formeln nennen wir *äquivalent*, wenn sie beide die gleiche boolesche Funktion beschreiben. Es sind zum Beispiel $x_1 \wedge x_2$ und $\overline{\overline{x_1} \vee \overline{x_2}}$ äquivalent. Wir bezeichnen mit MIN-BOOL das Entscheidungsproblem, ob eine boolesche Formel in der Menge aller zu ihr äquivalenten Formeln eine minimale Länge hat. Wir messen hierbei die Länge als die Länge des Wortes, das diese Formel beschreibt.

Zeigen Sie, dass unter der Annahme $\mathsf{P} = \mathsf{NP}$ folgt, dass MIN-BOOL $\in \mathsf{P}$.

Aufgabe 6.16

Betrachten Sie folgendes Entscheidungsproblem:

Primzahltest (PRIME)

Eingabe: Eine natürliche Zahl x
Frage: Ist x eine Primzahl?

Geben Sie einen einfachen pseudopolynomiellen Algorithmus für PRIME an.

6.10 Lösungsvorschläge für die Übungsaufgaben zum Kapitel 6

Lösungsvorschlag zur Aufgabe 6.1

(a) Um zu zeigen, dass $L_1 \in \mathsf{TIME}(n \log n)$, müssen wir eine Turingmaschine M erstellen, die L_1 entscheidet und für die $t_M(n) = O(n \log n)$ gilt. Das heißt, M muss für ein Wort $w = w_1 \# w_2$ überprüfen, ob w_1 und w_2 dieselbe Zahl darstellen, wobei w_1 die Unär- und w_2 die Binärdarstellung der Zahl ist. Tritt dieser Fall ein, gilt Folgendes: Wenn wir w_1 zum i-ten Mal durch zwei teilen und Rest r erhalten ($r \in \{0, 1\}$), dann muss das i-te Zeichen von w_2 gleich r sein.

Die Turingmaschine M geben wir nun in Modulschreibweise an.

1. Ersetze jede zweite 1 von w_1 mit x und merke, ob der Rest 0 oder 1 ist. (Hierzu können Sie auch nochmal in Kap. 4 Abb. 4.6 ansehen.)
2. Laufe zum am weitesten rechts liegenden Zeichen von w_2 und überprüfe, ob es mit dem Rest übereinstimmt. Falls nicht, stoppe verwerfend. Ansonsten lösche dieses Zeichen.
3. Laufe zur am weitesten rechts liegenden 1 von w_1. Falls keine 1 mehr vorhanden ist, prüfe, ob auch w_2 keine 1 mehr enthält. Ist dies der Fall, stoppe akzeptierend, ansonsten verwerfe.
4. Fahre mit Modul 1 fort.

Das Programm besteht aus einer Schleife. Ein Schleifendurchlauf (Modul 2 und 3) benötigt $O(n)$ Zeit. Insgesamt muss die Schleife höchstens $\lceil \log n \rceil$-mal durchlaufen werden, denn so häufig kann man eine Zahl n durch 2 teilen, bis man 1 erhält. Insgesamt ist die Laufzeit demnach $O(n \log n)$ und damit $L_1 \in \mathsf{TIME}(n \log n)$.

(b) Nun betrachten wir die Sprache L_2. Zuerst überlegen wir uns, wie eine Turingmaschine überprüft, ob zwei Wörter identisch sind. Man läuft hierfür beide Wörter Zeichen für Zeichen ab und prüft auf Gleichheit. (Wir haben so eine Turingmaschine bereits in Selbsttestaufgabe 4.2 entworfen.) Da wir bei jedem Zeichenvergleich zwischen den Zeichen hin und her laufen müssen, ergibt sich eine Laufzeit von $O(n^2)$. Man kann die Laufzeit auch etwas genauer angeben. Seien u_i und u_j die beiden Wörter, die man vergleichen will, dann dauert dies $O(n \cdot \min\{|u_i|, |u_j|\}) = O(n^2)$. Um zu testen, ob ein Wort nun in L_2 liegt, kann eine Turingmaschine M einfach alle möglichen Paare u_i, u_j auf Gleichheit testen. Insgesamt gibt es $\binom{n}{2} = O(n^2)$ solche Paare. Pro Paar brauchen wir $O(n^2)$ Zeit, also ist $t_M(n) = O(n^4)$, und damit ist L_2 in $\mathsf{TIME}(n^4)$.

(c) Im Gegensatz zu (b) kann eine nichtdeterministische Turingmaschine N die Positionen i und j für $u_i = u_j$ erraten. Damit gilt $t_N(n) = O(n^2)$ und somit $L_2 \in \mathsf{NTIME}(n^2)$.

Wie in der Aufgabe erwähnt, gilt sogar $L_2 \in \mathsf{TIME}(n^2)$. Die Idee ist, dass wir für ein Wort u_i alle Wörter $u_j, j > i$ in einem Durchlauf auf Gleichheit testen. Dazu merken wir uns das aktuelle Zeichen von u_i, laufen einmal durch die Eingabe und testen jeweils für jedes Wort u_j, ob das Zeichen an der gleichen Stelle mit dem aktuellen Zeichen übereinstimmt.

Wir geben die Turingmaschine in Modulschreibweise an.

1. Wenn unter dem Kopf ein $\square$ steht, stoppe verwerfend. Ansonsten ersetze das aktuelle Zeichen durch x, merke, ob es ein a oder b war.

2. Laufe nach rechts durch die Eingabe und vergleiche nach jedem # das nächste unmarkierte Zeichen mit dem gemerkten. Falls die Zeichen gleich sind, markiere mit + anderenfalls mit −.

3. Wenn das Ende der Eingabe erreicht ist, laufe nach links zum ersten Vorkommen von x. Wenn rechts daneben # steht, ersetze dies durch x, durchlaufe die Eingabe und teste jeweils zwischen zwei #, ob alle Zeichen mit + markiert sind. Falls ja, stoppe akzeptierend. Ansonsten lösche alle Markierungen und laufe nach links bis zum ersten Vorkommen von x.

4. Setze den Kopf um eins nach rechts und fahre mit Modul 1 fort.

Es gilt, dass die Module 1–4 $O(n)$ Zeit brauchen. Die Laufzeit insgesamt ist also $O(n \sum_{i=1}^{k} |u_i|) = O(n^2)$. Und somit $L_2 \in \mathsf{TIME}(n^2)$.

Lösungsvorschlag zur Aufgabe 6.2

Um zu zeigen, dass VIERECK in P liegt, geben wir einen polynomiellen Algorithmus dafür an. Als Eingabe bekommen wir einen ungerichteten Graphen G und wollen überprüfen, ob er ein Viereck enthält. Dafür testen wir für alle 4-Tupel von Knoten von G, ob sie ein Viereck bilden. Wenn G n Knoten hat, dann gibt es $\binom{n}{4} = O(n^4)$ viele 4-Tupel von Knoten. Für jedes dieser Tupel (u, v, x, y) testen wir, ob es die Kanten

(u, v), (v, x), (x, y), (y, u) in G gibt. Liegt der Graph als Adjazenzmatrix vor, dauert dies pro Tupel $O(1)$ Zeit, bei einer Adjazenzliste $O(n)$ Zeit. Insgesamt läuft der Algorithmus in jedem Fall in $O(n^5)$ Zeit, und damit ist VIERECK in P, denn in jeder sinnvollen Codierung ist $|\langle G \rangle|$ beschränkt durch ein Polynom in n.

Lösungsvorschlag zur Aufgabe 6.3

Da $B \notin \{\emptyset, \Sigma^*\}$, gibt es ein Wort $x \in B$ und ein Wort $y \notin B$. Wir möchten nun zeigen, dass $A \leq_p B$. Als Reduktion wählen wir

$$f(w) = \begin{cases} x & \text{wenn } w \in A, \\ y & \text{sonst.} \end{cases}$$

Es ist offensichtlich, dass $w \in A \iff f(w) \in B$. Nun müssen wir noch zeigen, dass f polynomiell berechenbar ist. Da $A \in$ P, gibt es einen polynomiellen Algorithmus, der entscheiden kann, ob $w \in A$. Somit handelt es sich bei f um eine polynomiell berechenbare Funktion, und damit ist $A \leq_p B$ nachgewiesen.

Lösungsvorschlag zur Aufgabe 6.4

(a) Seien L_1 und L_2 zwei Sprachen aus TIME$(f(n))$. Wir zeigen, dass dann auch $L_1 \cup L_2$ in TIME$(f(n))$ liegt. Da L_1 in TIME$(f(n))$, gibt es eine TM M_1 mit $L(M_1) = L_1$ und $t_{M_1}(n) = O(f(n))$, ebenso gibt es eine TM M_2 mit $L(M_2) = L_2$ und $t_{M_2}(n) = O(f(n))$. Aus diesen beiden Turingmaschinen bauen wir nun eine TM $M_\cup$, sodass gilt $L(M_\cup) = L_1 \cup L_2$ und $t_{M_\cup}(n) = O(f(n))$. Wir simulieren auf der Eingabe zuerst das Programm von M_1. Wenn wir im akzeptierenden Zustand landen, akzeptieren wir die Eingabe. Landen wir im verwerfenden Zustand, dann starten wir das Programm von M_2 auf der Originaleingabe. Wenn M_2 die Eingabe akzeptiert, akzeptieren wir, wenn M_2 verwirft, verwerfen wir. Wir müssen noch Folgendes beachten: Die Simulation von M_1 kann die Eingabe verändern, wir benötigen aber die Originaleingabe für den Fall, dass M_1 verwirft und wir das Programm von M_2 starten müssen. Um die Eingabe zu „sichern", speichern wir immer, wenn M_1 eine Zelle des Bandes verändert, ein Paar von Zeichen ab. Das Originalzeichen beziehungsweise Blanksymbol lassen wir als ersten Eintrag des Paars stehen. Im zweiten Eintrag speichern wir das neue Zeichen. Das Programm von M_1 rechnet dann, bei allen Zellen mit Zeichen-Paar, mit dem zweiten Eintrag. Sobald wir das Programm von M_2 starten, benutzen wir die ersten Einträge der Paare. Zum Start von M_2 müssen wir lediglich den Kopf auf den Anfang der Eingabe setzen. Diese Position haben wir ebenfalls durch eine Marke gekennzeichnet. Das Zurücklaufen kostet nicht mehr als $t_{M_1}(n)$ Zeit. Die Laufzeit von $M_\cup$ entspricht also höchstens $2 t_{M_1}(n) + t_{M_2}(n) = O(f(n))$. Offensichtlich entscheidet diese Turingmaschine die Sprache $L_1 \cup L_2$. Damit liegt $L_1 \cup L_2$ in TIME$(f(n))$.

(b) Seien L_1 und L_2 zwei Sprachen aus $\mathsf{NTIME}(f(n))$. Wir zeigen, dass dann auch $L_1 \circ L_2$ in $\mathsf{NTIME}(f(n))$ liegt. Da L_1 in $\mathsf{NTIME}(f(n))$, gibt es eine NTM N_1 mit $L(N_1) = L_1$ und $t_{N_1}(n) = O(f(n))$, ebenso gibt es eine NTM N_2 mit $L(N_2) = L_2$ und $t_{N_2}(n) = O(f(n))$. Aus N_1 und N_2 lässt sich leicht eine NTM $N_\circ$ für $L_1 \circ L_2$ konstruieren. Eine Eingabe w wird dann akzeptiert, wenn wir $w = w_1 w_2$ schreiben können, sodass $w_1 \in L_1$ und $w_2 \in L_2$. Wenn wir die Aufteilung des Wortes in w_1 und w_2 kennen, dann können wir einfach mit N_1 und N_2 testen, ob gilt $w_1 \in L_1$ und $w_2 \in L_2$. Wir kennen die Aufteilung zwar nicht, da wir aber eine nichtdeterministische Turingmaschine erstellen, können wir die Trennstelle erraten. Die Maschine $N_\circ$ rät also bei einer Eingabe w, ab welchem Zeichen von w das Wort von L_2 beginnt. Dann überprüft sie die beiden Teilwörter mit Hilfe von N_1 und N_2. Es ist offensichtlich, dass $N_\circ$ die Sprache $L_1 \circ L_2$ erkennt. Auch bei dieser Konstruktion müssen wir sicherstellen, dass wir bei der Simulation von N_1 und N_2 nicht die Teile der Eingabe überschreiben, die wir später noch brauchen könnten. Das können wir jedoch analog zum a.)-Teil lösen, indem wir das Bandalphabet geeignet erweitern. Nach der Ausführung von N_1 bewegen wir aber den Kopf auf den Anfang von w_2, was zusätzlich maximal n Schritte erfordert. Für die Laufzeit gilt also $t_{N_\circ}(n) = 2t_{N_1}(n) + t_{N_2}(n) + n = O(f(n))$. Damit ist die Sprache in $\mathsf{NTIME}(f(n))$.

Lösungsvorschlag zur Aufgabe 6.5

Um zu zeigen, dass DNFSAT in P liegt, müssen wir einen polynomiellen Algorithmus angeben, der das Problem entscheidet. Eine Formel in DNF ist genau dann erfüllbar, wenn einer ihrer Konjunktionsterme erfüllbar ist. Dies wiederum ist genau dann der Fall, wenn in dem Konjunktionsterm keine Variable x und ihre Negation $\bar{x}$ enthalten ist. Ein Algorithmus zum Lösen von DNFSAT sieht also folgendermaßen aus.

- Durchlaufe in einer Schleife nacheinander die Konjunktionsterme.
- Überprüfe für jeden Konjunktionsterm, ob er erfüllbar ist. Dazu muss nur überprüft werden, ob er eine Variable und ihre Negation enthält. Wenn dies für keine Variable der Fall ist, ist der Konjunktionsterm erfüllbar und damit auch die ganze Formel. Der Algorithmus stoppt akzeptierend.
- Wenn kein Konjunktionsterm der Formel erfüllbar war, verwirft der Algorithmus.

Dieser Algorithmus läuft in polynomieller Zeit, und damit ist DNFSAT in P.

Lösungsvorschlag zur Aufgabe 6.6

Sei ϕ eine Formel in KNF, in der pro Klausel höchstens eine negierte Variable vorkommt. Wir betrachten zuerst nur die Klauseln, die negierte Variablen enthalten. Wenn so eine Klausel nur aus einem Literal besteht, sagen wir $\bar{x}_i$, dann ist bereits klar, dass jede erfüllende Belegung $x_i = 0$ enthalten muss. In diesem Falle entfernen wir diese Klausel und vereinfachen alle Klauseln, in denen x_i auftaucht. Das heißt, alle Klauseln, die $\bar{x}_i$ enthalten, können entfernt werden (sie werden zu 1 ausgewertet), und aus allen anderen Klauseln wird x_i entfernt. Wenn wir dabei auf eine Klausel stoßen, die nur aus x_i besteht, dann ist ϕ nicht erfüllbar. Anderenfalls fahren wir mit dieser Methode fort, bis es keine Klauseln der Länge eins mehr gibt.

Alle noch vorhandenen Klauseln enthalten nun mindestens eine nichtnegierte Variable. Wir können leicht eine erfüllende Belegung finden, indem wir alle noch vorhandenen Variablen auf 1 setzen.

Lösungsvorschlag zur Aufgabe 6.7

Wir zeigen 3SAT $\leq_p$ DOUBLE-SAT. Die Reduktion f berechnet aus $\langle\phi\rangle$ die Codierung einer Formel ϕ' mit

$$\phi' = \phi \wedge (x \vee \bar{x} \vee x),$$

wobei x eine noch nicht in ϕ verwendete neue Variable ist. Diese Funktion ist offensichtlich in polynomieller Zeit berechenbar.

Nehmen wir nun an, dass $\langle\phi\rangle \in$ 3SAT. Das heißt, es gibt mindestens eine erfüllende Belegung für ϕ. Eine erfüllende Belegung für ϕ erfüllt auch ϕ', egal ob $x = 1$ oder $x = 0$ gesetzt wird. Also gibt es in diesem Fall für ϕ' mindestens 2 erfüllende Belegungen. Wenn andererseits $\langle\phi\rangle \notin$ 3SAT, also wenn es keine erfüllende Belegung für ϕ gibt, dann kann es auch keine erfüllende Belegung für ϕ' geben. Damit sind alle Eigenschaften einer polynomiellen Reduktion nachgewiesen.

Lösungsvorschlag zur Aufgabe 6.8

Für die NP-Vollständigkeit müssen wir als Erstes zeigen, dass 1AUS3SAT in NP liegt. Dazu nehmen wir einfach eine verifizierende Turingmaschine, die als Eingabe die Formel und eine Variablenbelegung erhält. Dann prüft sie in der Formel Klausel für Klausel, ob für die mitgegebene Variablenbelegung jeweils genau ein Literal erfüllt ist. Besteht jede Klausel diesen Test, wird akzeptiert, ansonsten verworfen. Offensichtlich ist dies ein Verifikationsalgorithmus, der in Polynomialzeit ausgeführt wird.

Es verbleibt zu zeigen, dass sich jedes Problem aus NP auf 1AUS3SAT reduzieren lässt. Dazu reduzieren wir 3SAT auf 1AUS3SAT (aus der Transitivität von $\leq_p$ folgt dann $\forall L \in$ NP $: L \leq_p$ 3SAT $\leq_p$ 1AUS3SAT). Die Reduktion f sieht wie folgt aus: Sei $(\alpha_1 \vee \alpha_2 \vee \alpha_3)$ eine Klausel C der Formel ϕ, wobei α_i Literale sind. Wir ersetzen diese Klausel durch

$$C' = (\bar{\alpha}_1 \vee y_1 \vee z_1) \wedge (\bar{\alpha}_2 \vee y_2 \vee z_2) \wedge (\bar{\alpha}_3 \vee y_3 \vee z_3) \wedge (y_1 \vee y_2 \vee y_3),$$

wobei die Variablen y_i und z_i neue Variablen sind, die nur an dieser Stelle benutzt werden. Wir zeigen nun, dass, wenn C für eine Variablenbelegung wahr ist, dann C' 1aus3-erfüllbar unter Beibehaltung der Variablenbelegung für C ist. Wenn C jedoch falsch ist, dann wird C' nicht diese Eigenschaft haben. Wenn wir das gezeigt haben, folgt, dass C erfüllbar ist, genau dann, wenn C' 1aus3-erfüllbar ist. Diese Ersetzung führen wir (jeweils mit anderen neuen Variablen) für jede Klausel aus ϕ durch. Das prinzipielle Vorgehen ist hier also analog zur Reduktion von SAT auf 3SAT.

Nehmen wir nun an, dass eine Variablenbelegung C erfüllt. Dann ist mindestens eines der Literale α_k wahr. Wir können dann $y_k = 1$ setzen (da $\bar{\alpha}_k = 0$) und alle anderen y_i Variablen auf 0; z_k setzen wir ebenfalls auf 0. Damit haben wir schon zwei der vier Klauseln aus C' 1aus3-erfüllt. Die anderen beiden haben (bislang) ein oder kein wahres Literal. Im ersten Fall setzen wir das dazugehörige $z_i = 0$, im zweiten Fall $z_i = 1$. Damit ist C' 1aus3-erfüllbar.

Nehmen wir nun an, dass wir eine Variablenbelegung haben, für die C falsch ist. Dann sind alle Literale $\bar{\alpha}_i = 1$. Wenn C' 1aus3-erfüllbar sein soll, dann muss wegen der letzten Klausel eines der $y_i = 1$ sein. Sagen wir $y_k = 1$. Nun sind aber schon $y_k = 1$ und $\bar{\alpha}_k = 1$, und somit kann C' nicht mehr unter unseren Vorgaben 1aus3-erfüllbar sein. Dies zeigt, dass unsere Konstruktion die gesuchte Reduktion realisiert. Die Umformungen sind leicht in polynomieller Zeit durchführbar. Die Formel selbst wird zudem nur um einen konstanten Faktor vergrößert.

Lösungsvorschlag zur Aufgabe 6.9

Wir geben eine Reduktion an, die eine (codierte) Formel ϕ in 3-KNF in eine andere (codierte) Formel ϕ' in 3-KNF umwandelt. Die Umwandlung wird in der Art vorgenommen, dass jede Klausel aus ϕ durch einen Term in 3-KNF ersetzt wird. Sei $C = (\alpha_1 \vee \alpha_2 \vee \alpha_3)$ eine Klausel aus ϕ mit den Literalen $\alpha_1, \alpha_2, \alpha_3$. Eine Variablenbelegung 1aus3-erfüllt diese Formel, genau wenn sie

$$C' = (\alpha_1 \wedge \bar{\alpha}_2 \wedge \bar{\alpha}_3) \vee (\bar{\alpha}_1 \wedge \alpha_2 \wedge \bar{\alpha}_3) \vee (\bar{\alpha}_1 \wedge \bar{\alpha}_2 \wedge \alpha_3)$$

erfüllt. Der letzte Ausdruck ist nicht in 3-KNF, sondern in disjunktiver Normalform. Jede boolesche Term kann in konjunktive Normalform umgewandelt werden. Für C' erhalten wir so einen Ausdruck C''. Wobei

$$C'' = (\bar{\alpha}_1 \vee \bar{\alpha}_2 \vee \bar{\alpha}_3) \wedge (\bar{\alpha}_1 \vee \bar{\alpha}_2 \vee \alpha_3) \wedge (\alpha_1 \vee \bar{\alpha}_2 \vee \bar{\alpha}_3) \wedge (\bar{\alpha}_1 \vee \alpha_2 \vee \bar{\alpha}_3) \wedge (\alpha_1 \vee \alpha_2 \vee \alpha_3).$$

Beachten Sie, dass C'' schon in 3-KNF ist. Wir verknüpfen alle so umgewandelten Klauseln mit einem logischen Und und erhalten so ϕ'.

Jetzt gilt:

ϕ 1aus3-erfüllbar $\iff$ ∃ Variablenbelegung, die ϕ 1aus3-erfüllt,

$\iff$ ∃ Variablenbelegung, die jedes C aus ϕ 1aus3-erfüllt,

$\iff$ ∃ Variablenbelegung, die jedes C'' aus ϕ' erfüllt,

$\iff$ ϕ' erfüllbar.

Somit ist f eine Reduktion. Die Konstruktion von $\langle \phi' \rangle$ ist denkbar einfach und benötigt $O(|\langle \phi' \rangle|)$ Zeit. Durch das Ersetzen haben wir die Formel vergrößert. Jedoch gilt, dass $|C''|$ gegenüber $|C|$ nur um einen konstanten Faktor angewachsen ist. Aus diesem Grund ist $|\langle \phi' \rangle| = O(|\langle \phi \rangle|)$, und f ist eine polynomielle Reduktion.

Lösungsvorschlag zur Aufgabe 6.10

Dieses Problem ist offensichtlich in NP (aus den gleichen Gründen wie SAT ∈ NP). Für die NP-Vollständigkeit zeigen wir, dass sich SAT auf dieses Problem reduzieren lässt. Die Reduktion geht hierbei so vor, dass eine Formel ϕ durch eine Formel ϕ' ersetzt wird, wobei ϕ genau dann erfüllbar ist, wenn ϕ' erfüllbar ist. Sei x eine Variable, welche in ϕ mehr als dreimal auftritt (k-mal). Wir ersetzen alle Vorkommen von x durch neue unterschiedliche Variablen, die wir $x_1, x_2, \ldots, x_k$ nennen. Wir müssen nun dafür sorgen, dass bei jeder erfüllenden Belegung $x_1 = x_2 = \cdots = x_k$ erzwungen wird. Dazu führen wir folgende neue Klauseln ein:

$$(x_1 \vee \bar{x}_2) \wedge (x_2 \vee \bar{x}_3) \wedge (x_3 \vee \bar{x}_4) \wedge \cdots \wedge (x_{k-1} \vee \bar{x}_k) \wedge (x_k \vee \bar{x}_1).$$

Beachten Sie die zyklische Struktur in der neuen Teilformel. Wenn alle x_i den gleichen Wert haben, sind die neuen Klauseln offensichtlich erfüllbar. Falls dies nicht der Fall ist, muss es zwei Variablen $x_i = 0$ und $x_{i+1} = 1$ geben (wir interpretieren $x_{k+1} = x_1$). Hierzu kann man sich die Werte der Variablen zyklisch angeordnet vorstellen. Wenn nicht alle Werte gleich sind, muss mindestens an einer Stelle (in aufsteigender Reihenfolge) der Wechsel von 0 auf 1 erfolgen. Diese Position liefert das Paar x_i / x_{i+1}. Die Klausel $(x_i \vee \bar{x}_{i+1})$ ist in dieser Situation nicht erfüllt.

Die Umformung zu ϕ' läuft rein mechanisch ab und kann in polynomieller Zeit ausgeführt werden. Natürlich wird ϕ' länger sein als ϕ. Der Zuwachs beträgt pro Variable aber höchstens $O(k) \subseteq O(|\langle \phi \rangle|)$. Somit ist die Länge von $\langle \phi' \rangle$ nur polynomiell beschränkt zur Länge von $\langle \phi \rangle$. Die Umformung liefert also die gewünschte Reduktion.

Abb. 6.33 Kanten, die Kreise
der Länge zwei erzeugen,
werden auf diese Art ersetzt

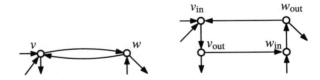

Lösungsvorschlag zur Aufgabe 6.11

Wir zeigen DHC $\leq_p$ DHC$^{\leftrightarrow}$. Unser Vorgehen ist dabei sehr ähnlich zum Beweis von Satz 6.12. Die Reduktion muss also einen gerichteten Graphen $G = (V, E)$ zu einen gerichteten Graphen $G' = (V', E')$ umformen, der keinen Kreis der Länge 2 enthält. Dafür ersetzen wir jeden Knoten v durch einen Teilgraphen mit zwei neuen Knoten v_{in} und v_{out} wie in Abb. 6.33 angedeutet.

Formal:

$$V' = \{v_{\text{in}}, v_{\text{out}} \mid v \in V\},$$

$$E' = \{(v_{\text{in}}, v_{\text{out}}) \mid v \in V\} \cup \{(w_{\text{out}}, v_{\text{in}}) \mid (w, v) \in E\}.$$

Der Graph G' kann problemlos in polynomieller Zeit konstruiert werden. Es gilt, dass G' ein gerichteter Graph ohne Kreis der Länge 2 ist. Wenn $(u_1, u_2, u_3, \ldots)$ Hamiltonkreis in G ist, dann ist nach Konstruktion auch $(u_{1_{\text{in}}}, u_{1_{\text{out}}}, u_{2_{\text{in}}}, u_{2_{\text{out}}}, \ldots)$ Hamiltonkreis in G'. Andersherum, falls H' ein Hamiltonkreis in G' ist, dann muss in H' auf jeden Knoten v_{in} stets der Knoten v_{out} folgen. H' besteht also aus Teilabschnitten $(v_{\text{in}}, v_{\text{out}})$. Diese ersetzen wir durch den Knoten v. Damit ergibt sich eine zyklische Folge H, deren aufeinanderfolgende Knoten in G mit einer Kante verbunden sind. Somit bildet H einen Hamiltonkreis in G.

Die Umformung beschreibt also eine polynomielle Reduktion für DHC $\leq_p$ DHC$^{\leftrightarrow}$.

Lösungsvorschlag zur Aufgabe 6.12

(a) Die Eingabe für Partition besteht aus einer Folge S, aus welcher wir eine Eingabe (S', B) für das Teilsummenproblem konstruieren, wobei $S' = S$ und $B = \frac{1}{2} \sum_{i \in [n]} x_i$. Da gelten muss, dass $B \in \mathbb{N}$, funktioniert die angegebene Reduktion nur, wenn $\sum_{i \in [n]} x_i$ eine gerade Zahl ist. Wir müssen deshalb zuerst überprüfen, ob $\sum_{i \in [n]} x_i$ ungerade ist. Wenn ja, gilt $\langle S \rangle \notin$ PARTITION. Damit müssen wir in diesem Fall eine Nein-Instanz für die Eingabe vom Teilsummenproblem konstruieren, beispielsweise $S' = (1)$ und $B = 3$. Zusammengefasst sieht die Reduktion f also folgendermaßen aus

$$f(\langle S \rangle) = \begin{cases} \langle S, \frac{1}{2} \sum_{i \in [n]} x_i \rangle & \text{wenn } \sum_{i \in [n]} x_i \text{ gerade ist,} \\ \langle (1), 3 \rangle & \text{sonst.} \end{cases}$$

Man kann leicht überprüfen, dass $\langle S \rangle \in \text{PARTITION} \Leftrightarrow f(\langle S \rangle) \in \text{SUBSETSUM}$ gilt. Die Konstruktion kann zudem leicht in polynomieller Zeit realisiert werden.

(b) Die Eingabe des Teilsummenproblems ist $\langle S = (x_1, x_2, \ldots, x_n), B \rangle$. Sei dann $A = \sum_{i \in [n]} x_i$. Wir erstellen die Folge S^*, die identisch zu S ist, aber noch zusätzlich eine Zahl $x_{n+1} = Y$ enthält. Wir wählen $Y = A - 2B$, falls $B < A/2$ und $Y = 2B - A$, falls $B \geq A/2$ (da $Y \in \mathbb{N}$ gelten muss). Es bleibt zu zeigen, dass $\langle S, B \rangle \in \text{SUBSETSUM} \Leftrightarrow \langle S^* \rangle \in \text{PARTITION}$.

Wir zeigen hier nur den Fall $B \geq A/2$ ($B < A/2$ kann auf sehr ähnliche Weise gezeigt werden).

– Sei $\langle S, B \rangle \in \text{SUBSETSUM}$, das heißt, es gibt ein $I \subseteq [n] \subset [n+1]$ mit $\sum_{i \in I} x_i = B$. Es gilt dann aber auch, dass $\sum_{i \in [n+1] \setminus I} x_i = \sum_{i \in [n] \setminus I} x_i + Y = A - B + Y = B$. Somit ist $\langle S^* \rangle$ aus PARTITION.

– Nun nehmen wir an, dass $\langle S^* \rangle \in \text{PARTITION}$, das heißt, es gibt ein $I \subseteq [n+1]$ mit $\sum_{i \in I} x_i = \sum_{i \in I \setminus [n+1]} x_i$. Es gilt aber auch, dass $\sum_{i \in [n+1]} x_i = A + Y = 2B$ und somit $\sum_{i \in I} x_i = \sum_{i \in I \setminus [n+1]} x_i = B$. Das heißt, dass die Indexmenge der beiden Summen, die nicht $n+1$ enthält, eine Lösung für das Teilsummenproblem ist, da sie nur Zahlen aus S enthält, deren Summe B ergibt. Somit ist $\langle S, B \rangle \in \text{SUBSETSUM}$.

Lösungsvorschlag zur Aufgabe 6.13

Zuerst zeigen wir, dass SET-COVER aus NP ist. Als Zeugen wählen wir eine k-elementige Menge F'. Der Test, ob $\bigcup_{A \in F'} A = S$, kann leicht in polynomieller Zeit ausgeführt werden. Somit läuft auch der Verifikationsalgorithmus in polynomieller Zeit, und daraus folgt, dass SET-COVER aus NP ist.

Um die NP-Schwerheit nachzuweisen, zeigen wir nun VC $\leq_p$ SET-COVER. Wir beschreiben die Reduktion, indem wir die Umformung eines Graphen $G = (V, E)$ und einer Zahl k in eine Menge S, eine Familie $F = \{A_1, \ldots, A_m\}$ mit $A_i \subseteq S$ und einer Zahl k' angeben.

Wir setzen $S = E$. Nehmen wir an, dass die Knoten aus V sind und von $1, \ldots, n$ durchnummeriert wurden. Es sei A_i die Menge aller Kanten, die zu dem Knoten i inzident sind. Damit gilt $A_i \subseteq S$ für alle $1 \leq i \leq m$. Des Weiteren setzen wir $k' = k$. Diese Umformungen können offensichtlich in polynomieller Zeit durchgeführt werden.

Wenn nun G eine Knotenüberdeckung der Größe k hat, die aus den Knoten $\{i_1, \ldots, i_k\}$ besteht, dann ist $F' = \{A_{i_1}, \ldots, A_{i_k}\}$ eine Mengenüberdeckung der Größe k für S. Dies ist leicht ersichtlich: Die Knotenüberdeckung enthält für jede Kante einen inzidenten Knoten. Als Mengenüberdeckung wählen wir genau die Teilmengen, die den Knoten aus der Knotenüberdeckung entsprechen. Da die Teilmengen jeweils die inzidenten Kanten des Knotens enthalten, enthält die Vereinigung dieser Teilmengen alle Elemente aus S. Auf der anderen Seite gilt, wenn S eine Mengenüberdeckung $F' = \{A_{i_1}, \ldots, A_{i_k}\}$ hat, dann ist $\{i_1, \ldots, i_k\}$ eine Knotenüberdeckung für G. Das Argument ist dasselbe wie oben.

Damit ist SET-COVER NP-vollständig.

Lösungsvorschlag zur Aufgabe 6.14

Zuerst zeigen wir, dass DHP aus NP ist. Der Verifikationsalgorithmus interpretiert den übergebenen Zeugen als eine Sequenz von Knoten. Wir gehen davon aus, dass die Knoten von 1 bis n durchnummeriert wurden. Bei der Verifikation wird getestet, ob alle Knoten des Graphen genau einmal in dieser Sequenz vorhanden sind und ob je zwei aufeinanderfolgende Knoten in der Sequenz mit einer Kante verbunden sind. Die Verifikation kann leicht in polynomieller Zeit erfolgen. Da der Zeuge nicht größer als ein Polynom bezüglich der Eingabelänge der Probleminstanz ist, folgt, dass DHP aus NP ist.

Der aufwendigere Teil des Beweises ist, die NP-Schwerheit nachzuweisen. Für die Reduktion bietet sich ein Problem an, welches möglichst ähnlich zu DHP ist. Wir wählen dafür DHC und zeigen DHC $\leq_p$ DHP.

Wir geben nun eine Reduktion an, welche einen gerichteten Graphen $G = (V, E)$ in einen gerichteten Graphen $G' = (V', E')$ umwandelt, sodass G genau dann einen (gerichteten) Hamiltonkreis enthält, wenn G' einen (gerichteten) Hamiltonpfad enthält. Wir erstellen G' auf folgende Weise: Sei $v \in V$ ein beliebiger Knoten. Wir übernehmen alle Knoten und Kanten von G. Zusätzlich erstellen wir drei neue Knoten v', v_{start}, v_{ende}. Der Knoten v' stellt eine Kopie des Knotens v dar. Er bekommt Kanten zu und von allen Knoten, die adjazent zu v sind. Zusätzlich fügen wir noch die Kanten (v_{start}, v) und (v', v_{ende}) ein. Die Abb. 6.34 zeigt ein Beispiel für die Reduktion.

Wenn es in G einen Hamiltonkreis $(v_1, \ldots, v_i, v, v_{i+1}, \ldots, v_{n-1}, v_1)$ gibt, dann gibt es in G' offensichtlich einen Hamiltonpfad $(v_{\text{start}}, v, v_{i+1}, \ldots, v_{n-1}, v_1, \ldots, v_i, v', v_{\text{ende}})$.

Wenn es hingegen in G' einen Hamiltonpfad gibt, dann muss dieser in v_{start} starten, da dieser Knoten keine eingehenden Kanten besitzt. Ebenso folgt sofort, dass der zweite Knoten des Pfades v ist. Der letzte Knoten des Pfades muss wiederum v_{ende} sein und der vorletzte Knoten des Pfades v'. Der Hamiltonpfad in G' ist also $(v_{\text{start}}, v, v_{j_1}, \ldots, v_{j_{n-1}}, v', v_{\text{ende}})$. Dann ist aber $(v, v_{j_1}, \ldots, v_{j_{n-1}})$ ein Hamiltonpfad in G. Die Kante $(v_{j_{n-1}}, v)$ muss es zudem in G geben, da $(v_{j_{n-1}}, v')$ eine Kante in G' ist. Also enthält G einen Hamiltonkreis.

Die beschriebene Reduktion ist offensichtlich polynomiell, und somit gilt DHC $\leq_p$ DHP.

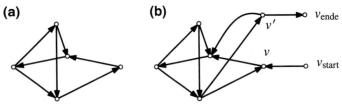

Abb. 6.34 Beispiel für die Reduktion DHC$\leq_p$DHP: **(a)** Graph G; **(b)** Graph G'

Lösungsvorschlag zur Aufgabe 6.15

Da nach Annahme $P = NP$ und da P unter Komplement abgeschlossen ist, ist auch NP unter Komplement abgeschlossen. Wir zeigen zuerst, dass das Entscheidungsproblem, ob zwei boolesche Formeln äquivalent sind, aus P ist (wir nennen dieses Problem ÄQUI-BOOL und das Komplement dazu DIV-BOOL).

Wir können auf jeden Fall in polynomieller Zeit entscheiden, ob zwei Formeln bei der gleichen Variablenbelegung mit dem gleichen Wahrheitswert ausgewertet werden. Dazu werten wir beide Formeln aus und vergleichen das Ergebnis. Zwei Formeln sind genau dann nicht äquivalent, wenn es eine Variablenbelegung gibt, bei der beide ein unterschiedliches Ergebnis liefern. Die Sprache DIV-BOOL ist demnach aus NP, der Zeuge ist hierbei die Variablenbelegung, die zu unterschiedlichen Auswertungen führt. Der Zeuge ist natürlich maximal so lang wie die Formel. Daraus folgt dann, dass ÄQUI-BOOL aus NP ist. Nach unserer Annahme sind also beide Probleme aus P.

Wir zeigen zuerst, dass das Komplement von MIN-BOOL aus NP ist. Eine Formel ist genau dann *nicht* aus MIN-BOOL, wenn es eine kleinere Formel gibt, welche die gleiche boolesche Funktion berechnet. Unser Zeuge ist eine Formel mit kleinerer Codierung als die ursprüngliche Formel. Bei der Verifikation wird geprüft, ob der Zeuge syntaktisch wirklich eine kleinere Formel darstellt, und falls ja, ob diese Formel dann äquivalent zur Ausgangsformel ist. Nach der obigen Diskussion ist dieser Test in polynomieller Zeit ausführbar. Dies zeigt, dass das Komplement von MIN-BOOL aus $NP = P$ ist, und deshalb ist wegen des Abschlusses unter Komplement auch MIN-BOOL $\in NP = P$.

Lösungsvorschlag zur Aufgabe 6.16

Wir überlegen uns folgenden einfachen Algorithmus, um zu testen, ob eine Zahl x eine Primzahl ist. Wir probieren einfach für alle Zahlen $2, \ldots, \lceil \sqrt{x} \rceil$ aus, ob sie x teilen. Falls wir eine Zahl finden, wissen wir, dass x keine Primzahl ist. Falls wir keine solche Zahl finden, muss x eine Primzahl sein.

Das Testen, ob eine Zahl eine andere teilt, kann in polynomieller Zeit ausgeführt werden. Für jedes x führen wir maximal $\lceil \sqrt{x} \rceil$ dieser Divisionen aus. Die Größe der Eingabe n (x wird ja als Binärzahl angegeben) ist jedoch maximal $\log x$. Damit ist die Laufzeit größer als $\sqrt{x} \geq \sqrt{2^n} = \sqrt{2}^n$ und damit kein Polynom in n.

Die Laufzeit des Algorithmus ist jedoch klar durch ein Polynom in x beschränkt. Damit ist der Algorithmus pseudopolynomiell.

Literatur

1. J. Hartmanis und R. E. Stearns. „On the computational complexity of algorithms". In: *Trans. Amer. Math. Soc.* 117 (1965), S. 285–306.

2. A. Cobham. „The intrinsic computational difficulty of functions". In: *Logic, Methodology and Philos. Sci. (Proc. 1964 Internat. Congr.)* North-Holland, Amsterdam, 1965, S. 24–30.

3. S. A. Cook. „The Complexity of Theorem-Proving Procedures". In: *Proceedings of the 3rd Annual ACM Symposium on Theory of Computing, May 3–5, 1971, Shaker Heights, Ohio, USA.* Hrsg. von M. A. Harrison, R. B. Banerji und J. D. Ullman. ACM, 1971, S. 151–158.

4. L. A. Levin. „Universal enumeration problems". In: *Problemy Pereda?i Informacii* 9.3 (1973), S. 115–116.

5. M. W. P. Savelsbergh und P. van Emde Boas. *Bounded tiling, an alternative to satisfiability?* Techn. Ber. Afdeling Mathematische Besliskunde en Systeemtheorie: Report Mathematisch Centrum (Amsterdam, Netherlands), 1984.

6. R. M. Karp. „Reducibility Among Combinatorial Problems". In: *Proceedings of a symposium on the Complexity of Computer Computations, held March 20–22, 1972, at the IBM Thomas J. Watson Research Center, Yorktown Heights, New York, USA.* Hrsg. von R. E. Miller und J. W. Thatcher. The IBM Research Symposia Series. Plenum Press, New York, 1972, S. 85–103.

7. M. R. Garey und D. S. Johnson. *Computers and Intractability: A Guide to the Theory of NP-Completeness.* W. H. Freeman, 1979.

8. M. R. Krom. „A decision procedure for a class of formulas of first order predicate calculus". In: *Pacific J. Math.* 14 (1964), S. 1305–1319.

9. M. L. Fredman und D. E. Willard. „Surpassing the Information Theoretic Bound with Fusion Trees". In: *J. Comput. Syst. Sci.* 47.3 (1993), S. 424–436.

10. W. J. Savitch. „Relationships between nondeterministic and deterministic tape complexities". In: *J. Comput. System Sci.* 4 (1970), S. 177–192.

11. N. Immerman. „Nondeterministic space is closed under complementation". In: *SIAM J. Comput.* 17.5 (1988), S. 935–938.

12. R. Szelepcsényi. „The Method of Forced Enumeration for Nondeterministic Automata". In: *Acta Informatica* 26.3 (1988), S. 279–284.

Stichwortverzeichnis

© Der/die Herausgeber bzw. der/die Autor(en), exklusiv lizenziert an Springer-Verlag
GmbH, DE, ein Teil von Springer Nature 2022
A. Schulz, *Grundlagen der Theoretischen Informatik*,
https://doi.org/10.1007/978-3-662-65142-1

Printed in the United States
by Baker & Taylor Publisher Services